AF402489

LE
RÈGNE ANIMAL

DISTRIBUÉ

D'APRÈS SON ORGANISATION.

IMPRIMERIÉ D'HIPPOLYTE TILLIARD,

RUE DE LA HARPE, N° 78.

LE
RÈGNE ANIMAL

DISTRIBUÉ D'APRÈS SON ORGANISATION,

POUR SERVIR DE BASE

A L'HISTOIRE NATURELLE DES ANIMAUX

ET D'INTRODUCTION A L'ANATOMIE COMPARÉE.

Par m. le baron CUVIER,

GRAND OFFICIER DE LA LÉGION-D'HONNEUR, CONSEILLER-D'ÉTAT ET AU CONSEIL ROYAL DE L'INSTRUCTION PUBLIQUE, L'UN DES QUARANTE DE L'ACADÉMIE FRANÇAISE, SECRÉTAIRE PERPÉTUEL DE L'ACADÉMIE DES SCIENCES, MEMBRE DES ACADÉMIES ET SOCIÉTÉS ROYALES DES SCIENCES DE LONDRES, DE BERLIN, DE PÉTERSBOURG, DE STOCKHOLM, D'ÉDIMBOURG, DE COPENHAGUE, DE GOETTINGUE, DE TURIN, DE BAVIÈRE, DE MODÈNE, DES PAYS-BAS, DE CALCUTTA, DE LA SOCIÉTÉ LINNÉENNE DE LONDRES, etc.

AVEC FIGURES DESSINÉES D'APRÈS NATURE.

NOUVELLE ÉDITION, REVUE ET AUGMENTÉE.

TOME II.

Paris,

CHEZ DÉTERVILLE, LIBRAIRE,
RUE HAUTEFEUILLE, N° 8;

ET CHEZ CROCHARD, LIBRAIRE,
CLOÎTRE SAINT-BENOÎT, N° 16.

1829.

TABLE MÉTHODIQUE

DU TOME SECOND.

Sixième année

DES

ANNALES

DES

SCIENCES NATURELLES;

Journal complémentaire

DES ANNALES DE CHIMIE ET DE PHYSIQUE,

ET DE TOUS LES DICTIONNAIRES D'HISTOIRE NATURELLE QUI ONT PARU JUSQU'A CE JOUR,

Comprenant

LA PHYSIOLOGIE ANIMALE ET VÉGÉTALE,
L'ANATOMIE COMPARÉE DES DEUX RÈGNES, LA ZOOLOGIE,
LA BOTANIQUE, LA MINÉRALOGIE ET LA GÉOLOGIE.

PAR

MM. AUDOUIN, AD. BRONGNIART ET **DUMAS.**

Ouvrage formant chaque année 3 volumes

ACCOMPAGNÉS DE PLUS DE **60** PLANCHES.

LES *Annales des Sciences naturelles* qui, annexées
aux Annales de Chimie et de Physique de MM. GAY-

Lussac et Arago, constituent un *Journal général des Sciences physiques et naturelles*, ont été accueillies si favorablement dès leur début, que nous nous serions abstenus d'en entretenir de nouveau le public, si nous n'avions à lui signaler une *amélioration importante* que ce recueil va éprouver à dater du mois de *janvier* 1829.

Jusqu'ici MM. les Rédacteurs ont eu soin de choisir, parmi les travaux qui leur ont été adressés, ceux qui dans leur ensemble offraient un intérêt plus général, et ils se sont vus forcés de passer sous silence plusieurs Mémoires où les faits étaient moins nombreux, et les conséquences moins importantes. Cependant ces Mémoires n'étaient pas dénués d'intérêt, et il pouvait être utile à plusieurs personnes qui cultivent les spécialités de telle ou telle branche de l'histoire naturelle, d'en avoir connaissance. Dans tous les cas on avait à regretter que les *Annales des Sciences naturelles* n'offrissent point un répertoire complet où l'on trouvât inscrits successivement les travaux qui se font journellement, et qui sont disséminés dans les collections de tout genre qui se publient.

Occupés sans cesse à apporter au Journal qu'ils ont fondé les améliorations que demande la marche rapide de l'histoire naturelle, MM. Audouin, Brongniart et Dumas ont senti cet inconvénient, et ils ont voulu y apporter remède, en ajoutant à leur recueil un *Bulletin des Sciences naturelles*, sous le titre de Revue bibliographique des Sciences naturelles. Cette Revue, qui paraîtra chaque mois en tête du numéro des Annales, sera imprimée sur deux colonnes ; et bien qu'à elle seule elle constitue un ouvrage à part qui ne manquera pas d'intérêt, elle n'ajoutera rien au prix courant des Annales. MM. les Souscripteurs la recevront *gratis,* et ils la recevront seuls ; car dans aucun cas on ne pourra y souscrire séparément.

Cette Revue mensuelle, comme tous les recueils du même genre, fera connaître les travaux qui ne pourront trouver place dans les Annales, soit qu'ils composent des volumes, soit qu'ils forment des Mémoires dispersés dans les collections académiques ou dans les journaux français et étrangers. La position personnelle des Rédacteurs, et leur correspondance étendue, les mettent à même de rendre aussi complet que possible ce genre de recherches ; ils espèrent d'ailleurs que les auteurs voudront bien leur faciliter ce travail, en adressant au *Bureau des Annales* les ouvrages qu'ils publient et désirent voir annoncer promptement (1).

Ce ne sont ni des éloges ni des critiques que MM. les Rédacteurs prétendent donner ; ils veulent seulement, en rendant compte des diverses productions des Naturalistes, se borner à une analyse succincte de la matière, qui devra être suffisante pour faire connaître le plan suivi par l'auteur, et les résultats auxquels il est arrivé. Ils ne s'interdisent point les observations et les remarques ; mais si par fois ils croient devoir en faire, elles n'au-

(1) Les frais qu'entraînent généralement les publications des livres d'histoire naturelle se trouvent quelquefois beaucoup augmentés par le grand nombre d'exemplaires que les journaux quotidiens réclament pour des annonces qu'on sollicite long-temps. On n'aura pas à craindre de notre part cet abus, car il suffira de déposer à notre Bureau, rue du Cloître Saint-Benoît, n° 16, *un seul exemplaire* qui sera remis immédiatement à MM. les Rédacteurs pour être annoncé dans le plus prochain numéro de la Revue.

ront jamais pour objet que les faits en eux-mêmes et les conséquences qui en découlent immédiatement; d'ailleurs, ils acceptent volontiers la responsabilité de leurs annotations.

En combinant ces résumés avec les Mémoires et les Extraits plus ou moins étendus qu'on trouvera imprimés en entier dans les Annales, on pourra prendre une idée complète des travaux qui se sont faits en histoire naturelle dans le courant de chaque année, et cette liaison sera d'autant plus facile à établir, que, MM. les Rédacteurs se chargeant *seuls* des analyses, il régnera dans cette partie un ensemble qu'on n'a pas encore obtenu dans les recueils du même genre.

Arrivées à la sixième année de leur publication, et répandues aujourd'hui sur tous les points du globe, les *Annales des Sciences naturelles* ont été trop universellement jugées pour qu'il soit nécessaire de revenir sur le plan qu'on a adopté, sur la route philosophique qu'on a constamment suivie, sur l'esprit de modération, d'impartialité et de justice qui a constamment présidé au choix des matériaux et à la rédaction (1); mais on nous permettra de rappeler avec gratitude le nom des naturalistes français et étrangers qui ont bien voulu concourir plus spécialement au succès de notre entreprise scientifique, et encourager puissamment par ce concours

(1) Les *Annales des Sciences naturelles* se distinguent encore par le grand nombre de Mémoires qu'elles renferment; et, sous ce rapport, on ne craint pas de dire qu'il n'existe aucun recueil qui puisse leur être comparé. En effet, depuis l'époque où elles ont commencé à paraître (en 1824), elles ont publié **510** mémoires ou notices, accompagnés de **302** planches gravées ou lithographiées avec le plus grand soin et souvent coloriées.

5

honorable le zèle et les efforts de MM. les Rédacteurs.
Nous citerons surtout M. Brongniart , membre de
l'Institut et professeur de Minéralogie au Jardin du Roi ,
dont les conseils ont été plus d'une fois mis à profit pour
la rédaction de la partie géologique et minéralogique,
et qui, à dater de cette année, a bien voulu promettre
d'y prendre une part encore plus active.

RELEVÉ NUMÉRIQUE

DES MÉMOIRES PUBLIÉS JUSQU'A CE JOUR DANS LES ANNALES
DES SCIENCES NATURELLES, ET NOMS DE LEURS AUTEURS.

MINÉRALOGIE , GÉOLOGIE
ET CORPS ORGANISÉS FOSSILES.

142 Mémoires ou Notices , accompagnées de 48 Planches ,
dont les auteurs sont :

EN FRANCE.

MM. BEUDANT, BERTHIER, VAUQUELIN, COQUEBERT-MONBRET,
membres de l'Institut; LAUGIER , professeur au Jardin du Roi; BONNARD,
ingénieur en chef des mines; Constant PREVOST, membre des Soc. phil. et
d'Hist. nat. de Paris, professeur de géologie à l'Athénée; DUFRESNOY , ELIE
DE BEAUMONT, ingénieurs des mines, professeurs adjoints à l'Ecole des mines ;
BOUSSINGAULT, ingénieur en chef des mines de la république de la Colombie ;
CHARPENTIER, MARCEL DE SERRES, correspondans de la Soc. phil. de
Paris; BERTRAND-GESLIN, DELAFOSSE, ROZET; HUOT, DESNOYERS ,
BASTEROT, JACQUEMONT, membres de la Soc. d'Hist. nat. de Paris; AL-
LUAUD, DUBUISSON, HERAULT, JOUANNET, BASOCHE , correspondans
de la Soc. d'Hist. nat. de Paris ; le vicomte HERICART FERRAND, GAILLAR-
DOT, TOURNAL, JULES TEISSIER, JOBERT aîné ,l'abbé CROISET, JULES
DE CHRISTOL, BRARD, le comte DELAIZER , CASTELNAU, DUJARDIN,
membres de plusieurs académies et sociétés savantes.

A L'ETRANGER.

MM. DE HUMBOLDT. — DEBUCH. — BERZELIUS. — BUCKLAND. — MITSCHERLICH. — MANTELL. — CHRICHTON. — HAUSMANN. — BOUE. — STUDER. — FITTON. — CRAWFURD. — CLIFT. — SORET. — RIVERO. — DEL RIO. — BRODERIP. — VOHLER. — STROMEYER. — MENGE. — WEBSTER. — JAMESON. — DANGERFIELD. — PARETO — WHEWHELL. — BUSTAMENTE. — WALDMSTEDT. — PENTLAND. — UNDERWOOD. — KITTEL. — BROUNNER, etc.

ALEX. BRONGNIART,
Membre de l'Institut. Ingénieur en chef des mines.

BOTANIQUE, ANATOMIE ET PHYSIOLOGIE VÉGÉTALES.

121 Mémoires ou Notices, accompagnés de **85** planches, dont les auteurs sont :

EN FRANCE.

MM. DE JUSSIEU, DESFONTAINES, MIRBEL, membres de l'Institut, professeurs au Jardin du Roi ; DE JUSSIEU fils, professeur au Jardin du Roi ; feu RAMOND, CASSINI, DUREAU DE LA MALLE, membres de l'institut ; AUGUSTE S.-HILAIRE, BORY DE S.-VINCENT, GAUDICHAUD, feu LA-MOUROUX, correspondans de l'Institut ; DESVAUX, professeur de botanique à Angers ; RICHARD, GAY, CAMBESSEDES, d'URVILLE, TURPIN, GUIL-LEMIN, RASPAIL, membres de la Soc. d'Hist. nat. de Paris ; LEON DUFOUR, GAILLON, REQUIEN, DUVAU, DESMAZIÈRES, DURIEU de MAISON-NEUVE, SOYEZ VILLEMET, DE LAHARPE, MONNARD, SAGERET, POITEAU, membres de plusieurs académies et sociétés savantes.

A L'ETRANGER.

MM. R. BROWN. — DECANDOLLE. — DE HUMBOLDT. — KUNTH. — AMICI. — TREVIRANUS. — DE SAUSSURE. — AGARDH. — NEÈS D'EBEN-BECK. — GÆRTNER. — LINDLEY. — LAXARSA. — LANGSDORFF. — BLUME. — EHRENBERG. — WALLICH. — SABIN BERTHELOT. — GOEP-PERT. — DAVID DON. — DECANDOLLE fils. — SENDEL. — CHOISY. — MACAIRE PRINCEP.

AD. BRONGNIART.

ZOOLOGIE, ANATOMIE ET PHYSIOLOGIE ANIMALES.

247 Mémoires ou Notices, accompagnés de **169** Planches ,
dont les auteurs sont :

EN FRANCE.

MM. LE BARON CUVIER , GEOFFROY S.-HILAIRE, DUMERIL, membres de l'Institut, professeurs au Jardin du Roi ; AMPÈRE, LATREILLE , FRED. CUVIER, DE BLAINVILLE, MAGENDIE, SERRES, FLOURENS, MONGEZ, membres de l'Institut : BORY DE S.-VINCENT , DESMAREST , GIROU DE BUZAREINGUES , correspondans de l'Institut ; EDWARDS aîné, MILNE EDWARDS ; ISID. GEOFFROY S.-HILAIRE, DESHAYES, QUOY, GAIMARD , LESSON , D'ORBIGNY , LE COMTE DEJEAN, LE BARON DE FERUSSAC, LE BARON LARREY, BRESCHET, VALENCIENNES , RANG , PAYRAUDEAU, GUERIN , GARNOT, membres de la Société philomatique ou d'Hist. nat. de Paris ; DUGÈS , DUBREUIL, professeurs à Montpellier ; LÉON DUFOUR , DEFRANCE, GAILLARDOT , CHABRIER , FREMINVILLE , correspondans de la Soc. d'Hist. nat. de Paris : ROULIN , DUVAU, LEUFROY , BENOISTON DE CHATEAUNEUF, feu BOGROS, VILLERMÉ, MARTIN, BRETONNEAU, VINCENT PORTAL , DEFERMON , VALLOT , DUPONCHEL, FRAY , PELLIEUX, MARION DE PROCÉ, LAPILAYE, FARINES, DELAPORTE, BLONDEL , VAVASSEUR , VAUTHIER , membres de plusieurs académies et sociétés savantes ; BAILLY, médecin en chef à Napoli de Romanie.

A L'ETRANGER.

MM. MECKEL. — KIRBY. — TH. BELL. — CH. BELL. — PREVOST. — Feu POLI. — GRANT. — L. JURINE. — BAER. — HEROLD. — KNOX. — RETZIUS. — LIEBLEIN. — BARRY. — VAN HASSELT. — DALMAN. — FISCHER DE WALDHEIM. — GOTTELF FISCHER. — SAVI. — OTTO. — VANDER-HOEVEN. — VANDER-LINDEN. — RATHKE. — YARRELL, — ANTOMARCHI. — BORN. — LAUTH — HARLAN. — HAGENBACH. — Le BARON DE MANNERHEIM. — CARTWRIGHT. — HODGKIN. — MAYER. — MIELZINSKY. — PASSERINI. — COSTA. — SANGIOVANNI.

V. AUDOUIN ET **J. DUMAS.**

CONDITIONS DE LA SOUSCRIPTION

POUR L'ANNÉE COURANTE.

Il paraîtra exactement, le 1er de chaque mois, un cahier de 7 feuilles d'impression, accompagné de planches exécutées avec le plus grand soin, et d'une feuille sur deux colonnes, ayant pour titre : REVUE BIBLIOGRAPHIQUE DES SCIENCES NATURELLES. Les douze cahiers réunis forment 3 volumes accompagnés de plus de 60 Planches. On ne souscrit que pour l'année, dont le prix d'abonnement reste ainsi fixé :

Pour Paris............................ 36 fr.

Pour les départemens.. 38

Pour l'étranger....................... 42

Les cinq années antérieures à 1829 restent au même prix. Le libraire-éditeur en facilitera l'acquisition, en les livrant toutes ensembles, et en ne recevant la valeur qu'à des époques dont on conviendra. — Les années 1824 et 1825, tirées à moins grand nombre que les suivantes, seront bientôt épuisées.

AVIS

A MM. LES NATURALISTES FRANÇAIS ET ÉTRANGERS

MM. les Rédacteurs invitent les savans de tous les pays à adresser leurs Mémoires et autres travaux au BUREAU DES ANNALES *, cloître Saint-Benoît, n° 16, à Paris.*

LE
RÈGNE ANIMAL

DISTRIBUÉ D'APRÈS SON ORGANISATION.

TROISIÈME CLASSE DES ANIMAUX VERTÉBRÉS.

LES REPTILES.

Les reptiles ont le cœur disposé de manière qu'à chaque contraction, il n'envoie dans le poumon qu'une portion du sang qu'il a reçu des diverses parties du corps, et que le reste de ce fluide retourne aux parties sans avoir passé par le poumon, et sans avoir respiré.

Il résulte de là que l'action de l'oxygène sur le sang est moindre que dans les mammifères, et que, si la quantité de respiration de ceux-ci, où tout le sang est obligé de passer par le poumon avant de retourner aux parties, s'exprime par l'unité, la quantité de respiration des reptiles devra s'exprimer par une fraction d'unité d'autant plus petite, que la portion de sang qui se rend au poumon, à chaque contraction du cœur, sera moindre.

Comme c'est la respiration qui donne au sang sa chaleur, et à la fibre la susceptibilité pour l'irritation nerveuse, les reptiles ont le sang froid, et les forces musculaires moindres en totalité que les quadrupèdes, et à plus forte raison que les oiseaux ; aussi n'exercent-ils guère que les mouvements du ramper et du nager : et, quoique plusieurs sautent et courent fort vite en certains moments, leurs habitudes sont généralement paresseuses, leur digestion excessivement lente, leurs sensations obtuses, et dans les pays froids ou tempérés, ils passent presque tous l'hiver en léthargie. Leur cerveau proportionnellement très petit n'est pas aussi nécessaire que dans les deux premières classes à l'exercice de leurs facultés animales et vitales ; leurs sensations semblent moins se rapporter à un centre commun ; ils continuent de vivre et de montrer des mouvements volontaires, un temps très considérable après avoir perdu le cerveau ; et même quand on leur a coupé la tête. La connexion avec le système nerveux est aussi beaucoup moins nécessaire à la contraction de leurs fibres, et leur chair conserve son irritabilité bien plus long-temps après avoir été séparée du reste du corps que dans les classes précédentes ; leur cœur bat plusieurs heures après qu'on l'a arraché, et sa perte n'empêche pas le corps de se mouvoir encore long-temps. On a remarqué dans plusieurs, que le cervelet est d'une petitesse extrême, ce qui est assez d'accord avec leur peu de propension au mouvement.

La petitesse des vaisseaux pulmonaires permet aux reptiles de suspendre leur respiration sans arrêter le cours du sang ; aussi plongent-ils plus aisément et plus long-temps que les mammifères et les oiseaux. Les cellules de leur poumon étant moins nombreuses, parce qu'elles ont moins de vaisseaux à loger sur leurs parois, sont beaucoup plus larges, et ces organes ont quelquefois la forme de simples sacs à peine celluleux.

Du reste, les reptiles sont pourvus de trachée artère et de larynx, quoiqu'ils n'aient pas tous la faculté de faire entendre une voix.

N'ayant point le sang chaud, ils n'avaient pas besoin de téguments capables de retenir la chaleur ; et ils sont couverts d'écailles ou simplement d'une peau nue.

Les femelles ont un double ovaire et deux oviductus ; les mâles de plusieurs genres ont une verge fourchue ou double ; dans le dernier ordre (celui des batraciens), ils n'ont pas de verge du tout.

Aucun reptile ne couve ses œufs. Dans plusieurs genres des batraciens, les œufs ne sont fécondés qu'après avoir été pondus ; aussi n'ont-ils qu'une enveloppe membraneuse. Les petits de ce dernier ordre ont, au sortir de l'œuf, la forme et les branchies des poissons, et quelques genres conservent ces organes, même après le développement de leurs poumons. Dans plusieurs des reptiles qui pondent des œufs, notamment dans les couleuvres, le petit est déjà formé et assez avancé dans l'œuf au moment où la mère fait sa ponte, et il en est même des espèces que l'on peut rendre à volonté vivipares en retardant leur ponte (1).

La quantité de respiration des reptiles n'est pas fixe, comme celle des mammifères et des oiseaux ; mais elle varie avec la proportion du diamètre de l'artère pulmonaire comparé à celui de l'aorte. Ainsi les tortues, les lézards, respirent beaucoup plus que les grenouilles, etc. De là des différences d'énergie et de sensibilité beaucoup plus grandes qu'il ne peut en exister d'un mammifère à un autre, d'un oiseau à un autre.

Aussi les reptiles présentent-ils des formes, des mouvements et des propriétés beaucoup plus variés que les deux classes précédentes; et c'est surtout dans leur production que la nature semble s'être jouée à imaginer des formes bizarres, et à modifier dans tous les sens possibles le plan général qu'elle a suivi pour les animaux vertébrés, et spécialement pour les classes ovipares.

La comparaison de leur quantité de respiration et de leurs organes de mouvement a donné lieu cependant à M. Brongniart de les diviser en quatre ordres (2), savoir :

Les Chéloniens (ou Tortues), dont le cœur a deux oreillettes, et dont le corps, porté sur quatre

___

(1) Par exemple, les couleuvres lorsqu'on les prive d'eau, ainsi que l'a expérimenté M. Geoffroy.

(2) Al. Brongniart, Essai d'une classification naturelle des reptiles, Paris 1805, et dans les Mém. des savants étrang., présentés à l'Institut; tom. I, p. 587.

pieds, est enveloppé de deux plaques ou boucliers formés par les côtes et le sternum.

Les Sauriens (ou Lézards), dont le cœur a deux oreillettes, et dont le corps, porté sur quatre ou sur deux pieds, est revêtu d'écailles.

Les Ophidiens (ou Serpents), dont le cœur a deux oreillettes, et dont le corps reste toujours dépourvu de pieds.

Les Batraciens, dont le cœur n'a qu'une oreillette, dont le corps est nu, et dont la plupart passent, avec l'âge, de la forme d'un poisson respirant par des branchies, à celle d'un quadrupède respirant par des poumons. Quelques-uns cependant ne perdent jamais leurs branchies, et il y en a qui n'ont jamais que deux pieds (1).

LE PREMIER ORDRE DES REPTILES,

Ou les CHÉLONIENS,

Plus connus sous le nom de Tortues, ont le cœur composé de deux oreillettes, et d'un ventricule à deux chambres inégales qui communiquent en-

---

(1) D'autres auteurs, comme Merrem, font une autre répartition des sauriens et des ophidiens. Ils détachent les crocodiles pour en faire un ordre à part, et réunissent au contraire au reste des sauriens, la première famille des ophidiens, ou les anguis, distribution qui repose sur quelques particularités de l'organisation des crocodiles, et sur une certaine ressemblance des anguis avec les lézards. Nous avons cru suffisant d'indiquer ces rapports presque tous intérieurs, en conservant néanmoins une division d'une application plus facile.

semble. Le sang du corps entre dans l'oreillette droite ; celui du poumon, dans la gauche ; mais les deux sangs se mêlent plus ou moins en passant par le ventricule.

Ces animaux se distinguent au premier coup d'œil par le double bouclier dans lequel le corps est enfermé, et qui ne laisse passer au dehors que leur tête, leur cou, leur queue et leurs quatre pieds.

Le bouclier supérieur, nommé *carapace*, est formé par leurs côtes, au nombre de huit paires, élargies et réunies par des sutures dentées entre elles, et avec des plaques adhérentes à la portion annulaire des vertèbres dorsales, en sorte que toutes ces parties sont privées de mobilité. Le bouclier inférieur, appelé *plastron*, est formé de pièces qui représentent le sternum, et qui sont ordinairement au nombre de neuf (1). Un cadre composé de pieces osseuses auxquelles on a cru trouver quelque analogie avec la partie sternale ou cartilagineuse des côtes, et qui demeure même dans un sous-genre à l'état cartilagineux, entoure la carapace en ceignant et réunissant toutes les côtes qui la composent. Les vertèbres du cou et de la queue sont donc les seules mobiles.

Ces deux enveloppes osseuses étant recouvertes immédiatement par la peau ou par les écailles, l'o-

____

(1) *Voyez* Geoffroy, Ann. du Mus., t. XIV, p. 5. Consultez aussi sur toute l'ostéologie des tortues, mes Recherches sur les Ossements fossiles, tom. V, 2ᵉ partie.

moplate et tous les muscles du bras et du cou, au lieu d'être attachés sur les côtes et sur l'épine, comme dans les autres animaux, le sont dessous; il en est de même des os du bassin et de tous les muscles de la cuisse, ce qui fait que la tortue peut être appelée, à cet·égard, un animal *retourné*.

L'extrémité vertébrale de l'omoplate s'articule avec la carapace; et l'extrémité opposée, que l'on peut croire analogue à la clavicule, s'articule avec le plastron, en sorte que les deux épaules forment un anneau dans lequel passent l'œsophage et la trachée.

Une troisième branche osseuse, plus grande que les deux autres, et dirigée en bas et en arrière, représente, comme dans les oiseaux, l'apophyse coracoïde, mais son extrémité postérieure reste libre.

Les poumons sont fort étendus et dans la même cavité que les autres viscères (1). Le thorax étant immobile dans le plus grand nombre, c'est par le jeu de la bouche que la tortue respire, en tenant les mâchoires bien fermées, et en abaissant et élevant alternativement son os hyoïde : le premier mouvement laisse entrer l'air par les narines; et, la langue fermant ensuite leur ouverture intérieure,

---

(1) Remarquez que, dans tous les reptiles où le poumon pénètre dans l'abdomen (et le crocodile est le seul où cela ne soit pas), il est enveloppé, comme les intestins, par un repli du péritoine, qui le sépare de la cavité abdominale.

le deuxième mouvement contraint cet air à pénétrer dans le poumon (1).

Les tortues n'ont point de dents ; leurs mâchoires sont revêtues de cornes comme celles des oiseaux, excepté dans les chélydes, où elles ne sont garnies que de peau. Leur caisse et leurs arcades palatines sont fixées au crâne et immobiles ; leur langue est courte, hérissée de filets charnus ; leur estomac simple et fort ; leurs intestins de longueur médiocre et dépourvus de cœcum. Elles ont une fort grande vessie.

Le mâle a une verge simple et considérable ; la femelle produit des œufs revêtus d'une coque dure. On reconnaît souvent le mâle à l'extérieur, parce que son plastron est concave.

Les tortues sont très vivaces ; on en a vu se mouvoir sans tête pendant plusieurs semaines ; il leur faut très peu de nourriture, et elles peuvent passer des mois entiers et même des années sans manger.

Les chéloniens, tous réunis par Linnæus dans le genre

DES TORTUES. (TESTUDO. L.)

Ont été divisés en cinq sous-genres, principalement d'après les formes et les téguments de leurs carapaces et de leurs pieds.

---

(1) *Voyez*, sur ce mécanisme qui est commun aux tortues et aux batraciens, les Mémoires de Robert Townson. Londres 1799.

1.º LES TORTUES DE TERRE. (*Testudo.* Brongn.) (1).

Ont la carapace bombée, soutenue par une charpente osseuse toute solide, et soudée par la plus grande partie de ses bords latéraux au plastron ; les jambes comme tronquées, à doigts fort courts et réunis de très près jusqu'aux ongles ; pouvant, ainsi que la tête, se retirer entièrement entre les boucliers ; les pieds de devant ont cinq ongles, ceux de derrière quatre, tous gros et coniques. Plusieurs espèces se nourrissent de matières végétales.

La Tortue grecque. (*Test. græca.* Lin. Schœpf.) pl. viii. ix.

Est l'espèce la plus commune en Europe ; elle vit en Grèce, en Italie, en Sardaigne, et, à ce qu'il paraît, tout autour de la Méditerranée. On la distingue à sa carapace large, également bombée ; à ses écailles relevées, granulées au centre, striées au bord, tachetées de noir et de jaune par grandes marbrures ; et à son bord postérieur, qui a dans son milieu une proéminence un peu recourbée sur la queue. Elle atteint rarement un pied de long ; vit de feuilles, de fruits, d'insectes, de vers ; se creuse un trou pour y passer l'hiver ; s'accouple au printemps, et pond quatre ou cinq œufs semblables à ceux des pigeons.

Parmi les espèces étrangères, il en est plusieurs des Indes orientales, d'un volume énorme, de trois pieds et plus de longueur. L'une d'elles a été trop particulièrement nommée

La Tortue des Indes. (*Test. indica.* Vosm.) Schœpf. Tort. pl. xxii.

Sa carapace est comprimée en avant, et le bord antérieur se relève au-dessus de la tête. Sa couleur est un brun foncé.

Il en est aussi plusieurs remarquables par la jolie distribution de leurs couleurs, comme

La géométrique. (*Test. geometrica.* L.) Lacep. I. ix. Schœpf. x.

Petite tortue dont la carapace noire a chacune de ses

______

(1) Merrem a changé ce nom en CHERSINE.

écailles régulièrement ornées de lignes jaunes en rayons partant d'un disque de même couleur, et

Le *Couï*, (*T. radiata.*) Shaw. Gen. zool. III. pl. 11. et Daud. II. xxvi.

Espèce de la Nouvelle-Hóllande, presque aussi bien dessinée que la géométrique, mais qui atteint une bien plus grande taille (1).

Quelques espèces (les Pyxis. Bell.) ont la partie antérieure du bouclier mobile, comme les tortues à boîte; et d'autres (les Kinixys, id.) peuvent mouvoir la partie postérieure de la carapace (2).

2° Les Tortues d'eau douce. (Emys. Brongn.) (3).

N'ont d'autres caractères constants pour les distinguer des précédentes, que des doigts plus séparés, terminés par des ongles plus longs, et dont les intervalles sont occupés par des membranes, encore y a-t-il des nuances à cet égard. On leur compte de même cinq ongles devant et quatre derrière. La forme de leurs pieds leur donne des habitudes plus aquatiques. La plupart vivent d'insectes, de petits poissons, etc. Leur enveloppe est généralement plus aplatie que celle des tortues de terre.

---

(1) Ajoutez : *T. stellata*, Schœpf., xxv ; — *T. angulata*, Schweig.; — *T. areolata*, Sch., xxiii ; — *T. denticulata*, Sch., xxviii, 1 ; — *T. cafra*, Schweiger. ; — *T. signata*, Schw.; — *T. marginata*, Sch., xii, 1, 2 ; — *T. carbonaria*, Spix., xvi ; — *T. hercules*, id., xiv; — *T. cagado*, id., xvii ; — *T. tabulata*, Sch., xiii ; — *T. sculpta*, Spix., xv ; — *T. nigra*, Quoy et Gaym. *Voyage* de Freyc., Zool., xxxvii ; — *T. depressa*, Cuv. ; — *T. biguttata*, id. ; — *T. carolina*, Leconte, etc.

(2) *Voyez* les Mém. de M. Bell., dans les Trans. Linn., tome XV, 2ᵉ part., p. 392 ; deux de ces *kinixys* que nous avons vus vivants, avaient les bords de la jointure de la carapace, inégalement usés et comme cariés, au point que l'on pourrait croire qu'il y avait quelque chose de maladif dans cette conformation.

(3) D'ἐμύς (Tortue).

La Tortue d'eau douce d'Europe. (*Testudo europæa.*
Schn. *orbicularis* Lin.) Schœpf. pl. I. (1).

Est l'espèce la plus répandue; on l'observe dans tout
le midi et l'orient de l'Europe jusqu'en Prusse. Sa carapace est ovale, peu convexe, assez lisse, noirâtre, toute
semée de points jaunâtres disposés en rayon. Elle atteint
jusqu'à dix pouces de long; on mange sa chair, et on en
élève pour cela avec du pain, de jeunes herbes; elle mange
aussi des insectes, des limas, de petits poissons, etc. Marsigli dit que ses œufs sont un an à éclore.

La Tortue peinte. (*Test. picta.* Schœpf. pl. iv.)

Est une des plus jolies espèces; elle est lisse, brune, et
chacune de ses écailles est entourée d'un ruban jaune, fort
large au bord antérieur. On la trouve dans l'Amérique septentrionale, le long des ruisseaux, sur les rochers ou les
troncs d'arbres, d'où elle se laisse tomber dans l'eau sitôt
qu'on approche (2).

------

(1) C'est la même que la *verte et jaune*, Lacép. Pl. VI et sa ronde
pl. V. On doit consulter, sur cette espèce, la belle monographie qu'en a
donnée M. Bojanus, Vilna, 1819, in-folio.

(2) Aj. *Em. lutaria*, Lacep., iv; — *Em. Adansonii*, Shweig; — *Em. se-*
negalensis, Dumer. ; — *Em. subrufa*, Lacep., xiii; — *Em. contracta*,
Schweig; — *Em. punctata*, Schœpf., v; — *Em. reticulata*, Leconte; —
Em. rubriventris, id.; — *Em. serrata*, Daud., II, xxi; — *Em. concinna*,
Lec., ou *geometrica*, Lesueur; — *Em. pseudogeographica*, Lesueur; —
Em. scripta, Schœpf., III, 4; — *Em. scabra*, id., III; — *Em. cinerea*,
id., II, 3; — *Em. centrata*, Daud., ou *terrapen*, Lin., Schœpf., xv; —
Em. concentrica, Lec.; — *Em. odorata*, id.; — *Em. fusca*, Lesueur;
— *Em. leprosa*, Schw.; — *Em. nasuta*, id. ; — *Em. dorsata*, Schœpf.;
— *Em. pulchella*, Schœpf., xxvi, ou *insculpta*, Lec.; — *Em.*
lutescens; Schw.; — *Em. expansa*, id.; — *Em. macquaria*, Cuv.

M. Fitzinger sépare sous le nom de CHELODINA, et M. Bell sous celui
d'HYDRASPIS, les espèces à cou plus alongé, telles que: *Em. longicollis*,
Shaw., gen. Zool. III, part. I, pl. xvi; — *Em. planiceps*, Schœpf., xxvii,
ou *Canaliculata*, Spix., viii; — *Em. platicephala*, Merrem; — *Em. de-*
pressa, Spix. III, 2; — *Em. carunculata*, Aug. St.-Hil.; — *Em. tritenta-*
culata, id.

On doit remarquer parmi les tortues d'eau douce,

LES TORTUES A BOITE (1).

Dont le plastron est divisé en deux battants par une articulation mobile, et qui peuvent fermer entièrement leur carapace quand leur tête et leurs membres y sont retirés.

Les unes ont le battant antérieur seulement mobile (2).

Dans d'autres, les deux battants se meuvent également (3).

Il y a au contraire des tortues d'eau douce dont la queue longue et les membres volumineux ne peuvent rentrer entièrement dans les boucliers. Elles se rapprochent en cela des sous-genres suivants, et surtout des chelydes, et méritent par conséquent aussi d'être distinguées (4).

Telle est

La Tortue à longue queue. (*T. serpentina*. L.) Schœpf. pl. vi.

Que l'on reconnaît à sa queue presque aussi longue que sa carapace, hérissée de crêtes aigues et dentelées, et à ses écailles relevées en pyramides. Elle habite les parties chaudes de l'Amérique septentrionale, détruit beaucoup de poissons et d'oiseaux d'eau, s'écarte assez loin des rivières, et pèse quelquefois au-delà de vingt livres.

3° LES TORTUES DE MER. (CHELONIA (5). Brongn.)

Ont leur enveloppe trop petite pour recevoir leur tête et surtout leurs pieds qui sont extrêmement alongés (principalement ceux de devant), aplatis en nageoires, et dont tous les doigts sont étroitement réunis et enveloppés dans la même

---

(1) C'est de cette subdivision que Merrem a fait son genre TERRAPÈNE; Spix, son genre KINOSTERNON; Fleming, son genre CISTUDA. L'espace d'Europe et d'autres ont déjà quelque chose de cette mobilité; ce qui rend son genre difficile à limiter.

(2) *Test. subnigra*, I, vii, 2; — *T. clausa*, Schœpf., vii.

(3) La tortue à boîte d'Amboine. Daud. II, 309: *Test. tricarinata*, Schœpf., ii; *Test. pensilvanica*, I, d., xxiv.

(4) M. Fitzinger a fait de cette subdivision son genre CHELYDRA, et M. Fleming, son genre CHELONURA.

(5) *Chelonia*, de χελονη. Merrem a préféré le nom barbare de CARETTA.

membrane. Les deux premiers doigts de chaque pied ont seuls des ongles pointus qui tombent même assez souvent l'un ou l'autre à un certain âge. Les pièces de leur plastron ne forment point une plaque continue, mais sont diversement dentelées, et laissent de grands intervalles qui ne sont occupés que par du cartilage. Les côtes sont rétrécies et séparées l'une de l'autre à leur partie extérieure; cependant le tour de la carapace est occupé en entier par un cercle de pièces correspondantes aux côtes sternales. La fosse temporale est couverte en-dessus d'une voûte formée par les pariétaux, et d'autres os, en sorte que toute la tête est garnie d'un casque osseux continu. L'œsophage est armé partout en dedans de pointes cartilagineuses et aiguës dirigées vers l'estomac.

La Tortue franche ou *Tortue verte*. (*Testudo mydas.* (1) Lin. *T. viridis.* Schn:) Lacép. I. 1.

Se distingue par ses écailles verdâtres au nombre de treize qui ne se couvrent point en tuiles, et dont celles de la rangée du milieu sont à peu près en hexagones réguliers.

Elle a jusqu'à six ou sept pieds de long et jusqu'à sept et huit cents liv. de poids. Sa chair fournit un aliment agréable et salutaire aux navigateurs dans tous les parages de la zône torride. Elle paît en grandes troupes les algues au fond de la mer, et se rapproche des embouchures des fleuves pour respirer. Ses œufs qu'elle dépose dans le sable au soleil, sont très nombreux et excellents à manger, mais on n'emploie point son écaille

Une espèce voisine (*Chel. maculosa.* nob.) a les plaques mitoyennes du double plus longues que larges, et fauves marquées de grandes taches noires; et une autre (*Chel. lachrymata*, nob.,) avec des plaques comme la précédente, a la dernière relevée en bosse, et des flammes noires sur le fauve. Leurs écailles s'employent utilement.

Le Caret. (*Testudo imbricata.* L.) Lac. I. 11. Schœpf. XVIII. A.

Moins grande que la tortue franche, à museau plus

---

(1) Ce nom de *Mydas* a été pris par Linnæus dans Niphus. Schneider le croit corrompu d'ἐμὺς.

alongé, à mâchoires dentelées, portant treize écailles fauves et brunes qui se recouvrent comme des tuiles; cette espèce a la chair désagréable et malsaine; mais ses œufs sont très délicats, et c'est elle qui fournit la plus belle écaille de tortue employée dans les arts. On la trouve dans les mers des pays chauds.

Il y a aussi deux espèces à rapprocher du caret, *Chel. virgata*, nob. ; Bruce , Abyss., pl. XLII, qui a les plaques moins relevées, celles du milieu égales mais à angles latéraux plus aigus, et des vergetures noires et rayonnées sur ses écailles; et *Chel. radiata*, Schœpf, XVI, B, qui ne diffère de la précédente que parce que la dernière de ses plaques mitoyennes, est plus large; ce n'est peut-être qu'une variété.

La Caouane. (*Test. Caretta*. Gm.) Schœpf. pl. XVI.

Est plus ou moins brune ou rousse, et a quinze écailles dont les mitoyennes sont relevées en arêtes, surtout vers leur extrémité; la pointe du bec supérieur crochue, et les pieds de devant plus longs et plus étroits que dans les espèces voisines et conservant deux ongles plus marqués. Elle vit dans plusieurs mers et même dans la Méditerranée, se nourrit de coquillages, a la chair mauvaise et l'écaille peu estimée, mais fournit une huile bonne à brûler.

Merrem a distingué récemment, sous le nom de SPHARGIS, les chélonées, dont le test n'a point d'écailles et est revêtu seulement d'une sorte de cuir (1).

Telle est une très grande espèce de la Méditerranée :

Le *Luth*. (*Testudo coriacea*. L.) Lacep. I. III. Schœpf. XXVIII.

Sa carapace ovale et pointue en arrière, présente trois arêtes longitudinales, saillantes au travers du cuir (2).

4° LES CHÉLIDES OU TORTUES A GUEULE. (CHELYS. Dumer.) (3).

Ressemblent aux émydes par les pieds et par les ongles;

---

(1) M. Fleming les nomme CORIUDO. M. Lesueur, DERMOCHELIS.

(2) Aj. *Dermochelis atlantica*, Lesueur.

(3) Merrem a préféré pour ce genre, le nom barbare de MATAMATA.

leur enveloppe est beaucoup trop petite pour recevoir leur
tête et leurs pieds, qui ont beaucoup de volume; leur nez
se prolonge en une petite trompe; mais le plus marqué de
leurs caractères consiste en ce que leur gueule fendue en
travers n'est point armée d'un bec de corne comme celle des
autres chéloniens, et ressemble à celle de certains batraciens, nommément du *Pipa*.

La *Matamata*. (*Testudo fimbria*. Gm.) Bruguières. Journ.
d'Hist. nat. I. xiii. Schœpf. xxi.

A carapace hérissée d'éminences pyramidales; le corps
bordé tout autour d'une frange déchiquetée. On la trouve
à la Guiane.

5° LES TORTUES MOLLES. (TRIONYX. Geoff.)

N'ont point d'écailles, mais seulement une peau molle
pour envelopper leur carapace et leur plastron, lesquels ne
sont ni l'un ni l'autre complétement soutenus par des os,
les côtes n'atteignant pas les bords de la carapace et n'étant
réunies entre elles que dans une portion de leur longueur;
les parties analogues aux côtes sternales étant remplacées
par un simple cartilage, et les pièces sternales en partie dentelées comme dans les tortues de mer, ne remplissant point
toute la face inférieure. On aperçoit après la mort, au travers de la peau desséchée, que la surface des côtes est très
raboteuse. Les pieds, comme dans les tortues d'eau douce,
sont palmés sans être alongés, mais trois de leurs doigts
seulement sont pourvus d'ongles. La corne de leur bec est
revêtue en dehors de lèvres charnues, et leur nez se prolonge en une petite trompe. Leur queue est courte et l'a-
nus percé sous son extrémité. Elles vivent dans l'eau douce,
et les bords flexibles de leur enveloppe les aident dans la
natation.

Le *Tyrsé* ou *Tortue molle du Nil*. (*Testudo triunguis*.
Forsk et Gm.) *Trionyx ægyptiacus*. Geoff. Ann. du
Mus. XIV. 1.

Quelquefois longue de trois pieds; d'un vert moucheté de blanc, à carapace peu convexe. Elle dévore les

petits crocodiles au moment où ils éclosent, et rend par là plus de services à l'Égypte que la mangouste (1).

La *Tortue molle d'Amérique.* (*Testudo ferox.* Gm.) Penn. Trans. Phil. LXI. x. 1-3. Cop. Lacep. I. vii. Schœpf. xix.

Habite les rivières de la Caroline, de la Géorgie, de la Floride et de la Guiane; se tient en embuscade sous les racines des joncs, etc., saisit les oiseaux, les reptiles, etc., dévore les jeunes caïmans et devient la proie des grands. Sa chair est bonne à manger (2).

LE DEUXIÈME ORDRE DES REPTILES,

Ou LES SAURIENS (3).

Ont le cœur composé, comme celui des chéloniens, de deux oreillettes, et d'un ventricule quelquefois divisé par des cloisons imparfaites.

Leurs côtes sont mobiles, en partie attachées au sternum, et peuvent se soulever ou s'abaisser pour la respiration.

Leur poumon s'étend plus ou moins vers l'arrière du corps; il pénètre souvent fort avant dans le bas-ventre, et les muscles transverses de l'abdomen se glissent sous les côtes et jusques vers le

---

(1) Sonnini., voyage en Egypte, tome II, p. 333.

(2) Aj. *Trionix javanicus,* Geoffr., Ann. du Mus. xiv; — *Tr. carinatus,* id.; — *Tr. stellatus,* id.; — *Tr. euphraticus,* Olivier, Voyage en Turq., etc., pl. xlii; — *Tr. gangeticus,* Duvaucel; — *Tr. granosus,* Leach. ou *test. granosa,* Schœpf. xxx, A et B.

N. B. La Tortue de Bartram, Voyage en Am. sept., trad. fr., I, pl. 2, me paraît le *Testudo ferox,* auquel le dessinateur a donné, par mégarde, deux ongles de trop à chaque pied.

(3) De σαῦρος (Lézard), animaux analogues aux lézards.

col pour l'embrasser. Ceux qui l'ont très grand exercent la faculté singulière de changer les couleurs de la peau, suivant qu'ils sont émus par leurs besoins ou par leurs passions.

Leurs œufs ont une enveloppe plus ou moins dure. Les petits en sortent avec la forme qu'ils doivent toujours conserver.

Leur bouche est toujours armée de dents; leurs doigts portent des ongles, à très peu d'exception près; leur peau est revêtue d'écailles plus ou moins serrées, ou au moins de petits grains écailleux; ils s'accouplent, tantôt par deux verges, tantôt par une seule, selon les genres.

Tous ont une queue plus ou moins longue, presque toujours fort épaisse à sa base; le plus grand nombre a quatre jambes; quelques-uns seulement n'en ont que deux.

Ils ne formaient dans Linnæus que deux genres, les Dragons et les Lézards; mais ce dernier a dû être divisé en plusieurs, qui diffèrent par le nombre des pieds, celui des verges, les formes de la langue, de la queue et des écailles, au point qu'on est obligé d'en faire même plusieurs familles.

La première, ou celle

Des CROCODILIENS.

Ne comprend qu'un seul genre, savoir :

Les Crocodiles. (Crocodilus. Br.)

Ils ont une grande stature, la queue aplatie par les

côtés, cinq doigts devant, quatre derrière, dont les trois internes seulement armés d'ongles à chaque pied, tous plus ou moins réunis par des membranes; un seul rang de dents pointues à chaque mâchoire; la langue charnue, plate et attachée jusque très près de ses bords, ce qui a fait croire aux anciens qu'ils en manquaient; une seule verge; l'ouverture de l'anus longitudinale; le dos et la queue couverts de grandes écailles carrées très fortes, relevées d'une arête sur leur milieu; une crête de fortes dentelures sur la queue, double à sa base. Les écailles du ventre carrées, minces et lisses. Leurs narines, ouvertes sur le bout du museau par deux petites fentes en croissant que ferment des valvules, donnent, par un long canal étroit percé dans les palatins et dans le sphénoïde, jusque dans le fond de l'arrière-bouche.

La mâchoire inférieure se prolongeant derrière le crâne, il semble que la supérieure soit mobile, et les anciens l'ont écrit ainsi; mais elle ne se meut qu'avec la tête toute entière.

Leur oreille extérieure se ferme à volonté par deux lèvres charnues; leur œil a trois paupières. Sous la gorge sont deux petits trous, orifices de glandes, d'où sort une pommade musquée.

Les vertèbres du cou appuient les unes sur les autres par de petites fausses côtes qui rendent le mouvement latéral difficile : aussi ces animaux ont-ils de la peine à changer de direction, et on les évite aisément en tournoyant. Ce sont les seuls sauriens qui manquent d'os claviculaires; mais leurs apophyses coracoïdes s'attachent au sternum, comme dans tous les autres. Outre les côtes ordinaires et les fausses côtes, il y en a qui protègent l'abdomen sans remonter jusqu'à l'épine, et qui paraissent produites par l'ossification des inscriptions tendineuses des muscles droits.

Leurs poumons ne s'enfoncent pas dans l'abdomen, comme ceux des autres reptiles, et des fibres charnues, adhérentes à la partie du péritoine qui recouvre le foie, leur donnent une apparence de diaphragme, ce qui, joint à leur cœur divisé en trois loges, et où le sang qui vient du poumon ne se mêle pas avec celui du corps aussi complétement que dans les autres reptiles, rapproche un peu plus les crocodiles des quadrupèdes à sang chaud.

Leur caisse et leurs apophyses ptérygoïdes sont fixées au crâne, comme dans les tortues.

Leurs œufs sont durs et grands comme ceux de nos oies, et les crocodiles passent pour les animaux dont les deux extrêmes de grandeur sont le plus différents. Les femelles gardent leurs œufs, et quand ils sont éclos, elles soignent leurs petits pendant quelques mois.

Ils se tiennent dans les eaux douces, sont très carnassiers, ne peuvent avaler dans l'eau, mais noient leur proie, et la placent dans quelque creux sous l'eau, où ils la laissent putréfier avant de la manger (1).

Les espèces, plus nombreuses qu'on ne le croyait avant nous, se rapportent à trois sous-genres distincts.

Les Gavials. Cuv.

Ont le museau grêle et très alongé ; les dents à peu près égales ; les quatrièmes d'en bas passant, quand la bouche est fermée, dans des échancrures, et non pas dans des trous de la mâchoire supérieure ; les pieds de derrière dentelés au bord externe et palmés jusqu'au bout des doigts, deux grands trous aux os du crâne derrière les yeux, que l'on sent au travers de la peau. On n'en a encore observé que dans l'ancien continent.

Le plus connu est

Le *Gavial du Gange.* (*Lac. gangetica.* Gm.) Faujas. Hist. de la Mont. de St.-Pierre. pl. XLVI. Lacep. I. XV.

Espèce qui devient fort grande, et qui, outre la lon-

______

(1) Les crocodiles diffèrent assez des autres lézards, pour que plusieurs auteurs récents aient cru devoir en faire un ordre particulier. Ce sont les LORICATA de Merrem, et de Fitzinger, les EMYDOSAURIENS de Blainville.

gueur de son museau, se fait remarquer par une grosse proéminence cartilagineuse qui entoure ses narines, et se rejette en arrière (1).

Les Crocodiles (2) proprement dits.

Ont le museau oblong et déprimé, les dents inégales, les quatrièmes d'en bas passant dans des échancrures et non pas dans des trous de la mâchoire supérieure, et tous les autres caractères des gavials. Il y a des espèces de cette forme dans les deux continents.

Le *Crocodile vulgaire*, ou *du Nil*. (*Lac. crocodilus*. L.) Geoffr. Descr. de l'Ég. Rept. II. 1. Ann. Mus. X. III. 1. Cuv. *ibid*. X. pl. I. f. 5 et II. f. 7. et Ossem. foss. V. part. 2. même pl. et fig.

Si célèbre chez les anciens, a six rangées de plaques

---

(1) C'est cette proéminence qui avait fait dire à Elien (Hist. an. LXII, c. 41), qu'il existe dans le Gange des crocodiles qui ont une corne sur le bout du museau. *Voyez* en la description et les figures, par M. Geoffroy St.-Hil., Mém. du Mus., XII, p. 97.

Ajoutez le petit *gavial* (*Croc. tenuirostris*, Cuv.), Faujas, loc. cit., pl. XLVIII, si toutefois c'est une espèce distincte.

N. B. Les Schistes calcaires de Bavière ont donné un petit Gavial fossile d'une espèce particulière, qui a été décrit par M. Sœmmering dans les Mém. de l'Ac. de Munich, pour 1814.

J'ai fait connaître des crânes et d'autres parties de crocodiles fossiles, voisins du gavial, trouvés à Caen, à Honfleur et en d'autres lieux, et j'ai marqué les points par lesquels l'ostéologie de leur crâne diffère de celle du gavial actuel. *Voyez* mes Recherches sur les ossem. foss., V, 2e part. Il y a aussi des observations analogues faites en Angleterre, par M. Conybeare. D'après ces différences qui tiennent surtout à l'arrière du palais, M. Geoffroy a cru devoir faire de ces animaux perdus, deux genres, qu'il nomme Theleosaurus et Steneosaurus, et néanmoins il paraît croire que les gavials actuels peuvent en descendre, et que leurs différences peuvent résulter du changement des circonstances atmosphériques. Mém. du Mus., XII.

(2) Κροκοδειλος, *qui craint le rivage*, nom donné par les Grecs à un lézard commun chez eux; ils l'appliquèrent ensuite, à cause de la ressemblance, au crocodile d'Egypte, quand ils voyagèrent dans ce dernier pays. Hérodot., lib. II. M. Merrem a changé ce nom de sous-genre en Champses qui était le nom égyptien de cet animal selon Hérodote.

carrées, et à peu près égales, tout le long du dos (1).

Le *Crocodile à deux arêtes.* (*Croc. biporcatus.* Cuv.) Ann.
Mus. X. I. 4. et II. 8. et Ossem. foss. V. 2ᵉ part. mêmes
pl. et fig.

A huit rangées de plaques ovales le long du dos, et
deux arêtes saillantes sur le haut du museau, se trouve
dans plusieurs îles de la mer des Indes, et probablement

---

(1) *N. B.* On trouve depuis le Sénégal jusqu'au Gange et au-delà, des
crocodiles très semblables au vulgaire, et qui ont, les uns le museau un
peu plus long et plus étroit, les autres quelques variétés dans les plaques
ou écailles qui garnissent le dessus de leur cou ; mais il est très difficile de
les distribuer en espèces distinctes, à cause des nuances intermédiaires.
Les petites écailles isolées qui forment une rangée transverse, immédiatement derrière le crâne, varient de deux à quatre et à six ; les plaques
rapprochées qui composent le bouclier de la nuque, sont généralement
au nombre de six ; mais il y en a quelquefois une plus petite à peu de
distance de chaque angle antérieur de ce bouclier, et d'autres fois, celle-
là est contiguë au bouclier, ce qui lui donne huit plaques. M. Geoffroy
nomme *Croc. suchus*, ceux qui ont le museau plus étroit et plus alongé ;
Cr. marginatus, ceux où l'on compte six écailles à la rangée de derrière le
crâne ; il y en a parmi eux qui ont six plaques au bouclier, d'autres qui en ont
huit ; *Cr. lacunosus*, un individu qui ne lui a offert que deux écailles derrière le crâne, et six plaques au bouclier ; enfin, *Cr. complanatus*, un individu dont les caractères tiennent à quelques proportions de la tête.

Ces différents crocodiles ont bien aussi quelques variations dans les
formes de détail du museau, et dans les écailles latérales du dos ; mais à
cet égard, et surtout pour le museau, les variétés seraient encore bien plus
nombreuses, et M. Geoffroy reconnaît que *rien n'est plus fugitif que les
formes des crocodiles.* C'est au point que je n'ose élever au rang d'espèce, des crocodiles envoyés du Bengale par M. Duvaucel, quoique leur
tête soit plus convexe que dans tous les autres.

J'ai une autre discussion avec le savant naturaliste que je viens de citer ;
il suppose que l'espèce ou variété à museau plus étroit, demeure plus petite, qu'elle est douce et inoffensive, que sa petitesse fait qu'elle est portée
plutôt sur le rivage lors des inondations, dont elle est ainsi un précurseur,
et d'après ces idées qu'il s'en est faites, il pense que c'était particulièrement
à elle que les Egyptiens rendaient des honneurs religieux, et que le nom de
Suchus ou de *Suchis* lui appartenait comme espèce. Je crois, au contraire,
avoir prouvé par Aristote et par Cicéron que les crocodiles vénérés en
Egypte, n'étaient pas moins féroces que les autres ; il est certain aussi
que le crocodile à museau étroit, n'était pas soigné exclusivement par

aussi dans les deux presqu'îles. On l'a reçu principalement des Séchelles.

Le *Crocodile à museau effilé*. (*Croc. acutus.* Cuv.) Geoffr. Ann. Mus. II. XXXVII.

A museau plus long, bombé à sa base, à plaques du dos rangées sur quatre lignes ; les extérieures disposées irrégulièrement et avec des arêtes plus saillantes. C'est l'espèce de Saint-Domingue et des autres grandes Antilles. La femelle place ses œufs dans la terre, et les découvre au moment où ils doivent éclore (1).

Les Caïmans (2). (Alligator. Cuv.)

Ont le museau large, obtus, les dents inégales, dont les

---

les prêtres ; car, d'après les recherches très exactes de M. Geoffroy lui-même, il se trouve que les trois crocodiles embaumés qui existent en ce moment à Paris, ne sont justement pas le *Suchus*, mais bien le *marginatus*, le *lacunosus* et le *complanatus* ; enfin, tout me fait croire que, *Souc* ou *Souchis*, qui, selon M. Champollion, tait le nom égyptien de Saturne, était aussi le nom propre du crocodile que l'on entretenait à Arsinoë ; comme Apis était le nom du bœuf sacré de Memphis, et Mnevis celui du bœuf d'Hermopolis.

On peut consulter, sur ce point d'antiquité, les différents écrits de M. Geoffroy, et celui où il les a résumés dans le grand ouvrage sur l'Egypte, ainsi que mes Recherches sur les ossements fossiles, tome V, IIe part., p. 45. Ce dernier article ayant été fait avant celui de l'ouvrage sur l'Egypte, je n'ai pu y faire entrer l'argument tiré de la différence des crocodiles embaumés, argument qui m'est fourni par M. Geoffroy, et qui me paraît singulièrement corroborer ma manière de voir.

(1) Le *Croc. à mus. effilé* a été particulièrement observé par M. Descourtils. — Aj. : Le *Crocodile à losange* (*Croc. rhombifer*) ; Cuv., Ann. Mus. XII, pl. 1, 1 ; — le *Crocodile à casque* (*Croc. galeatus*) ; Perrault. Mém. pour servir à l'Hist. des an., pl. LXIV, si toutefois cette espèce, qui n'est connue que par cette figure, est une espèce constante ; — le *Crocodile à deux boucliers* (*Croc. biscutatus*) ; Cuv., Ann. Mus., X, 11, 6, et Ossem. foss., t. V, part. 2, pl. 11, f. 6, dont on n'a vu qu'un ou deux individus ; — le *Croc. à nuque cuirassée* (*Croc. cataphractus*, Cuv.) ; Oss. foss. V, IIe part., pl. v, f. 1 et 2.

(2) Le nom de *Caïman* est celui que les nègres de la Guinée donnent aux crocodiles. Les colons français l'emploient pour désigner l'espèce de crocodile la plus commune autour de leur habitation. Les colons anglais et hollandais emploient, dans le même sens, le mot *alligator*, corrompu du portugais *lagarto*, qui vient lui-même de *lacerta*.

quatrièmes d'en bas entrent dans des trous, et non dans des échancrures de la mâchoire supérieure ; leurs pieds sont à demi palmés seulement et sans dentelure. On n'en connaît encore pour sûr qu'en Amérique.

Le *Caïman à lunettes*. (*Croc. sclerops*. Schn.) Seb. I. civ. 10. Cuv. An. Mus. X. I. 7 et 16. et II. 3.

Ainsi nommé d'une arête transversale qui réunit en avant les bords saillants de ses orbites, est l'espèce la plus commune à la Guiane et au Brésil. Sa nuque est cuirassée de quatre bandes transverses de fortes écailles. La femelle pond dans le sable, couvre ses œufs de paille ou de feuilles, et les défend avec courage (1).

Le *Caïman à museau de brochet* (*Croc. lucius*. Cuv.) Ann. Mus. X. 1. 8 et 15. et II. 4.

Ainsi nommé de la forme de son museau, se distingue encore par quatre plaques principales qu'il porte sur la nuque. Il habite dans le midi de l'Amérique septentrionale. Il s'enfonce dans la vase et tombe en léthargie dans

---

(1) Il y a aussi des caïmans de plusieurs sortes, qui ont cette arête transverse en avant des orbites, et qui forment peut-être, comme les crocodiles voisins du vulgaire, des espèces différentes, mais difficiles à bien caractériser.

Les uns ont le museau plus court, plus arrondi, l'arête transverse concave en avant, et se prolongeant de chaque côté sur la joue. Je leur compte treize dents de chaque côté en haut ; leur crâne n'est point élargi en arrière ; leur corps est vert, pointillé et tacheté de noir, avec des bandes noires sur la queue.

D'autres ont la même tête, les mêmes dents, mais leur corps est noir, avec des bandes étroites, jaunâtres comme dans le *Jacaré noir* de Spix, pl. iv.

D'autres encore ont le museau moins élargi, l'arête concave se prolonge moins ; je leur trouve quinze dents, leur cou est mieux cuirassé ; je les prendrais volontiers pour le *Cr. fissipes* de Spix, pl. iii.

Enfin, il y en a à museau encore moins large, à crâne un peu élargi en arrière, dont l'arête transverse est convexe en avant, et ne se prolonge pas sur la joue ; leurs écailles du dos ont les arêtes moins saillantes, et les bandes de leur queue sont moins marquées ; serait-ce le *Cr. punctulatus* de Spix, pl. ii ? Malheureusement M. Spix n'a point insisté sur les caractères pris de l'arête transverse.

les grands froids. La femelle dépose ses œufs par couches,
avec des lits de terre (1).

La deuxième famille, ou celle

DES LACERTIENS (2).

Est distinguée par sa langue mince, extensible,
et terminée en deux filets, comme celle des couleuvres et des vipères ; leur corps est alongé ; leur
marche rapide ; tous leurs pieds ont cinq doigts
armés d'ongles, séparés, inégaux, surtout ceux de
derrière ; leurs écailles sont disposées, sous le ventre
et autour de la queue, par bandes transversales et
parallèles ; leur tympan est à fleur de tête ou peu
enfoncé, et membraneux ; une production de la
peau fendue longitudinalement, qui se ferme par un
sphincter, protège leur œil ; sous l'angle antérieur
est un vestige de troisième paupière ; leurs fausses
côtes ne font point de cercle entier ; les mâles ont
une double verge ; l'anus est une fente transversale.

Leurs espèces étant fort nombreuses et fort variées, nous les subdivisons en deux grands genres.

Les Monitors, appelés nouvellement, par une erreur
singulière, Tupinambis (3),

Sont celui où il y a des espèces de la plus grande

______

(1) *Voyez*, sur cette espèce, le mém. de M. Harlan, Ac. nat. sc. Philad. IV, 242. — Aj. le *Caïman à paupières osseuses* (*Croc. palpebrosus*,
Cuv.) Ann. Mus. X, pl. 1, 6 et 7, et II, 2 ; et le *Croc. trigonatus*, Schn.,
Seb., I, CV, 3 ; ou le *Jacaretinga moschifer*, Spix., pl. I. Cette espèce a
la paupière occupée entièrement dans son épaisseur, par trois lames osseuses, dont les autres crocodiles ont à peine un léger vestige.

(2) Du latin *lacerta*, qui a la même signification que *lézard*.

3) Margrave, parlant du sauvegarde d'Amérique, dit qu'il se nomme

taille ; ils ont des dents aux deux mâchoires, et en manquent au palais : on en reconnaît le plus grand nombre à leur queue comprimée latéralement, qui les rend plus aquatiques. Le voisinage des eaux les rapprochant quelquefois des *crocodiles* et des *caïmans*, on a dit qu'ils avertissent, par un sifflement, de l'approche de ces dangereux reptiles : c'est probablement cette assertion qui a fait donner le nom de *sauvegarde* ou *monitor* à quelques-unes de leurs espèces, mais elle n'est rien moins que certaine.

Ils se divisent en deux groupes très distincts. Le premier, ou celui

Des Monitors proprement dits,

Se reconnaît à des écailles petites et nombreuses sur la tête, et les membres, sous le ventre et autour de la queue, laquelle a en dessus une carène formée par une double rangée d'écailles saillantes. Leurs cuisses n'ont point cette rangée de pores, que nous voyons dans plusieurs autres sauriens. Ils sont tous de l'ancien continent (1).

L'Égypte en nourrit deux espèces, qui peuvent être considérées comme les types de deux subdivisions :

Le *Monitor du Nil. Ouaran* des Arabes. (*Lacerta nilotica.* L.) Mus. Worm. 313. Geoffr. s. hil. Gr. Ouv. sur l'Égypte. Reptiles. pl. 1. f. 1.

A dents coniques et fortes, dont les postérieures deviennent rondes avec l'âge ; brun avec des piquetures plus pâles et plus foncées, formant divers compartiments, parmi lesquels on remarque des rangées transverses de grandes taches ocellées, qui, sur la queue, deviennent des anneaux. Sa queue, ronde à sa base, est surmontée de la carène sur presque toute sa longueur ; il atteint cinq et

---

Teyu-guaçu, et chez les Topinambous, *Temapara* (*Temapara tupinambis*). Séba a pris ce dernier mot pour le nom de l'animal, et tous les autres naturalistes l'ont copié.

(1) Seba, et d'après lui Daudin, donnent quelques vrais monitors pour américains ; mais c'est une erreur.

six pieds. Le peuple, en Égypte, prétend que c'est un jeune croçodile éclos en terrain sec. Les anciens Égyptiens l'ont gravé sur leurs monuments, peut-être parce qu'il dévore les œufs du crocodile (1).

L'autre espèce,

Le *Monitor terrestre d'Égypte Ouaran el hard* des Arabes. (*Lacerta Scincus* Merr.) Geoff. Égyp. Rept. III. f. 2.

A dents comprimées, tranchantes et pointues; à queue presque sans carène, et demeurant ronde beaucoup plus loin; ses habitudes sont plus terrestres; il est commun dans les déserts qui avoisinent l'Égypte, et les bateleurs du Caire l'emploient à faire des tours, après lui avoir arraché les dents. C'est le *Crocodile terrestre* d'Hérodote, et, comme le croit Prosper Alpin, le véritable *Scinque* des anciens (2).

L'Afrique et les Indes produisent un grand nombre de monitors à dents tranchantes comme le précédent, mais dont la queue est encore plus comprimée qu'à celui du Nil.

Le plus commun dans l'archipel des Indes, est

La *M. à deux rubans.* (*Lac. bivittata.* Kuhl.)

Blanc dessous, noir dessus, avec cinq rangées transverses de taches blanches ou d'anneaux blancs. Une bande blanche le long du cou, et un angle formé par le blanc de la poitrine, qui remonte obliquement sur l'épaule. On en a de trois pieds de long (3).

---

(1) A cette espèce se rattachent par la forme des dents et même par la disposition des taches, qui, au reste, se ressemblent dans presque tous les monitors : le *M. orné* (*M. ornatus,* Daud.), Ann. Mus. II, xlviii, *Lac. capensis,* Sparm. — le *M. à gorge blanche* (*M. albogularis,* Daud., Rept., III, pl. xxxii.)

C'est de cette subdivision que M. Fitzinger fait son genre Varanus. Sous ce nom de Varanus, Merrem comprenait tous mes monitors proprement dits.

(2) M. Fitzinger fait de cette espèce son genre Psammosaurus.

(3) A cette espèce se rattachent par la distribution des couleurs, le *T. bigarré,* Daud. (*Lac. varia,* Shaw. nat. Misc. 83, J. White, 253), de la Nouv. Hollande; — une espèce voisine, de manille (*M. marmoratus,* C.); — Le *T. élégant* et le *T. étoilé,* Daud. III, xxxi, et Seb., I, xciv, 1, 2, 3, xcviii, xcix, 2; II, xxx, 2, xc, cv; 1, etc., qui ne forment

L'autre groupe des monitors a des plaques anguleuses
sur la tête, et de grandes écailles rectangulaires sous le ventre et autour de la queue La peau de leur gorge revêtue de
petites écailles, fait deux plis en travers. Ils ont une rangée
de pores sous les cuisses (1)

On peut y établir aussi des subdivisions.

La première, ou

Les Dragonnes.

A pour caractère distinctif, des écailles relevées d'arêtes
comme dans les crocodiles, formant des crêtes sur la queue,
qui est comprimée (2).

La grande *Dragonne*. (*Mon. crocodilinus* Merr.)
Lacep. Quadr. ovip. pl. ix.

A aussi des écailles relevées d'arêtes éparses sur le dos.
Avec l'âge les dents du fond de sa bouche deviennent arrondies. Elle atteint de quatre à six pieds de long et vit à
la Guiane, dans des terriers, près des marécages. On
mange sa chair.

Le *Lézardet*. Daud. (*Lac. bicarinata*. L.) *Crocodilurus
amazonicus*. Spix. pl. xxi.

Est plus petit, et n'a point d'écailles relevées sur le dos.
On le trouve dans plusieurs parties de l'Amérique méridionale.

---

qu'une espèce originaire d'Afrique. Il faut y ajouter le *T. cepedien*, Daud.,
III, xxiv, ou *Lac. exanthematica*, Bosc., Act. Soc. nat. Par.; pl. v,
f. 3, ocellé partout; — Le M. piqueté de brun du Bengale (*M. Bengalensis*, Daub.; — Le *M. noir piqueté de vert*, de Moluques (*M. indicus, Daud.* ; — Une espèce noirâtre uniforme de Java , *M. nigricans*,
Cuv.), etc.

Toute comparaison faite, j'ai lieu de croire maintenant que la fig. de
Seba I., pl. ci, f. 1, dont Lin. a fait son *Lacerta dracœna*, mais qui est
très différente de la *Dragonne* de Lacép., est le *M. bengalensis*. L'ori-
ginal de Seba est au Museum.

M. Fitzinger réserve à ces espèces à queue comprimée, le nom géné-
ique de Tupinambis.

(1) Merrem a fait de ce second groupe, son genre Teius.

(2) M. Spix a fait de cette subdivision son genre Crocodilurus, dont
M. Gray a changé le nom en Ada.

La deuxième, ou

Les Sauvegardes.

A toutes les écailles du dos et de la queue sans carènes ; les dents sont dentelées, mais avec l'âge celles de l'arrière-bouche s'arrondissent aussi (1).

Les uns, appelés plus particulièrement Sauvegardes, ont la queue plus ou moins comprimée ; les écailles du ventre plus longues que larges ; ils vivent au bords des eaux.

Tel est surtout

Le *Grand Sauvegarde d'Amérique*, *Teyu-Guazu* ; *Témapara*, etc. (*Lacerta teguixin*. Lin. et Shaw.) Seb. I. xcvi. 1. 2. 3. xcvii. 5. xcix. 1.

A piquetures et taches jaunes disposées par bandes transverses, sur un fond noir en dessus, jaunâtre en dessous; des bandes jaunes et noires sur la queue.(2). Au Brésil, à la Guiane, arrivant à six pieds de longueur. Il va rapidement sur terre; se réfugie à l'eau quand on le poursuit; y plonge, mais n'y nage point ; mange toute sorte d'insectes, de reptiles, des œufs dans les basses-cours, etc. ; niche dans des trous qu'il creuse dans le sable. On mange sa chair et ses œufs (3).

D'autres appelés Ameiva (4) ne diffèrent des précédents que

---

(1) C'est à ceux-là que M. Fitzinger réserve le nom de Monitor.

(2) Les individus desséchés, ou conservés dans la liqueur, prennent une teinte bleuâtre ou verdâtre dans leurs parties claires, et c'est ainsi que les représente Seba ; mais vivant, tel que nous l'avons vu, il a les parties claires plus ou moins jaunes. Le Pr. Max. de Wied l'a bien rendu dans sa onzième livr.

(3) Aj. le *Tupin. à taches vertes* de Daud., si ce n'est pas une simple variété du Sauvegarde. Spix le nomme *Tup. monitor*, pl. xix; c'est son *T. nigropunctatus* qui est le vrai Sauvegarde.

(4) Le nom d'*Ameiva*, selon Margrave, désigne un lézard à queue fourchue, ce qui ne peut être qu'une circonstance accidentelle ; Edwards ayant eu un individu de la division ci-dessus, où cet accident s'observait, en a appliqué le nom à toute l'espèce. Margrave compare le sien à son *Taraguira* qui, d'après sa description, serait plutôt un *Marbré*.

par une queue ronde, et nullement comprimée, garnie,
ainsi que le ventre, de rangées transversales d'écailles carrées; celles du ventre sont plus larges que longues. Ce sont
des lézards d'Amérique, assez semblables aux nôtres à l'extérieur, et qui les représentent dans ce pays-là; mais outre le
manque de dents molaires, la plupart n'ont point de collier, et toutes les écailles de leur gorge sont petites; leur
tête est aussi plus pyramidale que dans nos lézards, et ils
n'ont pas, comme eux, une plaque osseuse sur l'orbite.

On a confondu sous le nom de *Lacerta ameïva*, plusieurs
espèces, dont quelques-unes sont encore assez difficiles à
distinguer; la plus répandue (*Teyus ameiva*, Spix, xxiii,
Pr. Max. de Wied, V^e. liv.,) est longue d'un pied et plus,
verte, et a le dos plus ou moins piqueté et tacheté de noir,
et des rangées verticales d'ocelles blancs bordés de noir
sur les flancs.

Il y en a une autre (*Teyus cyaneus*, Merr.; Lacep., I,
xxxi; Séb., II, cv, 2,) a peu près de même taille, bleuâtre,
à taches rondes, blanches, éparses sur les flancs et quelquefois sur le corps.

Les individus jeunes de çes ameïva et de quelques autres, ont des raies noirâtres sur les côtés du dos; il faut
y faire attention pour ne pas multiplier les espèces (1).

____

(1) Tel me paraît le *Teyus ocellifer*, Spix, xxv.

Ajoutez l'*Am. litterata*, Daud. Séb., I, lxxxiii; — *Am. cæruléo-
cephala*, id., Séb., I, xci, 3; — *Am. lateristriga*, Cuv., Séb., I, xc, 7;
— *Am. lemniscata (Lacert. lemnisc.*, Gmel.), Séb., I, xcii, 4; — *Teius
tritæniatus*, Spix, xxi, 2. — *T. cyanomelas*, Pr. Max., cinquième liv.

Je ne sais par quelle confusion de synonymie, Daudin a placé l'*Am.
litterata* en Allemagne; il est d'Amérique comme tous les autres. L'*Am.
graphique* de Daud., Séb., I, lxxxv, 2, 4, est le monitor piqueté; son
Am. argus, Séb., I, lxxxv, 3, est le monitor cépédien; son *Goitreux*,
Séb., II, ciii, 3, 4, ne diffère pas du litterata; enfin *sa tête rouge*, Séb., I,
xci, 1, 2, est un lézard vert ordinaire. Il a probablement été induit
en erreur par les enluminures de Séba. Le *Lac. 5-lineata*, me paraît un
L. cæruleocephala, dont une partie de la queue cassée avait repoussé
avec de petites écailles, comme cela arrive toujours après cet accident;
l'axe de cette portion nouvelle de queue, est aussi toujours une tige car-

On peut séparer des ameïva, certaines espèces qui ont toutes les écailles du ventre, des jambes et de la queue relevées d'une carène (1).

Et d'autres où les écailles du dos sont elles-mêmes carénées, en sorte que leurs flancs seuls ont de petits grains (2).

Ces espèces se rapprochent encore des lézards par un collier sous le col (3).

LES LÉZARDS proprement dits

Forment le deuxième genre des lacertiens. Ils ont le fonds du palais armé de deux rangées de dents, et se distinguent d'ailleurs des ameïva et des sauvegardes parce qu'ils ont un collier sous le col, formé par une rangée transversale de larges écailles, séparées de celles du ventre par un espace où il n'y en a que de petites, comme sous la gorge, et parce qu'une partie de leurs os du crâne s'avancent sur leurs tempes et sur leurs orbites, en sorte que tout le dessus de la tête est muni d'un bouclier osseux.

Ils sont très nombreux, et notre pays en produit plusieurs espèces, confondues par Linnæus sous le nom de *Lacerta agilis*. La plus belle est le *grand Lezard vert ocellé*, (*Lac. ocellata*. Daud.) Lacep., I, xx ; Daud., III, xxxiii, du midi de la France, d'Espagne et d'Italie ; long de plus d'un pied, d'un beau vert, avec des lignes de points noirs

---

tilagineuse sans vertèbres. On ne peut, sur ces circonstances accidentelles, caractériser des espèces, comme l'a fait Merrem, pour ses *Teyus monitor* et *cyaneus*.

(1) L'une d'elles a, dans un sexe, deux petites épines de chaque côté de l'anus, ce qui a donné lieu au genre CENTROPYX de Spix., xxii, 2.

(2) Le *Lézard strié* de Surinam, Daud., III, p. 347. Fitzinger en fait son genre PSEUDO-AMEÏVA.

(3) Il me semble même que le Centropyx a des dents au palais ; mais d'ailleurs ces deux sortes de lézards ont la tête des ameïva : point d'os sur l'orbite, etc.

N. B. Fitzinger fait un genre (TEYUS), du *lézard teyou* de Daudin, qui n'aurait que quatre doigts aux pieds de derrière ; mais qui ne repose que sur une description incomplète d'Azzara, et ne me paraît pas assez authentique.

formant des anneaux ou des yeux et une espèce de broderie; et dont le jeune est, selon M. Milne-Edwards, le *lezard gentil*. Daud., III, xxxi. — Le *vert piqueté* (*Lac. viridis*. Daud., III, xxxiv); dont le *vert à deux raies* (*Lac. bilineata*. id., xxxvi, 1) est une variété selon le même observateur ; — le *vert et brun des souches* (*Lac. sepium*, id., ib., 2) dont le *gris des sables* (*lac. arenicola*, id., xxxviii, 2), est une variété ; — le *gris des murailles* (*Lac. agilis*, id., xxxviii, 1), se trouvent tous dans nos environs. Nôtre midi produit le *véloce*, Pall., auquel il faut rapporter le *bosquien*, Daud., xxxvi, 2, et quelques espèces nouvelles (1).

Les Algyres. (Algyra. Nob.)

Ont la langue, les dents, les pores aux cuisses des lézards, mais leurs écailles du dos et de la queue sont carénées, celles du ventre lisses et imbriquées, et ils manquent de collier. (1)

Les Tachydromes (2). (Tachydromus. Daud.)

Ont des écailles carrées et carénées sur le dos, sous le ventre et à la queue ; le collier leur manque ainsi que les pores aux cuisses; mais de chaque côté de leur anus est une petite vésicule ouverte d'un pore. Leur langue est encore comme dans les lézards. Leur corps et leur queue sont très alongés (3).

---

(1) Je n'ajoute qu'en hésitant les *Lac. Sericea.*, Laur., II, 5; *Argus*, id., 5; *Terrestris*, id., III, 5.

Le *Tiliguerta* de Daudin est un mélange d'un ameïva d'Amérique avec le lézard vert de Sardaigne, mal décrit par Cetti. Le *Cœruleocephala*, le *Lemniscata*, le *Quinquelineata* sont des ameïva. Le *Sexlineata*, Catesb., lxviii, est un seps.

(2) *Lacerta Alegyra* lin.

(3) Τάχυς et δρομον, prompt-coureur.

Les IGUANIENS (1).

Sont une troisième grande famille de sauriens qui a la forme générale, la longue queue et les doigts libres et inégaux des lacertiens; leur œil, leur oreille, leurs verges, leur anus sont semblables, mais leur langue est charnue, épaisse, non extensible, et seulement échancrée au bout.

On peut les diviser en deux sections; la première celle des Acamiens, n'a point de dents au palais.

Nous y plaçons les genres suivants.

Les Stellions. (Stellio. Cuv.)

Qui ont, avec les caractères généraux de la famille des iguanes, la queue entourée par des anneaux composés de grandes écailles souvent épineuses.

Leurs sous-genres sont comme il suit:

Les Cordyles (2). (Cordylus Gronov.)

Ont non-seulement la queue, mais encore le ventre et le

______

(1) Iguane, nom originaire de Saint-Domingue selon *Hernandès, Scaliger*, etc.; les habitants l'auraient prononcé *Hiuana* ou *Igoana*.

Selon *Bontius*, il serait originaire de Java, où les naturels le prononcent *Leguan*. Dans ce cas, les Portugais ou les Espagnols l'auraient transporté en Amérique et transformé en *Iguana*. Ils l'y donnent au *Sauvegarde*, comme au véritable *Iguane*. On l'a donné aussi quelquefois, ainsi que celui de *Guano*, à des monitors de l'ancien continent. Il faut y faire attention en lisant les voyageurs; je pense même que le *Leguan* de Bontius n'est pas autre chose qu'un monitor.

(2) Selon Aristote « le *Cordyle* est le seul animal qui ait à la fois des » pieds et des branchies. Il nage de ses pieds et de sa queue, qu'il a sem- » blable à celle du silure, autant qu'on peut comparer les petites choses » aux grandes. Cette queue est molle et large. Il n'a point de nageoires;

dos garnis de grandes écailles sur des rangées transversales. Leur tête, comme celle des lézards communs, est munie d'un bouclier osseux continu, et couverte de plaques. Dans plusieurs espèces les pointes des écailles de la queue forment des cercles épineux; il y a aussi de petites épines à celles des côtés du dos, des épaules et du dehors des cuisses. Les cuisses ont une ligne de très grands pores.

Le cap de Bonne-Espérance en produit plusieurs confondus long-temps sous le nom de *Lacerta cordylus*, L. Ces sauriens si bien cuirassés, un peu plus grands que notre lézard vert commun, se nourrissent d'insectes (1).

Les Stellions ordinaires (2). (Stellio. Daud.)

Ont les épines de la queue médiocres; la tête renflée en arrière par les muscles des mâchoires; le dos et les cuisses

---

» c'est un animal de marais comme la grenouille : il est quadrupède et » sort de l'eau; quelquefois il se dessèche et meurt. »

Il est évident que ces caractères ne peuvent convenir qu'à la larve de la salamandre aquatique, ainsi que l'a très bien vu M. Schneider. Bélon a décrit cette salamandre sous le nom de cordyle, mais son imprimeur ajouta par mégarde la figure du *Sauvegarde du Nil*. Rondelet a appliqué ce nom au grand *Stellion d'Égypte* ou *Caudiverbera* de Bélon, parce qu'il avait pris dans la figure, l'oreille pour une fente de branchie. Entre *Rondelet* et *Linné*, *Cordylus* a donc passé pour synonyme de *Caudiverbera*. L'application spéciale faite au sous-genre ci-dessus est entièrement arbitraire. Merrem l'a changé en Zonurus.

(1) Daudin a rapporté au cordyle plusieurs synonymes du stellion, comme il a rapporté au stellion plusieurs des synonymes du geckotte. Nous en avons quatre espèces : Le *Cord. gris* (*Cord. griseus*), Nob., Séb. I, lxxxiv, 4; — le *C. noir* (*C. niger*), qui a les arêtes des écailles plus mousses, Séb.; II, lxii, 5; — le *C. à raie dorsale jaune* (*C. dorsalis*); — le *C. à petites écailles sur le dos* (*C. microlepidotus*). Il y a aussi au Cap des cordyles dont les écailles, même sur la queue, n'ont presque pas d'épines (*C. lœvigatus*, Nob.).

(2) Le stellion des Latins était un lézard tacheté, vivant dans les trous de murailles. Il passait pour venimeux, ennemi de l'homme et rusé. De là le nom du *Stellionat* ou *Dol dans les contrats*. C'était probablement la *Tarentole* ou le *Gecko tuberculeux du midi de l'Europe*, *Geckotte* de Lacép., ainsi que l'ont conjecturé divers auteurs, et, en dernier lieu, M. Schneider. Rien ne justifie l'application faite à l'espèce actuelle; Bélon en est, je crois, le premier coupable.

hérissés çà et là d'écailles plus grandes que les autres, et quelquefois épineuses; de petits groupes d'épines entourent leur oreille; leurs cuisses manquent de pores, leur queue est longue et finit en pointe.

Nous n'en connaissons qu'une espèce.

Le *Stellion du Levant*. (*Lac. stellio*. L.) Seb. I. cvi. f. 1. 2. et mieux Tournef. Voyage au Lev. I. 120, et Geoffroy. Desc. de l'Égyp. Rept. II. 3. *Koscordylos* des Grecs modernes. *Hardun* des Arabes.

Long d'un pied; olivâtre nuancé de noirâtre; très commun dans tout le Levant, surtout en Égypte. D'après Bélon, ce sont ses excréments que l'on recueille pour les pharmacies, sous les noms de *cordylea, crocodilea*, ou *stercus lacerti*, et que l'on recommandait autrefois comme cosmétique; mais il paraît que les anciens attribuaient plutôt ce nom et cette vertu à ceux du monitor. Les Mahométans tuent notre stellion, parce que, disent-ils, il se moque d'eux, en baissant la tête comme quand ils font la prière.

LES QUEUES-RUDES. (DORYPHORUS. CUV.)

Manquent de pores comme les stellions, mais n'ont pas le tronc hérissé de petits groupes d'épines (1).

LES FOUETTE-QUEUE. (UROMASTIX (2). CUV. STELLIONS BATARDS. Daud.)

Ne sont que des stellions qui n'ont point la tête renflée, et dont toutes les écailles du corps sont petites, lisses et uniformes, et celles de la queue encore plus grandes et

---

(1) *Stellio brevicaudatus*, Seb., II, LXII, 6; Daud., IV, pl. 47. *St. azureus*, Daud., id., 46.

(2) Le nom de *Caudiverbera* et celui d' ἀρομάςιξ ne sont pas anciens. Ils ont été forgés par Ambrosinus pour la grande espèce d'Egypte, dont Bélon avait dit *caudâ atrocissimè diverberare creditur*. *Linné* l'a appliqué le premier à un *gecko*, et d'autres auteurs à des sauriens encore tous différents. Aj. *Urom. griseus*, de la Nouv. Hol. ;— *Ur. reticulatus*, du Bengale;—*Ur. acantinurus*, Bell., Zool. journ., I, 457 ; si toutefois c'est une espèce distincte.

N.B. Le stellion à queue plate de la Nouv.-Holl., Daud., est un phyllure.

plus épineuses qu'au stellion ordinaire, mais elle n'en a point en dessous. Il y a une série de pores sous leurs cuisses.

Le *Fouette-queue d'Égypte*. (*Stellio spinipes*. Daud.)
Geoff. Rept. d'Égyp. pl. II. f. 2.

Long de deux ou trois pieds; le corps renflé; tout entier d'un beau vert de pré; de petites épines sur les cuisses; la queue épineuse en dessus seulement. On le trouve dans les déserts qui entourent l'Égypte; il a été anciennement décrit par Bélon, qui a dit, mais sans preuves, que c'est le *crocodile terrestre* des anciens (1).

LES AGAMES. (AGAMA. Daud.) (2)

Ont une grande ressemblance avec les *stellions ordinaires*, surtout par leur tête renflée; mais les écailles imbriquées et non verticillées de leur queue les en distinguent. Leurs dents maxillaires sont à peu près les mêmes, et ils en manquent aussi au palais.

Dans

LES AGAMES ordinaires.

Des écailles relevées en pointe ou en tubercules, hérissent aussi diverses parties du corps et surtout les environs de l'oreille, d'épines tantôt groupées, tantôt isolées. On en voit quelquefois une rangée sur la nuque, mais elles n'y forment point la crête paléacée qui caractérise les galéotes. La peau de la gorge est lâche, plissée en travers, et susceptible de renflement.

Il y en a des espèces dont les cuisses ont la série de pores.

L'*Agame ocellé de la Nouvelle-Hollande*. (*Ag. barbata*, n.)

Est bien remarquable par sa grandeur et par sa figure

---

(1) C'est un fouette-queue qui a été décrit par M. de Lacépède, Rept. II, 497, sous le nom de Quetzpaleo, qui est celui d'un saurien différent, dont nous parlerons plus bas.—Aj. *Ur. ornatus*, Ruppel.

(2) *Agama*, d'ἄγαμος, célibataire. On ne sait pourquoi Linnæus a donné ce nom à l'un de ces lézards; Daudin l'a étendu à tout le sous genre où cette espèce doit entrer, et croit qu'*Agama* est son nom de pays.

3*

extraordinaire; une suite de grandes écailles épineuses règne par bandes transversales sur la longueur de son dos et de sa queue, et le rapproche des stellions. Sa gorge, susceptible de se renfler beaucoup, est garnie d'écailles alongées en pointes, qui lui font une sorte de barbe. Des écailles semblables hérissent ses flancs, et forment deux crêtes obliques derrière ses oreilles.

Sous son ventre sont des taches jaunâtres bordées de noirâtre.

Il faut en distinguer

L'*Agame muriqué* du même pays. (*Lac. muricata.* Sh.) Gen. zool. vol. III. part. 1. pl. LXV. f. XI, White. p. 244.

Où les écailles relevées sont disposées par bandes longitudinales, et qui a, entre elles, deux séries de taches plus pâles que le fond, qui est brun noirâtre. Il prend aussi une assez grande taille.

D'autres espèces n'ont point de pores aux cuisses.

L'*Agame* nommé mal-à-propos *des Colons.* (*Ag. colonorum.* Daud.) Seb. I. CVII. 3 (1).

Brunâtre, à longue queue, portant une petite rangée d'épines courtes sur la nuque, vient d'Afrique et non pas de la Guiane, comme on l'a dit.

Il y a au Cap, un agame plus petit, à queue médiocre, varié de brun et de jaunâtre, hérissé sur tout le dessus, d'écailles relevées et pointues (*Ag. aculeata*, Merr. (2);

---

(1) Rien n'égale la confusion des synonymes cités par les auteurs sous différentes espèces de lézards, mais principalement sous les divers *Agames, Galéotes* et *Stellions.* Par exemple, à propos de l'agame, Daudin cite, d'après Gmelin, Séb., I, CVII, 1 et 2, qui sont des *Stellions*; Sloane, Jam., II, CCLXXIII, 2, qui est un *Anolis*; Edw. CCXLV, 2, qui est aussi un *Anolis*; et cette même figure est encore citée par lui et par Gmelin sous le *marbré. Shaw* la copie même pour représenter le *marbré*, avec lequel elle n'a rien de commun. Séb., I, CVII, 3, qui est le véritable *Ag. colonorum* de Daud., est cité par Merrem sous *Ag. superciliosa*; et Séb., I, CIX, 6, qui est son *Aculeata*, est cité sous *Orbicularis*, etc.

(2) L'*Agame à pierreries*, Daud. IV, 410; Séb., I, VIII, 6, n'est qu'un jeune de cet agame épineux du Cap, plus varié en couleurs que l'adulte. Ajoutez l'*Agame sombre* (*Ag. atra*), Daud., III, 349, rude, noi-

Seb., I, VIII, 6, LXXXIII, 1 et 2, CIX., 6); son ventre prend quelquefois une forme renflée qui conduit aux

TAPAYES. (*Agames orbiculaires*. Daud. en partie.)

Lesquels ne sont que des agames qui, avec le ventre renflé, ont la queue courte et menue. Tel est

Le *Tapayaxin* du Mexique , Hern. 327. (*Lac. orbicularis*. L.)

A dos épineux, à ventre semé de points noirâtres (1).

LES CHANGEANTS. (TRAPELUS. Cuv.)

Ont la forme et les dents des *agames*, mais leurs écailles sont petites et sans épines. Ils n'ont point de pores aux cuisses.

Le *Changeant d'Égypte*. (*Trapelus OEgyptius*). Geoff. Rept. d'Ég. pl. v. f. 3. 4. L'adulte, Daud. III. XLV. 1. sous le nom d'*Orbiculaire*.

Est un petit animal qui a quelquefois aussi le corps renflé, et se fait remarquer par des changements de couleur plus prompts que ceux du caméléon. Le jeune est entièrement lisse ; l'adulte a quelques écailles un peu plus grandes, éparses sur le corps, parmi les autres (2).

LES LEIOLEPIS. Cuv.

Ont les dents des agames, la tête moins renflée, et sont entièrement couverts de très petites écailles lisses et serrées. Ils ont des pores aux cuisses (3).

---

râtre, une ligne jaunâtre le long du dos ; — l'*Ag. ombre* (*Lac. umbra.*), Daud., qui n'est point le *Lac. umbra* de Lin.; mais se distingue par cinq lignes de très petites épines règnant sur son dos. etc.

(1) Je ne pense pas que le sous-genre des Tapayes puisse être conservé; l'espèce de Hernandès (*Lacerta orbicularis*, L.), Hern., p. 327, ne me paraît pas différer de l'*Agama cornuta* de Harlan; An. nat. sc. Phil. IV, pl. XLV; si ce n'est tout au plus par le sexe. Daudin a représenté à sa place, tome III, pl. XLV, f. 1, l'adulte de notre *changeant* d'Égypte.

(2) Ce sous-genre est aussi assez difficile à séparer nettement de certains agames trapus et peu épineux.

(3) Nous en avons une espèce de la Cochinchine, à longue queue, bleue, avec des raies et des taches blanches (*Leiol. Guttatus*. Cuv.).

Les Tropidolepis. Cuv.

Sont encore semblables aux agames pour les dents et pour les formes, mais uniformément recouverts d'écailles imbriquées et carénées. Leur série de pores est très marquée (1).

Les Leposoma. Spix. (Tropidosaurus. Boié)

Ne diffèrent des tropidolepis que parce qu'ils n'ont pas de pores (2).

Les Galéotes (3). (Calotes. Cuv.)

Diffèrent des *Agames* parce qu'ils sont régulièrement couverts d'écailles, disposées comme des tuiles, souvent carénées et terminées en pointe, tant sur le corps que sur les membres et sur la queue, qui est très longue; celles du milieu du dos sont plus ou moins relevées et comprimées en épines, et forment une crête d'étendue variable; ils n'ont point de fanons ni de pores visibles aux cuisses, ce qui, joint à leurs dents, les distingue des iguanes.

L'espèce la plus commune (*Lac. calotes*, L.), Seb., I, LXXXIX, 2, XCIII, 2; XCV, 3 et 4; Daud., III, XLIII; *Agama ophiomachus*, Merr., est d'un joli bleu-clair, avec des traits transversaux blancs sur les côtés; deux rangées d'épines derrière l'oreille. Elle nous vient des Indes orientales. On l'appelle caméléon aux Moluques, quoiqu'elle

---

(1) *Ag. undulata*, Daud., espèce de toute l'Amérique, remarquable par la croix blanche qu'elle a sous la gorge, sur un fonds d'un bleu noir. Les agames *nigri-collaris*, Spix, XVI, 2, et *Cyclurus*, XVII, f. 1, en sont au moins très voisins.

(2) Spix s'est exprimé peu exactement en disant que les écailles de son leposome sont verticillées, ce qui a trompé M. Fitzinger. Le genre tropidosaure a été fait par Boié, d'après une petite espèce de la Cochinchine, qui est au cabinet du roi.

(3) Pline dit que le *stellion* (des Latins) était nommé par les Grecs *galeotes*, *colotes* et *askalabotes*. C'était, comme nous l'avons vu, le *gecko des murailles*. L'application qu'en a faite Linnæus à son *lacerta calotes* est arbitraire; elle lui a été suggérée par *Seba*. Spix comprend nos galeotes dans son genre Lophyrus, qui n'est pas le même que celui de Duméril.

change peu ses couleurs. Ses œufs ont la forme de fu-
seaux (1).

Les Lophyres. Duméril.

Ont les écailles du corps comme les agames, et une crête
d'écailles paléacées, encore plus haute que celle des galéotes.
Leur queue est comprimée. Ils n'ont pas de pores aux
cuisses.

Une espèce remarquable est

Le *Lophyre à casque fourchu.* (*Agama gigantea.* (2) Kuhl.
Seb. I. c. 2.

Qui a sa crête dorsale très haute sur la nuque, et formée de plusieurs rangs d'écailles verticales; deux arêtes
osseuses partent du museau, et vont finir chacune en
pointe sur l'œil de son côté, en se joignant à la tempe. Ce
singulier saurien paraît venir des Indes.

Les Gonocéphales. Kaup.

Tiennent de près à ces lophyres; leur crâne forme aussi
une sorte de disque, au moyen d'une arête qui se termine

----

(1) Ajoutez l'*Ag. gutturosa*, Merr., ou *cristatella*, Kuhl., bleu sans
bandes, à petites écailles sur le dos; Séb., I, LXXXIX, 1; —l'*Ag. cristata*,
Merr., Séb., I, XCIII, 4, et II, LXXVI, 5, brun-roussâtre, à taches éparses,
brun-noirâtres, dont l'*Agame arlequiné*, Daud., III, XLIV, est le jeune;
—l'*Ag. vultuosa*, Harl., nat. Sc., Philad., IV, XIX. Toutes ces espèces
viennent des Indes orientales; les *Lophyrus ochrocollaris* et *margaritaceus*, Spix., XII, 2, sont des galéotes d'Amérique; le premier est le même
que l'*Agama picta* du pr. Max.; le *Loph. panthera*, Spix, pl. XXIII, f. 1,
en est le jeune; aj. à ces Gal. d'Amérique, *Loph. rhombifer*, Spix., XI,
dont *Lophyrus albomaxillaris*, id., XXIII, f. 2, est le jeune; — *Loph.
auronitens*, Sp., pl. XIII.

On pourrait séparer des autres galéotes; une espèce de la Cochinchine,
à dos lisse, sans écailles apparentes, à ventre, membres et queue couverts
d'écailles carénées, (*Cal. lepidogaster*, nob.); l'*Ag. catenata*, Pr.
Max., cinquième livr., pourrait appartenir à ce groupe.

N. B. Il faut remarquer que le dessinateur de Séba a donné à la plupart de ses iguanes, de ses agames, de ses galéotes, etc.; des langues
extensibles et fourchues, tirées de son imagination.

(2) Il n'est pas aisé de dire pourquoi Kuhl a donné à ce saurien l'épithète de gigantesque; sa taille ne surpasse point celle des agames et des
galéotes les plus voisins.

au-dessus de chaque œil par une dentelure ; ils ont un
fanon et une crête sur la nuque. Leur tympan est visible (1).

Les Lyriocephales. Merrem.

Joignent aux caractères des lophyres, celui d'un tympan
caché sous la peau et sous les muscles, comme dans les caméléons : ils ont aussi une crête dorsale et une queue carénée.

Dans l'espèce connue (*Lyriocephalus margaritaceus*,
Merr. ; *Lacerta scutata*, L. ; Seb., cix. 3), la crête osseuse
des sourcils est encore plus marquée, que dans le lophyre à
casque fourchu, et se termine de chaque côté en arrière par
une pointe aiguë. Des écailles plus grandes sont éparses
parmi les petites sur le corps et sur les membres ; sur la
queue sont des écailles imbriquées et carénées ; un renflement mou, bien qu'écailleux, est sur le bout du museau.
On trouve cette espèce vraiment étrange, au Bengale et
dans d'autres parties des Indes (2). Elle vit de graines.

Les Brachylophes. Cuv.

Ont de petites écailles, une queue un peu comprimée,
une crête à la nuque et au dos peu saillante, un petit fanon, une série de pores à chaque cuisse, en un mot beaucoup de l'apparence des iguanes ; mais ils manquent de
dents au palais ; celles des mâchoires sont dentelées.

---

(1) Isis, 1825, I, p. 590, Pl. iii.

(2) M. Fitzinger forme de ce *Lyriocephalus*, du Pneustes de Merrem,
et du Phrynocephalus de Kaup, une famille qu'il nomme Pneustoidea,
et qu'il rapproche de celle des caméléons. Le Pneustes ne repose que sur
une description incomplète et vague de d'Azara, II, 401, sur laquelle aussi
Daudin avait établi son *Agame à queue prenante*, III, 440 ; d'Azzara dit
que l'on ne voit pas son oreille, peut-être parce qu'elle est très petite.
Le Phrynocephalus se compose du *Lacerta guttata*, et du *Lacerta ura-
lensis* de Lepechin. *Voy*. I, p. 317, Pl. xxii, f. 1 et 2, qui ne font
qu'une espèce. M. Kaup assure qu'elle n'a pas de tympan extérieur (Isis
de 1825, 1, 591.). N'ayant point vu ces animaux, j'hésite à les classer.
Il y aura probablement encore un sous-genre à faire, du lézard à oreilles
(*lacerta aurita*, Pall.), Daud., III, xlv, remarquable par les renflements qu'il peut faire paraître des deux côtés de sa tête sous les oreilles ;
mais c'est aussi un animal que je n'ai pu examiner.

Tel est

L'*Iguane à bandes*. Brongt. Essai et Mém. des sav. étr. I.
pl. x. f. 5.

Des Indes, bleu-foncé, avec des bandes bleu-clair.

LES PHYSIGNATHES. Cuv.

Ont avec les mêmes dents, les mêmes écailles, les mêmes
pores, une tête très renflée en arrière, sans fanon, une
crête de grandes écailles pointues sur le dos et sur la queue,
qui est très comprimée.

Nous en connaissons une grande espèce de la Cochinchine (*Phyhignat, us cocincinus*, Nob.) bleue, avec de fortes
écailles et quelques épines sur le renflement des côtés de
la tête. Elle vit de fruits, de noyaux.

LES ISTIURES. (ISTIURUS. Cuv. LOPHURA. Gray.) (1)

Ont pour caractère distinctif une crête élevée et tranchante, qui s'étend sur une partie de la queue et qui est soutenue par de hautes apophyses épineuses des vertèbres;
cette crête est écailleuse comme le reste du corps; leurs
écailles du ventre et de la queue sont petites, et approchent un peu de la forme carrée; leurs dents sont fortes,
comprimées, sans dentelures : ils n'en ont pas au palais; leurs cuisses portent une rangée de pores. La peau
de leur gorge est lâche sans former de fanon.

Le *Porte-Crête*. Lacep. (*Lac. amboinensis*. Gm.) Schlosser.
monogr. copie Bonnat. Erpet. pl. v. f. 2.

N'a de crête que sur l'origine de la queue, et porte des
épines sur le devant du dos; vit dans l'eau ou sur les ar-
brisseaux de ses bords; mange des graines et des vers.
Nous avons trouvé dans son estomac des feuilles et des insectes. Sa taille approche quelquefois de quatre pieds. On
mange sa chair.

---

(1) J'ai changé ce nom de *Lophura* qui se rapproche trop de celui de
Lophyrus.

LES DRAGONS. (DRACO. L.) (1)

Se distinguent au premier coup d'œil de tous les autres sauriens, parce que leurs six premières fausses côtes, au lieu de se contourner autour de l'abdomen, s'é-
tendent en droite ligne, et soutiennent une production
de la peau, qui forme une espèce d'aile, comparable à
celle des chauve-souris, mais indépendante des quatre
pieds : elle soutient l'animal comme un parachute, lorsqu'il saute de branche en branche, mais elle n'a point
assez de force pour choquer l'air, et faire élever le dragon comme un oiseau. Du reste, les dragons sont de petite taille, recouverts partout de petites écailles imbriquées, dont celles de la queue et des membres sont carénées. Leur langue est charnue, peu extensible et légèrement échancrée. Sous leur gorge est un long fanon
pointu, soutenu par la queue de l'os hyoïde, et aux côtés
deux autres plus petits, soutenus par les cornes de ce
même os. La queue est longue; les cuisses n'ont pas de
grains poreux; sur la nuque est une petite dentelure.
Chaque mâchoire a quatre petites incisives, et de chaque
côté une canine longue et pointue, et une douzaine de
mâchelières triangulaires et trilobées.

Ils ont donc les écailles et le fanon des iguanes, avec
la tête et les dents des stellions.

Les espèces connues viennent toutes des Indes orientales;

---

(1) Le nom de ὀράκων, *draco*, désignait en général un grand serpent; quelques anciens ont fait mention de *dragons* qui portaient une
crête et une barbe; ce qui ne s'appliquerait guère qu'à l'*iguane*; Lucain
parle le premier de *dragons volants*, faisant sans doute allusion aux prétendus serpens volants dont Hérodote rapporte l'histoire; saint Augustin
et d'autres auteurs postérieurs ont ensuite attribué constamment des ailes
aux dragons.

elles avaient été long-temps confondues; mais Daudin en a
bien déterminé les différences spécifiques (1).

LES SITANES. (SITANA. CUV.) (2)

Ont, comme les dragons, des dents d'agames et quatre canines; le corps et les membres couverts d'écailles imbriquées et carénées; les cuisses sans pores; mais leurs côtes ne
s'étendent point. Ils se distinguent par un énorme fanon
qui se porte jusque sous le milieu du ventre, et a plus du
double de la hauteur de l'animal.

L'espèce connue (*Sit. ponticeriana*. Cuv.) est petite,
fauve, et a le long du dos une série de grandes taches
rhomboïdales brunes. Elle vit aux Indes orientales.

C'est peut-être de cette tribu des *Agamiens* que
l'on doit rapprocher un reptile fort extraordinaire,
qui ne se trouve plus que parmi les fossiles d'anciennes couches jurassiques.

LE PTÉRODACTYLE. CUV.

Il avait la queue très courte, le cou très long, la tête fort
grande; les mâchoires armées de dents égales et pointues;
mais son caractère principal consistait dans l'alongement
excessif du deuxième doigt de ses pieds de devant, lequel
dépassait le tronc de plus du double, et servait probablement à soutenir quelque membrane qui aidait l'animal à
voler, comme celle que supportent les côtes du dragon (3).

La deuxième section de la famille des Iguaniens,
celle des IGUANIENS propres se distingue de la première parce qu'elle a des dents au palais.

---

(1) Le *Dragon rayé;* — le *Dragon vert*, Daud., III, XLI; — le *dragon brun*.

(2) *Sitane*, nom de l'espèce à la côte de Cormandel.

(3) *Voyez* mes Recherches sur les ossemens fossiles, deuxième éd.,
tome V, part. 2, pl. XXIII.

Les Iguanes proprement dits. (IGUANA. Cuv.)

Ont le corps et la queue couverts de petites écailles
imbriquées; tout le long du dos une rangée d'épines,
ou plutôt d'écailles redressées, comprimées et pointues,
et sous la gorge un fanon comprimé et pendant, dont
le bord est soutenu par une production cartilagineuse de
l'os hyoïde. Leurs cuisses portent la même rangée de tubercules poreux que celles des lézards proprement dits,
et leur tête est couverte de plaques. Chaque mâchoire
est entourée d'une rangée de dents comprimées, triangulaires, à tranchant dentelé; il y en a aussi deux petites rangées au bord postérieur du palais.

L'*Iguane ordinaire d'Amérique* (1). (*Lac. iguana.* L.
Iguana tuberculata. Laur.) Seb. I. xcv. 1. xcvii. 3.
xcviii. 1.

Dessus vert-jaunâtre, marbré de vert pur, la queue annelée de brun; dans la liqueur il paraît bleu, changeant
en vert et en violet, et piqueté de noir; dessous plus pâle;
une crête de grandes écailles dorsales en forme d'épines;
une grande plaque ronde sous le tympan, à l'angle des
mâchoires; les côtés du cou garnis d'écailles pyramidales
éparses parmi les autres; le bord antérieur du fanon dentelé comme le dos : long de quatre à cinq pieds; commun
dans toute l'Amérique chaude, où sa chair passe pour délicieuse, quoique malsaine, surtout pour ceux qui ont eu
le mal vénérien, dont elle renouvelle les douleurs. Il vit
en grande partie sur les arbres, va quelquefois à l'eau, se
nourrit de fruits, de grains et de feuilles; la femelle pond
dans le sable des œufs gros comme ceux d'un pigeon,
agréables au goût, presque sans blanc.

L'*Iguane ardoisé.* Daud. Seb. I. xcv. 2. xcvi 4.

Bleu violâtre uniforme, plus pâle dessous; les épines
dorsales plus petites : du reste semblable au précédent.

---

(1) Les Mexicains le nomment *Aquaquetzpalla* (Hernand.); les
Brasiliens *senembi* (Margr.).

L'un et l'autre a un trait blanchâtre oblique sur l'épaule. Celui-ci vient des mêmes pays, et n'est probablement qu'une variété d'âge ou de sexe (1).

L'*Iguane à col nu.* (*Ig. nudicollis.* Cuv.) Mus. Besler. tab. XIII. fig. 3. *Ig. delicatissima.* Laur.

Ressemble à l'ordinaire, surtout par la crête dorsale; mais n'a point la grande plaque sous le tympan, ni les tubercules épars sur les côtés du cou. Le dessus du crâne est garni de plaques bombées, l'occiput tuberculeux ; le fanon est médiocre et n'a que peu de dentelures, et seulement en avant. *Laurenti* le dit des Indes, mais c'est une erreur, nous l'avons reçu du Brésil et de la Guadeloupe (2).

L'*Iguane cornu de Saint-Domingue.* Lacep. (*Ig. cornuta.* Cuv.) Bonnaterre. Encyc. méth. Erpetolog. Lézards. pl. iv, f. 4.

Assez semblable à l'*iguane ordinaire*, et encore plus au précédent; mais se distinguant par une pointe conique osseuse entre les yeux, et deux écailles relevées sur les narines; il n'a point de grande plaque sous l'oreille, ni de tubercules sur le cou, mais les écailles des branches de la mâchoire sont bosselées.

L'*Iguane à queue armée, de la Caroline.* (*Ig. cychlura.* Cuv.)

Est dépourvu, comme les deux précédents, de grande plaque sous l'oreille et de petites épines sur le cou; mais des écailles plus grandes que les autres et un peu carénées, forment d'espace en espace des ceintures sur sa queue (3).

---

(1) J'ai même tout lieu de croire que cette conclusion doit être étendue aux Iguanes de Spix; pl. v, vi, vii, viii et ix; ils ne me paraissent que des variétés d'âge de l'espèce commune.

(2) Je soupçonne l'*Amblyrhynchus cristatus*, Bell., *Zool.* journ., I, Supl., pl. xii, d'être un indiv. mal préparé de mon iguane à col nu.

(3) Il me semble aussi que cet iguane est le même que M. Harlan (An. des sc. nat. de Phil., IV, pl. xv.) appelle *cychlura carinata;* mais alors il y aurait, comme pour l'amblyrhynchus, erreur relativement aux dents palatines. Ces dents existent dans tous mes iguanes, je m'en suis assuré.

LES OPHRYESSES. (OPHRYESSA, Boié.)

Ont de petites écailles imbriquées, une crête dorsale peu saillante se prolongeant sur la queue, qui est comprimée; des dents maxillaires dentelées, et des dents au palais, toutes circonstances qui les rapprocheraient des iguanes, mais ils n'ont pas de fanon, ni de pores aux cuisses.

Le *Sourcilleux*. (*Lac. superciliosa.* L.) Seb. I. cix. 4.
Lophyrus xiphurus. Spix. X.

Nommé ainsi à cause d'une carène membraneuse que forme son sourcil, est une espèce d'Amérique, fauve, avec une bande festonnée brune le long de chaque flanc.

LES BASILICS. (BASILISCUS. Daud.)

Manquent de pores, et ont des dents au palais, comme les ophryesses. Leur corps est couvert de petites écailles; il y a sur leur dos et sur leur queue une crête continue et élevée, que soutiennent les apophyses épineuses des vertèbres, comme celle de la queue des istiures.

L'espèce connue (*Lacerta basiliscus.* Lin.), Seb. I. c. 1. Daud. III. xlii, se reconnaît à une proéminence membraneuse de son occiput, en forme de capuchon, soutenue par du cartilage. C'est un animal de la Guiane, qui devient grand et est bleuâtre, avec deux bandes blanches, une derrière l'œil, l'autre derrière les mâchoires, qui se perdent vers l'épaule (1). Il se nourrit de graines.

LES MARBRÉS. (POLYCHRUS. Cuv.)

Ont, comme les iguanes, des dents au palais, et des pores aux cuisses, quoique peu marqués; mais leur corps, couvert de petites écailles, n'a aucune crête. Leur tête est couverte de plaques; leur queue longue et

---

(1) C'est à tort que l'on a cru jusqu'à présent, sur le témoignage de Séba, le basilic des Indes.

grêle; leur gorge extensible peut former un fanon au gré de l'animal; ils jouissent, comme les caméléons, de la faculté de changer de couleur : aussi leur poumon est-il très volumineux, remplissant presque tout le corps, et se divisant en plusieurs branches, et leurs fausses côtes, comme celles des caméléons, entourent l'abdomen, en se réunissant pour former des cercles entiers.

Le *Marbré de la Guiane*. (*Lac. marmorata.* L.) Lacep. I. xxvi ; Seb. II. lxxvi. 4. Spix. XIV.

Gris-roussâtre, marbré de bandes transversales irrégulières d'un roux-brun et quelquefois mêlées de bleu ; la queue très longue. Commun à la Guiane (1).

LES ECPHIMOTES. Fitzinger.

Ont les dents et les pores des marbrés, mais de petites écailles sur le corps seulement ; la queue, qui est grosse, en a de grandes pointues et carénées. Leur tête est couverte de plaques. Ils ont la forme un peu courte et aplatie de certains agames, plutôt que la forme élancée des marbrés.

L'espèce la plus commune (*Agama tuberculata.* Spix. XV. 1. ou *Tropidurus torquatus.* Pr. Max.) (2) est cendrée, semée de gouttes blanchâtres, et a de chaque côté du cou un demi-collier noir. Elle vit au Brésil.

LES QUETZPALEO (3). (OPLURUS) Cuv.

Ont aussi, avec les dents des marbrés, les formes des agames, mais ils manquent de pores aux cuisses, et les

---

(1) Aj. *polychrus acutirostris*, Spix, XIV.

(2) Le tropidurus du pr. Max. de Wied, n'est pas, comme il l'a pensé, le quetzpaleo de Séba, quoiqu'il ait aussi des demi-colliers noirs.

(3) Ce nom de quetzpalco donné par Séba à cette espèce, paraît corrompu du Mexicain *aqua quetz pallia* qui paraît être un nom de l'iguane ; le quetzpalco de Lacép., rept. in-4°, II, 497, est un fouette queue ; mais c'est de l'animal de Séba qu'il cite la figure.

écailles de leur queue pointues et carénées lui donnent du rapport avec celle des stellions; leurs écailles du dos sont aussi pointues et carénées, mais très petites.

On n'en connaît qu'un du Brésil,

Le *Queizpaleo gris à collier noir.* (*Opl. Torquatus* Cuv.)

Avec un demi-collier noir de chaque côté du cou.

LES ANOLIS. (ANOLIUS. Cuv.) (1)

Ont, avec toutes les formes des iguanes et surtout des marbrés, un caractère distinctif très particulier; la peau de leurs doigts s'élargit sous l'antépénultième phalange en un disque ovale, strié en travers par dessous, qui les aide à s'attacher aux diverses surfaces, où ils se cramponnent d'ailleurs fort bien par le moyen d'ongles très crochus. Ils ont de plus le corps et la queue uniformément chagrinés par de petites écailles, et la plupart portent un fanon ou un goître sous la gorge, qu'ils enflent et font changer de couleur dans la colère et dans l'amour. Plusieurs d'entre eux égalent au moins le caméléon, par la faculté de faire varier les couleurs de leur peau. Leurs côtes se réunissent en cercles entiers, comme dans les *marbrés* et les *caméléons*. Leurs dents sont tranchantes et dentelées, comme celles des iguanes et des marbrés, et ils en ont de même dans le palais. La peau de la queue a de légers plis ou enfoncements, dont chacun comprend quelques rangées circulaires d'écailles. Ce genre paraît propre à l'Amérique.

Il y en a qui ont sur la queue une crête soutenue par les

___

(1) *Anoli, anoalli,* nom de ces sauriens aux Antilles, *Gronovius* l'a donné à l'*Ameiva* fort gratuitement. *Rochefort*, dont on l'a pris, ne donne pour figure qu'une copie du *Teyuguaçu* de Margrave, ou grand sauvegarde de la Guiane. *Nicholson* semble annoncer que ce nom s'applique à plusieurs espèces, et celle qu'il décrit paraît être *l'anolis roquet*, qui a été en effet envoyé de la Martinique au Muséum sous ce nom d'*anolis*. M. Moreau de Jonnès a même constaté que c'est aujourd'hui le seul sous lequel on le connaisse.

apophyses épineuses des vertèbres comme dans les istiures , et les basilics (1).

Le *grand Anolis à crête*. (*An. velifer.* nob.)

Long d'un pied; une crête sur la moitié de la queue , soutenue de douze à quinze rayons ; le fanon s'étend jusque sous le ventre. Couleur d'un bleu cendré noirâtre.

De la Jamaïque et des autres Antilles. Nous avons trouvé des baies dans son estomac.

Le *petit Anolis à crête*. (*Lac. bimaculata.* Sparrm ?)

Moitié plus petit que le précédent ; même arête ; couleur verdâtre , piquetée de brun vers le museau et sur les flancs. De l'Amérique septentrionale et de diverses Antilles.

Le *grand Anolis à écharpe*. (*An. equestris.* Merr.)

Fauve nué de lilas cendré ; une bande blanche sur l'épaule ; la queue trop charnue pour qu'on distingue les apophyses de sa crête; long d'un pied.

D'autres ont la queue ronde, ou seulement un peu comprimée. Leurs espèces sont nombreuses et ont été en partie confondues, sous les noms de *roquet*, de *goîtreux*, de *rouge-gorge* et d'*anolis* (*Lac. strumosa* , et *bullaris* , Lin.). Elles habitent dans l'Amérique chaude , et dans les Antilles , et changent de couleur avec une facilité prodigieuse, surtout lorsqu'il fait chaud. Leur fanon s'enfle dans la colère , et rougit comme une cerise. Ces animaux sont moins grands que notre lézard gris, se nourrissent surtout d'insectes , qu'ils poursuivent avec agilité; les divers individus ne peuvent, dit-on, se rencontrer, sans se combattre avec fureur.

L'espèce des Antilles , ou *Roquet* de Lacép., I, pl. xxvii (c'est plus particulièrement le *Lacerta bullaris* , Gm.), a le museau court, piqueté de brun , les paupières saillantes ; sa couleur ordinaire est verdâtre. Excepté sa queue ronde, elle ressemble beaucoup au petit anolis à crête.

L'*Anolis rayé*. Daud. IV. xlviii. 1.

N'en diffère que par des suites de traits noirs sur les

(1) Ils ont été confondus entre eux et avec une partie des suivants, sous les noms de *Lac. principalis* et *bimaculata*. L.

flancs. Il paraît le même que le *Lacerta strumosa*. Lin. Seb. II. xx. 4. Sa longueur est un peu plus considérable qu'au précédent.

L'*Anolis de la Caroline*. (*Iguane goîtreux*. Brongn.)Catesb. II. lxvi.

Est d'un beau vert doré, une bande noire à la tempe, son museau est alongé et aplati, ce qui lui donne une physionomie particulière, et en fait une espèce bien distincte. (1)

C'est à cette famille des Iguaniens, à dents au palais, qu'appartient un énorme animal fossile, connu sous le nom d'animal de Maëstricht, et pour lequel on a fabriqué frécemment le nom de Mosasaurus (2).

La quatrième famille des sauriens,

Ou les GECKOTIENS.

Se compose de lézards nocturnes, et tellement semblables, que l'on pourrait les laisser dans un seul genre.

Les Geckos. Daud. (Stellio. Schn. Ascalabotes. Cuv.) (3)

Sauriens qui n'ont point la forme élancée de ceux

-----

(1) Aj. l'*Anolis à points blancs*, Daud., IV, xlviii, 2; — l'*An. viridis* pr. Max., 6e liv.; — *An. gracilis*, id., et plusieurs autres espèces dont je n'ai malheureusement point de figures à citer.

(2) *Voyez* sur cet animal, le cinquième vol., deuxième part. de mes Recherches sur les ossements fossiles.

On a découvert parmi les fossiles, plusieurs reptiles de grande taille, qui paraissent aussi devoir être rapprochés de cette famille; mais dont les caractères ne sont pas assez complétement connus pour que l'on puisse les classer avec sûreté.

Tels sont le Geosaurus découvert par M. de Sœmmering, le Megalosaurus de M. Buckland; l'Iguanodon de M. Mantell., etc. J'en traite plus au long dans le cinquième vol., deuxième part. de mes Recherches sur les ossements fossiles.

(3) *Gecko*, nom donné à une espèce des Indes, et imité de son cri, comme une autre espèce a été nommée *tockaie* à Siam, et une troisième *geitje* au Cap. ἀσκαλαβώτης, nom grec du gecko des murailles.

dont nous avons parlé jusqu'à présent, mais sont, au contraire, aplatis, surtout de leur tête, et ont les pieds médiocres et les doigts presque égaux; leur marche est lourde et rampante; de très grands yeux, dont la pupille se rétrécit à la lumière, comme celle des chats, en font des animaux nocturnes, qui se tiennent le jour dans les lieux obscurs. Leurs paupières très courtes se retirent entièrement entre l'œil et l'orbite, ce qui donne à leur physionomie un aspect différent des autres sauriens. Leur langue est charnue, et non extensible; leur tympan un peu renfoncé; leurs mâchoires garnies tout autour d'une rangée de très petites dents serrées; leur palais sans dents; leur peau, chagrinée en dessus de très petites écailles grenues, parmi lesquelles sont souvent des tubercules plus gros, a en dessous des écailles un peu moins petites, plates et imbriquées. Quelques espèces ont des pores aux cuisses. La queue a des plis circulaires, comme celle des *anolis*; mais, lorsqu'elle a été cassée, elle repousse sans plis, et même sans tubercules, quand elle en a naturellement, ce qui a fait quelquefois multiplier les espèces.

Ce genre est nombreux et répandu dans les pays chauds des deux continents. L'air triste et lourd des geckos, et une certaine ressemblance avec les salamandres et les crapauds, les a fait haïr et accuser de venin, sans aucune preuve réelle.

La plupart ont les doigts élargis sur toute ou partie de leur longueur, et garnis en dessous de replis très réguliers de la peau, qui leur servent si bien à adhérer aux corps, que l'on en voit marcher sous des plafonds. Leurs ongles sont rétractiles de diverses manières, et conservent leur tranchant et leur pointe; conjointement avec leurs yeux, ils peuvent faire comparer les *geckos* parmi les sauriens, à ce que sont les chats parmi les mammifères carnassiers; mais ces ongles varient en nombre selon les espèces, et manquent entièrement dans quelques-unes.

La première et la plus nombreuse division des geckos, que j'appellerai

PLATYDACTYLES.

A les doigts élargis sur toutes leur longueur, et garnis en dessous d'écailles transversales.

Parmi ces geckos platydactyles, quelques-uns n'ont pas d'ongles du tout, et leurs pouces sont très petits. Ce sont de jolies espèces, toutes couvertes de tubercules et peintes de couleurs vives. Celles que l'on connaît viennent de l'Ile-de-France.

Quelques-unes manquent de pores aux cuisses (1).

Il y en a une violette dessus, blanche dessous, avec une ligne noire sur les flancs (*G. inunguis,* Cuv.).

Une autre est grise, toute couverte de taches œillées, brunes, à milieu blanc (*G. ocellatus,* d'Oppel).

Quelques autres ont, au contraire, ces pores très marqués. (2) Tel est

Le *Gecko cépédien.* Péron.

De l'île de France, aurore marbré de bleu, une ligne blanche le long de chaque flanc.

Je ne sais cependant si les pores, dans ce premier sous-genre, ne sont pas une marque du sexe.

D'autres platydactyles manquent d'ongles aux pouces, aux deuxièmes et aux cinquièmes doigts de tous les pieds, ils n'ont point de pores aux cuisses (3). Tel est

Le *Gecko des murailles.* (*Lacertus facetanus.* Aldrov. 654.) *Tarente,* des Provençaux; *Tarentola,* ou plutôt *Terentola,* des Italiens; *Stellio,* des anciens Latins; *Geckotte.* Lacep. *Gecko fascicularis.* Daud.

Gris-foncé; la tête rude; tout le dessus du corps semé

---

(1) C'est à cette division que M. Gray réserve le nom de *Platydactyle.*

(2) M. Gray a fait de cette division son genre *Phelsuma;* le *Lacerta gietje* de Sparm., doit y appartenir. On le croit très venimeux au Cap.

(3) C'est de cette division que M. Gray a fait son genre *Tarentola.*

de tubercules, formés chacun de trois ou quatre tubercules plus petits et rapprochés ; les écailles du dessous de la
queue semblables à celles du ventre. Animal hideux , qui
se cache dans les trous de murailles , les tas de pierres , et
se recouvre le corps de poussière et d'ordures. Il paraît
que la même espèce habite tout autour de la Méditerranée,
et jusqu'en Provence et en Languedoc.

Il y en a en Égypte et en Barbarie une espèce voisine ,
à tubercules simples et ronds, plus saillants sur les flancs .
(*G. ægyptiacus* , nob.) Egyp., Rept., pl. V, f. 7, (1).

Le plus grand nombre de geckos platydactyles ne manquent d'ongles qu'aux quatre pouces seulement. Ils ont
une rangée de pores au-devant de l'anus (2). Tels sont

Le *Gecko à gouttelettes.* Daud. (*Gecko.* Lacep. I. xxix.
Stellio gecko. Schneid.) Seb. I. cviii. toute la pl.

Des tubercules arrondis, peu saillants, répandus sur
le dessus du corps , dont la couleur rousse est semée de
taches rondes et blanches ; le dessous de la queue garni
d'écailles carrées et imbriquées. Séba le dit de Ceylan , et
prétend que c'est à lui particulièrement qu'on donne le
nom de *gecko*, d'après son cri ; mais *Bontius* l'attribuait ,
bien auparavant, à une espèce de *Java*. Probablement le
cri et le nom sont communs à plusieurs espèces. Nous
nous sommes assurés que l'on trouve celle-c i dans tout
l'archipel des Indes.

Le *Gecko à bandes. Lézard de Pandang* à Amboine.
(*Lacerta vittata.* Gm.) Daud. IV. l.

Brun, une bande blanche sur le dos, qui se bifurqu
sur la tête et sur la racine de la queue, des anneaux blancs
autour de la queue. Des Indes orientales ; il se tient à Amboine, sur les branches de l'arbuste nommé pandang de
rivage (3).

Il y a de ces platydactyles à quatre ongles , dont le

---

(1) Cette fig. intitulée : var. du *Gecko annulaire*, a trop d'ongles.

(2) Cette division est nommée en particulier, *Gecko* par M. Gray.

(3) *N. B.* Daudin donne à tort des ongles aux pouces de ces deux
geckos.

corps est bordé d'une membrane horizontale, et les pieds palmés. *

Un des plus remarquables est

Le *Lacerta homalocephala* ; Crevelt. Soc. des nat. de Berl. 1809. pl. viii.

Qui a les côtés de la tête et du corps augmentés d'une large membrane, laquelle est découpée en festons sur les côtés de la queue. Ses pieds sont palmés. On le trouve à Java, au Bengale. (1)

Les Indes en ont une autre espèce, à tête et corps bordés, et à pieds palmés, mais sans festons à la queue et sans pores au-devant de l'anus (PTEROPLEURA *Horsfieldii* , Gray., Zool., jour., n° X, p. 222).

Enfin quelques platydactyles ont des ongles à tous les doigts.

Nous en avons une espèce lisse, à pieds palmés (*A. leachianus*, Nob.).

Une seconde division des geckos, que j'appellerai

HEMIDACTYLES.

Ont la base de leurs doigts garnie d'un disque ovale, formé en dessous par un double rang d'écaille en chevron ; du milieu de ce disque s'élève la deuxième phalange, qui est grêle, et porte la troisième, ou l'ongle, à son extrémité. Les espèces connues ont toutes cinq ongles, et la rangée de pores des deux côtés de l'anus ; les écailles du dessous de leur queue sont en forme de bandes larges, comme celles du ventre des serpents.

Il y en a une espèce dans le midi de l'Europe (*G. verruculatus*, Nob.) d'un gris roussâtre ; le dos tout semé de petits tubercules coniques un peu arrondis ; la queue a des cercles de semblables tubercules ; d'Italie, de Sicile, de Provence, comme le *G. fascicularis*.

Une espèce très semblable (*G. mabuia*, nob.) à tubercules encore plus petits, ceux de la queue plus pointus, grise, nuagée de brun, des anneaux bruns sur la queue,

---

(2) M. Fitzinger fait de ce platy-dactyle bordé, son genre PTYCHOZOON. M. Gray en sépare encore ses PTEROPLEURA , à cause de l'absence des pores.

est répandue dans toutes les parties chaudes de l'Amérique, et s'y introduit dans les maisons. On la connaît dans nos îles sous le nom de *Mabouia des murailles* (1).

Il y en a, à Pondichéry et au Bengale, de si semblables, que l'on serait tenté de croire qu'ils y auraient été transportés par les vaisseaux (2).

On trouve aussi aux Indes, un hémidactyle à corps bordé (*G. marginatus*, Nob.); ses pieds ne sont pas palmés. Sa queue est aplatie horizontalement, et a les bords tranchants et un peu frangés. Il a été envoyé du Bengale par M. Duvaucel.

La troisième division des geckos, que j'appellerai

THECADATYLES.

A les doigts élargis sur toute leur longueur, et garnis en dessous d'écailles transversales; mais ces écailles sont partagées par un sillon longitudinal profond, où l'ongle peut se cacher entièrement.

Ceux que je connais ne manquent d'ongles qu'aux pouces seulement; ils n'ont pas de pores aux cuisses, et leur queue est garnie en dessous et en dessus de petites écailles.

Le *Gecko lisse*. (*G. lævis*. D. *Stellio perfoliatus*. Schn. *Lac. rapicauda*. Gm.) Daud. IV. LI. Connu dans nos îles sous le nom de *Mabouia des bananiers*.

Gris, marbré de brun; de très petits grains sans tubercules dessus; petites écailles dessous; sa queue, naturellement longue et entourée de plis comme à l'ordinaire, se casse très aisément, et revient quelquefois très renflée, et en forme de petite rave. Ce sont ces monstruosités

---

(1) Autant que l'on en peut juger par la figure, le *Thecadactylus pollicaris*, et le *Gecko aculeatus*, Spix, XVIII, 2 et 3, pourraient n'être que ce *Mabouia des murailles*, en différents âges. M. Moreau de Jonnès en a donné une monographie, mais il l'y confond avec des espèces différentes.

(2) A cette division appartiennent encore le *G. à tubercules trièdres* et le *G. à queue épineuse* de Daud.; le premier est le même que le *Stell. mauritanicus* de Schn. Le *stell. platyurus* de Schn. en est aussi fort voisin.

accidentelles qui l'ont fait appeler alors *G. rapi-cauda* (1).

La quatrième division des *geckos*, que j'appellerai

Ptyo-Dactyles (2),

A les bouts des doigts seulement dilatés en plaques, dont le dessous est strié en éventail. Le milieu de la plaque est fendu , et, l'ongle placé dans la fissure. Il y a à tous les doigts des ongles fort crochus.

Les uns ont les doigs libres, la queue ronde.

Le *Gecko des Maisons*. (*Lac. gecko.* Hasselquist.) *Gecko lobatus*. Geoffr. Rept. Egyp. III. 5. *Stellio Hasselquistii*. Schneid.

Lisse, gris-roussâtre piqueté de brun ; les écailles et les tubercules très petits. Cette espèce est commune dans les maisons des divers pays qui bordent la Méditerranée , au midi et à l'orient. Au Caire, on la nomme *abou burs* (*père de la lèpre*), parce qu'on prétend qu'elle donne ce mal en empoisonnant avec ses pieds les aliments , et surtout les salaisons, qu'elle aime beaucoup. Quand elle marche sur la peau , elle y fait naître des rougeurs , mais peut-être seulement à cause de la finesse de ses ongles. Sa voix ressemble un peu à celle des grenouilles.

D'autres ont la queue bordée de chaque côté d'une membrane, et les pieds demi-palmés ; ils sont probablement aquatiques. Ce sont les *Uroplates* de Duméril.

Le *Gecko frangé*. (*Stellio fimbriatus*. Schn.) *Tête plate*. Lac. ou *Famo-Cantrata* de Madagascar. Brug. Lacep. I. xxx. Daud. IV. lii.

A non-seulement une bordure aux côtés de la queue , mais elle s'étend le long des flancs, où elle est frangée et déchiquetée. On le trouve à Madagascar, à ce que l'on dit,

---

(1) Le *gecko squalidus*, Herm. , doit appartenir à cette division , s'il n'est pas le même que le *lævis*. Le *gecko de Surinam*, Daud. , n'est qu'un individu plus jeune et mieux coloré du lævis.

(2) De πτυον, éventail.

sur les arbres, où il saute de branche en branche. Le peuple de ce pays le redoute beaucoup, mais à tort (1).

Le *Fouette-Queue* de Lin. où *Gecko du Pérou.* (*Lac. caudiverbera.* Lin.) Feuillée. I. 319.

N'a point de frange aux côtés du corps, mais seulement à ceux de la queue, sur laquelle il y a aussi une crête membraneuse verticale. *Feuillée* l'a trouvé dans une fontaine des Cordilières. Il est noirâtre, et long de plus d'un pied.

On peut faire une cinquième division,

LES SPHERIODACTYLES,

De certains petits geckos, qui ont les bouts des doigts terminés par une petite pelotte sans plis, mais toujours avec des ongles rétractiles.

Lorsque la pelotte est double, ou échancrée en avant, ils tiennent de près aux ptyodactyles non bordés. Ceux que l'on connaît viennent du Cap ou des Indes. Tel est

Le *G. porphyré.* Daud.

Gris roussâtre, marbré et piqueté de brun. (2)

Plus souvent la pelotte est simple et ronde. Les espèces sont d'Amérique. Tel est

Le *Gecko sputateur à bandes.* Lacép. Rept. I. pl. XXVIII. f. 1.

Petite espèce, joliment marquée de bandes transverses brunes, tranchées sur un fond roux, et répandue dans les maisons à Saint-Domingue, où on lui donne aussi le nom de mabouia. Il y a dans la même île, une espèce voisine, mais d'un cendré uniforme, *id.*, ib., f., 2.

Enfin, il y a des sauriens qui, avec tout les caractères des geckos, n'ont pas les doigts élargis. Leurs ongles, au nombre de cinq, sont néanmoins rétractiles.

---

(1) Selon la descrip. de Bruguière, le *sarroubé* de Madagascar, aurait tous les caractères du famocantraca excepté la frange, et le pouce qui lui manquerait aux pieds de devant. M. Fitzinger en a fait son genre SARRUBA.

(2) Daudin a cru à tort ce gecko d'Amérique et synonyme des mabouia.

Les uns ont la queue ronde, les doigts striés en dessous et dentelés aux bords. Ce sont

LES STENODACTYLES.

Il y en a un en Égypte (*Sten. guttatus*), Égyp., Rept., pl. V, f. 2 (1), lisse, gris, semé de taches blanchâtres.

D'autres ont les doigts grêles et nus; ceux qui ont la queue ronde sont

LES GYMNODACTYLES de Spix.

Il y en a en Amérique à séries régulières de petit tubercules. *Gymnodactylus geckoides*, Spix., X, VIII, 1, en paraît aussi un.

D'autres ont la queue aplatie horizontalement en forme de feuille; je les nomme

PHYLLURES.

On n'en connaît encore qu'une espèce de la Nouvelle-Hollande (*Stellio phyllurus*, Schn.; *Lacerta platura*, White New. South. Wh., p. 246, f. 2) (2), grise, marbrée de brun en dessus, toute hérissée de petits tubercules pointus.

On est obligé d'établir une cinquième famille

DES CAMÉLÉONIENS

Pour le seul genre

des CAMÉLÉONS. (CHAMÆLEO.) (3)

Lequel est bien distinct de tous les autres sauriens, et ne se laisse pas même aisément intercaler dans leur série.

---

(1) Sous le nom impropre d'*agame ponctué*. Il est reproduit, supl., pl. I, f. 2; et une espèce voisine, f. 4.

(2) Rapportée, on ne sait pourquoi, aux stellions par Daudin.

(3) Χαμαιλέων (petit lion), nom de cet animal chez les Grecs, et surtout dans Aristote, qui l'a parfaitement bien décrit, Hist. an., lib. II, cap. XI.

Ils ont toute la peau chagrinée par des petits grains
écailleux; le corps comprimé et le dos comme tranchant;
la queue ronde et prenante; cinq doigts à tous les pieds,
mais divisés en deux paquets, l'un de deux, l'autre de
trois : chaque paquet réuni par la peau jusqu'aux ongles; la langue charnue, cylindrique et extrêmement
alongeable; les dents trilobées; les yeux grands, mais
presque couverts par la peau, excepté un petit trou vis-
à-vis la prunelle, et mobiles indépendamment l'un de
l'autre; point d'oreille extérieure visible, l'occiput relevé en pyramide. Leurs premières côtes se joignent au
sternum, les suivantes se continuent chacune à sa corres-
pondante, pour enfermer l'abdomen par un cercle entier.
Leur poumon est si vaste, que, quand il est gonflé, leur
corps paraît transparent, ce qui a fait dire aux anciens
qu'ils se nourrissent d'air. Ils vivent d'insectes, qu'ils
prennent avec l'extrémité gluante de leur langue : c'est
la seule partie de leur corps qu'ils meuvent avec vitesse.
Ils sont pour tout le reste d'une lenteur excessive. La
grandeur de leur poumon est probablement ce qui leur
donne la propriété de changer de couleur, non pas,
comme on l'a cru, selon les corps sur lesquels ils se
trouvent, mais selon leurs besoins et leurs passions.
Leur poumon, en effet, les rend plus ou moins transparents, contraint plus ou moins le sang à refluer vers
la peau, colore même ce fluide plus ou moins vivement,
selon qu'il se remplit ou se vide d'air. Ils se tiennent
constamment sur les arbres.

Le *Caméléon ordinaire*. (*Lacerta africana*. Gm.) Lacep. I.
XXII. Seb. I. LXXXII. I. LXXXIII. 4. (1).

D'Égypte et de Barbarie, qui se trouve aussi dans le
midi de l'Espagne, et jusque dans les Indes, a le capuchon pointu et relevé d'une arête en avant; les grains de

---

(1) Le *cam. trapu*, Eg., Rept., IV, 3; *Cham. carinatus*, Merr.,
Ch. subcroceus, id.?

la peau égaux et serrés, la crête supérieure dentelée jusqu'à la moitié du dos, l'inférieure jusqu'à l'anus.

Le capuchon de la femelle saille moins, et les dentelures de ses crêtes sont plus petites.

Une autre espèce assez semblable, et des îles Séchelles (*Cham. tigris*, Cuv.), a le casque comme la femelle du commun, les grains du corps fins et égaux, et se distingue par un lambeau comprimé et dentelé sous le bout de sa mâchoire inférieure. Son corps est semé de points noirs.

Une autre espèce voisine de l'île de Bourbon (*Cham. verrucosus*, Cuv.), a des grains plus gros, épars parmi les autres; et une série de verrues parallèle au dos aux deux tiers de sa hauteur. Le capuchon est comme dans la femelle du commun; les dentelures du dos sont plus fortes; celles du ventre plus faibles.

Le *Caméléon nain*. (*Lacerta pumila*. Gmel.) *Chamœleon pumilus*, Daud. IV. LIII.) *Cham. margaritaceus*. Merr. Seb. LXXXII. 4. 5.

A le capuchon couché en arrière, des verrues éparses sur les flancs, sur les membres et sur la queue; sous la gorge des lambeaux nombreux, comprimés, finement dentelés, qui varient selon les individus. Il se trouve au Cap, à l'île de France, aux Séchelles. (1)

Le *Caméléon du Sénégal*. (*Lacerta chamœleon*. Gm.) *Ch. planiceps*. Merr. Seb. I. LXXXIII. 2.

A le capuchon aplati et presque sans arête, de forme horizontalement parabolique. Il se trouve aussi en Barbarie et même en Géorgie.

Une espèce de l'île de France (*Cham. pardalis*, Cuv.), a le casque plat comme celle du Sénégal, mais son museau a un petit bord proéminent en avant de la bouche; des grains plus gros sont épars parmi les autres, et son corps est semé irrégulièrement de taches rondes, noires, bordées de blanc.

Une autre espèce (*Cham. Parsonii*, Cuv.) trans. phil. LVIII,

____

(1) Je crois que le *Cham. seichellensis* de Kuhl, n'est qu'une femelle du *Pumilus*.

à casque plat, un peu tronqué en arrière, a la crête du sourcil prolongée et relevée de chaque côté sur le bout du museau, en un lobe presque vertical. Ses grains sont égaux, et il n'a de dentelure ni en dessus ni en dessous (1). Enfin

Le *Caméléon des Moluques*, *à nez fourchu.* (*Cham. bifurcus.* Brougn.) Daud. IV. LIV.

A le casque plat, demi-circulaire; deux grandes proéminences comprimées, saillantes, en avant du museau, qui varient en longueur probablement selon les sexes. Ses grains sont égaux, son corps est semé de taches bleues serrées, et il y a au bas de chaque flanc, une double série de blanches.

La sixième et dernière famille des sauriens est celle

DES SCINCOÏDIENS.

Reconnaissable à ses pieds courts, à sa langue non extensible et aux écailles égales qui couvrent le corps et la queue comme des tuiles.

LES SCINQUES. (SCINCUS. Daud.)

Ont quatre pieds assez courts, un corps presque d'une venue avec la queue, sans renflement à l'occiput, sans crête ni fanon, couvert d'écailles uniformes, luisantes, disposées comme des tuiles ou comme celles des carpes. Les uns ont la forme d'un fuseau; d'autres, presques cylindriques et plus ou moins alongés, ressemblent à des serpents, et surtout à des *orvets*, avec lesquels ils ont aussi plusieurs rapports intérieurs, et qu'ils lient à la famille des iguanes par une suite non interrompue de nuances. Du reste, leur langue est charnue, peu extensible et échancrée, leurs mâchoires sont garnies tout autour de petites dents serrées. Par.

______

(1) Je ne connais point le *Cham. dilepis*, Leach., ou *bilobus*, Kuhl.

leur anus, leurs verges, leur œil, leur oreille, ils ressemblent plus ou moins aux iguanes et aux lézards; leurs pieds ont des doigts tous libres et onguiculés.

Certaines espèces ont des dents au palais et une dentelure au bord antérieur du tympan.

On doit distinguer dans le nombre, à cause de son museau tranchant et un peu relevé (1),

Le *Scinque des pharmacies* (*Lac. scincus*. Lin. *Scincus officinalis*. Schn. *El adda des Arabes*.) Lacep. I. XXIII. Bruce. Abyss. pl. 39. Égypt. Rept. Suppl. pl. 2. f. 8.

Long de six ou huit pouces; la queue plus courte que le corps : celui-ci jaunâtre-argenté; des bandes transverses noirâtres; il vit dans la Nubie, l'Abyssinie, l'Arabie, d'où on l'apporte à Alexandrie, et de là dans toute l'Europe. Il a une promptitude extraordinaire à s'enfoncer dans le sable quand il est poursuivi (2).

Parmi ceux qui ont le museau mousse, on peut remarquer une espèce répandue dans toutes les Indes (*Sc. rufescens*), verdâtre, une ligne jaunâtre le long de chaque flanc, les écailles chacune à trois petites arêtes relevées.

Une du midi de l'Afrique, très répandue autour du Cap (*Sc. trivittatus*), brune; trois lignes plus pâles tout le long du dos et de la queue. Des taches noires entre les lignes (3).

Et surtout une grande espèce du Levant (*Sc. cyprius*,

---

(1) C'est de cette espèce seulement que M. Fitzinger compose son genre SCINCUS, les autres forment son genre MABOUIA.

(2) Les Grecs et les Latins nommaient *scincus*, le *crocodile terrestre*, par conséquent un monitor, auquel ils attribuaient beaucoup de vertus; mais depuis le moyen âge, on vend généralement sous ce nom, et pour les mêmes usages, l'espèce ci-dessus. Les orientaux la regardent surtout comme un puissant aphrodisiaque.

(3) Aj. *Scincus erythrocephalus*. Gilliams., Sc. nat. Phil., I, XVIII; — *Sc. bicolor*, Harlan., ib., IV, XVIII, 1; — *Sc. multiseriatus*, Nob., Geoff., Eg., rept., IV, f. 4, sous le nom d'*Anolis pavé*. — Nous croyons aussi devoir rapporter à cette subdivision, quoique nous n'ayons pu encore nous le procurer, le gros scinque, appelé *Galley wasp*, à la Jamaïque; Sloane, II, pl. 273, f. 9. (*Lacerta occidua*, Sh.).

Cuv.) *Lac. cyprius scincoides*, Aldrov.; Quadr., Dig., 666, Geoff., Desc. de l'Égypt., Rept., pl. III, f. 3, sous le nom d'*Anolis gigantesque ;* verdâtre, à écailles lisses, à queue plus longue que le corps ; une ligne pâle le long de chaque flanc.

D'autres scinques, les Tiliqua, Gray, n'ont point de dents au palais.

Il en est une très répandue dans le midi de l'Europe, la Sardaigne, la Sicile, l'Égypte (*Sc. variegatus, Sc. ocellatus,* Schn., Daud., IV, lvi, Geoff., Égypt., Rept., pl. V, f. 1, sous le nom d'*Anolis marbré*, et mieux Savig., *ib.*, supp., pl. II, f. 7), qui a sur le dos, les flancs et la queue, de petites taches noires rondes, marquées chacune d'un trait blanc. Le plus souvent une ligne pâle règne le long de chaque côté du dos.

Nos Antilles en ont plusieurs espèces, dont une s'y nomme improprement *Anolis de terre* et *Mabouia,* Lacep., pl. xxiv, lisse, brun-verdâtre ; des points noirâtres épars sur le dos ; une bande brune mal terminée, allant de la tempe sur l'épaule et au-delà (1).

Les Moluques et la Nouvelle-Hollande ont des espèces de cette division remarquables par leur grosseur (2).

Les Seps (3). (Seps. Daud.)

Diffèrent des scinques seulement par leur corps encore plus alongé, tout-à-fait semblable à celui d'un orvet, et

---

(1) La fig. de Lac. est exacte, sauf la queue qui est trop courte, l'individu l'ayant eue cassée, comme il arrive souvent à tous les lézards. — aj. le *Sc. à flancs noirs*, Quoy et Gaym., voy. de Freyc., pl. 42 ; — *Sc. bistriatus*, Spix, xxvi, 1.

(2) *Lac. scincoides*, White, 242 ; — *Scincus nigroluteus*, Quoy et Gaym, Freyc., 41 ; — *Scinc. crotaphomelas*, Per. et Lacep., etc.

N. B. Je n'ai pu nommer que très peu d'espèces de scinques, parce qu'elles sont si mal caractérisées dans les auteurs, qu'il m'est presque impossible d'en indiquer la synonymie avec quelque certitude. C'est le genre qui a le plus besoin d'une monographie.

(3) *Seps* et *chalcis* étaient, chez les anciens, les noms d'un animal que les uns représentent comme un lézard, les autres comme un serpent. Il est très probable qu'ils désignaient le seps à trois doigts d'Italie et de Grèce. *Seps* vient de σηπειν, corrompre.

par leurs pieds encore plus petits, et dont les deux paires sont plus éloignées l'une de l'autre. Leurs poumons commencent à montrer de l'inégalité.

On en possède une espèce à cinq doigts, dont les postérieurs inégaux. (*S. Scincoides*, nob.)

Une à cinq doigts à peu près égaux et courts (*Anguis quadrupes*, Lin., *Lacerta serpens*, Gm.), Bloch, Soc. des nat. de Berl., tom. II, pl. 2 (1). Des Indes orientales.

Une à quatre doigts, dont les postérieurs inégaux (le *Tetradactylus decresiensis*, Per.) (2), et une à trois, d'ailleurs très semblable à la précédente (*Tridactylus decresiensis*, Per.). Toutes deux viennent de l'île de Crès, et sont vivipares.

Une à trois doigts très courts et à pieds très petits, nommée, en Italie, *Cecella* ou *Cicigna* (*Lacerta chalcides*, L.), grise, à quatre raies longitudinales brunes, deux de chaque côté du dos. Elle est aussi vivipare, se meut avec rapidité, sans s'aider de ses pieds; vit dans les prés, se nourrit d'araignées, de petit limaçons, etc. (3).

Nos provinces méridionales en ont une très semblable, mais à huit ou neuf raies brunes, également espacées (*Zygnis striata*, Fitz.)

On pourrait séparer des autres une espèce dont les écailles toutes carénées et pointues, sont à peu près disposées en verticilles (4) (*Lac. anguina*, L.); *Lac. monodactyla*, Lacep., Ann. Mus. II, LIX, 2, et Vosmaer., Monogr. 1774, f. I, sous le nom de *Serpent-lézard*. Ses pieds sont de petits stylets non divisés. Elle vit aux environs du cap de Bonne-Espérance.

---

(1) M. Gray en a fait son genre LYGOSOMA; M. Fitzinger la laisse dans ses MABUYA ou scinques sans dents palatines.

(2) C'est à cette espèce que Fitzinger réserve le nom générique de SEPS; il l'appelle *seps Peronii*.

(3) Merrem, au contraire, avait fait son genre SEPS de cette seule espèce. Fitzinger l'appelle maintenant, d'après Oken, ZYGNIS, et y joint le *tridactyle* de l'isle *Decres* de Peron, qui se rapproche bien davantage du tétradactyle de la même île.

(4) C'est le genre MONODACTYLUS, Merr., ou CHAMÆSAURA, Fitz.

LES BIPÈDES. (BIPES. Lacép.)

Sont un petit genre qui ne diffère des seps que parce qu'ils manquent entièrement de pieds de devant, n'ayant que des omoplates et des clavicules cachées sous la peau, et leurs pieds de derrière seuls étant visibles. Il n'y a qu'un pas d'eux aux *orvets*.

Les uns ont une rangée de pores au-devant de l'anus (1).

J'en ai disséqué un rapporté de la Nouvelle-Hollande par feu Péron (le *Bipède lépidopode*, Lacep., An. du Mus., tome IV, pl. LV), qui a les écailles du dos carénées, et la queue deux fois plus longue que le corps (2). Ses pieds n'offrent à l'extérieur que deux petites plaques oblongues et écailleuses : mais on y trouve par la dissection un fémur, un tibia, un péroné, et quatre os du métatarse formant des doigts, mais sans phalanges. Un de ses poumons est de moitié moindre que l'autre. Il vit dans la vase.

D'autres n'ont pas cette rangée de pores.

Il y en a une petite espèce du Cap, décrite depuis long-temps (*Anguis bipes*, Lin., *Lacerta bipes*, Gm.), Seb. I, LXXXVI, 3, dont les pieds se terminent chacun par deux doigts inégaux (3).

Le Brésil en produit une autre (*Pygopus cariococca*), Spix., XXVIII, 2, plus grande, à pieds indivis, comme ceux du lépidopode, mais plus pointus, à écailles toutes lisses. Il est verdâtre, avec quatre lignes longitudinales noirâtres (4).

---

(1) Ils forment le genre PYGOPUS de Merrem.

(2) La fig. de Lacep. est faite d'après un individu dont la queue avait été cassée et reproduite ; en général, dans toute cette classe, on est fort sujet à être trompé sur la longueur proportionnelle des queues.

(3) C'est le genre BIPES, Merr., ou SCELOTES de Fitzinger. Le *Seps gronovien* ou *monodactyle* de Daudin, dont Merrem a fait son genre PYGODACTYLE, n'en était qu'un individu mal conservé, et ce genre doit être rayé, comme Merrem le soupçonnait déjà. Le *Seps sexlineata*, Harlan., Sc. nat. Phil., IV, pl. XVIII, f. 2, n'en est qu'une variété.

(4) Le *Pyg. striatus*, Spix, XXVIII, 1, ne m'en paraît que le jeune âge.

LES CHALCIDES. (CHALCIDES. Daud.)

Sont, comme les seps, des lézards très alongés et semblables à des serpents; mais leurs écailles, au lieu d'être disposées comme des tuiles, sont rectangulaires, et forment, comme celles de la queue des lézards ordinaires, des bandes transversales qui n'empiètent point les unes sur les autres.

Les uns ont un sillon de chaque côté du tronc, et le tympan encore très apparent. Ils se lient aux cordyles, comme les seps se lient aux scinques, et conduisent sous plusieurs rapports aux sheltopusics et aux ophisaures.

On en connaît une espèce à cinq doigts, des Indes orientales (*Lac. seps*, Lin.).

Une à quatre (*Lac. tetradactyla*, Lacep.), Ann. du Mus., II, LIX, 2 (1).

D'autres ont le tympan caché et conduisant directement aux bimanes, et par là aux amphisbènes.

Il y en a une espèce à cinq doigts (2).

Une du Brésil, à quatre devant et à cinq derrière (*Heterodactylus imbricatus*, Spix., XXVII, 1.).

Une à quatre à tous les doigts (3).

Une dont les doigts, au nombre de cinq devant, et de trois derrière, sont réduits à de petits tubercules si peu visibles, que l'espèce a été regardée tantôt comme ayant trois doigts, tantôt comme n'en ayant qu'un (4). Elle est de la Guianne.

LES BIMANES. (CHIROTES. Cuv.)

Ressemblent aux chalcides par leurs écailles verticil-

---

(1) C'est le genre TETRADACTYLUS de Merrem, ou SAUROPHIS de Fitzinger.

(2) C'est celle-ci qui forme le genre CHALCIDES de Fitzinger.

(3) C'est le genre BRACHYPUS de Fitzinger.

(4) Dans la première supposition, c'est le *Chalcide* de Lacép., pl. XXXII. Le *chamœsaura cophias* de Schn., le genre CHALCIS de Merrem et le genre COPHIAS de Fitzinger. Dans la deuxième hyp., c'est le *Chalcide monodactyle* de Daudin, ou le genre COLOBUS de Merrem; mais tous ces genres se réduisent à une seule espèce.

lées, et encore plus aux amphisbènes par la forme obtuse de leur tête ; mais se distinguent des premiers parce qu'ils manquent de pieds de derrière, et des seconds, parce qu'ils ont encore des pieds de devant.

On n'en connaît qu'un du Mexique,

Le *Bimane cannelé*. (*Bipède cannelé*. Lacep. *Chamœsaura propus*. Schn. *Lacerta lumbricoïdes*. Shaw.) Lacep. I. XLI.

A déux pieds courts à quatre doigts chacun, avec un vestige de cinquième, assez complétement organisés à l'intérieur, attachés par des omoplates, des clavicules, et un petit sternum ; mais sa tête, ses vertèbres, en un mot tout le reste de son squelette ressemblent à celui de l'amphisbène.

Il a huit ou dix pouces de long, est gros comme le petit doigt ; couleur de chair, revêtu d'environ deux cent vingt demi-annéaux sur le dos, et autant sous le ventre, qui se rencontrent en alternant sur le côté. On le trouve au Mexique, où il vit d'insectes. Sa langue, peu extensible, se termine par deux petites pointes cornées ; son œil est très petit ; son tympan recouvert par la peau, et invisible au-dehors ; au-devant de son anus sont deux lignes de pores. Je ne lui ai trouvé qu'un grand poumon et un vestige de petit, comme à la plupart des serpents (1).

____

(1) Les genres qui terminent cet ordre des sauriens, s'interposent de diverses manières entre les sauriens ordinaires et les genres placés en tête de l'ordre des ophidiens, au point que plusieurs naturalistes ne croient plus aujourd'hui devoir séparer ces deux ordres, ou bien qu'ils en établissent un, comprenant d'une part les sauriens, moins les crocodiles, et de l'autre les ophidiens de la famille des anguis ; mais il existe parmi les fossiles d'anciennes formations calcaires, deux genres bien plus extraordinaires, et qui, avec une tête et un tronc de saurien, ont des pieds portés sur des membres courts, et formés d'une multitude de petites articulations rassemblées en une espèce de rame ou de nageoire, comme sont les nageoires ou pieds de devant des cétacés.

L'un de ces genres, celui des ICHTHYOSAURUS, avait une grosse tête portée sur un cou assez court, d'énormes yeux, une queue médiocre, un

LE TROISIÈME ORDRE DES REPTILES,

Les OPHIDIENS (1) ou SERPENTS.

Sont les reptiles sans pieds, et par conséquent ceux de tous qui méritent le mieux la dénomination de reptiles. Leur corps, très alongé, se meut au moyen des replis qu'il fait sur le sol.

On doit les diviser en trois familles.

Ceux de la première, ou

Les ANGUIS (2).

Ont encore leur tête osseuse, leurs dents, leur langue semblables à celles des seps; leur œil est muni de trois paupières, etc.; ce sont, pour ainsi

museau alongé armé de dents coniques, adhérentes dans une rainure. On en a déterré en Angleterre, en France et en Allemagne, différentes espèces, dont quelques-unes très grandes.

L'a ..e, le PLESIOSAURUS, avait une petite tête portée sur un long cou de serpent, composé de plus de vertèbres cervicales que dans aucun animal connu. Sa queue était courte; on en a aussi trouvé des débris sur le continent.

Ces deux genres, dus en grande partie aux recherches de MM. Home, Conybeare, Buckland, etc., habitaient la mer. Ils doivent former une famille très distincte; mais ce que l'on connaît de leur ostéologie, les rapproche plus du commun des sauriens que des crocodiles, auxquels M. Fitzinger les associe dans sa famille des LORICATA, et cela d'autant plus gratuitement, que l'on ne connaît ni leurs écailles ni leur langue, les deux parties caractéristiques des loricata.

(1) Ophidien, d'ὄφις (serpent).
(2) *Anguis*, nom générique des serpents en latin.

dire, des seps sans pieds ; ils entraient tous dans le genre

Des Orvets. (Anguis. L.)

Caractérisés à l'extérieur par des écailles imbriquées, qui les recouvrent entièrement. On en a fait quatre sous-genres, dont les trois premiers ont encore sous la peau des os d'épaule et de bassin.

Les Scheltopusik. (Pseudopus. Merrem.)

Ont le tympan visible à l'extérieur, et de chaque côté de l'anus une petite proéminence (1), dans laquelle est un petit os analogue au fémur, et tenant à un vrai bassin caché sous la peau ; quant à l'extrémité de devant, c'est à peine si elle se montre au-dehors par un pli difficile à remarquer, et sans humérus intérieur. Un de ses poumons est d'un quart moindre que l'autre. Les écailles sont carrées, épaisses, à demi-imbriquées, et il y en a, entre celles du dos et celles du ventre, de plus petites qui produisent un sillon longitudinal de chaque côté.

Pallas en a fait connaître une espèce du midi de la Russie, qui se trouve aussi en Hongrie, en Dalmatie (*P. pallasii*, Nob.; *Lacerta apoda*, Pall., Nov. com., Petrop. XIX, pl. ix, f. 1.), longue d'un et deux pieds. Les écailles du dos lisses ; celles de la queue carénées.

M. Durville en a découvert dans l'Archipel une autre, dont les écailles du dos sont rudes et carénées comme celles de la queue (*Ps. Durvillii*, Nob.).

Un sous-genre voisin, celui

Des Ophisaures (2). (Ophisaurus. Daud.)

Ne diffère des scheltopusiks, que parce qu'il n'a plus extérieurement d'apparence d'extrémités postérieures ; mais on voit encore son tympan, et ses écailles laissent aussi un pli de chaque côté de son tronc. Le petit poumon fait le tiers du grand.

L'espèce connue le plus anciennement (*Oph. ventralis*;

---

(1) *Pseudopus* (*pied faux*). Je n'ai pas pu apercevoir, plus que M. Schneider, de division à l'extrémité de ce très petit vestige de pied.

(2) D'ὄφις (serpent), et de σαυρός (lézard).

—*Ang. ventralis*, L.), Catesb., II, LIX, est commune dans le sud des États-Unis. Sa couleur est un vert jaunâtre, tacheté de noir en-dessus. Sa queue est plus longue que le corps; il se rompt si aisément, qu'on l'a appelé serpent de verre (1).

Les Orvets proprement dits. (Anguis. Cuv.)

N'ont aussi aucune apparence d'extrémité visible au dehors; leur tympan même est caché sous la peau ; leurs dents maxillaires sont comprimées et crochues, ils n'en ont point au palais. Leur corps est entouré d'écailles imbriquées, sans pli sur le côté. Un des poumons est de moitié plus petit que l'autre

Nous en avons une espèce fort commune dans toute l'Europe (*Anguis fragilis*, L.), Lacep. II, XIX, 1 , à écailles très lisses, luisantes, jaune argenté en dessus, noirâtres en dessous, trois filets noirs le long du dos, qui se changent avec l'âge en diverses séries de points et finissent par disparaître. Sa queue est de la longueur du corps; l'animal atteint un pied et quelques pouces, vit de lombrics, d'insectes; fait ses petits vivants (2).

Ces trois sous-genres ont encore un bassin imparfait, un petit sternum , une omoplate et une clavicule cachées sous la peau.

L'absence de toutes ces parties osseuses oblige de séparer aussi des orvets , le sous-genre que je nommerai

Acontias (3) ,

Et qui leur ressemble par la structure de la tête, et les paupières , mais qui n'a pas de sternum ni de vestige d'épaule et de bassin ; leurs côtes antérieures se réunissent l'une à l'autre sous le tronc par des prolongements cartilagineux. Je n'y ai trouvé qu'un poumon médiocre et un très petit. Leurs dents sont petites et coniques; je crois

---

(1) Aj. *Ophis. punctatus; Ophis. striatulus*, Nob., deux espèces nouvelles.

(2) L'*anguis erix*, L., n'est qu'un jeune orvet commun, où les lignes dorsales sont encore bien marquées; et l'*anguis clivicus*, dont Daudin fait un érix, sans que l'on sache pourquoi, est un vieux orvet commun à queue tronquée. On n'en parle que d'après Gronovius, qui cite le coluber de Gesner. Ce Coluber est précisément l'orvet commun vieux.

(3) *Acontias* (*javelot*), nom grec d'un serpent que l'on croyait s'élancer comme un trait sur les passants (d'ἀκοντίζω, *jaculor*).

leur en avoir aperçu quelques-unes au palais. On les reconnaît aisément à leur museau enfermé comme dans une sorte de masque.

L'espèce bien connue (*Anguis meleagris*, L.), Seb., II, xxi, 1, (1) vient du cap de Bonne-Espérance, elle ressemble à notre orvet; mais sa queue obtuse est beaucoup plus courte; sur son dos règnent huit rangées longitudinales de taches brunes. Le même pays en produit d'autres espèces, dont une entièrement aveugle (*Ac. cœcus*, Cuv.).

La seconde famille, ou celle

DES VRAIS SERPENTS.

Qui est de beaucoup la plus nombreuse, comprend les genres sans sternum ni vestiges d'épaule; mais dont les côtes entourent encore une grande partie de la circonférence du tronc, et où les corps des vertèbres s'articulent encore par une facette convexe dans une facette concave de la suivante; ils manquent de troisième paupière et de tympan; mais l'osselet de l'oreille existe sous la peau, et son manche passe derrière l'os tympanique. Plusieurs ont encore sous la peau, un vestige de membre postérieur, qui montre même au-dehors dans quelques-uns son extrémité en forme de petit crochet (2).

Nous les subdivisons en deux tribus.

Celle des DOUBLES-MARCHEURS a encore la mâ-

---

(1) Daudin a fait aussi un *érix* de l'*anguis meleagris*; mais sans motif; car ses écailles inférieures ne sont pas plus grandes que les autres. Je me suis assuré, par la dissection, que ce serpent n'a point le sternum que M. *Oppel* lui suppose.

(2) *Voyez* la Dissertation allemande de M. Mayer, sur les extrémités postérieures des ophidiens; dans le XIIe vol. des Curieux de la nature de Bonn.

choire inférieure portée comme dans tous les reptiles précédents, par un os tympanique, immédiatement articulé au crâne, les deux branches de cette mâchoire soudées en avant, et celles de la mâchoire supérieure fixées au crâne, et à l'os inter-maxillaire ; ce qui fait que leur gueule ne peut se dilater comme dans la tribu suivante, et que leur tête est tout d'une venue avec le reste du corps, forme qui leur permet de marcher également bien dans les deux sens. Le cadre osseux de l'orbite est incomplet en arrière, et leur œil fort petit ; du reste ils ont le corps couvert d'écailles, l'anus fort près de son extrémité, la trachée longue, le cœur très en arrière. On n'en connaît point de venimeux.

Il y en a deux genres, dont l'un se rattache aux chalcides et aux bimanes, et l'autre aux orvets et aux acontias.

LES AMPHISBÈNES (1). (AMPHISBÆNA. L.)

Ont tout le corps entouré de rangées circulaires d'écailles quadrangulaires, comme les chalcides et les bimanes parmi les sauriens, une rangée de pores au-devant de l'anus, des dents peu nombreuses, coniques, aux mâchoires seulement, et non au palais. Il n'y a qu'un poumon.

On en connaît depuis long-temps deux espèces. (*Amph. alba*, Lacép. II, xxi, 1, et *Amph. fuliginosa*, L.) Seb. II,

---

(1) Amphisbæne, d'ἀμφίς et ἰαίνειν ; marchant en deux sens. Les anciens lui croyaient deux têtes. Ce nom a été appliqué faussement à des serpents d'Amérique que les anciens n'ont pu connaître.

xviii, 2 ; C. 3, et lxxiii, 4. L'une et l'autre de l'Amérique méridionale. Elles vivent d'insectes, et se tiennent souvent dans des fourmilières ; ce qui a fait croire au peuple que les grandes fourmis les nourrissent. Ces amphibènes sont ovipares (1).

Il y en a une à la Martinique, entièrement aveugle (*Amphisbœna cœca*, Cuv.) (2).

Les **Leposternons**, Spix, sont des amphisbènes dont la partie antérieure du tronc a en dessous une réunion de quelques plaques qui interrompt les anneaux. Ils n'ont point de pores au-devant de l'anus ; leur tête est courte ; leur museau un peu avancé (3).

Les Typlhops (4). (Typhlops. Schn.)

Ont le corps couvert de petites écailles imbriquées, comme les orvets, avec lesquels on les a long-temps placés, le museau avancé, garni de plaques (5), la langue assez longue et fourchue, l'œil comme un point à peine visible au travers de la peau, l'anus presque tout-à-fait à l'extrémité du corps ; un poumon quatre fois plus grand que l'autre. Ce sont de petits serpents semblables, pour le coup d'œil, à des vers de terre : on en trouve des espèces dans les pays chauds des deux continents.

Il y en a dont la tête est de même venue que le corps et obtuse. Ils ressemblent à des bouts de ficelle mince (6).

La plupart ont le museau déprimé et obtus, garni de plusieurs plaques en avant (7).

---

(1) L'*Amp. flavescens*, Pr. Max., 9ᵉ liv.

(2) Ne serait-ce pas l'*A. vermicularis*, Spix, xxv, 2 ? Il dit : *oculi vix conspicui*, je n'en vois point du tout. Il employe la même expression pour son *A. oxyura*.

(3) *Lep. microcephalus* Spix., ou *Amphisb. punctata*, Pr. Max.

(4) Τυφλωψ, τυφλίνη ; aveugle, étaient les noms de l'orvet chez les Grecs. Spix a changé ce nom en **Stenostoma**.

(5) Je n'ai pu apercevoir de dents à ceux que j'ai examinés.

(6) *T. braminus nob.* ou rondos-talaloopam. Russel., serp., corom., xliii, ou *Eryx braminus*, Daud., ou *Tortrix russelii*, Merr.

(7) *Ang. reticulatus*, Sch., phys. sacr., pl. dccxlvii, 4 ; — *Typhlops*

Dans quelques-uns le devant du museau est couvert en avant d'une seule large plaque à bord antérieur un peu tranchant (1).

Enfin il y en a un dont le museau se termine par une petite pointe conique, celui-là est entièrement aveugle. Son extrémité postérieure est enveloppée d'un bouclier ovale et corné (2).

L'autre tribu, ou celle des Serpents proprement dits, a l'os tympanique, ou pédicule de la mâchoire inférieure, mobile et presque toujours suspendu lui-même à un autre os analogue au mastoïdien, attaché sur le crâne par des muscles et des ligaments qui lui laissent de la mobilité ; les branches de cette mâchoire ne sont aussi unies l'une à l'autre, et celles de la mâchoire supérieure ne le sont à l'inter-maxillaire que par des ligaments, en sorte qu'elles peuvent s'écarter plus ou moins, ce qui donne à ces animaux la faculté de dilater leur gueule au point d'avaler des corps plus gros qu'eux.

Leurs arcades palatines participent à cette mobilité, et sont armées de dents aiguës et recourbées en arrière, caractère le plus marqué et le plus con-

---

septemstriatus, Schn.;—*T. undecim striatus*, Nob.; —*T. cinereus*, Schn. ; — *T. crocotatus*, id.; — *T. leucorhous*, Oppel., etc. Seb., I, vi, 4, est une espèce de cette subdivision.

(1) *Anguis lumbricalis*, Lacep., II, pl. xx, Brown., Jam., xliv, 1, Seb., I, lxxxvi, 2 ; — *T. albifrons*, Opp. Au reste, comme dans tous les genres où les espèces sont fort semblables, les auteurs n'ont pas très bien déterminé les différents typhlops, et ce genre mériterait une monographie. Nous en connaissons une vingtaine d'espèces.

(2) *Typhlops philippinus*, Nob., des Philippines. Long de huit pouces, entièrement noirâtre. Le *Typhlops oxyrhynchus*, Schn., doit en être très voisin.

stant de cette tribu ; leur trachée-artère est très longue ; leur cœur placé fort en arrière ; la plupart n'ont qu'un grand poumon avec un petit vestige d'un second.

Ces serpents se divisent en venimeux et non-venimeux, et ceux-ci se subdivisent en venimeux à plusieurs dents maxillaires, et en venimeux à crochets isolés.

Dans les non-venimeux, les branches de la mâchoire supérieure sont garnies tout du long ainsi que celles de la mâchoire inférieure et les branches palatines, de dents fixes et non percées; il y a donc quatre rangées à peu près égales de ces dents dans le dessus de la bouche, et deux dans le dessous (1).

Ceux d'entre eux qui ont les os mastoïdiens compris dans le crâne, l'orbite incomplet en arrière, la langue épaisse et courte, ressemblent encore beaucoup aux doubles marcheurs par la forme cylindrique de leur tête et de leur corps, et ont été autrefois réunis avec les orvets, à cause de leurs petites écailles.

---

(1) L'opinion commune est qu'aucun des serpents sans crochets percés en avant des mâchoires, n'est venimeux; mais j'ai quelque raison d'en douter. Tous ont une glande maxillaire souvent fort grosse ; leurs arrière-molaires montrent souvent un sillon qui pourrait bien conduire quelque liqueur. Ce qui est certain, c'est que plusieurs des espèces, où les arrière-dents sont très grandes, passent pour excessivement venimeuses dans les pays qu'elles habitent, et que les expériences de Lalande et de Leschenauld ont semblé confirmer cette opinion ; il serait à désirer qu'on les répétât.

Ce sont

LES ROULEAUX. (TORTRIX. Oppel.) (1).

Ils se distinguent d'ailleurs des orvets, même à l'extérieur, parce que les écailles de la rangée qui règne le long du ventre et sous la queue sont un peu plus grandes que les autres, et parce que leur queue est extrêmement courte. Ils n'ont qu'un poumon.

Ceux qu'on connaît sont d'Amérique. Le plus commun doit être

Le *Ruban*. (*Anguis scytale*. L.) Seb. II. xx. 3.

Long d'un à deux pieds, peint d'anneaux irréguliers noirs et blancs (2).

Les UROPELTIS, Cuvier, sont un genre nouveau, voisin des tortrix, dont la queue encore plus courte est obliquement tronquée en dessus, et a sa troncature plate et hérissée de petits grains. Leur tête est très petite ; leur museau pointu ; sous le ventre est une rangée d'écailles un peu plus grandes que les autres, et il y en a sous le tronçon de la queue une double rangée (3).

Ceux des serpents non venimeux qui ont au contraire les os mastoïdiens détachés, et dont les mâchoires peuvent beaucoup se dilater, ont l'occiput plus ou moins renflé et la langue fourchue et très extensible.

On en fait depuis long-temps deux genres prin-

---

(1) Ce sont aussi les ANILIUS d'Oken, les TORQUATRIX de Gray, les ILYSIA d'Hemprich et de Fitzinger.

(2) Ajoutez *Ang. corallinus*, Séb,, II, LXXIII, 2, 1, 3, qui n'est peut-être qu'une variété du *scytale*; — *Ang. ater.* id., XXV, 1. et VII, 3 ; — *Tortr. rufa*, Merr., qui ne paraît qu'une var. de l'*atra* ; — *Ang. maculatus*, et *tessellatus*, Séb., II, c. 2 ; F. *latta.* N. Séb., II, XXX, 3, · Russel, XLIV ; — *Tortr. punctata*, Nob.,Seb., II, II, 1, 2, 3, 4, et VI, I, 4.

(3) *Uropeltis ceylanicus*, Nob.; — *Uropeltis philippinus*. Deux espèces nouvelles, semblables aux rouleaux même par les couleurs.

cipaux, les *boa* et les *couleuvres*, distingués par les plaques simples ou doubles du dessous de la queue.

LES BOA (1). (BOA. Lin.)

Comprenaient autrefois tous les serpents, venimeux ou non, dont le dessous du corps et de la queue est garni de bandes écailleuses transversales d'une seule pièce, et qui n'ont ni éperon ni sonnette au bout de la queue. Comme ils sont assez nombreux, indépendamment de la soustraction des espèces venimeuses, on a encore subdivisé les autres.

Les BOA, plus spécialement ainsi nommés, ont un crochet de chaque côté de l'anus, le corps comprimé, plus gros dans son milieu, la queue prenante, de petites écailles, au moins sur la partie postérieure de la tête. C'est parmi eux que l'on trouve les plus grands de tous les serpents; certaines espèces atteignent trente et quarante pieds de longueur, et parviennent à avaler des chiens, des cerfs, et même des bœufs, à ce que disent quelques voyageurs, après les avoir écrasés entre leurs replis, les avoir enduits de leur salive, et s'être énormément dilaté les mâchoires et le gosier. Cette opération est fort longue. Une circonstance remarquable de leur anatomie, c'est que leur petit poumon n'est que de moitié plus court que l'autre.

On peut encore subdiviser ces serpents d'après les téguments de leur tête et de leurs mâchoires.

1° Les uns ont la tête couverte jusqu'au bout du museau, de petites écailles semblables à celles du corps, et les plaques qui garnissent leurs mâchoires ne sont pas creusées de fossettes.

---

(1) *Boa*, nom de certains grands serpents d'Italie, probablement de la couleuvre à quatre raies, ou du serpent d'Epidaure, chez les Latins. Pline dit qu'on les nommait ainsi, parce qu'ils suçaient le pis des vaches. Le *boa* de cent vingt pieds, que l'on prétend avoir été tué en Afrique par l'armée de Régulus, était probablement un python. Voy. Plin., lib. VIII, cap. XIV.

Tel est

Le *Devin*. (*Boa constrictor*. Lin.) Lacep. II. xvi. 1. Seb. I. xxxvi. 5. liii. II. lxxxviii. 5. xcix. 1. ci. *Devin* ou *Boa empereur* de Daud. (1).

Reconnaissable par une large chaîne, formée alternativement de grandes taches noirâtres, irrégulièrement hexagones, et de taches pâles, ovales, échancrées aux deux bouts, qui règne le long de son dos, et y forme un dessin très élégant.

2° D'autres ont des plaques écailleuses depuis les yeux jusqu'au bout du museau, et manquent de fossettes aux mâchoires.

L'*Anacondo*. (*Boa scytale* et *murina*. L.) Seb. II. xxiii. 1. et xxix. 1. *Boa aquatica*. Pr. Max. 2° liv.

Brun, une double suite de taches rondes noires le long du dos, des taches œillées sur les flancs.

3° D'autres encore ont des plaques écailleuses sur le museau, et des fossettes aux plaques des côtés des mâchoires.

L'*Aboma*. (*Boa cenchris*. L. *Aboma*. et *Porte-Anneau*. de Daud.) Seb. I. lvi. 4. II. xxviii. 2. et xcviii. *Boa cenchrya*. Pr. max. 6ᵉ liv.

Fauve, portant une suite de grands anneaux bruns le long du dos, et des taches variables sur les flancs.

Ces trois espèces, qui parviennent presque à une taille égale, se tiennent dans les lieux marécageux des parties chaudes de l'Amérique; adhérant par la queue à quelque arbre aquatique, elles laissent flotter leur corps pour saisir les quadrupèdes qui viennent boire, etc.

4° Il y en a qui ont des plaques sur le museau, et les côtés

---

(1) Daudin a cru que le *devin* se trouvait dans l'ancien continent, mais il est certainement de la Guiane. MM. le Vaillant et Humboldt l'en ont rapporté. M. le Prince de Wied l'a trouvé au Brésil. M. le Vaillant a aussi rapporté de Surinam les deux espèces suivantes, et chacun sait que le bojobi est du Brésil. Je ne crois pas que l'ancien continent ait de vrais boas de grande taille. Les très grands serpents de l'Inde et de l'Afrique sont des pythons. Ce nom de *devin* vient de ce que l'on a mal à propos attribué à ce serpent, ce qui est dit de certaines grandes couleuvres dont les nègres de Juida font leurs fétiches.

de la mâchoire creuses d'une fosse en forme de fente sous l'œil, et plus en arrière (1).

5° Il y en a enfin qui manquent de fossettes, et ont le museau garni de plaques un peu proéminentes, coupé obliquement d'arrière en avant et tronqué au bout, de manière qu'il se termine en coin. Leur corps est très comprimé; leur dos caréné. Ceux-là viennent des Indes orientales, et pourraient donner lieu à un sous-genre distinct (2).

Schneider a séparé des boa

Les Scytales. Merr. (Pseudo-boa. Schn.)

Qui ont des plaques, non-seulement sur le museau, mais sur le crâne, comme les couleuvres, point de fossettes, le corps rond, la tête d'une venue avec le tronc, comme dans les tortrix (3).

Daudin en a aussi séparé

Les Erix. (4).

Qui en diffèrent par une queue très courte, obtuse, par des plaques ventrales plus étroites. Leur tête est courte, à peu près d'une venue avec le corps, et ces caractères les rapprocheraient des tortrix, si la conformation de leurs mâchoires ne les en éloignait; d'ailleurs leur tête n'est couverte que de petites écailles. Ils n'ont pas de crochets à l'anus.

---

(1) Le *Boa broderie* (*B. hortulana*, L.), Séb., II, LXXXIV, 1, et l'*élégant*, Daud., V, LXIII, 1, qui n'en diffère pas; — Le *bojobi* (*B. canina*, L.), Séb., II, LXXXI, et XCVI, 2, ou *xiphosoma araramboja*, Spix, XVI. Le *B. hipnale*, Séb., II, XXXIV, 1-2, et Lacep., II, XVI, 11, paraît n'être qu'un jeune bojobi; — le *B. Merremii*, Schn., Merr., beytr., II, 11, ou *xiphosoma dorsuale*, Spix, XV, dont Daudin a fait son genre Coralle sur le caractère probablement accidentel et individuel des deux premières plaques doubles sous le cou.

(2) Le *B. carinata*, Schn., ou l'*ocellata*, Opp.; — Le *B. viperina*, Sh., Russel., pl. IV. *N. B.* Ces deux subdivisions forment le genre Xiphosoma de Fitzinger, Cenchris de Gray.

(3) *Scytale coronata*, Merr., Séb., II, XLI, 1, Pr. Max, 7° liv. *B. N.* Il ne faut pas confondre les scytales de Merrem avec celles de Daudin, qui sont les échis de Merrem.

(4) *Erix* (crin). C'est dans Linnæus l'épithète d'une espèce d'orvet.

On peut en rapprocher

Les Erpetons. Lacép. (1).

Bien remarquables par deux proéminences molles, couvertes d'écailles, qu'ils portent au bout du museau. Leur tête est garnie de grandes plaques; celles qui règnent sous le ventre sont très peu larges, et celles du dessous de la queue diffèrent à peine des autres écailles. Mais cette queue est assez longue et pointue (2).

Les Couleuvres (3). (Coluber. L.)

Comprenaient tous les serpents, venimeux ou non, dont les plaques du dessous de la queue sont divisées en deux, c'est-à-dire rangées par paires.

Indépendamment de la distraction des espèces venimeuses; leur nombre est si énorme, que l'on a eu recours à toutes sortes de caractères pour les subdiviser.

On peut d'abord en séparer

Les Pythons. Daud.

Qui ont des crochets près de l'anus, et les plaques ventrales étroites, comme les boa, dont ils diffèrent seulement par les doubles plaques du dessous de leur queue. Leur tête a des plaques sur le bout du museau, et il y a des fossettes à leurs lèvres.

Il en existe des espèces aussi grandes qu'aucun boa : telle est l'*Ular-Sawa* ou *grande Couleuvre des îles de la Sonde* (*Colub. javanicus*, Sh.), qui parvient à plus de trente pieds. Seb. I, LXII; II, XIX, 1; XXVIII, 1; XCIX, 2 (4).

---

(1) Erpeton, de Ἑρπετός (serpent).

(2) *Erpeton tentaculé*, Lacép., Ann. Mus., II, L, nom donné à ce genre par M. de Lacépède qui l'a décrit le premier, Merrem l'a changé en Rhinopirus.

(3) *Coluber*, nom générique des serpents en latin.

(4) Cet *ular-sawa* ou *python améthiste*, Daud., *Boa amethystina*, Schn., dont nous avons un grand squelette, et des peaux rapportées de Java par M. Leschenault, est au moins très voisin du *pedda-poda* du Bengale (*python tigre*, Daud.), Russel, XXII, XXIII, XXIV. *Col boæfor-*

Quelques-uns de ces pythons ont les premières, d'autres les dernières plaques de leur queue simples (1). Peut-être n'est-ce quelquefois qu'une variété accidentelle.

Les Cerbères. (Cerberus. Cuv.)

Ont, comme les pythons, presque toute la tête couverte de petites écailles, et des plaques seulement entre et devant les yeux; mais ils manquent de crochets à l'anus. Ils ont aussi quelquefois des plaques simples à la base de la queue (2).

Les Xenopeltis. Reinwardt.

Ont derrière les yeux de grandes plaques triangulaires, et imbriquées; en sorte qu'elles se confondent avec les écailles qui les suivent, et qui seulement deviennent plus petites (3).

Les Heterodon. Beauvois.

Ont les plaques ordinaires des couleuvres, mais le bout de leur museau est d'une seule pièce, court, en forme de pyramide trièdre, un peu relevée, et dont une arête est en dessus, conformation qui leur a fait donner le nom de serpents à grouin de cochon (4).

---

mis, Sh. *Boa castanea* et *albicans*, Schn; et il nous paraît en général que tous les prétendus *boa* de l'ancien continent sont des pythons. Ular Sawa signifie, en malais, serpent des rivières.

Les *Boa reticulata, ordinata, rhombeata*, Schn., appartiennent aux pythons.

(1) Le *Bora*, Russ., xxxix (*Boa orbiculata*, Schn.).

(2) Nous avons vu de ces plaques simples dans un individu, tandis que d'autres de la même espèce les avaient toutes doubles; preuve du peu d'importance de ce caractère. A ce groupe appartiennent le *Col. cerberus*, Daud., Russel., pl. xvii, —l'*homolopsis obtusatus*, Reinw., et espèces voisines.

(3) *Xenopeltis concolor*, Reinw.

(4) L'*Hétérodon noirâtre*, Beauv., *hétérodon* de Daud.; et l'*hétérodon tacheté* (*cenchris mokeson*, Daud.), appartiennent à ce genre; mais Beauvois l'a établi sur un caractère qui se retrouve dans un grand nombre de couleuvres, d'avoir les dents maxillaires postérieures plus grandes, et Daudin paraît n'avoir connu son *mokeson* que par un dessin. Nous entendons par là, le *hognose* de Catesby, II, pl. lvi, que Daud. a cité lui-même. Il a

Les Hurria. Daud.

Sont des couleuvres des Indes où, les plaques de la base de la queue sont constamment simples, et celles de la pointe doubles ; mais ces petites anomalies méritent peu que l'on y ait égard (1).

Les Dipsas de Laurenti. (Bungarus. Oppel.)

Ont le corps comprimé, beaucoup moins large que la tête, et les écailles de la rangée qui règne sur l'épine du dos sont plus grandes que les autres, ce que nous reverrons dans les bongares. Tel est

Le *Dipsas Indica*. Nob. (*Colub. bucephalus*, Sh.) Séb. I. XLIII. (2).

Noir annelé de blanc.

Les Dendrophis. Fitzinger. (Ahætulla. Gray.)

Ont, comme les dipsas, une ligne d'écailles plus large le long du dos, et des écailles plus étroites le long des flancs, mais leur tête n'est pas plus large que le corps, qui est très grêle et très alongé. Leur museau est obtus (3).

Les Dryinus. Merrem. (Passerita. Gray.)

Ont le corps aussi long et aussi grêle que les précédents ; mais au bout de leur museau est un petit appendice grêle et pointu (4).

---

quelquefois une partie des plaques de sa queue entières ; mais à sa base et non vers le bout, comme le dit Daudin. Linnæus avait bien indiqué ce serpent dans sa dixième édition, sous le nom de *coluber constrictor*. On ne sait pourquoi il l'a changé dans sa douzième, en *Boa contortrix*.

(1) *Hurriah*, nom barbare tiré de celui que porte au Bengale l'espèce représ., Russ., XL, copiée Daud., V, LXVI, 2. Une autre, Merrem., II, IV.

(2) *Dipsas*, nom grec d'une espèce de serpent que l'on croyait causer une soif mortelle par sa blessure, de $\delta \iota \psi \alpha$ (soif). La figure donnée par Conrad Gesner au mot *dipsas*, est précisément de ce sous-genre.

Le *dipsas indica* est entièrement différent du *vipera atrox*, Mus. Ad. Fred., XXII, 2, avec lequel Linnæus, Laurenti et Daudin l'ont confondu.

(3) *Col. ahætulla;—Col. decorus*, Shaw.;—*Col. caracaras*, id. (*Bungarus filiformis* Oppel); j'y joins les Sibons, Fitz., du moins dans le *Col. catenulatus*, Russel, pl. XV, les écailles dorsales sont-elles rhomboïdales et plus grandes, comme dans le *Col. ahætulla*.

(4) *Coluber nasutus*, Russel, serp., pl. XII et XIII.

Les Dryophis. Fitzinger.

Ont encore cette forme alongée de fil ou de cordon ; leur museau est pointu , mais sans appendice , et leurs écailles égales (1).

On pourra encore distinguer

Les Oligodon. Boié.

Petites couleuvres à tête obtuse , courte et étroite , qui manquent de dents palatines.

Mais les autres sous-genres démembrés de celui des couleuvres par divers auteurs, nous paraissent moins susceptibles de subsister ; il se fondent sur de légères différences dans les proportions de la tête , dans la grosseur du tronc, etc. (2).

Même après toutes ces séparations , les couleuvres demeureront encore le genre de serpents le plus nombreux en espèces.

Il y en a plusieurs en France , comme

La *Couleuvre à collier.* (*Coluber natrix.* L.) Lac. II. VI. 2.

Très commune dans les prés , les eaux dormantes ; cendrée , avec des taches noires le long des flancs , et trois taches blanches formant un collier sur la nuque ; les écailles carénées , c'est-à-dire relevées d'une arête. Elle vit d'insectes, de grenouilles, etc. On la mange dans plusieurs provinces.

---

(1) *Coluber fulgidus* , Daud., VI, lxxx , Séb. , II , liii , 9 ;—*Dryinus œneus* , Spix , III.

(2) J'entends surtout par là, les *tyria,* les *malpolon,* les *psammophis,* les *coronella,* les *xénodon,* les *pseudoélaps* de Fitzinger. Tout au plus pourrait-on adopter ses Duberria , où la tête est courte , obtuse et d'une venue, avec le corps comme dans les élaps ; et ses Homalopsis, où les yeux sont un peu plus verticaux que dans les autres couleuvres. Notez que j'en ai retiré les *cerbères.* Déjà Laurenti avait essayé de diviser les couleuvres en *coluber* et en *coronella ;* ces dernières étaient celles qui ont les écailles aux côtés des plaques temporales assez grandes pour être comptées elles-mêmes comme des plaques de plus ; mais les passages d'un groupe à l'autre sont presque insensibles.

6*

Il y en a en Sicile une espèce très voisine, beaucoup plus grande, et à collier noir (*Col. siculus*, Nob.).

La *Vipérine*. (*Col. Viperinus*. Latr.)

Gris-brun, une suite de taches noires formant un zig-zag le long du dos, et une autre de taches plus petites, œillées, le long des côtés, couleurs qui la font ressembler à la vipère; le dessous tacheté en damier de noir et de grisâtre; les écailles carénées.

La *Lisse*. (*Col. austriacus*. Gm.) Lacép. II. ii. 2.

Roux-brun; marbré de couleur d'acier en dessous; deux rangs de petites taches noirâtres le long du dos; les écailles lisses, portant chacune un petit point brun vers la pointe.

La *Verte et jaune*. (*Col. atro-virens*.) Lacép. II. vi. 1.

De nos bois, tachetée de noir et de jaune en dessus, toute jaune-verdâtre en dessous, les écailles lisses.

Ces quatre espèces se rencontrent aux environs de Paris.

Le midi de la France et l'Italie produisent :

La *Couleuvre Bordelaise*. (*Col. girondicus*. Daud.)

Presque des mêmes couleurs que la vipérine, mais à écailles lisses, à taches du dos plus petites et plus séparées;

La *Quatre-Raies*. (*Col. Elaphis*. Sh.). Lacép. II. vii. 1.

Fauve, à quatre lignes brunes ou noires sur le dos. C'est le plus grand de nos serpents d'Europe; elle passe quelquefois six pieds. Il est à croire que c'est le *boa* de Pline.

Le *Serpent d'Esculape*. (*Col. Æsculapii*. Sh.) (1).

Plus gros et moins long que la quatre-raies; brun dessus; jaune paille dessous et aux flancs; écailles du dos presque lisses. D'Italie, de Hongrie, d'Illyrie. C'est celui que les anciens ont représenté dans leurs statues d'Escu-

---

(1) *N. B.* Le *Col. Æsculapii* de Linn., est une espèce toute différente et d'Amérique.

!ape , et il est probable que le serpent d'Epidaure était de cette espèce.

Les couleuvres étrangères sont innombrables; les unes se font remarquer par la vivacité de leurs couleurs; d'autres par la régularité de leur distribution ; plusieurs sont assez uniformes dans leurs teintes. Il en est peu qui atteignent une très grande taille (2).

Les Acrochordes. (Acrochordus. Hornstedt.)

Se distinguent aisément dans cette famille par les petites écailles uniformes qui leur couvrent le corps et la tête en dessus et en dessous.

L'espèce connue , *Oular caron de Java*. (*Acrochordus Javénsis*, Lac. , II , xi , 2 ; *Anguis granulatus* , Schn.), a ses écailles relevées chacune de trois petites arêtes , et ressemblant, lorsque la peau est très bourrée , à des tubercules isolés. Elle devient fort grande. Hornstedt a avancé

---

(2) Les couleuvres présentant peu de variétés de structure intéressantes, je n'ai pas cru nécessaire d'en rapporter ici le long catalogue. On le trouvera dans les ouvrages de Gmelin, de Daudin et de Shaw, de Merrem; mais il faut consulter leurs énumérations avec précaution et critique; elles sont pleines de doubles emplois et de transpositions de synonymes.

Par exemple, le *Col. viridissimus*, et le *Col. janthinus* Merr., I, xii, ne diffèrent que par l'action de l'esprit- de-vin; — le *Col. horridus*, Daud., Merr. , II, x (*Col. viperinus* , Sh.), est le même que le *demi-collier*, Lac., II, viii , 2 ; — la *Coul. violette*, Lacép., II, viii , 1, et le *Col. reginæ* , Mus., ad. fr., xiii, 2, ne diffèrent encore que par l'action de la liqueur. — On doit regarder comme les mêmes, le *Col. lineatus*, Séb., XII , 3, Mus. , ad.fr. , XII, 1, XX, 1 ; le *Col. jaculatrix*, Séb.,I, 9, Scheuchz, dccxv, 2; le *Col. atratus*, Séb., I, 9, ix, 2 , et même le *terlineatus*, Lacep., II, xiii, 1 ; — le *Col. sibilans*, Séb., 1, ix, 1, II, lvi, 4; et la *Coul. chapelet*, Lac. , II, xii, 1 , paraissent également identiques, ainsi que le *Col. Æsculapii*, Jacq. et le *Flavescens*, Scopol., etc., etc., etc. Quant aux transpositions de synonymes , elles sont innombrables.

N. B. Les Enhydres de Daud. seraient des couleuvres non venimeuses, à queue comprimée; mais la seule espèce qu'il cite, *anguis xyphura*, Herm. , aff. an. , p. , 269; et Obs. zool. , p. 288, est évidemment un hydrophis ou une pélamide.

à tort qu'elle vit de fruits, ce qui serait bien extraordinaire dans un serpent (1)

Les serpents venimeux par excellence, ou à crochets isolés, ont une structure très particulière dans leurs organes de la manducation.

Leurs os maxillaires supérieurs sont fort petits, portés sur un long pédicule, analogue à l'apophyse ptérygoïde externe du sphénoïde, et très mobiles; il s'y fixe une dent aiguë, percée d'un petit canal, qui donne issue à une liqueur sécrétée par une glande considérable située sous l'œil. C'est cette liqueur qui, versée dans la plaie par la dent, porte le ravage dans le corps des animaux, et y produit des effets plus ou moins funestes, selon l'espèce qui l'a fournie. Cette dent se cache dans un repli de la gencive quand le serpent ne veut pas s'en servir; et il y a derrière elle plusieurs germes destinés à se fixer à leur tour pour la remplacer, si elle se casse dans une plaie. Les naturalistes ont nommé les dents venimeuses *crochets mobiles*, mais c'est proprement l'os maxillaire qui se meut; il ne porte point d'autres dents, en sorte que, dans cette sorte de serpents malfaisants, l'on ne voit, dans le haut de la bouche, que les deux rangées de dents palatines.

Toutes ces espèces venimeuses, dont on connaît bien la reproduction, font des petits vivants, parce

____

(1) Nous n'avons rien pu voir qui ressemblât à l'os particulier que M. Oppel dit avoir observé dans les acrochordes, et qui y remplacerait les crochets à venin, et nous sommes assurés d'ailleurs, par le témoignage de M. *Leschenault*, que l'acrochorde n'est point venimeux.

que leurs œufs éclosent avant d'avoir été pondus. C'est ce qui leur a valu le nom général de vipères, contraction de vivipares.

Ces serpents venimeux, à crochets isolés, présentent des caractères extérieurs à peu près de même nature que ceux des précédents ; mais le plus grand nombre a les mâchoires très dilatables et la langue très extensible. Leur tête, large en arrière, a généralement un aspect féroce, qui annonce en quelque sorte leur naturel. Il en existe surtout deux grands genres, les *crotales* et les *vipères*, dont le second a subi divers démembrements, et autour desquels s'en groupent quelques petits.

LES CROTALES (1). (CROTALUS. Lin.) Vulgairement
Serpents à sonnettes.

Sont célèbres par dessus tous les autres serpents pour l'atrocité de leur venin. Ils ont, comme les boa, des plaques transversales simples sous le corps et sous la queue ; mais ce qui les distingue le mieux, c'est l'instrument bruyant qu'ils portent au bout de la queue, et qui est formé de plusieurs cornets écailleux emboîtés lâchement les uns dans les autres, qui se meuvent, et résonnent quand l'animal rampe ou quand il remue la queue. Il paraît que le nombre de ces cornets augmente avec l'âge, et qu'il en reste un de plus à chaque mue. Le museau de ces serpents est creusé d'une petite fossette arrondie derrière chaque narine (2). Toutes les espèces dont on connaît bien la patrie viennent d'Amérique. Elles sont d'autant plus dangereuses, que

(1) Crotale, de κρόταλον (cresselle).
(1) *Voyez Russel* et *Home*, Trans., Phil. de 1804, pl. III, p. 76.

la contrée ou la saison sont plus chaudes; mais leur naturel est, en général, tranquille et assez engourdi.

Le serpent à sonnettes rampe lentement, ne mord que lorsqu'il est provoqué, ou pour tuer la proie dont il veut se nourrir.

Quoiqu'il ne grimpe point aux arbres, il fait cependant sa nourriture principale d'oiseaux, d'écureuils, etc. On a cru long-temps qu'il avait le pouvoir de les engourdir par son haleine ou même de les charmer, c'est-à-dire de les contraindre par son seul regard à se précipiter dans sa gueule. Il paraît qu'il lui arrive seulement de les saisir dans les mouvements désordonnés que la frayeur de son aspect leur inspire (1).

La plupart des espèces ont sur la tête des écailles semblables à celles du dos.

L'espèce la plus commune aux États-Unis (*Crotalus horridus*, L.), Catesb., II, xli, est brune, avec des bandes transversales irrégulières, noirâtres.

Celle de la Guiane (*Crotalus durissus*) (2), Lacep. II, xiii, 2, a des taches en losange, bordées de noir, et quatre lignes noires le long du dessus du col; toutes deux sont également redoutées et peuvent faire périr en quelques minutes. Elles parviennent l'une et l'autre à six pieds de longueur.

Quelques espèces ont la tête garnie de grandes plaques (3).

On doit rapprocher des crotales

Les Trigonocéphales. Oppel. (Bothrops. Spix. Cophias. Merrem.)

Qui s'en distinguent par l'absence de l'appareil bruyant,

---

(1) *Voyez* Barton, *Mémoire sur la faculté de fasciner, attribuée au serpent à sonnettes*, Philad., 1796.

(2) Ces deux noms de *durissus* et d'*horridus* ont été diversement échangés entre ces deux espèces par les naturalistes.

(3) C'est de cette subdivision que M. Gray a fait son genre Crotalophorus, et M. Fitzinger son genre Caudisona. Le *Millet* (*Crotalus miliaris L.*), Catesb., II, xlii, y appartient.

mais ont les mêmes fossettes derrière les narines, et égalent au moins les crotales, pour la violence de leur venin.

Il y en a dont les plaques subcaudales sont simples, comme dans les crotales, et dont la tête est garnie de plaques jusque derrière les yeux ; leur queue se termine par un aiguillon (1). Telle est

La *Vipère brune de la Caroline* (*Colub. tisiphone*. Shaw.) Catesb. II, XLIII et XLIV).

Brune à taches nuageuses, d'un brun plus foncé.

Dautres ont les subcaudales doubles, et la tête garnie d'écailles pareilles à celles du dos (2).

Tel est entre autres,

Le *Trigonocéphale jaune ; Serpent jaune des Antilles ; Vipère fer-de-lance*. Lacép. II. v. 1. (*Trig. lanceolatus*. Opp. (3).

Le plus dangereux reptile de nos îles à sucre ; il est jaunâtre ou grisâtre, plus ou moins varié de brunâtre, atteint six et sept pieds de longueur ; vivant dans les champs de cannes, où il se nourrit surtout de rats, il fait périr beaucoup de nègres (4).

Quelques-uns de ces trigonocéphales à plaques doubles sous la queue, ont la tête garnie de plaques (5).

D'autres, avec de petites écailles sur la tête, ont des plaques doubles sous la queue, excepté le petit bout, qui n'est

---

(1) Ce sont les TISIPHONE de Fitzinger.

(2) Cette division a pris dans l'ouvr. de M. Fitzinger, le nom de CRASPEDOCEPHALUS ; tous les BOTHROPS de Spix, pl. XIX-XXIII, y appartiennent.

(3) Cette espèce habite aussi au Brésil et sans doute sur d'autres parties du continent de l'Amérique méridionale; je croirais même que c'est elle que Spix a nommée *Souroucou*, pl. XXIII, et regarde comme le crotalus mutus ou lachesis.

(4) Ici vient le *trimeresure vert* de Lacép., An. Mus., IV, LVI, 2, ou *boodropam*, Russel, serp. corom., IX, qui a quelquefois deux ou trois plaques entières sous l'origine de la queue; mais ce n'est qu'un accident individuel. — Aj. *Cophias bilineatus*, Pr. Max, 5 liv. — *C. atrox.* — *C. jacaraca.*

(5) M. Fitzinger réserve le nom de TRIGONOCÉPHALE à cette subdivision.

garni, en dessous comme en dessus, que de petites écailles imbriquées, et se termine en un petit aiguillon (1).

De ce nombre est

Le *Trigonocéphale à losange.* (*Crotalus mutus.* Lin. *Colub. alecto.* Sh.) Seb. II. LXXVI. 1. *Lachesis rhombeata.* Pr. Max. 5e livr.

Jaunâtre, à dos marqué de grandes losanges brunes ou noires. Ses écailles sont relevées dans leur milieu. Il atteint six et sept pieds, et n'est pas moins formidable que les serpents à sonnettes.

LES VIPÈRES. (VIPERA. Daud.)

Confondues, pour la plupart, avec les couleuvres par Linnæus, comme ayant aussi les plaques du dessous de la queue doubles, ont dû en être séparées à cause de leurs crochets à venin, et il s'y joint naturellement quelques serpents qui ont les plaques du dessous de la queue simples en tout ou en partie.

Elles se distinguent toutes des crotales et des trigonocéphales, parce qu'elles n'ont pas de fossettes derrière les narines.

Les unes n'ont sur la tête, que des écailles imbriquées et carénées comme celle du dos (2). Telle est

La *Vipère à courte queue*, dite la *Minute.* (*Vip. brachyura.* Nob.) Seb. II. xxx. 1.

L'une des plus terribles par son venin (3).

---

(1) C'est le genre LACHESIS de Daudin, adopté par Fitzinger, mais mal caractérisé ; ses plaques subcaudales sont certainement doubles jusque près du bout où il n'y a plus que de petites écailles. M. le prince de Wied le représente parfaitement.

(2) Cette division et la suivante forment ensemble le sous-genre *echidna* de Merrem, qui, avec ses échis, dont nous parlerons plus loin, compose son genre VIPERA. Fitzinger répartit nos trois premières divisions en trois genres, qu'il nomme VIPERA, COBRA et ASPIS.

(3) Aj. l'*Aspic* de Lacép., II, 11, 1 (*vip. ocellata*, Latr.), grande espèce étrangère, voisine de l'*atropos*, Lin., Mus., ad. fred., XIII; mais

D'autres ont la tête couverte de petites écailles granulées. Telle est

La *Vipère commune*. (*Col. berus*. Lin.)

Brune; une double rangée de taches transverses sur le dos; une rangée de taches noires ou noirâtres sur chaque flanc. Quelquefois les taches du dos s'unissent en bandes transverses; d'autres fois elles ne forment toutes ensemble qu'une bande longitudinale ployée en zigzag, et c'est alors le *Colub. aspis*, Lin. (1), que l'on nomme quelquefois aspic dans nos environs. C'est cette variété qui s'était multipliée il y a quelques années dans la forêt de Fontainebleau. Il y en a aussi des individus presque entièrement noirs (2).

La *Vipère à museau cornu*. (*Col. ammodytes*.) Jacquin. Collect. IV. pl. xxiv et xxv. *Vip. illyrica*. Aldrov. 169.

A peu près semblable à la commune, mais se distinguant éminemment par une petite corne molle et couverte d'écailles, qu'elle porte sur le bout du museau. On la trouve en Dalmatie, en Hongrie, etc.

Le *Ceraste* ou *Vipère cornue*. (*Col. cerastes*. Lin.) Lacep. II. 1. 2.

Se fait remarquer par une petite corne pointue qu'il porte sur chaque sourcil. Il est grisâtre, et se tient caché

---

très différente de l'*aspis* de Linnæus, qui n'est qu'une variété de l'espèce commune; — *Vip. clotho*, Séb., II, xciii, 1; — *Vip. lachesis*, id., xciv, 2; — la *Daboie*, Lacép., II, xiii, 2, ou la brasilienne, id., iv, 1; — la *Vip. élégante*, Daud., Russel, vii, etc.

(1) *Aspis*, serpent d'Egypte, dont il y avait plusieurs espèces, et dont l'une, d'après ce qui est dit de l'expansibilité de son cou, devait être l'haje.

(2) *Berus* est un nom de serpent employé seulement par les auteurs du moyen âge, tels qu'Albert, Vincent de Beauvais, et pour une espèce aquatique, probablement la couleuvre à collier. La *vipère de Charas*, dont Laurenti a aussi voulu faire une espèce, et qui est le *Col. aspis* de Gmel., ne diffère point de cette vipère commune, qui, selon moi, est le vrai *berus* de Linnæus, d'autant qu'il ne cite à son sujet qu'Aldrov., 115, qui est cette espèce.

dans le sable en Égypte, en Lybie, etc. Les anciens en ont souvent parlé.

La *Vipère à panache.* (*Vip. lophophris.* Nob.)*Voyage* de Paterson. pl. xv.

A sur chaque sourcil, au lieu d'une corne, un petit grouppe de filets courts et cornés. Elle vit aux environs du Cap.

D'autres vipères, d'ailleurs fort semblables aux précédentes, ont au milieu du dessus de leur tête, trois plaques un peu plus grandes que les écailles qui les entourent (1).

La *petite Vipère.* (*Col. chersea.* Lin.) *Col. berus*, de Laurenti et de Daudin (2).

Est presque semblable à la vipère commune, et s'en distingue surtout par les trois plaques en question. Elle est plus rare et devient moins grande. On prétend aussi qu'elle est plus venimeuse.

Il y en a des individus presque entièrement noirs que l'on a nommés *vipère noire* (*Colub. prester*, Lin.). Laurenti. pl. IV. fig. 1. (3).

Viennent ensuite des vipères qui ont la tête garnie de plaques presque comme les couleuvres.

Dans ce nombre il en est que rien d'autre que ces plaques, ne distingue des vipères les plus ordinaires (4).

---

(1) Merrem a fait de cette subdivision son genre Pelias.

(2) C'est l'*Æsping* des Suédois (*æsping*, corruption d'*aspis*), représenté sans équivoque dans les Mém. de Stockholm, pour 1749, pl. VI. Cependant Laurenti, Spec. medic.. p. 97; et pl. II, f. 1, lui a transféré le nom de *berus*. C'est aussi le *pelias berus* de Merrem; *vip. berus*, de Fitzinger.

(3) *Prester*, πρηστήρ, nom grec d'un serpent, que plusieurs auteurs disent le même que le *dipsas*; de πρήθειν, brûler.

(4) Merrem a formé de cette subdivision son genre Sépédon. Aj. *Col. V. nigrum*, Scheuchz., Phys. sacr., IV, DCCXVII.

N. B. L'*ophis*, Spix, serp., xvii, serait un serpent venimeux semblable à ces Sépédon, mais dont la dent à venin serait précédée de quelques petites dents simples. N'ayant pas vu son espèce, je crains que ce ne soit quelqu'une de ces couleuvres à dents maxillaires postérieures plus grandes dont nous avons parlé ci-dessus, et dont plusieurs nous paraissent pouvoir être au moins soupçonnées de venin.

Tel est

L'*Hémachate*. (*Col. hœmachates*. L.) Seb. II. LVIII. 1. 3.

Serpent du Cap, d'un brun rouge marbré de blanc, à museau coupé obliquemeut en dessous.

LES NAIA.

Sont de ces vipères à tête garnie de plaques, dont les côtes antérieures peuvent se redresser et se tirer en avant, de manière à dilater cette partie du tronc en un disque plus ou moins large.

L'espèce la plus célèbre est

Le *Serpent à lunettes* ou *Cobra capello* des Portugais de l'Inde. (*Colub. naia*. Lin. *Naia tripudians*. Merr.) Seb. II. 85. 1. 89. 1-4. etc. Lacép. II. III. 1.

Ainsi nommé d'un trait noir en forme de lunette, dessiné sur la partie élargie de son disque. Il est très venimeux, mais on prétend que la racine de l'ophiorhyza mungos, est le spécifique contre sa morsure. Les bateleurs indiens en apprivoisent, qu'ils savent faire jouer et danser pour étonner le peuple, après toutefois qu'ils leur ont arraché les crochets à venin.

On fait le même usage en Égypte d'une autre espèce,

l'*Haje*. (*Coluber haje*. Linn.) Geóffr. Égypt. Rept. pl. VII. et Savigny même ouvr. Supl. pl. III.

Dont le cou s'élargit un peu moins, et qui est verdâtre, bardé de brunâtre. Les jongleurs du pays savent, en lui pressant la nuque avec le doigt, mettre ce serpent dans une espèce de catalepsie qui le rend roide et immobile (*le change en verge* ou *bâton*). L'habitude qu'a l'haje de se redresser quand on en approche, avait fait croire aux anciens Égyptiens qu'il gardait les champs qu'il habitait; ils en faisaient l'emblème de la divinité protectrice du monde, et c'est lui qu'ils sculptaient sur le portail de tous leurs temples, des deux côtés d'un globe. C'est incontestablement le serpent que les anciens ont décrit sous le nom d'*aspic d'égypte*, de *cléopatre*, etc.

Les Élaps. (Elaps. Schn. en partie) (1).

Sont des vipères à tête garnie de plaques, d'une organisation bien opposée à celle des naia ; non-seulement ils ne peuvent dilater leurs côtes, leurs mâchoires même ne peuvent presque s'écarter en arrière, à cause de la brièveté de leurs os tympaniques, et surtout de leurs os mastoïdiens, d'où il résulte que leur tête, comme celle des tortrix et·des amphisbènes, est toute d'une venue avec le corps.

L'espèce la plus commune

Elaps lemniscatus. (*Coluber lemniscatus.* L.) Seb. I. x. ult. et II. lxxvi. 3.

Est marquée d'anneaux noirs rapprochés trois à trois sur un fond blanc. Le bout de son museau est noir. Elle est de la Guiane, où on la redoute beaucoup, et où elle fait redouter aussi, quoique innocents, le *tortrix scytale*, et le *coluber Æsculapii*, parce qu'ils lui ressemblent par leur forme, leur grandeur, et leurs couleurs. Il y a au reste, dans les deux continents, plusieurs élaps, dont les couleurs sont à peu près distribuées de même (2).

Les Micrures. Wagler.

Sont des élaps à queue très courte.

Les Platures. Latreille.

Ont aussi la tête enveloppée de plaques, et des plaques doubles sous la queue ; mais cette queue est comprimée en

---

(1) M. Schneider comprenait parmi ses élaps tous les serpents qu'il supposait manquer d'un os mastoïdien séparé ; mais il n'en jugeait qu'à l'extérieur par le peu de renflement de l'occiput ; aussi ce caractère ne se trouve-t-il vrai que dans les tortrix d'Oppel ou Ilysia. Il n'avait d'ailleurs égard ni aux écailles ni au venin. Ἔλαψ, Ἔλοψ sont des noms grecs d'un serpent non venimeux.

(2) Tels sont *Elaps anguiformis*, Schn. ; — la *Vipère psyché*, Daud., VIII, c, 1 ; — *Col. lacteus*, Lin., Mus., ad. fr., xvii, 1, et mieux, Séb., II, xxxv, 2 ; — *El. nob. surinamensis*, Séb., II. vi, 2, et lxxxvi, 1 ; — *Col. latonius*, Merr., I, 11 ; et Séb., II, xxxiv, 4 ; et xliii, 3, le même que le *Col. lubricus* ; — *Col. flavius*. etc.

forme de rame, ce qui en fait des serpents aquatiques (1).

Enfin, l'on doit placer à la suite des vipères quelques serpents qui n'en diffèrent que parce que leurs plaques subcaudales sont simples en tout ou en partie. Ils se distinguent des tisiphones, parce qu'ils n'ont point de fossettes derrière les narines.

Quelquefois les plaques de la base de leur queue sont entières, ils rentrent dans

LES TRIMERESURES. Lacep.

Qui ont de grandes plaques à la tête, une partie de leurs plaques doubles, et les autres simples (2).

D'autres,

LES OPLOCÉPHALES. Cuv.

Ont de grandes plaques sur la tête, et toutes les plaques subcaudales simples (3).

D'autres encore,

LES ACANTHOPHIS de Daud. ou les OPHRIAS de Merrem.

Ont des plaques sur le devant du crâne et de la tête; leur queue se termine par un crochet; presque toutes ses plaques sont simples; elle en a quelquefois de doubles sous son extrémité (4).

LES ECHIS. Merr. ou SCYTALES. Daud.

Ont la tête couverte de petites écailles, et toutes les plaques sous-caudales simples (5).

On peut encore placer ici

LES LANGAHA. Bruguières.

Qui ont la tête couverte de plaques, le museau saillant et pointu, la moitié antérieure de la queue enveloppée

---

(1) Le *Plature à bandes* (*Col. laticaudatus*, L., ou *Hydrus colubrinus*, Sh.) Daud., VII, LXXXV.

(2) Le *Trimérésure petite tête*, Lacép., An. Mus., IV, LVI, I.

(3) Les espèces sont nouvelles.

(4) *Acanthophis cerastinus*, Daud., V, LXXVII; et Merrem, Beytr., II; IX, ou *Boa palpebrosa*, Sh.;—*Ac. Brownii*, Leach., Zool. miscell, I, III., le reptile le plus venimeux des environs du port Jackson.

(5) *Horatta pam.*, Russel, II, pl. 2, ou *Boa horatta*, Sh., ou *Pseudoboa carinata*, Schn., ou *Scytale bizonata*, Daud., V, LXX; — *Pseudoboa krait*, Schn., ou *Scytale krait*, Daud.

d'anneaux entiers qui l'entourent tout-à-fait, et la posté-rieure garnie eu dessous comme en dessus de petites écailles imbriquées (1).

Outre ces deux tribus anciennement observées, des serpents proprement dits, on en a reconnu, dans ces derniers temps, une troisième dont les mâchoires sont organisées et armées à peu près comme dans les non-venimeux, mais qui ont la première de leurs dents maxillaires plus grande que les autres, et percée pour conduire le venin comme dans les venimeux à crochets isolés, dont nous venons de parler.

Ces serpents forment deux genres, distingués comme ceux des deux familles voisines par la vétissure de leur ventre et du dessous de leur queue.

LES BONGARES (2). Daud. en partie (PSEUDOBOA. Oppel.)

Ont, comme les boa, les crotales, les echis, des plaques simples sous le ventre et sous la queue. Leur tête est courte, couverte de grandes plaques, leur occiput peu renflé. Ce qui les caractérise le mieux, c'est que leur dos, très caréné est garni d'une rangée longitudinale d'écailles plus larges que les latérales, comme dans les dipsas.

Ces serpents viennent des Indes, où on les appelle serpents de roches. Il y en a une espèce qui atteint sept ou huit pieds de longueur (3).

***

(1) Le *langaha* de Madagascar, Lacép., I, xxii, serpent que l'on ne connaît que par la figure qu'en a donnée Bruguière.

(2) *Bungarus*, nom barbare, tiré de celui de *Bungarum-pamma*, que la plus grande espèce porte au Bengale.

(3) Le *Bongare à anneaux*, Daud., V, lxv, *Boa fasciata*, Schn., copié de Russel, III. — Ajoutez : le *Bong. bleu*, *Boa lineata*, Sh., Russ., I.

Les Hydres. (Hydrus. Schn. en partie (1) — *Hydrophis* et *Pélamides*. Daud.)

Ont la partie postérieure du corps et la queue très comprimée et très élevée dans le sens vertical, ce qui, leur donnant la facilité de nager, en fait des animaux aquatiques. Ils sont fort communs dans certains parages de la mer des Indes. Linnæus avait rangé ceux qu'il connaissait avec les orvets, à cause de leurs écailles presque toutes petites. Daudin les a subdivisés comme il suit :

Les Hydrophis (2).

Ont sous le ventre, comme les tortrix et les erpetons, une rangée d'écailles un peu plus grandes que les autres; leur tête est petite, non renflée, obtuse, garnie de grandes plaques. On en a trouvé quelques espèces dans les canaux d'eau salée du Bengale, et d'autres plus avant dans la mer des Indes (3).

Les Pélamides.

Ont aussi de grandes plaques sur la tête, mais leur occiput est renflé à cause de la longueur des pédicules de leur mâchoire inférieure qui est très dilatable, et toutes les écailles

---

(1) *Hydrus*, nom grec d'un serpent aquatique, peut être de notre couleuvre commune; mais les *hydres marins* d'Ælien sont précisément de ce genre.

(2) *Hydrophis*; serpent d'eau.

(3) *Voyez* les hydrophis de Russel, serpents de Corom., pl. xliv, et IIe partie, pl. vi-x.—Aj. l'*hydrus curtus*, Sh., l'*Hydrus spiralis*, id., pl. 125; — le *Leyoselasme*, et le *Disteyre*, Lacép., Ann. Mus., IV, rentrent aussi dans le sous-genre des hydrophis, je crois même que ce dernier est l'*hydrus major*. Sh. pl. 124. Ce sont également des serpents de la mer des Indes, venimeux et à plusieurs dents maxillaires.

N. B. Je ne trouve pas, comme M. Fitzinger, que les *pélamides* et les *disteyres* soient innocents; je me suis assuré, au contraire, que leur glande à venin et leurs crochets sont conformés comme dans les hydres et les bongares. Quant à l'*aipysure*, Lacép., Ann. Mus., IV, je n'ai pu le rencontrer ni vérifier ce qu'en est.

de leur corps sont égales, petites, et disposées comme des pavés hexagones.

L'epèce la plus connue (*Anguis platurus*, Lin.; *Hydrus bicolor*, Schn.), Séb., II, LXXVII, 2, Russel, XLI, est noire en dessus, jaune en dessous. Quoique fort venimeuse elle se mange à Otaïti.

J'ai ajouté à ces deux sous-genres, celui des

CHERSYDRES. (CHERSYDRUS. Cuv.) (1).

Dont la tête et tout le corps sont également couverts de petites écailles. Tel est

L'*Oular-limpé* (*Acrochordus fasciatus*. Shaw.). Rept.,
pl. CXXX.

Serpent très venimeux qui habite le fond des rivières de Java (2).

La troisième et dernière famille des ophidiens, ou

LES SERPENTS NUS,

Ne comprend qu'un genre très singulier, et que plusieurs naturalistes croient devoir reporter parmi les batraciens, quoique l'on ignore s'il est soumis à des métamorphoses. C'est celui

DES CÉCILIES. (CÆCILIA (3). L.)

Ainsi nommé parce que ses yeux, excessivement petits, sont à peu près cachés sous la peau et manquent quelquefois. La peau est lisse, visqueuse et sillonnée de plis ou de ri-

---

(1) χέρσυδρος, nom grec de la couleuvre à collier.

(2) L'*hydrus granulatus*, Schn., doit en être voisin.

N. B. Les *hydrus caspius*, *enhydris*, *rhynchops*, *piscator* et *palustris*, Schn., ne sont que des couleuvres ou des vipères ordinaires. Son *hydrus colubrinus* est le plature à bandes.

(3) *Cœcilia*, traduction de τυφλωψ et nom latin de l'orvet, que l'on appelle encore *aveugle* dans plusieurs pays d'Europe, quoiqu'il ait de fort beaux yeux.

des annulaires; elle paraît nue, mais quand on la dissèque, on trouve dans son épaisseur des écailles toutes formées, quoique minces et disposées régulièrement sur plusieurs rangées transversales entre les rides de la peau (1). La tête des cécilies est déprimée; leur anus rond et à peu près au bout du corps; leurs côtes sont beaucoup trop courtes pour entourer leur tronc; l'articulation des corps de leurs vertèbres se fait par des facettes en cône creux, remplies d'un cartilage gélatineux, comme dans les poissons et dans quelques-uns des derniers batraciens, et leur crâne s'unit à la première vertèbre par deux tubercules, aussi comme dans les batraciens, dont les seuls amphisbènes approchent un peu à cet égard parmi les ophidiens; les os maxillaires couvrent l'orbite, qui n'y est percé que comme un très petit trou, et ceux des tempes couvrent la fosse temporale, de sorte que la tête ne présente en dessus qu'un bouclier osseux continu; leur os hyoïde, composé de trois paires d'arceaux, pourrait faire croire que dans leur premier âge elles ont porté des branchies. Leurs dents maxillaires et palatines sont rangées sur deux lignes concentriques, comme dans les protées, mais souvent aiguës et recourbées en arrière, comme celles des serpents proprement dits ; leurs narines s'ouvrent à l'arrière du palais, et leur mâchoire inférieure n'a point de pédicule mobile, attendu que l'os tympanique est enchâssé avec les autres os dans le bouclier du crâne.

L'oreillette du cœur de ces animaux n'est pas divisée assez profondément pour être regardée comme double, mais leur deuxième poumon est aussi petit que dans les autres serpents; leur foie est divisé en un grand nombre de feuillets transverses. On trouve des matières végétales, de l'humus et du sable dans leurs intestins. Leur oreille

---

(1) C'est ce que nous avons reconnu avec certitude dans la *cécilie glutineuse*, dans celle à *ventre blanc*, etc.

n'a pour tout osselet qu'une petite plaque sur la fenêtre ovale comme les salamandres.

Quelques-unes ont le museau obtus, la peau lâche, les
plis très marqués, deux petits cils près des narines. Telle est

La *Cécilie annelée.* (*Cæcilia annulata.* Spix. xxvii. 1.)

Noirâtre, a quatre-vingts et quelques plis marqués de
cercles blancs, les dents coniques.

Elle vit au Brésil, se tenant à plusieurs pieds sous terre,
dans un sol marécageux.

La *Cécilie tentaculée.* (*C. tentaculata.* Lin.) Amen. Acad.
I. xvii. 1.

A cent trente et quelques plis; qui, de deux en deux,
surtout vers la queue, n'entourent pas tout le corps. Elle
est noire, avec des marbrures blanches sous le ventre (1).
D'autres ont des plis beaucoup plus multipliés, ou
plutôt des stries transversales serrées.

La *Cécilie glutineuse.* (*Cæc. glutinosa.* Lin.) Seb. XXV. 2.
et Mus. Ann. Fred. iv. 1.

Est de ce nombre. Elle a trois cent cinquante plis qui
se rejoignent en dessous à angle aigu, et est noirâtre,
avec une bande longitudinale jaunâtre le long de chaque
flanc. On la trouve à Ceylan (2).

Il en est enfin où les plis sont presque effacés; leur
corps est grêle, très long; leur museau saillant. Une
espèce est entièrement aveugle (*Cæcilia lumbricoides,*

---

(1) Notez que cette cécilie n'est pas plus tentaculée que les autres de
sa subdivision.

Aj. *cæcilia albiventris*, Daud., VII, xcii, 1; si ce n'est pas la
même que la tentaculée; — *Cæc. interrupta*, Nob., où les lignes blanches des anneaux ne se correspondent pas en dessous; — *Cæc. rostrata*,
Nob., à museau un peu plus pointu, sans bords blancs aux anneaux.
N. B. On ne sait pourquoi Spix attribue à sa *cécilie annelée,* deux cents
et tant de plis; sa figure même n'en montre guère plus de quatre-vingt.

(2) Elle est vraiment de Ceylan, quoique Daudin la dise d'Amérique.
M. Lechenault nous l'a rapportée de Ceylan; mais il est vrai qu'il y en a
en Amérique une espèce très voisine. *Cæc. bivitata*, Nob.

Daud., VIII, xcii, 2), noirâtre, longue de deux pieds, épaisse comme un tuyau de plume (1).

LE QUATRIÈME ORDRE DES REPTILES,

LES BATRACIENS (2).

N'ont au cœur qu'une seule oreillette et un seul ventricule. Ils ont tous deux poumons égaux, auxquels se joignent, dans le premier âge, des branchies qui ont quelque rapport avec celles des poissons, et que portent aux deux côtés du col des arceaux cartilagineux qui tiennent à l'os hyoïde. La plupart perdent ces branchies et l'appareil qui les supporte, en arrivant à l'état parfait. Trois genres seulement, les *sirènes*, les *protées* et les *ménobranches*, les conservent toute leur vie.

Tant que les branchies subsistent, l'aorte, en sortant du cœur, se partage en autant de rameaux, de chaque côté, qu'il y a de branchies. Le sang des branchies revient par des veines qui se réunissent vers le dos en un seul tronc artériel, comme dans les poissons; c'est de ce tronc, ou immédiatement des veines qui le forment, que naissent la plus grande partie des artères qui nourrissent le corps, et même

---

(1) Linnæus la donne, Mus. ad. fred., V, 2; mais en la confondant avec la tentaculée.

Nous avons un squelette de cécilie, long de plus de six pieds, et à deux cent vingt-cinq vertèbres, mais dont nous ne connaissons pas les caractères extérieurs.

(2) De βάτραχος (grenouille), animaux analogues aux grenouilles.

celles qui conduisent le sang pour respirer dans le poumon.

Mais dans les espèces qui perdent leurs branchies, les rameaux qui s'y rendent s'oblitèrent, excepté deux, qui se réunissent en une artère dorsale, et qui donnent chacun une petite branche au poumon. C'est une circulation de poisson métamorphosée en une circulation de reptile.

Les batraciens n'ont ni écailles, ni carapaces; une peau nue revêt leur corps (1); à un seul genre près, ils manquent d'ongles aux doigts.

L'enveloppe de leurs œufs est simplement membraneuse; le mâle dispose sa femelle à les pondre par des embrassements très longs, et dans plusieurs espèces il ne les féconde qu'à l'instant de leur sortie.

Ces œufs s'enflent beaucoup dans l'eau après avoir été pondus. Le petit ne diffère pas seulement de l'adulte par la présence des branchies : ses pieds ne se développent que par degrés, et dans plusieurs espèces il a encore un bec et une queue qu'il doit perdre, et des intestins d'une forme différente. Toutefois il y a aussi des espèces vivipares.

Les Grenouilles. (Rana. L.)

Ont quatre jambes et point de queue dans leur état parfait. Leur tête est plate, leur museau arrondi, leur

---

(1) M. Schneider a constaté que la grenouille écailleuse de Walbaum, n'avait paru telle que par accident, quelques écailles de lézards gardés dans le même bocal, s'étant attachées à son dos. (*Schn.*, *Hist. Amphih.*, Fasc., I, p. 168.)

gueule très fendue ; dans la plupart une langue molle ne s'attache point au fond du gosier , mais au bord de la mâchoire , et se reploie en dedans. Leurs pieds de devant n'ont que quatre doigts ; ceux de derrière montrent quelquefois le rudiment d'un sixième.

Leur squelette est entièrement dépourvu de côtes. Une plaque cartilagineuse à fleur de tête tient lieu de tympan , et fait reconnaître l'oreille par dehors. L'œil a deux paupières charnues, et une troisième cachée sous l'inférieure , transparente et horizontale.

L'inspiration de l'air ne se fai t que par les mouvements des muscles de la gorge , laquelle, en se dilatant , reçoit de l'air par les narines , et en se contractant pendant que les narines sont fermées au moyen de la langue, oblige cet air de pénétrer dans le poumon. L'expiration , au contraire , s'exécute par les muscles du bas-ventre : aussi quand on ouvre le ventre de ces animaux vivants , les poumons se dilatent sans pouvoir s'affaisser, et si on en force un à tenir sa bouche ouverte , il s'asphyxie , parce qu'il ne peut plus renouveler l'air de ses poumons,

Les embrassements du mâle sont très longs. Ses pouces ont un renflement spongieux qui grossit au temps du frai , et qui l'aide à mieux serrer sa femelle. Il féconde les œufs au moment de la ponte. Le petit être qui en sort se nomme têtard. Il est d'abord pourvu d'une longue queue charnue, d'un petit bec de corne, et n'a d'autres membres apparents que de petites franges aux côtés du cou. Elles disparaissent au bout de quelques jours , et Swammerdam assure qu'elles ne font alors que s'enfoncer sous la peau pour y former les branchies. Celles-ci sont des petites houppes très nombreuses, attachées à quatre arceaux cartilagineux, placés de chaque côté du cou, adhérents à l'os hyoïde, et enveloppées dans une tunique membraneuse , recouverte par la peau générale. L'eau qui arrive par la bouche et en passant dans les intervalles des arceaux cartilagineux, en sort tantôt par deux ouvertures, tantôt par une seule, percée ou dans le milieu, ou au côté gauche de la peau extérieure, selon les espèces. Les pattes de derrière du têtard se développent petit à petit et à vue d'œil ; celles de devant se développent aussi, mais sous la peau, qu'elles percent ensuite. La queue est résorbée par degrés. Le bec tombe, et laisse paraître les véritables mâchoires, qui étaient d'abord molles et cachées sous la peau. Les branchies s'anéantissent et laissent les poumons exercer seuls la fonction de respirer qu'elles partageaient avec eux. L'œil, que l'on ne voyait qu'au travers d'un endroit transparent de la peau du têtard, se découvre avec ses trois paupières. Les intestins, d'abord très longs, minces, contournés en spirale, se racccourcissent, et prennent les renflements nécessaires pour l'estomac et le colon : aussi le têtard ne vit-il que d'herbes aquatiques, et l'animal adulte que d'insectes et autres matières animales. Les membres des têtards se régénèrent presque comme ceux des salamandres.

L'époque de chacun de ces changements particuliers varie selon les espèces.

Dans les pays tempérés et froids, l'animal parfait s'enfonce, pendant l'hiver, sous terre, ou sous l'eau dans la vase, et y vit sans manger et sans respirer; mais, pendant la belle saison, si on l'empêche de respirer quelques minutes en l'empêchant de fermer la bouche, il périt.

L̲ᴇꜱ Gʀᴇɴᴏᴜɪʟʟᴇꜱ proprement dites. (Rᴀɴᴀ. Laurenti.)

Ont le corps effilé, et les pieds de derrière très longs, très forts, et plus ou moins bien palmés; leur peau est lisse; leur mâchoire supérieure est garnie tout autour d'un rang de petites dents fines, et il y en a une rangée transversale interrompue, au milieu du palais. Les mâles ont, de chaque côté, sous l'oreille, une membrane mince, qui se gonfle d'air quand ils crient. Ces animaux nagent et sautent très bien.

La *Grenouille commune* ou *verte*. (*Rana esculenta*. L.)
Rœsel. Ran. pl. XIII. XIV.

D'un beau vert tachetée de noir; trois raies jaunes sur le dos; le ventre jaunâtre. C'est l'espèce si commune dans toutes les eaux dormantes, et si incommode en été par la continuité de ses clameurs nocturnes. Elle fournit un aliment sain et agréable. Elle répand ses œufs en paquets dans les mares.

La *Grenouille rousse*. (*Rana temporaria*. L.) Rœsel
Ran. pl. I. II. III.

Brun-roussâtre, tachetée de noir; une bande noire partant de l'œil et passant sur l'oreille.

C'est l'espèce qui paraît la première au printemps; elle va plus à terre que la précédente, et coasse beaucoup moins. Son têtard grandit un peu moins avant la métamorphose.

Notre midi produit une grenouille (*R. cultripes*, Nob.) toute semée de taches noirâtres, à pieds amplement palmés, et remarquable surtout parce que le vestige du sixième doigt y est revêtu d'une lame cornée et tranchante.

Parmi les grenouilles étrangères, on peut distinguer

La *Jakie*. (*Rana paradoxa*. L.) Séb. I. LXXVIII. Merian.
Surin. LXXI. Daud. Gren. XXII. XXIII.

De toutes les espèces du genre, celle dont le têtard grandit le plus avant sa métamorphose complète. La perte d'une énorme queue, et des enveloppes du corps, fait même que l'animal adulte a moins de volume que le têtard, ce qui a donné à croire aux premiers observateurs que c'était la grenouille qui se métamorphosait en têtard, ou (comme ils disaient) en poisson. Cette erreur est aujourd'hui complétement réfutée.

La jakie est verdâtre, tachetée de brun, et se reconnaît surtout à des lignes irrégulières, brunes, le long de ses cuisses et de ses jambes. Elle habite à la Guiane.

Il y a plusieurs autres grenouilles étrangères, dont quelques-unes très grandes, et encore assez mal déterminées (1).

____

(1) *N. B.* Un examen plus approfondi, et la vue des nombreux batra-

On peut remarquer dans le nombre

La *Grenouille taureau* ou *Bull-frog* des *Anglo-Américains* (*Rana pipiens.* Lin.) Catesby. II. LXXII.

Verte en dessus, jaunâtre en dessous, tachetée et marbrée de noir (1).

Certaines espèces ont les doigts de derrière presque sans palmures ; mais toujours très alongés (2).

LES CÉRATOPHRIS. Boié.

Sont des grenouilles à large tête, à peau grenue en tout ou en partie, et dont chaque paupière a une proéminence membraneuse en forme de corne (3).

---

ciens arrivés au Muséum depuis quelques années, m'a fait revenir de l'opinion favorable que j'avais énoncée sur le travail de Daudin ; il est incomplet et peu critique, et la moitié de ses figures faites d'après des individus altérés, ne peuvent servir à une détermination précise des espèces. On doit toutefois excepter ses rainettes, qui sont beaucoup mieux rendues que ses grenouilles et ses crapauds.

(1) Je me suis convaincu que sous ce nom on confond aux États-Unis plusieurs espèces, semblables par la taille et les couleurs, mais qui diffèrent, entre autres caractères, par la grandeur relative du tympan. C'est celle où il est le plus grand, que Merrem désigne sous le nom de *mugiens ;* mais ses synonymes ne sont pas certains. La fig. de Daud., XVIII, avec une raie jaune le long du dos, est d'une espèce des Indes. Aj. *rana palmipes*, Spix, V, 1 ; — *R. tigrina*, Daud., XX ; — *R. virginica*, Gmel. Séb., I, LXXV, 4, ou *halecina*, Daud., ou *pipiens*, Merr., Catesb., LXX ; — *R. clamitans*, Daud., XVI.

(2) *Rana ocellata*, L., Séb., I, LXXV, 1, Lacep., I, XXXVIII, Daud., XIX ; — *R. gigas*, Spix, I ; — *R. pachypus*, id. II ; — *R. coriacea*, id., V, 2 ; — *R. sibilatrix*, Pr. Max., liv. ; — *R. maculata*, Daud., XVII, 2 ; — *R. rubella*, ib., 1 ; — *R. typhonia*, ib., 4, qui n'est pas, comme le croit Merrem, le *virginica* de Gm. ; — *R. punctata*, ib., XVI, 1 ; — *R. mystacea*, Spix, III, 2-3 ; — *R. miliaris*, et *R. pygmœa*, id., VI ; — *R. labyrinthica*, id., VII.

(3) *Ceratophris varius*, B., ou *Rana cornuta*, Séb., I, LXXII, 1-2 ; Tiles., Mag. de Berl., 1809, deuxième trim., pl. III ; et voyage de Krusenst., pl. VI, ou *cératophris dorsata*, Pr. Max., deuxième liv. ; — *Cerat. Spixii*, Nob., ou *R. megastoma*, Spix, IV, 1 ; — *Ran. scutata*, ib., 2 ; — *Cerat. daudini*, Nob., Daud., XXXVIII ; — *Cerat. clipeata*, Nob.

Il y en a dont le tympan est caché sous la peau (1).
Tous viennent de l'Amérique méridionale.

Le midi de l'Afrique produit des batraciens semblables aux grenouilles par leurs dents, leur peau lisse, à doigts pointus, ceux de derrière largement palmés, et les trois internes ayant leur extrémité enveloppée dans un onglè conique de substance cornée et noire; leur tête est petite, leur bouche médiocre; leur langue, attachée au fond de la gorge, est oblongue, charnue et fort grande; on ne voit pas leur tympan. Ces nombreux caractères nous ont déterminé à en former un genre sous le nom de DACTYLETHRA (2).

LES RAINETTES. (HYLA. Laurenti). CALAMITA. Schn. et Merrem.

Ne diffèrent des grenouilles que parce que l'extrémité de chacun de leurs doigts est élargie et arrondie en une espèce de pelotte visqueuse, qui leur permet de se fixer aux corps et de grimper aux arbres. Elles s'y tiennent, en effet, tout l'été, et y poursuivent les insectes; mais elles pondent dans l'eau, et s'enfoncent dans la vase en hiver, comme les autres grenouilles. Le mâle a sous la gorge une poche qui se gonfle quand il crie.

La *Rainette commune*. (*Rana arborea*. L.) Rœs. Ran. pl. IX, X, XI.

Verte dessus, pâle dessous, une ligne jaune et noire le long de chaque côté du corps. Elle ne produit qu'à l'âge

---

(1) *Ceratophris granosa*, Nob. C'est de ces grenouilles cornues à tympan caché, que Gravenhorst a fait son genre STOMBUS; mais elles ont des dents comme les autres, et ne doivent point être rapprochées des crapauds, comme le fait Fitzinger.

(2) De δακτυλήϑϱα (*dé à coudre*): leurs ongles ont cette forme. Le *crapaud lisse*, Daud.; pl. XXX, f. 1, en est une mauvaise figure, où les pieds de derrière sont tout-à-fait manqués; Merrem en a fait son *pipa lævis*. Le *pipa bufonia* de Merr., ou prétendu pipa mâle, pl. enlum., n° 21, f. 2, est encore la même espèce mais représentée sans ongles. M. Fitzinger fait de ces espèces de Merrem, des ENGYSTOMA, mais les vrais engystoma ou les *breviceps*, Merr., n'ont pas de dents ni d'ongles.

de quatre ans, et s'accouple à la fin d'avril. Son têtard achève sa métamorphose au mois d'août.

Les rainettes étrangères sont assez nombreuses; il y en a plusieurs de jolies. Une des plus grandes et des plus belles, est

La *Rainette bicolore.* (*H. bicolor.*) Daud. VIII; et Spix. XIII.

Bleu céleste en dessus, rosée en dessous, de l'Amérique méridionale.

Une plus grande encore

La *Patte-d'oye.* (*R. maxima.* Lin. *Hyla palmata.* Daud. XX.)

Rayée en travers irrégulièrement, de roux et de fauve; est de l'Amérique septentrionale (1).

On peut remarquer aussi, à cause de la propriété singulière qu'on lui attribue,

La *Rainette à tapirer.* (*Rana tinctoria.* L.)

Dont le sang, imprégné dans la peau des perroquets aux endroits où on leur a arraché quelques plumes, fait revenir, dit-on, des plumes rouges ou jaunes, et produit sur l'oiseau cette panachure qu'on appelle *tapiré.* On assure que c'est une espèce brune, à deux bandes blanchâtres, réunies en travers en deux endroits. (Daud., pl. VIII.), ses pieds de derrière ont les doigts presque libres (2).

---

(1) Aj. en espèces palmées, *Hyl. venulosa*, Daud., XIX, ou *cal. boans*, Merr., Séb., I, LXXII; — *Hyl. tibicen*, Séb., ib., 1, 2, 3; — *H. marmorata*, Séb., I, LXXI, 4, 5, Daud., XVIII; — *H. lateralis*, Catesb., II, LXXI, Daud., II; — *H. bilineata*, Daud., III; — *H. verrucosa*; — *H. oculata*; — *H. frontalis*, id., et dans Spix, *Hyl. bufonia*, XII; — *H. geografica*, XI, 1; — *H. albomarginata*, VIII, 2; — *H. papillaris*, 2; — *H. pardalis*, 3 — *H. cinerascens*, 4; — *H. affinis*, VII, 3.

(2) Aj. en espèces à doigts de derrière peu palmés; — *H. femoralis*, Daud., IV; — *H. squirella*, id., V; — *H. trivittata*, etc., Spix, IX; — *H. abbreviata*, id., XI, 4.

La *rainette bleue* de la Nouv. Holl., *hyla cyanea*, Daud., n'aurait selon White, p. 248, que quatre doigts derrière, et M. Fitzinger qui paraît l'avoir vue, en a fait, en conséquence, son genre CALAMITA. Nous en avons une du même pays, et toute semblable, qui bien certainement en a cinq.

Les Crapauds. (Bufo. Laur.)

Ont le corps ventru, couvert de verrues ou papilles, un gros bourrelet percé de pores derrière l'oreille, lequel exprime une humeur laiteuse et fétide; point du tout de dents; les pattes de derrière peu alongées. Ils sautent mal, et se tiennent plus généralement éloignés de l'eau. Ce sont des animaux d'une forme hideuse, dégoûtante, que l'on accuse mal à propos d'être venimeux par leur salive, leur morsure, leur urine, et même par l'humeur qu'ils transpirent.

Le *Crapaud commun.* (*Rana Bufo.* L.) Rœs. Ran. XX.

Gris-roussâtre ou gris-brun; quelquefois olivâtre ou noirâtre; le dos couvert de beaucoup de tubercules arrondis, gros comme des lentilles. Le ventre garni de tubercules plus petits et plus serrés. Les pieds de derrière demi-palmés. Il se tient dans les lieux obscurs et étouffés, et passe l'hiver dans des trous qu'il se creuse. Son accouplement se fait dans l'eau, en mars et avril; lorsqu'il a lieu sur terre, la femelle se traîne à l'eau en portant son mâle : elle produit des œufs petits et innombrables, réunis par une gelée transparente en deux cordons, souvent longs de vingt à trente pieds, que le mâle tire avec ses pattes de derrière. Le têtard est noirâtre, et de tous ceux de notre pays, c'est celui qui est encore le plus petit, lorsqu'il prend des pieds et perd sa queue. Le crapaud commun vit plus de quinze ans et produit à quatre. Son cri a quelque rapport avec l'aboiement d'un chien.

Le *Crapaud des joncs.* (*Rana bufo calamita.* Gm.) Rœs. XXIV. Daud. XXVII. 1.

Olivâtre; des tubercules comme au précédent; mais pas de si grands bourrelets derrière les oreilles; une ligne jaune longitudinale sur l'épine, une rougeâtre dentelée sur le flanc : les pieds de derrière sans aucune membrane. Il répand une odeur empestée de poudre à canon; vit à terre; ne saute point du tout, mais court assez vite; grimpe aux murs pour se retirer dans leurs fentes, et a pour cela deux petits tubercules osseux sous la paume des mains; ne va à l'eau que pour l'accouplement , au mois de juin ; pond deux cordons d'œufs , comme le crapaud commun ; le mâle crie comme celui de la rainette, et a de même une poche sous la gorge.

Le *Crapaud brun*. (*Rana bombina.* γ. Gm. *Bufo fuscus.* Laurenti.) Rœs. XVII, XVIII.

Brun-clair , marbré de brun-foncé ou de noirâtre ; les tubercules du dos peu nombreux, gros comme des lentilles ; le ventre lisse ; les pieds de derrière à doigts alongés et entièrement palmés ; il saute assez bien ; se tient de préférence près des eaux ; répand une forte odeur d'ail lorsqu'il est inquiété. Ses œufs sortent du corps en un seul cordon , mais plus épais que les deux que rend le crapaud commun. Son têtard tarde plus que les autres de ce pays-ci à passer à l'état parfait, et est déjà fort grand, qu'il a encore sa queue , et que ses pieds de devant ne sont pas sortis. Il a même l'air de rapetisser lorsqu'il perd tout-à-fait son enveloppe de têtard. On le mange en quelques lieux , comme si c'était un poisson.

Le *Crapaud variable; Crap. vert.* Lacép. (*Rana variabilis.* Gm.) Pall. Spicil. VII. vi. 34. Daud. xxviii. 2.

Presque lisse ; blanchâtre, à taches tranchées d'un vert foncé ; remarquable par les changements de nuance de la peau , selon qu'il veille ou qu'il dort , qu'il est à l'ombre ou au soleil. Il est plus commun dans le midi de la France qu'aux environs de Paris.

Le *Crapaud accoucheur.* (*Bufo obstetricans*. Laur.) Daud. pl. xxxii. f. 1.

Petit , gris en dessus, blanchâtre en dessous; des points noirâtres sur le dos ; de blanchâtres sur les côtés. Le mâle aide la femelle à se délivrer de ses œufs, qui sont assez grands , et se les attache en paquets sur les deux cuisses, au moyen de quelques fils d'une matière glutineuse. Il les porte encore, qu'on distingue déjà au travers de leur enveloppe les yeux du têtard qu'ils contiennent. Lorsqu'ils doivent éclore, le crapaud cherche quelque eau dormante pour les y déposer. Il se fendent aussitôt, et le têtard en sort et nage. Il est fort petit , et vit de chair. Cette espèce est commune dans les lieux pierreux des environs de Paris (1).

On trouve en Sicile un crapaud deux ou trois fois plus grand que les nôtres, brun, à tubercules plats et irréguliers. Il se tient de préférence dans les touffes de palmiers. Nous le nommerons *Bufo palmarum*.

Les crapauds étrangers sont jusqu'à présent assez mal déterminés ; il en est plusieurs, remarquables par leur grandeur.

Le *Crapaud agua*. (*Rana marina*. Gm.) Daud. XXXVII. Spix. XV.

Brun varié de plus brun ; des tubercules inégaux peu saillants ; les parotides triangulaires larges de plus d'un pouce , dans des individus de dix à douze de longueur sans les pieds. Il vit dans les contrées marécageuses de l'Amérique méridonale (2).

On a séparé récemment quelques sous-genres de celui des crapauds ; ainsi

Les Bombinator. Merr.

Ne diffèrent des autres, que parce que leur tympan est caché sous la peau ; tel est dans notre pays

Le *Crapaud à ventre jaune*. (*Rana bombina*. Gm.) Rœs. XXII. Daud. XXVI.

Le plus petit et le plus aquatique de nos crapauds ; grisâtre ou brun en dessus ; bleu noir, avec des taches orangées en dessous ; les pieds de derrière complétement palmés, et presque aussi alongés que ceux des grenouilles ;

---

(1) On ne sait pourquoi Merrem a mis le crapaud accoucheur dans ses bombinator. On voit très bien le tympan de cette espèce.

(2) Aj. *Bufo maculiventris*, Spix, XV ; si toutefois il diffère de l'*agua* ; — *B. ictericus*, id., XVI, 1 ; — *B. lazarus*, id , XVII, 1 ; — *B. stellatus*, id., XVIII, 1 ; — *B. scaber*, Daud., XXXIV, 1, qui n'est pas le même que le *B. scaber* de Spix, X, 1 ; — *B. bengalensis*, id., XXXV, 1 ; — *B. musicus*, id., XXXIII, 2 ; — *B. cinctus*, Pr. Max, troisième liv. ; le *B. agua*, du pr. de Wied., septième liv., ne paraît pas le même que celui de Spix.

aussi saute-t-il presque aussi bien qu'elles. Il se tient dans les marais, et s'accouple au mois de juin ; ses œufs sont en petits pelotons, et plus grands que ceux des espèces précédentes (1).

LES RHINELLES. Fitzing., ou OXYRHYNCHUS. Spix.

Ont le museau pointu en avant (2).
On doit en rapprocher

LES OTILOPHES. Cuv.

Où le museau est aussi en angle, et où la tête a, de chaque côté, une crête qui s'étend sur la parotide. Le *Crapaud perlé* (*Rana margaritifera*, Gm.), Daud., XXXIII, 1, en est le type.

LES BREVICEPS. Merr. (ENGYSTOMA. Fitzing. en partie.)

Sont des crapauds sans tympan ni parotide visibles ; à corps ovale, à tête et bouche très petites, à pieds peu palmés (3).

Une différence plus essentielle, est celle qui a fait séparer de tout le grand genre des rana,

LES PIPA. Laurenti.

Qui se distinguent par leur corps aplati horizontalement ;

---

(1) Aj. *Bufo ventricosus*, Daud., XXX, 2, espèce représentée avec une insufflation exagérée.

(2) *Bufo proboscideus*, Spix, XXI, 4 ; les espèces voisines représentées sur la même planche, *B. semilineatus*, *B. granulosus*, *B. aculirostris* et celles de la pl. XIV, *naricus* et *nasutus*, lient trop intimement ce sous-genre aux crapauds ordinaires pour qu'il soit facile de le conserver.

(3) *Engystoma dorsatum*, Nob., ou *Bufo gibbosus*, Auct., Séb., II, XXXVII, n° 3, Daud., XXIX, 2 ; — *Eng. marmoratum* ; — *Eng. granosum*, Nob., espèces nouvelles, l'une de l'Inde, l'autre du Cap. L'*Eng. surinamense*, Daud., XXXII, 2, a déjà la bouche plus ample, ainsi que les *Bufo globulosus* et *albifrons*, Spix, XIX. *N. B.* l'*Engystoma ovalis*, Fitz., est un dactylètre ; son *Eng. ventricosa*, Daud., XXX, 2, est un bombinator.

N. B. Le *Bufo ephippium*, Spix, XX, 2, dont M. Fitzinger fait son genre BRACHYCEPHALUS, parce qu'on ne lui voit que trois doigts à tous les pieds, pourrait n'être qu'un jeune individu mal conservé ou mal rendu.

par leur tête large et triangulaire ; par l'absence de toute
langue ; par un tympan caché sous la peau ; par de petits
yeux placés vers le bord de la mâchoire supérieure ; par des
doigts de devant fendus chacun au bout en quatre petites
pointes; enfin, par l'énorme larynx du mâle, fait comme une
boîte osseuse triangulaire , au dedans de laquelle sont deux
os mobiles qui peuvent fermer l'entrée des bronches (1).

L'espèce anciennement connue (*Rana pipa*, L.) Seb., I,
LXXVII, Daud., XXXI, XXXII , vit à Cayenne et à Surinam ,
dans les endroits obscurs des maisons, et a le dos grenu,
avec trois rangées longitudinales de grains plus gros.
Lorsque les œufs sont pondus, le mâle les place sur le dos
de la femelle et les y féconde de sa laite ; alors la femelle se
rend à l'eau, la peau de son dos se gonfle , et forme des
cellules dans lesquelles les œufs éclosent. Les petits y passent leur état de têtard , et n'en sortent qu'après avoir
perdu leur queue et développé leur pattes. C'est là l'époque où la mère revient à terre.

M. Spix en représente un , pl. xxii , d'espèce au moins
bien voisine (*Pipa curururu*, Spix) du fond des lacs du
Brésil, et assure que la femelle ne porte point ses petits ;
reste à savoir s'il l'a suivie pendant toute l'année (2).

LES SALAMANDRES. (SALAMANDRA. Brongn.)

Ont le corps alongé , quatre pieds et une longue
queue, ce qui leur donne la forme générale des lézards :
aussi Linnæus les avait-il laissées dans ce genre; mais
elles ont tous les caractères des batraciens.

Leur tête est aplatie; l'oreille cachée entièrement sous
les chairs, sans aucun tympan, mais seulement avec
une petite plaque cartilagineuse sur la fenêtre ovale ;
les deux mâchoires garnies de dents nombreuses et petites; deux rangées longitudinales de pareilles dents

---

(1) C'est ce que M. Schneider a décrit sous le nom de *cista sternalis*.

(2) Il y a au cabinet du roi un vrai pipa du Rio Negro, entièrement lisse,
à tête plus étroite que l'ordinaire. Ce sera mon *pipa lœvis* , très différent
de celui de Merrem, qui est un *dactylètre*.

dans le palais, mais attachées aux os qui représentent le vomer; la langue comme dans les grenouilles; point de troisième paupière; un squelette avec de très petits rudiments de côtes, mais sans sternum osseux; un bassin suspendu à l'épine par des ligaments, quatre doigts devant, presque toujours cinq derrière. Dans l'état adulte, elles respirent comme les grenouilles et les tortues. Leurs têtards respirent d'abord par des branchies en forme de houppes, au nombre de trois de chaque côté du cou, qui s'oblitèrent ensuite; elles sont suspendues à des arceaux cartilagineux, dont il reste des parties à l'os hyoïde de l'adulte. Un opercule membraneux recouvre ces ouvertures; mais les houppes ne sont jamais enfermées dans une tunique, et flottent au dehors. Les pieds de devant se développent avant ceux de derrière; les doigts poussent aux uns et aux autres successivement.

LES SALAMANDRES TERRESTRES. (SALAMANDRA. Laur.)

Ont, dans l'état parfait, la queue ronde; ne se tiennent dans l'eau que pendant leur état de têtard, qui dure peu, ou quand elles veulent mettre bas. Les œufs éclosent dans l'oviductus.

Nos espèces terrestres ont de chaque côté, sur l'occiput, une glande analogue à celle des crapauds.

La *Salamandre commune.* (*Lacerta salamandra.* Lin.) *Salam. maculosa.* Laur. Lac. II, pl. XXX.

Noire, à grandes taches d'un jaune vif; sur ses côtés sont des rangées de tubercules, desquels suinte dans le danger une liqueur laiteuse, amère, d'une odeur forte, qui est un poison pour des animaux très faibles. C'est peut-être ce qui a donné lieu à la fable que la salamandre peut résister aux flammes. Elle se tient dans les lieux humides, se retire dans des trous souterrains; mange des lombrics, des insectes, de l'humus; reçoit la semence du mâle intérieurement; fait ses petits vivants et les dépose dans des mares; ils ont, dans leur premier âge, la queue comprimée verticalement, et des branchies (1).

On trouve, dans les Alpes, une salamandre semblable à la commune, mais entièrement noire et sans taches (*Sal. atra*, Laurenti, pl. 1, f. 2,).

La *Salam. à lunette.* (*Sal. perspicillata.* Savi.)

N'a que quatre doigts aux pieds de derrière, comme à ceux de devant; elle est noire dessus, jaune tachetée de noir en dessous, et a une ligne jaune en travers sur les yeux. C'est un petit animal des Apennins (2).

L'Amérique septentrionale, qui possède beaucoup plus de salamandres que l'Europe, en a plusieurs de terrestres, à queue ronde, mais sans glandes sur l'occiput (3).

Les SALAMANDRES AQUATIQUES. (TRITON. Laurenti.)

Conservent toujours la queue comprimée verticalement, et passent presque toute leur vie dans l'eau.

Les expériences de Spallanzani sur leur force étonnante de reproduction, les ont rendues célèbres. Elles repoussent plusieurs fois de suite le même membre quand on le leur coupe, et cela avec tous ses os, ses muscles, ses vaisseaux, etc. Une autre faculté non moins singulière, est celle que leur a reconnue Dufay, de pouvoir être prises dans la glace, et d'y passer assez long-temps sans périr.

Leurs œufs sont fécondés par la laite répandue dans l'eau, et qui pénètre avec l'eau dans les oviductus; ils sortent en longs chapelets; les petits n'éclosent que quinze jours après la ponte, et conservent leurs branchies plus ou moins long-

(1) *Voyez*, Ad. fred. Funck., de *salam. terrestr. vita, evolutione, formatione*, Berlin, 1827, fol.

(2) Nous avons constaté que la *Sal. à trois doigts* (Lacép., II, pl. 36). n'est qu'un individu desséché et un peu mutilé de la Salamandre à lunettes; — aj. *Sal. savi*, Gosse.

(3) *Sal. venenosa*, Daud., ou *subviolacea*, Barton.; — *Sal. fasciata*, Harl.; — *Sal. tigrina*, id.; — *Sal. erythronota*, id.; — *S. bilineata*, id.; — *Sal. rubra*, Daud., VIII, pl. 91, f. 2; — *Sal. variolata*, Gilliams, Sc. nat. Phil., I, pl. XVIII, f. 1; et plusieurs espèces nouvelles. La *Sal. japonica*, de Houttuin, Bechstein. trad. de Lacép., II, pl. 18, f. 1, est très voisine de l'erythronota.

8*

temps, selon les espèces. Les observateurs modernes en ont reconnu plusieurs dans notre pays; mais il reste quelque doute dans leurs déterminations, attendu que ces animaux changent de couleur, selon l'âge, le sexe et la saison, et que les crêtes et autres ornements des mâles ne sont bien développés qu'au printemps. Lorsque l'hiver les surprend avec des branchies, ils les conservent jusqu'à l'année suivante en grandissant toujours (1).

Les mieux caractérisées sont:

La *Salamandre marbrée*. (*S. marmorata*. Latreille. *Triton Gesneri*. Laurenti.)

A peau chagrinée, vert pâle en dessus, à grandes taches irrégulières brunes; brune pointillée de blanc en dessous; une ligne rouge le long du dos, qui, dans le mâle, forme un peu crête et a des taches noires. Peu aquatique.

La *Salamandre à flancs tachetés*. (*S. alpestris*.) Bechst. trad. de Lac. pl. XX.

A peau chagrinée; ardoisée, et brune en dessus; ventre orangé ou rouge, une bande de petites taches noires serrées le long de chaque flanc.

La *Salamandre crêtée*. (*Sal. cristata*. Latr.)

A peau chagrinée, brune dessus, à taches rondes noirâtres; orangée dessous, tachetée de même; les côtés pointillés de blanc. La crête du mâle haute, découpée en dentelures aiguës, lisérée de violet au temps de l'amour

La *Salamandre ponctuée*. (*S. punctata*. Latr.)

Peau lisse; dessus brun-clair; dessous pâle ou rouge; des taches noires et rondes partout; des raies noires sur la tête; la crête du mâle festonnée; ses doigts un peu élargis, mais non palmés.

La *Salamandre palmipède*. (*Sal. palmata*. Latr.)

Dos brun; dessus de la tête vermiculé de brun et de

______

(1) C'est d'un individu qui avait ainsi conservé ses branchies, que Laurenti a fait son *proteus tritonius*.

noirâtre; flancs plus clairs, à taches rondes noirâtres;
ventre sans taches. Le mâle a trois petites crêtes sur le dos;
les doigts dilatés et réunis par des membranes; la queue
terminée par un petit filet (1).

L'Amérique septentrionale possède aussi plusieurs salamandres aquatiques (2).

On a trouvé parmi les schistes d'OEningen des squelettes
d'une salamandre de trois pieds de longueur. L'un d'eux est
le prétendu homme fossile de Scheuchzer.

A la suite des salamandres, viennent se ranger
plusieurs animaux fort semblables, dont les uns
passent pour n'avoir jamais de branchies, c'est-à-
dire probablement qu'ils les perdent d'aussi bonne
heure que notre salamandre terrestre; les autres,
au contraire, les conservent pendant toute leur vie,
ce qui n'empêche pas qu'ils n'aient aussi des poumons comme les batraciens, en sorte qu'on peut
les regarder comme les seuls animaux vertébrés,
véritablement amphibies (3).

Parmi les premiers (ceux auxquels on ne voit

---

(1) Cette caractérisation des espèces européennes est celle qui m'a paru
le plus conforme à la nature; mais il me serait très difficile d'y rapporter
exactement la synonymie des auteurs, tant je trouve leurs descriptions et
leurs figures peu d'accord avec les objets que j'ai sous les yeux.

(2) *Sal. Symmetrica*, Harl., qui me paraît déjà représentée dans le
Lacép. de Bechstein, II, pl. 18, f. 2, sous le nom de *Sal. punctata*;
et plusieurs espèces dont je n'ai pu reconnaître les descriptions, et qui
mériteraient bien une monographie accompagnée de bonnes figures.

(3) L'existence et l'action simultanée des houppes branchiales et des
poumons dans ces animaux, ne peut pas plus être contestée que les faits
les plus certains de l'histoire naturelle; j'ai sous les yeux les poumons
d'une sirène de trois pieds de longueur, où l'appareil vasculaire est aussi
développé et aussi compliqué que dans aucun reptile, et néanmoins cette
sirène avait ses branchies aussi complètes que les autres.

point de branchies) , se rangent deux genres.

LES MENOPOMA. Harlan. (1)

Qui ont tout-à-fait la forme de salamandre , des yeux apparents, des pieds bien développés et un orifice de chaque côté du cou. Outre la rangée de fines dents autour des mâchoires, ils en ont une rangée parallèle sur le devant du palais.

Tel est le reptile nommé long-temps :

La *grande Salamandre de l'Amérique septentrionale.* (*Salamandra gigantea.* Barton. *Hellbender des États-Unis.*) Ann. du Lyc. de New-York. I. pl. 17.

Long de quinze à dix-huit pouces ; d'un bleu noirâtre. Il habite dans les rivières de l'intérieur et dans les grands lacs.

LES AMPHIUMA. Garden.

Ont aussi un orifice de chaque côté du cou , mais leur corps est excessivement alongé; leurs jambes et leurs pieds , au contraire, très peu développés, et leurs dents palatines forment deux rangées longitudinales.

Il y en a une espèce à trois doigts à tous les pieds (*Amph. tridactylum* , Cuvier), et une à deux doigts seulement (*Amph. means* , Gard. et Harlan.) Mém. du Mus. XIV. pl. 1 (2).

---

(1) M. Harlan les avait nommés d'abord ABRANCHUS; Leukard et Fitzinger les nomment CRYPTOBRANCHUS, d'autres PROTONOPSIS.

(2) Linnæus connut l'*amphiuma* , mais trop tard pour le mettre dans une des éditions de son Système, qui ont paru de son vivant. Il a été décrit depuis par le docteur Mitchill. , sous le nom de *chrysodonta larvæformis* , et par le docteur Harlan , sous celui d'*amphiuma*. J'ai fait connaître l'espèce de l'*amphiuma tridactylum* , qui est de la Louisiane et atteint une taille de trois pieds. *Voyez* les Mém. du Mus. , tome XIV. 1. Je soupçonne que c'est de cette espèce que *Barton* , dans sa lettre sur la sirène , parle comme d'une sirène à quatre pieds.

Parmi ceux qui conservent toujours leurs branchies

LES AXOLOTS.

Ressemblent de tout point à des larves de salamandre aquatique, ayant quatre doigts devant, cinq derrière, trois longues branchies en forme de houppes, etc. Leurs dents sont en velours aux mâchoires et à deux bandes sur le vomer. Tel est

L'*Axolotl* des Mexicains. (*Siren. pisciformis.* Shaw.) Gen. Zool. vol. III. part. 11. pl. 140. Humb. obs. Zool. I. pl. 12.

Long de huit à dix pouces; gris, tacheté de noir; il habite dans le lac qui entoure Mexico (1).

LES MENOBRANCHUS de Harlan, ou *Necturus* de Rafinesque.

N'ont que quatre doigts à tous les pieds; il y a une rangée de dents à leurs intermaxillaires, et une autre parallèle, mais plus étendue, à leurs maxillaires.

L'espèce la plus connue (*Menobranchus lateralis*, Harl. *Triton lateralis*, Say.) Ann. du Lyc. de New-York. I. pl. 16, vit dans les grands lacs de l'Amérique septentrionale, et devient fort grande; atteint dit-on, deux et trois pieds. On l'a eue d'abord du lac Champlain.

LES PROTÉES. (PROTEUS. Laur. HYPOCHTON. Merr.)

N'ont que trois doigts devant et deux seulement derrière.

Jusqu'ici on n'en connaît qu'une seule espèce (*Proteus anguinus*, Laur., pl. IV, f. 3, Daud., VIII, xcix, 1; *Siren. anguina*, Schn.) animal long de plus d'un pied, gros

---

(1) Ce n'est encore qu'avec doute que je place l'axolotl parmi les genres à branchies permanentes; mais tant de témoins assurent qu'il ne les perd pas, que je m'y vois obligé.

comme le doigt, à queue comprimée verticalement, à quatre petites jambes. Son museau est alongé, déprimé; ses deux mâchoires garnies de dents; sa langue peu mobile, libre en avant; son œil excessivement petit et caché par la peau, comme dans le rat-taupe; son oreille couverte par les chairs, comme dans la salamandre; sa peau lisse et blanchâtre. On ne le trouve que dans les eaux souterraines, par lesquelles certains lacs de la Carniole communiquent ensemble.

Son squelette ressemble à celui des salamandres, excepté qu'il a beaucoup plus de vertèbres, et moins de rudiments de côtes; mais sa tête osseuse est toute différente de la leur par sa conformation générale.

Enfin, il y en a qui n'ont que les pieds de devant et manquent entièrement de pieds de derrière. Ce sont

LES SIRÈNES. (SIREN. L.)

Animaux alongés, presque de la forme des anguilles, à trois houppes branchiales; sans pieds de derrière, ni même aucun vestige de bassin. Leur tête est déprimée, leur bouche peu fendue, leur museau obtus, leur œil fort petit, leur oreille cachée; leur mâchoire inférieure est armée de dents tout autour, mais la supérieure n'en a point, et il y en a plusieurs rangées qui adhèrent à deux plaques collées sous chaque côté du palais (1).

La *Sirène lacertine*. (*Siren. lacertina*. Lin.)

Atteint jusqu'à trois pieds de longueur, et est noirâtre;

______

(1) C'est vainement que quelques auteurs récents ont voulu renouveller l'ancienne supposition que la sirène est un *têtard* de salamandre. On en a des individus plus grands de beaucoup qu'aucune salamandre connue, et dont les os ont acquis une dureté parfaite sans que l'on y aperçoive le moindre vestige de pieds de derrière; l'ostéologie en est d'ailleurs toute différente de celle des salamandres; il y a des vertèbres plus nombreuses (90) et autrement figurées, et beaucoup moins de côtes (huit paires); la conformation de la tête et les connexions des os qui la composent, sont tout autres. *Voyez* mes Recherches sur les ossements fossiles, tome V, part. 2.

ses pieds ont quatre doigts; sa queue est comprimée en nageoire obtuse. Elle habite les marais de la Caroline, et surtout ceux qu'on établit pour la culture du riz; s'y tient dans la vase, d'où elle va aussi quelquefois à terre ou dans l'eau. Elle se nourrit de vers de terre, d'insectes, etc. (1).

On en connaît deux espèces beaucoup plus petites.

La *Sirène intermédiaire*. (*S. intermedia*. Leconte.) Lycée de New-York. II. Dec. 1826. pl. 1.

Noirâtre, et à quatre doigts comme la grande, mais dont les houppes branchiales sont moins frangées. Elle ne passe pas un pied de longueur.

La *Sirène rayée*. (*S. striata*. id.) *ib*. I. pl. IV.

Noirâtre; deux raies longitudinales jaunes de chaque côté; trois doigts seulement aux pieds; les houppes branchiales peu frangées. Sa longueur n'est que de neuf pouces (2).

---

(1) M. Barton conteste l'habitude de se nourrir de serpents, et le chant semblable à celui d'un jeune canard, que Garden attribue à la sirène (*Barton some account on siren lacertina*, etc.).

(2) Les branchies de ces deux espèces ont été regardées comme ne prenant point de part à leur respiration, et en conséquence M. Gray en a formé le genre PSEUDOBRANCHUS; il n'est cependant pas difficile de voir à leur face inférieure des replis, et un appareil vasculaire dont l'usage ne nous paraît pas douteux; du reste il est bien démontré aujourd'hui par les observations de M. Leconte, que ces sirènes, comme la lacertine, sont des animaux parfaits.

LA QUATRIÈME CLASSE DES ANIMAUX VERTÉBRÉS

ou LES POISSONS.

Se compose de vertébrés ovipares, à circulation double, mais dont la respiration s'opère uniquement par l'intermède de l'eau. Pour cet effet, ils ont aux deux côtés du cou un appareil nommé branchies, lequel consiste en feuillets suspendus à des arceaux qui tiennent à l'os hyoïde, et composés chacun d'un grand nombre de lames placées à la file, et recouvertes d'un tissu d'innombrables vaisseaux sanguins. L'eau que le poisson avale s'échappe entre ces lames par des ouvertures nommées ouïes, et agit, au moyen de l'air qu'elle contient, sur le sang continuellement envoyé aux branchies par le cœur, qui ne représente que l'oreillette et le ventricule droits des animaux à sang chaud.

Ce sang, après avoir respiré, se rend dans un tronc artériel situé sous l'épine du dos, et qui, fesant fonction du ventricule gauche, l'envoie par tout le corps, d'où il revient au cœur par les veines.

La structure totale du poisson est aussi évidemment disposée pour la natation que celle de l'oiseau pour le vol. Suspendu dans un liquide presque aussi pesant que lui, le premier n'avait pas besoin de grandes ailes pour se soutenir. Un grand nombre d'espèces porte immédiatement sous l'épine une vessie pleine d'air qui, en se comprimant ou en se dilatant, fait varier la pesanteur spécifique et aide le poisson à monter ou à descendre. La progression s'exécute par les mouvements de la queue qui choque alternativement l'eau à droite et à gauche, et les branchies, en poussant l'eau en arrière, y contribuent peut-être aussi. Les membres étant donc peu utiles, sont fort réduits; les pièces analogues aux os des bras et des jambes sont extrêmement raccourcies, ou même entièrement cachées; des rayons plus ou moins nombreux soutenant des nageoires membraneuses, représentent grossièrement les doigts des mains et des pieds. Les nageoires qui répondent aux extrémités antérieures, se nomment *pectorales*; celles qui répondent aux postérieures, *ventrales*. D'autres rayons, attachés à des os particuliers placés sur ou entre les extrémités des apophyses épineuses, soutiennent des nageoires verticales sur le dos, sous la queue et à son extrémité, lesquelles en se redressant ou en s'abaissant, étendent ou rétrécissent au gré du poisson la surface qui choque l'eau. On appelle les nageoires supérieures *dorsales*, les inférieures *anales*, et celle du bout de la queue *caudale*. Les rayons sont de deux sortes; les uns consistent en une seule pièce osseuse, ordinairement dure et pointue, quelquefois flexible et élastique, divisée longitudinalement; on les nomme *rayons épineux*; les autres sont composés d'un grand nombre de petites articulations et se divisent d'ordinaire en rameaux à l'extrémité ; ils s'appellent *rayons mous, articulés,* ou *branchus.*

On observe autant de variétés que parmi les reptiles pour le nombre des membres. Le plus souvent il y en a quatre ; quelques-uns n'en ont que deux ; d'autres en manquent tout-à-fait. L'os qui représente l'omoplate est quelquefois retenu dans les chairs comme dans les classes supérieures ; d'autrefois il tient à l'épine, mais le plus souvent il est suspendu au crâne. Le bassin adhère bien rarement à l'épine ; et fort souvent, au lieu d'être en arrière de l'abdomen, il est en avant, et tient à l'appareil huméral.

Les vertèbres des poissons s'unissent par des surfaces concaves remplies de cartilage, qui communiquent le plus souvent par un canal creusé dans l'axe de la vertèbre. Dans la plupart, elles ont de longues apophyses épineuses qui soutiennent la forme verticale du corps. Les côtes sont souvent soudées aux apophyses transverses. On désigne communément ces côtes et ces apophyses par le nom d'arêtes.

La tête des poissons varie plus pour la forme que celle d'aucune autre classe, et cependant elle se laisse presque toujours diviser dans le même nombre d'os que celle des autres ovipares. Le frontal y est composé de six pièces ; le pariétal de trois ; l'occipital de cinq ; cinq des pièces du sphénoïde et deux de celles de chaque temporal, restent dans la composition du crâne.

Outre les parties ordinaires du cerveau, qui sont placées comme dans les reptiles à la file les unes des autres, les poissons ont encore des nœuds à la base des nerfs olfactifs.

Leurs narines sont de simples fossettes creusées au bout du museau, presque toujours percées de deux trous, et tapissées d'une pituitaire plissée très régulièrement.

Leur œil a sa cornée très plate, peu d'humeur aqueuse, mais un cristallin presque globuleux et très dur.

Leur oreille consiste en un sac qui représente le vestibule et contient en suspension des petites masses le plus souvent d'une dureté pierreuse, et en trois canaux semi-circulaires membraneux, plutôt situés dans la cavité du crâne qu'engagés dans l'épaisseur de ses parois, excepté dans les chondroptérygiens où ils y sont entièrement. Il n'y a jamais ni trompe, ni osselets, et les sélaciens seuls ont une fenêtre ovale, mais à fleur de tête.

Le goût des poissons doit avoir peu d'énergie, puisque leur langue est en grande partie osseuse et souvent garnie de dents ou d'autres enveloppes dures.

La plupart ont, comme chacun sait, le corps couvert d'écailles ; tous manquent d'organes de préhension ; des barbillons charnus accordés à quelques-uns peuvent suppléer à l'imperfection des autres organes du toucher.

L'os intermaxillaire forme dans le plus grand nombre le bord de la mâchoire supérieure, et a derrière lui le maxillaire nommé communément os labial ou mystace; une arcade palatine composée du palatin, des deux apophyses ptérigoïdes, du jugal, de la caisse et de l'écailleux, fait, comme dans les oiseaux et dans les serpents, une sorte de mâchoire intérieure, et fournit en arrière l'articulation à la mâchoire d'en bas qui a généralement deux os de chaque côté; mais ces pièces sont réduites à de moindres nombres dans les chondroptérygiens.

Il peut y avoir des dents à l'intermaxillaire, au maxillaire, à la mâchoire inférieure, au vomer, aux palatins, à la langue, aux arceaux des branchies et jusque sur des os situés en arrière de ces arceaux, tenant comme eux à l'os hyoïde, et nommés os pharyngiens.

Les variétés de ces combinaisons, ainsi que celles de la forme des dents placées à chaque point, sont innombrables.

Outre l'appareil des arcs branchiaux, l'os hyoïde porte, de chaque côté, des rayons qui soutiennent la membrane branchiale; une sorte de battant, composé de trois pièces osseuses, l'opercule, le subopercule et l'interopercule, se joint à cette membrane pour fermer la grande ouverture des ouïes; il s'articule à l'os tympanique, et joue sur une pièce nommée le préopercule. Plusieurs chondroptérygiens manquent de cet appareil.

L'estomac et les intestins varient autant que dans les autres classes pour l'ampleur, la figure, l'épaisseur et les circonvolutions. Excepté dans les chondroptérygiens, le pancréas est remplacé ou par des cœcums d'un tissu particulier situés autour du pylore, ou par ce tissu même appliqué au commencement de l'intestin.

Les reins sont fixés le long des côtés de l'épine, mais la vessie est au-dessus du rectum, et s'ouvre derrière l'anus et derrière l'orifice de la génération ; ce qui est l'inverse des mammifères.

Les testicules sont deux énormes glandes, appelées communément *laites ;* et les ovaires, deux sacs à peu près correspondants aux laites pour la forme et la grandeur, et dans les replis internes desquels sont logés les œufs. Quelques-uns des poissons ordinaires peuvent s'accoupler et sont vivipares ; leurs petits éclosent dans l'ovaire même et sortent par un canal très court. Les sélaciens seuls ont, outre l'ovaire, de longs oviductus qui donnent souvent dans une véritable matrice, et ils produisent ou des petits vivants, ou des œufs enveloppés d'une substance cornée ; mais la plupart des poissons n'ont pas d'accouplement, et quand la femelle a pondu, le mâle passe sur ses œufs pour y répandre sa laite et les féconder.

La classe des poissons est de toutes, celle qui offre le plus de difficultés quand on veut la subdiviser en ordres, d'après des caractères fixes et sensibles. Après bien des efforts, je me suis déterminé pour la distribution suivante, qui, dans quelques cas, pêche contre la précision, mais qui a l'avantage de ne point couper les familles naturelles.

Les poissons forment deux séries distinctes, celle des POISSONS PROPREMENT DITS, et celle des CHONDROPTÉRYGIENS autrement dits CARTILAGINEUX.

Cette dernière a pour caractère général que les palatins y remplacent les os de la mâchoire supérieure ; toute sa structure a d'ailleurs des analogies évidentes que nous exposerons : elle se divise en trois ordres.

Les CYCLOSTOMES, dont les mâchoires sont soudées en un anneau immobile et les branchies ouvertes par des trous nombreux ;

Les SÉLACIENS, qui ont les branchies des précédents, mais non leurs mâchoires ;

Les STURIONIENS, dont les branchies sont ouvertes comme à l'ordinaire par une seule fente garnie d'un opercule.

L'autre série, ou celle des POISSONS ORDINAIRES, m'offre d'abord une première division dans ceux où l'os maxillaire et l'arcade palatine sont engrenés au crâne : j'en fais un ordre des PLECTOGNATES, divisé en deux familles : les *Gymnodontes* et les *Sclérodermes*.

Je trouve ensuite des poissons à mâchoires complètes, mais où les branchies, au lieu d'avoir la forme de peignes, comme dans tous les autres, ont celle de séries de petites houppes; j'en forme encore un ordre que je nomme Lophobranches, et qui ne comprend qu'une famille.

Alors il me reste une quantité innombrable de poissons auxquels on ne peut plus appliquer d'autres caractères que ceux des organes extérieurs du mouvement. Après de longues recherches, j'ai trouvé que le moins mauvais de ces caractères est encore celui qu'ont employé Rai et Artedi, tiré de la nature des premiers rayons de la dorsale et de l'anale. On divise ainsi les poissons ordinaires en Malacoptérygiens, dont tous les rayons sont mous, excepté quelquefois le premier de la dorsale ou des pectorales, et en Acanthoptérygiens, qui ont toujours la première portion de la dorsale, ou la première dorsale quand il y en a deux, soutenue par des rayons épineux, et où l'anale en a aussi quelques-uns et les ventrales au moins chacune un.

Les premiers peuvent être subdivisés sans inconvénients d'après la position de leurs ventrales, tantôt situées en arrière de l'abdomen, tantôt suspendues à l'appareil de l'épaule, ou enfin manquant tout-à-fait.

On arrive ainsi aux trois ordres des Malacoptérygiens abdominaux, Subbrachiens et Apodes, lesquels comprennent chacun quelques familles

naturelles que nous exposerons; le premier est surtout fort nombreux.

Mais cette base de division est absolument im-
praticable avec les ACANTHOPTÉRYGIENS, et le pro-
blème d'y établir d'autre subdivision que les familles naturelles, m'est, jusqu'à ce jour, resté in-
soluble. Heureusement que plusieurs de ces familles
offrent des caractères presque aussi précis, que
ceux que l'on pourrait donner à de véritables ordres.

Au reste, on ne peut assigner aux familles des
poissons, des rangs aussi marqués qu'à celles des
mammifères, par exemple. Ainsi les chondroptérygiens tiennent d'une part aux reptiles par les organes des sens, et même par ceux de la génération
de quelques-uns; ils tiennent aux mollusques et
aux vers par l'imperfection du squelette de quelques
autres.

Quant aux poissons ordinaires, si quelque système se trouve plus développé dans les uns que
dans les autres, il n'en résulte aucune prééminence
assez marquée ni assez influente sur l'ensemble,
pour qu'on soit obligé de la consulter dans l'ar-
rangement méthodique.

Nous traiterons donc successivement de ces deux
séries, en commençant par la plus nombreuse,
celle des poissons ordinaires, et dans celle-là même
nous commencerons par l'ordre le plus riche en
genres et en espèces.

LE PREMIER ORDRE DES POISSONS,

Ou les ACANTHOPTÉRYGIENS,

Forme la première et de beaucoup la plus nombreuse division des poissons ordinaires. On les reconnaît aux épines qui tiennent lieu de premiers rayons à leur dorsale, ou qui soutiennent seules leur première nageoire du dos lorsqu'ils en ont deux ; quelquefois même au lieu d'une première dorsale, ils n'ont que quelques épines libres. Leur anale a aussi quelques épines pour premiers rayons, et il y en a généralement une à chaque ventrale.

Les acanthoptérygiens ont entre eux des rapports si multipliés, leurs diverses familles naturelles offrent tant de variétés dans les caractères apparents que l'on aurait pu croire susceptibles d'indiquer des ordres ou d'autres subdivisions, qu'il a été impossible de les diviser autrement que par ces familles naturelles elles-mêmes, que nous sommes obligés de laisser ensemble.

La première famille des ACANTHOPTÉRYGIENS,

Ou les PERCOIDES (1).

Ainsi nommée parce qu'elle a pour type la perche

---

(1) Dans ma première édition, cette famille comprenait aussi les joues cuirassés, les scienoïdes, les sparoïdes.

J'ai dû en détacher ces trois nouvelles familles, et je crois avoir été assez heureux pour trouver à cet effet des caractères suffisants.

9*

commune, comprend des poissons à corps oblong, couverts d'écailles, généralement dures ou âpres, dont l'opercule ou le préopercule, et souvent tous les deux ont les bords dentelés ou épineux, et dont les mâchoires, le devant du vomer, et presque toujours les palatins, sont garnis de dents.

Les espèces en sont très multipliées, surtout dans les mers des pays chauds; leur chair est généralement saine et agréable.

Le plus grand nombre, sans comparaison, de ces percoïdes, ont les ventrales attachées sous les pectorales; elles forment une première division que l'on peut nommer les Percoïdes thoraciques.

Elles étaient presque toutes comprises par Linnæus, dans son genre Perca; mais nous avons été obligés de les diviser comme il suit, d'après le nombre des rayons des ouïes, celui des nageoires dorsales, et la nature des dents.

La première subdivison a sept rayons aux branchies, deux nageoires sur le dos, et toutes les dents en velours.

Les Perches proprement dites (Perca. Nob.)

Ont le préopercule dentelé, l'opercule osseux terminé en deux ou trois pointes aiguës, la langue lisse. Quelquefois le sous-orbitaire et l'huméral sont dentelés, mais faiblement.

La *Perche commune.* (*Perca fluvialis L.*) Bl. 52.

Verdâtre, à larges bandes verticales noirâtres; les ventrales et l'anale rouges; est un de nos plus beaux et de nos meilleurs poissons d'eau douce. Elle vit dans les eaux pures. Ses œufs sont réunis par de la viscosité, en longs cordons entrelacés en réseaux.

L'Amérique septentrionale produit quelques espèces voisines (1).

LES BARS. (LABRAX. Nob.)

Se distinguent des perches par des opercules écailleux, terminés en deux épines, et par une langue couverte d'âpretés.

Le *Bars commun, loup* ou *loubine* des provençaux, *spigola* des italiens (*Labrax lupus.* Nob.) *Perca labrax.* Lin. *Sc. diacantha.* Bl. 3o5. Cuv. et Val. II. xi.

Est un grand poisson de nos côtes, d'un excellent goût; de couleur argentée. Il est surtout très commun dans la Méditerranée, et c'était le *lupus* des anciens Romains, le *labrax* des Grecs. Les jeunes sont généralement tachetés de brun.

Il y en a, aux Etats-Unis, une belle et grande espèce, rayée longitudinalement de noirâtre (*Labr. lineatus*, Nob.), *Sciena lineata*, Bl. 3o4, et *Perca saxatilis*, Bl., Schn. pl. 20 (2).

On pourrait encore séparer des bars, une espèce des États-Unis, qui a des écailles jusque sur le maxillaire (*Labrax mucronatus*, Cuv. et Val. II. xii).

LES VARIOLES. (LATES. Nob.)

Ne diffèrent guère des perches que par de fortes den-

---

(1) *Perc. flavescens*, Cuv. et Val., II, p. 46; — *P. serrato granulata*, ib., 47; — *P. granulata*, ib. 48, et pl. IX; — *P. acuta*, ib., 49, et pl. X; — *P. gracilis*, ib., 5o.

Aj. *P. plumieri* ou *Sciœna. plumieri*, Bl. 3o6, ou *centropome plumier*, et *Cheilodiptère chrysoptère*, Lacép., III, xxxiii; — *P. ciliata*, Kuhl; — *P. marginata*, Cuv. et Val., 53.

(2) C'est aussi le *Perca Mitchilli*, Trans. de New-Yorck., t. I, 413; — Aj. *Perca elongata*, Geoff., Eg., pl. XIX, 1; — *Labr. waigiensis*, Less. et Garn., Cuv. et Val., II, 83; — *Labr. japonicus*, Nob., II, 85,

telures, et même une petite épine à l'angle du préopercule et des dentelures aussi plus fortes au sous-orbitaire et à l'huméral.

La *Variole du Nil.* (*Lates niloticus.* Nob. *Perca nilotica.*
Lin.) *Keschr* des Arabes. Geoff. gr. ouvr. sur l'Ég.
Poiss. pl. IX. f. 1.

Est un très grand et très bon poisson déjà remarqué des
anciens (leur *latus* ou *lates*), de couleur argentée.

Les rivières des Indes en nourrissent d'autres espèces (1).

LES CENTROPOMES. (CENTROPOMUS. Lacép.)

Ont le préopercule dentelé, mais leur opercule est
obtus et sans armure.

On n'en connaît qu'un (2),

Le *C. brochet de mer.* (*Centrop. undecimalis.* Nob.)
Sciæna undecimalis. Bl. 305. Cuv. et Val. II. xiv.

Grand et bon poisson, connu dans toute l'Amérique
chaude sous le nom de *brochet,* et qui a en effet le museau déprimé comme notre vrai brochet ; mais ses dents
sont en velours, et tous ses autres caractères sont ceux
des percoïdes à deux dorsales ; il est argenté, teint de verdâtre, et a la ligne latérale noirâtre (3).

LES GRAMMISTES. (GRAMMISTES. Nob.)

Ont des épines au préopercule et à l'opercule, et non
des dentelures ; deux dorsales rapprochées ; les écailles
petites, et comme noyées sous l'épiderme ; l'anale sans
épine sensible.

Les espèces sont petites, rayées en longueur de blanc

---

(1) Le *Pêche naire* de Pondichery, ou *Cockup* des Anglais de Calcutta
(*Lates nobilis,* nob.), Russel, II, cxxxi, Cuv. et Val., II, xiii, qui est
aussi l'*Holocentre heptadactyle,* Lacép. ; — *Holoc. calcarifer,* Bl. 244.

(2) Lacép. a compris dans son genre centropome, plusieurs poissons
qui n'en ont pas le caractère, comme le *Bars,* la *Variole,* etc.

(3) Bl., pl. 305, l'a mal à propos teint de rouge ; la *Sphyrène orvert,*
Lacép., V, pl. iv, f. 2, n'est qu'une mauvaise figure de ce poisson ; c'est
aussi le *Camuri* de Margrave.

sur un fond noirâtre. Elles viennent de la mer des Indes (1).

LES APRONS. (ASPRO. -Nob.)

Ont le corps alongé ; les deux dorsales séparées ; de
larges ventrales ; des dents en velours ; la tête déprimée ;
le museau plus avancé que la bouche, et terminé en
pointe arrondie.

Il y en a deux espèces dans les eaux douces de l'Europe ;
leur chair est légère et agréable.

L'*Apron commun.* (*Aspro vulgaris.* Nob. *Perca asper.* Lin.)
Bl. 107. 1 et 2. Cuv. et Val. II. xxvi.

Du Rhône et de ses affluents ; verdâtre. Trois ou quatre
bandes verticales noirâtres ; huit épines à la première
dorsale.

Le *Cingle.* (*Perca Zingel.* L.) Bl. 105.

Du Danube ; plus grand que l'apron, assez semblable
en couleurs, treize épines à la première dorsale.

Cette subdivision comprend encore quelques poissons
étrangers, assez singuliers dans leur conformation,
pour donner lieu à autant de sous genres.

LES HURONS. (HURO. Cuv. et Val.)

Ont tous les caractères des perches proprement dites ,
excepté que leur préopercule n'a pas de dentelures (2).

LES ETELIS. (Iid.)

Joignent aux caractères de ces mêmes perches, des dents
en crochets à leurs mâchoires, mais non pas, comme les
sandres, à leurs palatins (3).

---

(1) *Grammistes orientalis*, Bl., Cuv. et Val., II, pl. xxvii. La *Sciène
rayée*, Lacép., IV, 323 ; sa *Persèque triacanthe*, ib., 424 ; sa *Persèque
pentacanthe*, ib.; son *Bodian six raies*, ib., 302 ; son *Centropome six
raies*, V, 690 ; le *Perca bilineata*, Thunb., Nov. act. Stokh., XIII,
pl. v, p. 142, en paraissent des variétés.

(2) *Huro nigricans*, Cuv. et Val., II, pl. xvii.

(3) *Etelis carbunculus*, ib., pl. xviii.

LES NIPHONS. (Ibid.)

Ont les dents en velours des perches, et de fortes épines au bas du préopercule et à l'opercule (1).

LES ÉNOPLOSES. (ENOPLOSUS. Lacép.)

Ont les caractères des perches ; de plus fortes dentelures à l'angle du préopercule, et surtout le corps très comprimé, et, ainsi que les deux dorsales, très haut verticalement (2).

LES DIPLOPRIONS. (Kuhl. et Van Hasselt.)

Ont avec les caractères des perches, le corps comprimé, un double rebord dentelé au bas du préopercule, et deux épines à l'opercule (3).

LES APOGONS. (APOGON. Lacep.)

Ont le corps court, garni, ainsi que les opercules, de grandes écailles qui tombent aisément ; les deux dorsales très séparées, et un double rebord dentelé au préopercule. Ce sont de petits poissons le plus souvent colorés en rouge.

Il y en a un dans la Méditerranée, vulgairement nommé *Roi des rougets* (*Apogon rex mullorum*, Nob. *Mullus imberbis*, Lin.), Cuv. Mém. du Mus. I, 336 et pl. xi, f. 2, long de trois pouces ; rouge ; une tache noire de chaque côté de la queue (4).

---

(1) *Niphon spinosus*, ib., xix.

(2) *Enoplosus armatus*, ib., xx, ou *Chœtodon armatus*, Jwhite, p.

(3) *Diploprion bifasciatum*, Cuv. et Val., II, xxi.

(4) C'est l'*Apogon rouge*, Lacép. ; le *Corvulus*, Gesner, p. 1273 ; l'*Amia* de Gronov., Zooph., IX, 2 ; le *Centropomus rubens*, Spinol., An. Mus., X, xxviii, 2, le *Dipterodon ruber*, Rafin. caratt. n° 715, etc. Le *Dipterodon hexacanthe*, Lacép., III, pl. iv, f. 2, et l'*Ostorinque fleurieu*, id., III, xxxii, 2, appartiennent aussi à ce genre. Voyez, pour les nombreux apogons étrangers, Cuv. et Val., II, 151 et suiv.

Les Cheilodiptères. Lacép.

Réunissent tous les caractères des apogons et n'en diffèrent que par des crochets ou dents longues et pointues, qui arment leurs mâchoires.

Ce sont des poissons de la mer des Indes; de taille peu considérable, et la plupart rayés longitudinalement (1).

Les Pomatomes. (Pomatomus. Riss.)

Ont, comme les *Apogons*, deux dorsales écartées, et des écailles qui tombent de même facilement; mais leur préopercule, est simplement strié, leur opercule échancré, leur œil énorme; ils n'ont que des dents en velours ras.

On n'en connaît qu'une espèce excessivement rare de la Méditerranée (*Pomat. telescope*, Risso.), Cuv. et Val., II, xxiv.

Une deuxième subdivision comprend les percoïdes à deux dorsales, et à dents longues et pointues, mêlées parmi leurs dents en velours.

Les Ambasses. (Ambassis. Commers.)

Ont à peu près la forme des Apogons; leur préopercule a une double dentelure vers le bas, leur opercule finit en pointe; mais ils se distinguent des apogons, parce que leurs deux dorsales sont contiguës, et qu'il y a une épine couchée au-devant de la première.

Peut-être n'appartiennent-ils pas bien complétement

------

(1) *Cheilod.* 8-*vittatus*, Nob., Lacép. III, xxxiv, 1, qui est à la fois son *cheilod. rayé*, III, p. 543; et son *Centropome macrodon*, iv, 273. — *Cheilod. arabicus* (*Perca lineata*, Forsk.), Cuv. et Val., II, pl. xxiii. — *Ch. 5-lineatus*, ib., p. 167.

à cette famille, car leur canal intestinal n'a point d'appendices au pylore.

Ce sont de petits poissons d'eau douce des Indes, qui y remplissent les ruisseaux et les mares; dont plusieurs sont transparents (1).

Il y en a un commun dans un étang de l'île de Bourbon, que l'on y prépare comme des anchois (*Ambassis Commersonii*, Cuv. et Val., II, xxv) (2).

C'est à cette division qu'appartiennent

LES SANDRES , (LUCIO-PERCA. Nob.) vulgairement *Brochets-Perches.*

Ainsi nommés, parce qu'aux caractères des perches, ils joignent des dents qui ont quelque rapport avec celles du brochet. Le bord de leur préopercule n'a qu'une simple dentelure; leurs dorsales sont séparées; quelques-unes des dents de leurs mâchoires et de leurs palatins sont longues et pointues.

Le *Sandre d'Europe.* (*Luc. sandra.* Nob. *Perca lucioperca.* Lin.) Bl. pl. LI. Cuv. et Val. II. pl. xv.

Est un excellent poisson des lacs et des rivières de l'Allemagne, et de l'orient de l'Europe; plus alongé que la perche; verdâtre, à bandes verticales brunes; il atteint jusqu'à trois et quatre pieds de longueur (3).

Une seconde division comprend les percoïdes à sept rayons branchiaux, et à dorsale unique. Elles se subdivisent à peu près selon des motifs analogues à ceux qui ont servi à subdiviser les précédentes: des

---

(1) M. Hamilton Buchanan en fait entrer plusieurs dans ses chanda.

(2) C'est le *Centropome ambasse*, Lacép , IV, 273, et son Lutjan gymnocéphale, IV, 216; et III, pl. xxiii, f. 3. Voyez, pour les autres espèces, Cuv. et Val., II, 181 et suiv.

(3) **Aj.** le *Berschik* ou *Sandre bâtard* (*Perca volgensis*, Gm.); — le *S. d'Amérique* (*Lucio-perca americana*, Cuv. et Val., II, pl. xvi, p. 122.)

dents en crochets, ou toutes en velours ; des dentelures et des épines aux pièces operculaires, etc.

Dans la subdivision pourvue de dents en crochets,

LES SERRANS. (SERRANUS. Cuv.)

Ont le préopercule dentelé , et l'opercule osseux terminé en une ou plusieurs pointes. C'est un genre excessivement nombreux en espèces et que l'on peut encore
répartir comme il suit :

LES SERRANS propres, vulgairement *Perches de mer.*

Où les deux mâchoires n'ont pas d'écailles apparentes.
     Notre Méditerranée en a quelques jolies espèces, comme

Le *Serran écriture.* (*Perca scriba.* Lin.) Cuv. et Val. II.
XXVIII.

Ainsi nommé de quelques traits irréguliers bleus, qu'il
a sur la tête (1).

Le *Serran commun.* (*Perca cabrilla.* Lin.) Cuv. et Val.
II. XXIX.

A trois bandes obliques sur la joue (2). On en prend
aussi dans l'Océan. Cette espèce, et peut-être la précédente, étaient connues des Grecs sous le nom de χάνη, et
passaient pour n'avoir que des individus femelles. Cavo-
lini assure qu'en effet tous les individus qu'il a observés

---

(1) C'est aussi le *Perca marina* de Brunnich, l'*Holocentrus marinus*,
de Laroche ; l'*Hol. argus* de Spinola ; et l'*Hol. maroccanus* de Bl. Il nous
paraît même que l'*Hol. fasciatus*, Bl., 240, n'en est qu'un individu
altéré.

(2) C'est aussi l'*Hol. virescens*, Bl. ; les *Serranus flavus* et *cabrilla* de
Rip. ; le *Labrus chanus* de Gmel. ou *Holocentre chani*, Lacép. ; le
Bodian hiatule de celui-ci, etc. Aj. le *Sacchetto* (*Labrus hepatus*, Lin. ; et
Labr. adriaticus, Gmel ; ou *Holocentrus siagonotus*, Laroche, etc. ; —
Serranus vitta, Quoy et Gaym., Voyage de Freycin., Zool., LVIII, 2 ; —
Hol. argentinus, Bl., 235, 2 ; — *Serr. radialis*, Q. et G., 316 ; — *Serr.
fascicularis*, Cuv. et Val. , II, XXX ; et les autres espèces décrites, dans
Cuv. et Val., II, p. 239-249.

avaient des ovaires, et vers le bas une partie blanchâtre qui pouvait être regardée comme de la laitance. Il les croit en état de se féconder eux-mêmes.

LES BARBIERS. (ANTHIAS. Bl. en partie.)

Sont des serrans dont les deux mâchoires et le bout du museau sont armés d'écailles très sensibles (1).

L'espèce la plus remarquable,

Le *Barbier de la Méditerranée.* (*Anthias sacer.* Bl. (2) pl. cccxv.) Cuv. et Val. II. xxxi.

Est un charmant poisson, d'un beau rouge de rubis, changeant en or et en argent, avec des bandes jaunes sur la joue. Le troisième rayon de sa dorsale s'élève plus du double des autres; ses ventrales se prolongent beaucoup, et les lobes de sa caudale se terminent en filets dont l'inférieur est le plus long (3).

LES MEROUS.

Sont des serrans dont le maxillaire n'a pas d'écailles, mais où la mâchoire inférieure en est couverte de petites.

Il y en a un dans la Méditerranée.

Le *Merou brun.* (*Perca gigas.* Gm.)

D'un brun nuageux, et d'une taille qui va à trois pieds et au-delà : on le prend aussi dans l'Océan.

Les merous étrangers sont excessivement nombreux; dans plusieurs la dentelure du préopercule devient pres-

(1) La plupart de nos merous sont encore des anthias pour Bloch, mais nous restreignons ce genre aux espèces auxquelles notre définition convient. Bloch a été si peu exact, que son *anthias sacer* n'a pas même le caractère attribué au genre anthias d'un opercule sans épine.

(2) Cette épithète était donnée par les anciens à leur *Anthias*, grand poisson très différent de celui-ci. Voyez Cuv. et Val., II, p. 255 et suiv.

(3) Aj. *Serranus oculatus*, Cuv. et Val., II, xxxii, et les autres espèces décrites, ib., p. 262-270.

que insensible (1); mais en général on ne peut guère les distinguer que par leurs couleurs.

Il en est beaucoup, dont le corps est semé de points de couleurs plus ou moins vives (2).

D'autres où il est semé de taches serrées (3).

D'autres où il est rayé en long (4), ou bardé en travers (5), ou marbré par grandes masses (6), ou divisé en deux couleurs (7), ou enfin, d'une teinte plus ou moins uni-

---

(1) Ceux-là, lorsque leur museau est nu, forment les Bodians de Bloch ; ils ne diffèrent que par cette dentelure moins marquée du plus grand nombre des Holocentres du même auteur. Les Holocentres prennent le nom d'Epinephelus, quand leur museau est écailleux, et dans ce cas, les Bodians prennent celui de Cephalopholis. Les Lutjans et les Anthias de Bl., diffèrent des holocentres, parce que leur opercule n'a pas d'épines ; dans les premiers le museau est nu ; et il est écailleux dans les autres ; mais tous ces caractères, peu importants en eux-mêmes, sont fort mal appliqués aux espèces.

(2) Ce sont les *Jacob Evertsen* des Hollandais, tels que : *Bodianus guttatus*, Bl., 224 ; — *Cephalopholis argus*, Bl., Schn., pl. 61 ; — *Bodianus bænak*, Bl., 226 ; — *Holoc. auratus*, id., 236 ; — *Hol. cœruleo-punctatus*, id., 242, 2 ; — *Labrus punctulatus*, Lacep., III, xvii, 2, etc. ; et en Amérique, *Perca guttata*, Bl., 312, ou *Spare sanguinolent*, Lacép., IV, iv, 1 ; — *P. maculata*, Bl., 213, ou *Spare atlantique*, Lac., IV, v, 1 ; — *Johnius guttatus*, Bl., Schn., ou *Bonaci-arara*, Parra, XVI, 2 ; — *Lutjanus lunulatus*, Bl., Schn., ou *Cabrilla*, Parra, xxxvi, 1 ; — *Bodianus guativere*, Parra, v ; — *Holoc. punctatus*, Bl., 241, ou *Pyra pixanga*, Margr., 152 ; — *Gymnocephalus ruber*, Bl., Schn., 67, ou *Carauna*, Margr., 147 ; — *Bodianus apua*, Bl., 229.

(3) *Epinephelus merra*, Bl., 329 ; — *Holocentre pantherin*, Lacép., III, xxvii, 3 ; — *Serranus bontoo*, Nob., Russel, 128 ; — *Serr. suillus*, Russ., 127 ; — *Labrus leopardus*, Lacép., III, xxx, 1, — *Holoc. salmonoïdes*, ib., xxxiv, 3 ; — *Bodianus melanurus*, Geoffr., Eg., xxi, 1.

(4) *Sciœna formosa*, Shaw, Russel, 129.

(5) *Holocentr. tigrinus*, Bl., 237 ; Seb., III, xxvii ; — *Hol. lanceolatus*, Bl., 242, 1 ; — *Anthias orientalis*, id., 326 ; — *Anthias striatus*, id., 324, qui est aussi l'*Anthias cherna*, Bl., Schn., Parra., xxiv ; et le *Spare chrysomelane*, Lacép.

(6) *Serranus geographicus*, Kuhl., Cuv. et Val., II, p. 322.

(7) *Serranus flavo cœruleus*, Nob., qui est l'*Holoc. gymnose*, Lacép., III, xxvii, 2. son *Bodian grosse tête*, III, xx, 2, et son *Holocentre jaune et bleu*, IV, p. 369. C'est encore le *Serran bourignon*, Quoy et Gaym., Voyage de Freycin., Zool., pl. lvii, 2.

forme (1). Très peu offrent des caractères tirés de formes bien sensibles ; nous citerons cependant

Le *Merou à haute voile.* (*Serr. altivelis.* Nob.) Cuv. et Val. II. xxxv.

Dont la dorsale s'élève plus que dans les autres ; il est semé de taches noires et rondes , sur un fond brun-clair ; et

Le *Merou paille en queue.* (*Serranus phaëton.*) *ib.* pl. xxxiv.

Où les deux rayons mitoyens de la caudale s'unissent en un filet aussi long que le corps.

Nous avons séparé des serrans

Les Plectropomes. (Plectropoma. Nob.)

Qui n'en diffèrent que parce que les dents plus ou moins nombreuses du bord inférieur de leur préopercule, sont dirigées obliquement en avant , et rappellent un peu les dents d'une molette d'éperon (2).

Et

Les Diacopes. (Diacope. Nob.)

Dont le caractère consiste dans une échancrure vers le bas du préopercule, qui reçoit une tubérosité de

---

(1) *Holocentrus ongus*, Bl., 234 ; — *Epinephelus marginalis*, Bl., 328, ou *Holocentre rosmare*, Lacép., IV, vii, 2 ; — *Holoc. océanique*, Lacép., IV, vii , 3 ; — *Epinephelus ruber*, Bl., 331.

Voyez, sur beaucoup d'autres espèces dont il n'existe point de figures, les descriptions que nous donnons dans le tome deuxième de notre Histoire des poissons.

(2) *Pl. melanoleucum*, Nob.; ou *Bodian melanoleuque*, Lacép.; ou *Labre lisse*, id., III, xxiii, 2 ; ou *Bodian cyclostome*, ib., xx, 1, — *Holoc. leopard*, Lacép., IV, p. 337; Cuv. et Val., II, xxxvi; — *Bodianus maculatus*, Bl., 228, ou *Plectropome ponctué*, Freycin., Zool., xlv, 1;— *Holocentrus unicolor*, Bl., Schn., Seb., III, lxxvi, 10 ; — *Plectr. puella*, Cuv. et Val., II , xxxvii, et les autres espèces décrites dans le deuxième volume de notre Histoire des poissons.

l'interopercule. Il y en a de belles et grandes espèces dans la mer des Indes (1).

LES MESOPRIONS. (MESOPRION. Nob.)

Ont, avec les caractères de dents et de nageoires des serrans, et leur préopercule dentelé, un opercule finissant en angle mousse et non épineux (2).

Il y en a de nombreuses et belles espèces dans les deux Océans (3). Plusieurs sont fort grands et excellents à manger.

---

(1) *Diac. sebæ.*, Nob., Seb., III, xxvii, 2, et Russel, 99; — *D. rivulata*, Nob., Cuv. et Val., II, xxxviii; — *D. macolor*, Nob., Renard; I, ix, 60; — *D. octolineata*, Nob., ou *Holoc. bengalensis*, Bl., 246, le même que le *Labrus 8-lineatus*, Lacép., III, xxii, 1, et que le *Sciæna kasmira*, Forsk; *Hol. 5-lineatus*, Bl., 239, en est une variété; — *D. notata*, Nob., Russel, 98; — D. *quadriguttata*, Nob., ou *Spare lepisure*, Lacép., III, xv, 2; — *D. calveti*, Quoy et Gaym., Freyc., Zool., lvii, 1, et plusieurs autres espèces décrites dans le deuxième volume de notre Histoire des poissons.

(2) La plupart étaient compris dans le genre *Lutjanus* de Bloch., mais y étaient mêlés à des espèces d'autres familles, soit sciénoïdes, soit labroïdes, dont nous avons fait d'autres genres.

(3) *Mesopr. unimaculatus*, Russel, 97; — *Anthias Johnii*, Bl., 318; — *Coius catus*, Buchan. 38, f. 30; — *M. 5-lineatus*, Russel, 110; — *M. monostygma*, Nob., Lacép., III, xvii, 1; — *M. uninotatus*, Nob., Cuv. et Val., II, xxxix, Duham, part. II, sect. IV, pl. iii, f. 2, et probablement, *Sparus synagris*, L., Catesb., II, xvii, 1; — *M. buccanella*, Nob., dont Bloch a pris la figure dans Plumier, et l'a donnée en l'altérant pour le *Sparus erythrinus*, pl. 274; — *Bod. aia*, Bl., 227, ou *Acara aia*, Margr., 167; — *Mes. chrysurus*, Cuv. et Val., II, xl, qui est aussi le *Sparus chrysurus*, Bl., 262, ou *Acara pitamba* de Margr., 155; l'*Anthias rabirrubia*, Bl., Schn, Parra, xxii, 1; le *Spare demilune*, Lacép., IV. iii, 1; et le *Colas* de la Guadeloupe, Duham., sect. IV, pl. xii, 1; — *M. cynodon*, N., ou *Anthias caballerote*, Bl., Schn., Parra, xxv, 1; — *Anth. jocu*, Bl, Schn., Parr., xxv, 2; — *Sp. tetracanthus*, Bl., 279, qui est aussi le *Vivanet gris*, Lacép., IV, iv, 3; et le *Lutjanus acutirostris*, Desmar.; — *M. sillao*, Russel, 100; — *M. lunulatus*, Nob., Mungo-Park., Trans. lin., III, xxxv, 6; — *Lutj. erytropterus*, Bl., 249, — *Lutj. lutjanus*, id., 245; — *Sparus malabaricus*,

Nous passons maintenant aux percoïdes à sept rayons branchiaux, et à dorsale unique, qui ont les dents en velours.

LES GREMILLES. (ACERINA. Nob.)

Se distinguent par des fossettes aux os de la tête, et parce que leur préopercule et leur opercule n'ont que de petites épines sans dentelures. Il y en a deux en Europe, dans les eaux douces.

La *Gremille commune* ou *Perche goujonnière*. (*Perca cernua*. Lin.) Bl. 53. 2. Cuv. et Val. III. pl. xli.

Est un petit poisson d'un goût agréable, répandu dans toutes nos eaux douces; olivâtre tacheté de brun.

Le *Schrœtz*. (*Perca schraitzer*. L.) Bl. 332.

Se trouve dans le Danube, est plus grand et a sur les côtés des lignes noirâtres interrompues (1).

LES SAVONNIERS. (RYPTICUS. Nob.)

N'ont aussi que de petites épines aux pièces operculaires, et de plus leurs écailles comme celles des Grammistes, sont petites et cachées dans un épiderme épais. La dorsale unique est surtout ce qui les distingue des grammistes.

Il y en a un en Amérique, d'un violet noir (*Anthias saponaceus*, Bl., Schn.); Parra., xxiv, 2, à qui sa peau douce, et enduite d'une viscosité écumeuse a valu ce nom de savonnier (2).

Bl., Schn. ; — *M. rangus*, Nob., Russel, 94 ; — *M. rapilli*, id., 95 ; — *Alphestes gembra*, Bl., Schn., pl. 51, 2, et les autres espèces décrites dans notre deuxième volume.

(1) Aj. *Perca acerina*, Guldenst., nov. comment., Petrop., XIX, 455.

(2) Aj. *Rypticus arenatus*, Cuv. et Val., III, pl. xlvi.

Les Cerniers. (Polyprion. Nob.)

Ont non-seulement des dentelures au préopercule,
et des épines à l'opercule, mais il y a sur ce dernier os
une crête bifurquée et très âpre, et, en général, les os
de leur tête ont beaucoup d'aspérités.

La Méditerranée en possède une espèce qui devient
énorme, et est nuagée de brun sur un fond plus clair
(*Polyprion cernium*, Valenc.), Mém. du Mus., tom. XI,
p. 265, et Cuv. et Val., III, pl. xlii (1).

Les Centropristes. (Centropristis. Nob.)

Ont tous les caractères des serrants, excepté qu'ils
manquent de canines, et que toutes leurs dents sont
en velours. Ainsi leur préopercule est dentelé, et leur
opercule épineux.

Les États-Unis en ont un qui devient assez grand, et
dont la caudale dans sa jeunesse est trilobée; c'est leur
Perche noire (*Centropristis nigricans*, Nob.) *Coryphœna
nigrescens*, Bl. Schn., Cuv. et Val., III, pl. xliv. Il est
d'un brun noirâtre (2).

Les Growlers. (Gristes. Nob.)

Diffèrent des centropristes seulement parce que leur
préopercule a le bord entier et sans dentelures (3).

----

(1) L'*Amphiprion australis*, Bl., Schn., pl. 47, ou *Americanus*, ib.,
p. 205; et l'*Amph. oxygeneios*, ib., ou *Perca prognathus*, Forst, ne
nous paraissent pas pouvoir être distingués du cernier.

(2) C'est aussi le *Lutjan trilobé*, Lacép., II, xvi, 3; et le *Perca varia*,
Mitchill., Trans. de New-York, I. — Aj. *Perca trifurca*, L.;—la *Scorpène
de Waigïou*, Quoy et Gaym., Freycin., Zool., lviii, 1; et les autres
espèces décrites dans notre troisième vol. de l'hist. des poiss.

(3) Le *Labre salmoïde*, Lacép., IV, v, 2, ou *Cychla variabilis*, Lesueur, Sc. nat., phil., Cuv. et Val, III, pl. xlv; — *Gr. macquariensis*,
ib., p. 58

Ici se terminerait le genre PERCA, tel qu'il a été défini par Artedi et par Linnæus; mais il reste beaucoup de poissons qui s'en rapprochent, quoique des caractères particuliers obligent d'en faire des genres séparés.

Nous commencerons par les percoïdes à moins de sept rayons branchiaux. On peut aussi les subdiviser selon le nombre de leurs dorsales et la nature de leurs dents.

Dans celles à dorsale unique, il en est qui ont aussi des dents en crochets parmi les autres; ce sont:

LES CIRRHITES. (CIRRHITES. Commers.)

Qui ont comme les mésoprions, le préopercule dentelé et l'opercule terminé en angle mousse, et se distinguent parce que les rayons inférieurs de leur pectorale, plus gros et non branchus, dépassent un peu la membrane. Elles n'ont que six rayons aux branchies. Toutes vivent dans la mer des Indes (1).

D'autres de ces percoïdes, à moins de sept rayons branchiaux, n'ont que des dents en velours, ou manquent du moins de dents en crochets.

LES CHIRONÈMES. (CHIRONEMUS. Nob.)

Ont à la partie inférieure des pectorales les mêmes rayons simples que les cirrhites (2).

---

(1) Le *Cirrhite tacheté*, Lacép., V, 3, qui est aussi son *Labre marbre*, III, v, 3, et p. 492; — le *Cirrhite pantherin*, ou *Spare pantherin*, ib., IV, vi, 1, et p. 160; et Seb., III, xxvii, 12; —*Cirrhites vittatus*, Nob., Renard, I, xviii, 102; — *Cirrh. aprinus*, Cuv. et Val., III, xlvii. etc.

(2) On n'en connaît qu'un de la Nouv.-Holl., *Chironemus georgianus*, Cuv. et Val., III, p. 78.

Les Pomotis. (Pomotis. Nob.)

Sont des poissons à corps comprimé, ovale et dont le
caractère consiste en un prolongement membraneux à
l'angle de l'opercule. Ils vivent dans les eaux douces de
l'Amérique (1).

Les Centrarchus. (Centrarchus. Nob.)

Ont, avec les caractères des pomotis, de nombreuses
épines à la nageoire anale, et, de plus, leur langue a
un groupe de dents en velours (2). Ils sont du même pays.

Les Priacanthes. (Priacanthus. Nob.)

Ont le corps oblong, comprimé, entièrement couvert, ainsi que toute la tête et même les deux mâchoires,
de petites écailles rudes ; le préopercule dentelé, et son
angle saillant en forme d'épine, elle-même dentelée.

On les trouve dans les mers des pays chauds·(3).

Les Doules. (Dules. Nob.)

Ont, comme les centropristes, l'opercule terminé par
des épines, le préopercule dentelé et des dents en velours ; mais leur membrane branchiale n'a que six
rayons (4).

Il y en a une espèce (*D. rupestris*, Nob.) dans les eaux

---

(1) *Pomotis vulgaris*, Nob., ou *Labrus auritus*, Lin., appelé *Perche
d'étang* aux États-Unis. Catesb., II, viii, 2, Cuv. et Val. III, pl. 49.

(2) *Centrarchus æneus*, Nob., ou *Cychla ænea*, Lesueur, Sc. nat.
Phil.; — *C. sparoïdes* ou *Labre sparoïde*, Lacép., III, xxiv, 2 ; — *Labre
iris*, Lac., IV, v, 3, qui est aussi son *labre macroptère*, III, xxiv, 1.

(3) *Anthias macrophtalmus*, Bl., 319, ou *Catalufa*, Parra, xii, 1 ;
— *Anthias boops*, Bl. Schn., 308 ; — *Sciœna hamruhr*, Forsk. ; —
Labrus cruentatus, Lacép., III, 11, 2, et les autres espèces décrites dans
notre troisième volume.

(4) *Dules auriga*, Cuv. et Val., III, li ; — *D. tœniurus*, ib., liii, et
les autres espèces décrites dans ce troisième volume. .

douces de l'île de Bourbon, et de l'île de France, à peu près de l'apparence d'une carpe, estimée pour sa saveur (1).

LES THÉRAPONS. Cuv.

Ont un préopercule dentelé, un opercule terminé par une forte épine, une dorsale très échancrée entre la partie épineuse et la molle; les dents du rang extérieur plus fortes que les autres, pointues. Dans quelques-uns, les dents du vomer tombent de bonne heure. Ce sont des poissons des Indes, remarquables par une vessie natatoire divisée en deux par un étranglement (2).

On ne peut guère en séparer les DATNIA, quoiqu'ils manquent de dents au palais; leur profil est plus rectiligne; leur dorsale moins échancrée (3).

LES PELATES. Nob.

Ont les mêmes caractères aux opercules et à l'intérieur que les thérapons; mais leurs dents sont en velours uniforme, et leur dorsale peu échancrée (4).

LES HÉLOTES. Nob.

Très semblables encore, ont la dorsale fort échancrée, et se distinguent particulièrement parce que leurs dents du rang antérieur sont trilobées (5).

La plupart de ces poissons ont des lignes longitudinales noirâtres sur un fond argenté.

---

(1) C'est le *Centropome de roche*, Lacép., IV, 273.

(2) *Holocentrus servus*, Bl., 238, 1, ou *Sciæna jerbua*, Forsk.; — *Hol. 4 lineatus*, Bl., 238, 2; — *Ther. puta*, Nob., Russel, pl., 126, *Ther. theraps*, Nob., Cuv. et Val, III, LIV, et les autres espèces décrites dans notre troisième vol.

(3) *Datnia Buchanani*, ou *Coius datnia*, Buchanan, pl. IX, f. 29; et Cuv. et Val., III, LV; — *Datnia cancellata*, ib., p. 144.

(4) *Pelates quinque lineatus*, Cuv. et Val., III, 56

(5) *Helotes 6 lineatus*, Cuv. et Val., III, LVII, ou *Esclave six lignes*, Quoy et Gaym., Voyage de Freyc., Zool., LXX, 1.

Les percoïdes à moins de six rayons branchiaux et à deux dorsales ne comprennent que deux genres.

LES TRICHODONS. Steller.

Dont le préopercule a quelques épines assez fortes, et dont l'opercule finit en pointe plate; ils n'ont point d'écailles; leur bouche est fendue presque verticalement.

On n'en connaît qu'un,

Le *Trichodon de Steller*. (*Tr. Stelleri.* Nob.) *Trachinus trichodon*. Pall. Mém. de Pétersb. IV. xv. 8. et Cuv. et Val. III. LVII.

Du nord de l'Océan pacifique (1).

LES SILLAGO. Cuv.

A tête un peu alongée en pointe, la bouche petite, des dents en velours aux mâchoires et au-devant du vomer, un opercule finissant en une petite épine, six rayons branchiaux, deux dorsales contiguës, dont la première a ses épines grêles; la seconde est longue et peu élevée.

Ce sont des poissons de la mer des Indes, très estimés pour le bon goût et la légèreté de leur chair.

L'espèce la plus remarquable,

Le *Péche madame* de Poudichéry. (*Sillago domina.* N.)

Est brunâtre, et se distingue par le premier rayon de sa dorsale alongé en un filet qui égale le corps. Sa tête est écailleuse et son œil fort petit.

Il y en a une autre,

Le *Péche bicout.* (*Sciæna malabarica.* Bl. Schn. 19.) *Soring.* Russel. 113.

Long au plus d'un pied, de couleur fauve, qui passe pour un des meilleurs poissons de l'Inde (2).

______

(1) Ce poisson n'ayant point les ventrales jugulaires, ni une dorsale postérieure alongée, ni une forte épine à l'opercule, ni sept rayons aux branchies, ne peut être une vive, comme l'ont cru Pallas et Tilesius.

(2) Aj. L'*Atherina sihama*, Forsk., *ou platicephalus sihamus*, Bl. Schn. Ruppel, poiss., pl. III, f. 1 ; — *Sillago maculata*, Quoy et Gaym. Freyc., pl. III, f. 3.

Nous passons maintenant à des percoïdes qui ont plus de sept rayons aux branchies. On en connaît trois genres qui ont aussi tous cette particularité, que leurs ventrales ont une épine et sept rayons mous ou davantage, tandis que dans les autres acanthoptérygiens, les rayons mous n'y sont pas au nombre de plus de cinq.

LES HOLOCENTRUMS. Artedi (1).

Sont de beaux poissons à écailles brillantes et dentelées, dont l'opercule est épineux et dentelé, et dont le préopercule non-seulement est dentelé, mais a à son angle une forte épine qui se dirige en arrière. On en trouve dans les parties chaudes des deux Océans (2).

LES MYRIPRISTIS. Cuv.

Ont tout l'éclat, les formes, les écailles des Holocentrums; mais leur préopercule a un double rebord dentelé, et manque d'épine à son angle. Ce genre est remarquable par une vessie natatoire divisée en deux,

---

(1) *N. B.* Nous réduisons ce genre aux espèces qui répondent à la définition qu'en avait donnée Artedi, Seb., III, ad tab., xxvii, 1; et nous donnons comme lui à ce nom une terminaison neutre, pour qu'on ne le confonde pas avec les *Holocentrus* de Bloch et de Lacépède, dans lesquels on a mêlé beaucoup d'autres espèces et surtout des serrans.

(2) *Holocentrum longipinne*, Nob., qui est l'*Hol. sogho*, Bl., 232; et son *Bodianus pentacanthus*, ou le *Jaguaraca* de Margr., 147; c'est aussi le *Sciæna rubra*, Bl. Schn., Catesb., II, 11, 2; et l'*Amphiprion matejuelo*, Bl. Schn., Parra, xiii, 2;— *Hol. orientale*, Nob., Seb., III, xxvii, 1; — *Hol. rubrum*, Bennet., Poiss. de Ceyl., pl. iv; — *Hol. leo*, Nob., Ren., I, xxvii, 148, très mauv. fig.; — *Sciæna spinifera*, Forsk; — *Hol. hastatum*, Cuv. et Val., III, lix; — *Hol. diadema*, Lacép., III, ix, 3, ou *Perca pulchella.*; Bennet., Journ. zool. angl., III, ix, 3; — *Hol. sammara*, ou *Sciæna sammara*, Forsk, ou *Labre anguleux*, Lacép., III, xxii, 1; — et les autres espèces décrites dans notre troisième volume.

dont la partie antérieure est bilobée, et s'attache au crâne par deux endroits où il n'est fermé que d'une membrane, et qui répondent aux sacs des oreilles.

On en trouve aussi dans les parties chaudes des deux Océans (1).

LES BÉRYX. Cuv.

Diffèrent des myripristis, parce qu'ils n'ont sur le dos qu'une nageoire peu étendue, où l'on ne voit que quelques petites épines presque cachées dans son bord antérieur; leurs ventrales ont jusqu'à dix rayons mous (2).

On ne peut en éloigner

LES TRACHICHTES. (TRACHICHTYS. Shaw.)

Qui, avec la même âpreté que les trois genres précédents, la même petite dorsale que les Béryx, ont une épine plate au bas du préopercule, et une à l'épaule, et dont l'abdomen et les côtés de la queue sont hérissés par de grosses écailles carénées (3).

Toutes les percoïdes dont nous avons parlé jusqu'ici, ont leurs ventrales attachées sous les pectorales; mais il y en a aussi quelques genres qui les ont placées différemment.

Les PERCOÏDES JUGULAIRES les ont sous la gorge, plus en avant que les pectorales.

---

(1) *Myripristis jacobus*, Cuv., Desmar., Dict. class. d'hist. nat.; — *Myr. japonicus*, Cuv. et Val., III, LVIII; — *Myr. botche*, Nob., Russel, 105; — *Myr. parvidens*, Nob., id., 109; — le *Lutjan hexagone*, Lacép., IV, 213; son *Holocentre thunberg*, ib., 367; son *Centropome rouge*, ib., 273; le *Sciæna murdjan*, Forsk., appartiennent aussi à ce genre. Voyez-en l'histoire dans le troisième vol. de notre Ichtyologie.

(2) *Beryx decadactylus*, Cuv. et Val., III, 222; — *B lineatus*, ib., 226, et pl. LXX.

(3) *Trachichthys australis*, Shaw., nat. misc., n° 578; et Gen. zool., IV, deuxième part., p. 260.

Les Vives. (Trachinus. Lin.)

Ont la tête comprimée, les yeux rapprochés, la bouche oblique, la première dorsale très courte, la deuxième très longue, les pectorales très amples, et un fort aiguillon à l'opercule.

Elles se tiennent le plus souvent cachées dans le sable; on redoute beaucoup la piqûre des aiguillons de leur première dorsale; leur chair est agréable.

Nos mers en nourissent plusieurs espèces.

La plus commune sur nos côtes de l'Océan (*Trachinus draco*, Lin.), Salv., 72, ou *Tr. lineatus*, Bl. Schn., pl. x, et Penn., Brit. zool., III, xxix, (sous le nom de grande vive.) gris est roussâtre, avec des taches noirâtres, des traits bleus et des teintes jaunes, et a trente rayons à la deuxième dorsale, et des stries obliques sur les flancs.

Nous en avons une espèce plus petite, le *Boideroc* de la Manche (*Trachinus vipera*, Nob.); *Otter pike* des Anglais, Penn., 28, Bl., 61 (sous le nom de *Vive commune*) plus pâle, à flancs lisses, à vingt-quatre rayons à la deuxième dorsale. Elle est encore plus redoutée que la commune, parce qu'étant plus petite, on est plus souvent exposé à en être piqué.

La Méditerranée a de plus

La *grande Vive à taches noires*. (*Trach. araneus*. Riss.) Salvian. 71. copié par Willughb. pl. S. 10. fig. 2.

Plus haute, à vingt-huit rayons à la deuxième dorsale; six ou huit taches noires le long du flanc. Et

La *Vive à tête rayonnée*. (*Trach. radiatus*. Nob.) Cuv. et Val. III. lxxii.

A vingt-cinq rayons à la deuxième dorsale; la tête grenue et âpre; de grands anneaux noirs alternent avec des taches pleines sur les flancs.

Nous ne connáissons pas de vives des mers éloignées.

LES PERCIS. (PERCIS. Bl. Schn.)

Représentent à quelques égards les Vives, dans les mers des pays chauds : leur principale différence est d'avoir la tête déprimée, et des dents en crochets sur le devant de leurs mâchoires et du vomer ; mais elles en manquent aux palatins. Leur première petite dorsale s'unit un peu plus à la longue qui la suit (1).

LES PINGUIPES. Nob.

Ont des formes plus lourdes que les Percis, des dents fortes et coniques, des lèvres charnues et des dents aux palatins. Leurs ventrales sont épaisses.

On n'en connaît qu'un du Brésil (*Ping. Brasilianus,* Cuv. et Val., III, LXXIV).

LES PERCOPHIS. Nob.

Ont au contraire le corps très alongé ; une partie de leurs dents sont longues et très pointues. La pointe de leur mâchoire inférieure saille en avant.

On n'en connaît qu'un, aussi du Brésil (*Percoph. Brasilianus,* Nob. ; *Perc. Fabre,* Quoy et Gaym., Voyage de Freycin., zool., LIII, 1, 2).

Un des genres les plus remarquables des percoïdes jugulaires est celui des

URANOSCOPES. (URANOSCOPUS. Lin.)

Ainsi nommé parce que sa tête, de forme presque

---

(1) *Percis maculata,* Bl., Schn., pl. 38 ; — *P. Semi-fasciata,* Cuv. et Val., III, LXXIII ; — *P. cylindrica,* ou *Sciæna cylindrica,* Bl., 299, 1, qui est aussi le *Bodianus sebæ,* Bl. Schn., Seb., III, XXVII, 16 ; — *P. cancellata,* Nob., ou *Labre tétracanthe,* Lacép., III, p. 473 ; et II, pl. XIII, f. 3, qui est aussi son *Bodian tetracanthe,* IV, 302 ; — *P. ocellata,* Renard, I, VI, 42 ; — *P. colias,* n., ou *Enchelyopus colias ;* Bl., Schn., p. 54 ; et les autres espèces décrites dans notre troisième vol.

cubique, porte les yeux à sa face supérieure, de manière qu'ils regardent le ciel : leur bouche est fendue verticalement ; leur préopercule crénelé vers le bas, et ils ont une forte épine à chaque épaule ; leurs ouïes n'ont que six rayons. Au dedans de leur bouche, devant leur langue, est un lambeau long et étroit, qu'ils peuvent faire sortir à volonté, et qui, dit-on, lorsqu'ils se tiennent cachés dans la vase, leur sert à attirer les petits poissons. Une particularité notable de leur anatomie, est l'extrême grandeur de leur vésicule du fiel déjà bien connue des anciens (1).

Dans les uns, la première dorsale, petite et épineuse, est séparée de la deuxième, qui est molle et longue.

L'*Uranoscope de la Méditerranée.* (*Uranoscopus. scaber* Lin.) Bl. 173.

Est gris-brun, avec des séries irrégulières de taches blanchâtres. C'est un des poissons les plus laids ; cependant on le mange.

Il y en a de très semblables dans la mer des Indes, et au Brésil (2).

D'autres n'ont qu'une dorsale, où la partie épineuse se joint à la molle. Ils sont tous étrangers (3).

Une troisième division des percoïdes a les ventrales attachées plus en arrière que les pectorales ; ce sont les Percoïdes abdominales.

Leur premier genre, celui

Des Polynèmes. (Polynemus. Lin.)

Ainsi nommés, parce que plusieurs des rayons infé-

(1) Arist., hist. An., lib., II, c. 15.

(2) Aj. *Uranosc. affinis*, *Ur. marmoratus*, *Ur. guttatus*, *Ur. filibarbis Ur. Y græcum ;* espèces nouvelles décrites dans notre troisième vol.

(3) *Uranoscopus lebeck,* Bl. Schn., p. 47; *Ur. monopterygius,* ib., 49, *Ur. lœvis,* ib., pl. VIII; *Uran. inermis,* Cuv. et Val. , III, LXXI, *Ur cirrhosus ;* deux espèces nouv.

rieurs de leurs pectorales, sont libres, et forment autant de filaments (1), n'ont pas les ventrales très en arrière, et leur bassin est même encore suspendu aux os de l'épaule. Ils tiennent aux percoïdes par les dents en velours ou en cardes qui garnissent leurs mâchoires, leur vomer et leurs palatins ; mais ils ont le museau bombé, et les nageoires verticales écailleuses comme beaucoup de sciénoïdes ; leurs deux dorsales sont écartées ; leur préopercule dentelé, leur bouche très fendue ; il y en a dans toutes les mers des pays chauds.

Le *Pol. à longs filets.* (*Pol. paradiseus*, et *Pol. quinquarius.* Lin.) Seb. III. xxvii. 2. Edw. 208. Russel. 185.

Nommé aussi *poisson mangue*, à cause de sa belle couleur jaune, a de chaque côté sept filets, dont les premiers du double plus longs que le corps. Cette espèce manque de vessie natatoire, tandis que les autres en ont une. C'est le plus délicieux des poissons que l'on mange au Bengale.

Les autres polynèmes ont les filets plus courts que le corps, et le nombre de ces filets est un des caractères de leurs espèces. Il y en a de grandes, et toutes passent pour de bons mangers (2).

Dans les genres qui suivent, les ventrales sont tout-à-fait en arrière, et le bassin ne tient plus aux os de l'épaule.

Le premier de ces genres avait même long-temps

---

(1) De νῆμα (*filum*).

(2) *Polyn. plebeius*, ou *Emoï*, Brouss., Bl., 400 ;—*Pol. uronemus*, Nob., Russel, 184 ; — *Polyn. tetradactylus*, Shaw., Russel, 183 ;— *Pol. sextarius*, Bl. Schn., pl. iv ; — *Pol. enneadactylus*, Vahl. ; — *Pol. decadactylus*, Bl., 401 ; — *Polynemus americanus*, Nob., qui est le polyn. nommé mal à propos *paradisæus* par Bl., pl. 402, et dont M. de Lacép. a fait, mal à propos aussi, un genre particulier, son *Polydactyle plumier*, V, xiv, 3.

été confondu dans celui des brochets, c'est le genre des

SPHYRÈNES. (SPHYRÆNA. Bl. Schn. (1)

Grands poissons de forme alongée, à deux dorsales écartées, à tête oblongue, à laquelle la mâchoire inférieure forme une pointe en avant de la supérieure, et dont une partie des dents sont grandes, pointues et tranchantes. Leur préopercule n'a point de dentelures, ni leur opercule d'épines. Il y a sept rayons à leurs ouïes, et de nombreuses appendices à leur pylore.

Nous en avons une espèce dans la Méditerranée.

Le *Spet* (2). (*Esox sphyræna*. Lin. *Sphyène spet*. Lacep.) Bl. 389.

Qui atteint plus de trois pieds de longueur, et est bronzé sur le dos, et argenté sous le ventre. Les jeunes ont des taches brunes.

L'Amérique en a une très voisine (*Sph. picuda*, Bl. Schn.); Parr., xxxv, 5, 2; Lac., V, ix, 3.

Et une autre qui devient beaucoup plus grande, et que l'on redoute presque à l'égal du requin (*Sph. barracuda*, Nob.; Catesb., Il, pl. 1, f. 1).

LES PARALEPIS. Cuv.

Sont de petits poissons assez semblables aux Sphyrènes, mais dont la deuxième dorsale est si petite et si frêle, qu'on l'a crue adipeuse (3).

LES MULLES. (MULLUS. Lin.)

Tiennent d'assez près aux percoïdes, par plusieurs détails de leur extérieur, et de leur anatomie, et pour-

---

(1) Σφύραινα dard, trait.

(2) *Espeto* : broche en Espagnol.

(3) Il y en a dans la Méditerrannée, deux ou trois petites espèces découvertes par M. Risso. *Voy.* sa deuxième édition, fig. 15 et 16.

raient néanmoins former à eux seuls une famille à part, tant ils offrent de particularités remarquables.

Leurs deux dorsales sont très séparées; tout leur corps et leurs opercules sont couverts d'écailles larges et qui tombent facilement; leur préopercule n'a point de dentelures; leur bouche est peu ouverte, faiblement armée de dents, et ils se distinguent surtout par deux longs barbillons qui leur pendent sous la symphyse de la mâchoire inférieure.

Ils se divisent en deux sous-genres.

Les Mulles proprement dits, vulgairement *Rougets-barbets,*

N'ont que trois rayons aux branchies, et manquent d'épine à l'opercule et de dents à la mâchoire supérieure, mais leur vomer a deux larges plaques de petites dents en pavé. Ils n'ont point de vessie natatoire.

Toutes les espèces sont européennes.

Le *Rouget*. (*Mullus barbatus*. Lin.) Bl. 348. 2.

A profil presque vertical, d'un beau rouge vif, est célèbre par son bon goût et par le plaisir que les Romains prenaient à contempler les changements de couleur qu'il éprouvait en mourant (1). Il est plus connu dans la Méditerranée.

Le *Surmulet*. (*Mullus surmuletus*. Lin.) Bl. 57.

Plus grand, à profil moins vertical, rayé en longueur de jaune; plus commun dans l'Océan.

Les Upeneus. Nob.

Ont des dents aux deux mâchoires et en manquent souvent au palais; leur opercule a une petite épine; il y a quatre rayons à leurs branchies, et ils possèdent une vessie natatoire. Toutes leurs espèces sont des mers des pays chauds. (2)

____

(1) Sence., quest. nat., III, c. 18.

(2) *Mullus vittatus*, Gm., Lacép. III, xiv, 1; Russel, II, 158;— *M. Russelii*, N., Russel, II, 157; — *M. bifasciatus*, Lacép., III, xiv, 2; — *M. trifasciatus*, id., III, xv, 1, ou *M. multibande*, Quoy et Gaym. Voyage de Freyc., pl. 59, f. 1; et plusieurs autres espèces décrites dans le troisième vol. de notre histoire des poissons.

La deuxième famille des ACANTOPTÉRYGIENS, celle

DES JOUES CUIRASSÉES.

Contient une nombreuse suite de poissons aux-quels l'aspect singulier de leur tête, diversement hérissée et cuirassée, donne une physionomie propre qui les a toujours fait classer daus des genres spé-ciaux, bien qu'ils aient de grands rapports avec les perches. Leur caractère commun est d'avoir les sous-orbitaires plus ou moins étendus sur la joue, et s'articulant en arrière avec le préopercule. L'u-ranoscope seul, dans la famille précédente, a quel-que chose d'approchant; mais son sous-orbitaire, bien que très large, s'attache en arrière aux os de la tempe, et non pas au préopercule.

Linnæus en faisait trois genres : les *Trigles*, les *Cottes*, les *Scorpènes;* mais on a dû les subdiviser, et il faut y joindre une partie de ses *Gastérostes*.

LES TRIGLES. (TRIGLA. Lin. (1) Vulgairement *Grondins* ou *Rougets-Grondins.*

Sont ceux où ce caractère est le plus marqué; leur énorme sous-orbitaire couvre entièrement la joue, et s'articule même par suture immobile avec le préoper-cule, qui ne peut se mouvoir qu'avec lui. Les côtés de la tête, à peu près verticaux, lui donnent une forme ap-prochant du cube ou du parallélipipède et ses os sont tous durs et grenus. Le dos porte deux nageoires dis-tinctes, et il y a sous la pectorale des rayons libres au

---

(1) Τρίγλη était le nom grec du mulle; Artedi avait réuni ces deux genres, et depuis qu'on les a séparés on a laissé ce nom aux grondins.

nombre de trois. Ils ont environ douze cœcums et une vessie aérienne large et bilobée. Plusieurs espèces font entendre quand on les prend des sons qui leur ont valu leur nom vulgaire de *Grondins*.

Les Trigles proprement dits. (TRIGLA. Cuv.)

Ont des dents en velours aux mâchoires et au-devant du vomer ; leurs pectorales, quoique grandes, ne le sont point assez pour les élever au-dessus de l'eau. Nous en avons de nombreuses espèces dans nos mers.

Le *Rouget commun*. (*Trigla pini*. Bl. 355. *Trigl. cuculus*. Lin. ?)

A le long de chaque côté du corps, de nombreuses lignes verticales et parallèles, qui coupent la ligne latérale, et sont formées par des replis de la peau, dans chacun desquels est une lame cartilagineuse. Son museau est oblique ; c'est un poisson de bon goût, d'une belle couleur rouge.

Le *Rouget camard*. (*Tr. lineata*. Lin. et *Tr. adriatica*. Gm.) Bl. 35. Rond. 295. Martens. Voyage à Venise. II. pl. 11.

A le museau bien plus vertical et les pectorales plus longues ; et les lignes de ses flancs entourent le corps entier comme des anneaux. Il s'apporte sur nos marchés avec le précédent (1)

Le *Perlon*. (*Tr. hirundo*. L.) Bl. 60 (2).

Sans sillons ni épines sur les côtés ; le dos brunâtre, quelquefois rougeâtre ; les pectorales du quart de la longueur, noires, bordées de bleu du côté interne. C'est la plus grande espèce de nos côtes ; il y en a de deux pieds et plus. On en fait des salaisons.

On en trouve aux Indes des espèces voisines (3).

La *Lyre*. (*Tr. lyra*. L.) Bl. 350. Rond. 298.

A museau divisé en deux lobes dentelés ; une forte épine

(1) Le peuple le croit mal à propos la femelle du rouget commun.
(2) C'est le *Tr. cuculus* de Brünnich.
(3) Elles sont nouvelles ; nous les décrivons dans le quatrième vol. de notre ichtyologie.

à l'opercule, au sur-scapulaire et surtout à l'huméral ; des épines le long des dorsales, la ligne latérale lisse, les pec-torales du tiers de la longueur ; beau poisson, d'un rouge vif en dessus, blanc d'argent en dessous.

Le *Gronau, Gurnard,* ou *Grondin* proprement dit. (*Tr. gur-nardus.* Lin.) Bl. 58.

Une épine pointue à l'opercule et à l'épaule ; des écailles un peu carénées à la ligne latérale. Il est d'ordinaire gris-brun dessus, tacheté de blanc, et blanc dessous ; mais il y en a aussi de rougeâtres et de rouges. C'est l'espèce la plus abondante dans nos marchés.

Il y en a une espèce voisine,

Le *Grondin rouge.* (*Tr. cuculus.* Bl. 59.) (1).

Constamment rouge, avec une tache noire à la première dorsale.

La *Morrude.* (*Tr. lucerna.* Brünn.) Rondel. 287 (2).

A la ligne latérale garnie d'écailles plus hautes que larges, et la deuxième épine dorsale prolongée en filet.

La *Cavillone.* (*Tr. aspera.* Viviani.) Rondel. 296.

A museau court, à écailles âpres, à tête veloutée ; des crêtes aiguës le long des dorsales ; la tempe échancrée.

Ces deux dernières espèces sont petites et propres à la Méditerranée (3).

M. de Lacépède a séparé trois genres de celui des trigles :

LES PRIONOTES.

Poissons d'Amérique semblables à notre perlon, à pec-torales cependant plus longues, et qui peuvent même les

---

(1) C'est ici le *Tr. hirundo* de Brünnich ; mais ce n'est ni le *cuculus* ni l'*hirundo* de Lin.

(2) Ce n'est pas le *Tr. lucerna* de Lin., mais son *Tr. obscura*, décrit Mus. Ad. Fréd., deuxième part., et oublié ensuite. Le *Tr. lucerna* L. est une espèce factice.

(3) Aj. les espèces voisines de la cavillone : *Tr. papilio*, Nob. ; — *Tr. phalæna*; — *Tr. sphinx*, décrites dans notre quatrième volume.

soutenir dans l'air; mais dont le caractère précis consiste à avoir une bande de dents en velours sur chaque
palatin (1).

LES MALARMAT. (PERISTEDION. Lacép.)

Ont été séparés des trigles avec encore plus de raison.
Tout leur corps est cuirassé de grandes écailles hexagones, qui y forment des arrêtes longitudinales; le museau est divisé en deux pointes, et porte en-dessous
des barbillons branchus; enfin leur bouche n'a aucune
dent.

On n'en connaît bien qu'une espèce de la Méditerranée
(*Trigla cataphracta*, L.), Rondel. 299, rouge, longue
d'un pied (2).

Le mieux motivé de ces démembrements est celui

DES DACTYLOPTÈRES Lacép.

Si célèbres sous le nom de poissons volants; les rayons
d'au-dessous de leurs pectorales sont beaucoup plus nombreux et plus longs, et au lieu d'être libres comme dans
tous les précédents, ils sont unis par une membrane en
une nageoire surnuméraire plus longue que le poisson,
et qui le soutient en l'air assez long-temps. Aussi les
voit-on voler au-dessus des eaux pour échapper aux
bonites et aux autres poissons voraces, mais ils y retombent au bout de quelques secondes.

Leur museau très court à l'air d'être fendu en bec de
lièvre; leur bouche est située en dessous; il n'y a à
leurs machoires que des dents arrondies en petits pavés;
leur casque est aplati, rectangulaire, grenu; leur préo-

---

(1) *Tr. punctata*, Bl., 352 et 354; — *Tr. strigata*, Nob., *evolans*,
Lin., ou *lineata* Mitchill., Trans. de New-Y., I, pl. iv, f. 4; —*Tr. carolina*, Lin., ou *palmipes*, Mitch., l. cit.; — *Tr. tribulus*, Nob.

(2) La fig. de Bloch, 349, est fautive et multiplie trop les rayons de la
seconde dorsale. Il y en a aux Indes plusieurs autres espèces.

percule se termine en une longue et forte épine qui est une arme puissante. Toutes leurs écailles sont carénées.

L'espèce de la Méditerranée (*Trigla volitans*, Lin.), Bl. 351, est longue d'un pied, brune en dessus, rougeâtre en dessous, et a les nageoires noires diversement tachetées de bleu.

Il y en a une espèce voisine dans la mer des Indes (*Dactyl. orientalis*, Nob.), Russel., 161.

LES CÉPHALACANTHES. Lacép.

Ont presque la même forme et particulièrement la même tête que les dactyloptères, dont ils diffèrent par l'absence totale des nageoires surnuméraires ou des ailes.

On n'en connaît qu'un très petit de la Guiane (1); (*Gasterosteus spinarella*, Lin.) Mus. Ad. Fred., pl. XXXII, fig. 5.

LES CHABOTS (COTTUS Lin.)

Ont la tête large déprimée, cuirassée et diversement armée d'épines ou de tubercules; deux nageoires dorsales; des dents au-devant du vomer, mais non aux palatins, six rayons aux branchies, et trois ou quatre seulement aux ventrales. Les rayons inférieurs de leur pectorale, comme dans les vives ne sont point branchus; leurs appendices cécales sont peu nombreuses, et ils manquent de vessie natatoire.

Les espèces d'eau douce ont la tête presque lisse, et seulement une épine au préopercule. Leur première dorsale est très basse. La plus connue est

Le *Chabot de rivière*. (*Cottus gobio*. Lin.) Bl. 39. 1. 2.

Petit poisson de quatre ou cinq pouces, noirâtre.
Les espèces marines sont plus épineuses; quand on les irrite, elles renflent encore leur tête.

---

(1) Et non pas des Indes, comme on l'a toujours dit.

Nos côtes en ont deux nommées *Chaboisseaux*, *Scorpions de mer*, etc.

L'une (*Cottus scorpius*, L.), Bl., 40, a trois épines au préopercule ; l'autre, *C. bubalis*, Euphrasen., Nouv. Mém. de Stockh., VII, 95, y a quatre épines, dont la première très longue.

La mer Baltique en a une troisième espèce distinguée par quatre tubérosités osseuses et cariées sur le crâne (*C. quadricornis*, Bl., 108).

Il y en a de bien plus grandes en Amérique, et dans le nord de la mer Pacifique (1).

Cette dernière mer produit aussi une espèce petite, mais que ses formes singulières doivent faire remarquer : c'est

Le *Chaboisseau à cornes de cerfs*. (*Cottus diceraus*. Pall.) *Synanceia cervus*. Tilesius, Mém. de l'Ac. de Pétersb., III. 1811. p. 278.

Où la première épine du préopercule, presque aussi longue que la tête, a à son bord interne six ou huit piquants recourbés vers sa base (2).

On a séparé avec raison des COTTES,

LES ASPIDOPHORES. Lacép. (AGONUS. Bl. Sch. PHALANGISTA. Pall.)

Qui ont le corps cuirassé par des plaques anguleuses, comme les malarmats, et dont la bouche n'a point de dents au vomer.

Nos côtes de l'Océan en possèdent un (*Cott. cataphractus*, Lin.), Bl., petit poisson de quelques pouces, qui a la bouche ouverte en dessous, et toute la membrane des ouïes garnie de petits filaments charnus.

Le nord de la mer Pacifique en produit plusieurs autres, parmi lesquel il s'en trouve qui ont, comme l'espèce

---

(1) *C. virginianus*, Will., x, 15, ou *octodecim spinosus*, Mitchill., Trans. New-York, IV, p. 380; — *C. polyacanthocephalus*, Pall., Zoog.; Ross., etc.

(2) Aj. *C. pistilliger*, Pall., Zoog., Ross., III, 143.

N. B. Le *Cottus anostomus*, Pall., Zool., Ross., III, 128, n'est que l'uranoscope.

11*

d'Europe, la bouche en dessous, et la membrane des ouies villeuse (1).

D'autres ont la mâchoire inférieure plus avancée, et leur membrane branchiostège est lisse (2).

D'autres encore ont les mâchoires égales et les deux dorsales écartées (3).

Enfin, il y en a une des Indes qui ne porte qu'une seule dorsale. M. de Lacépède en a fait son genre Aspido- phoroïde (4).

On a reconnu dans ces derniers temps, quelques autres groupes qui tiennent en partie des cottes, en partie des scorpènes.

Les Hémitriptères (Hemitripterus. Nob.)

Ont la tête déprimée et deux dorsales comme les cottes; et leur peau n'a point d'écailles régulières, mais il y a des dents à leurs palatins. Leur tête est hérissée et épi- neuse, garnie de plusieurs lambeaux cutanés. Leur pre- mière dorsale est profondément échancrée, ce qui a fait croire qu'il y en avait trois.

On n'en connaît qu'un du nord de l'Amérique (*Cottus tripterygius*, Bl. Schn.) (5) qui se prend avec les morues. Long d'un et de deux pieds, de teintes jaunes et rouges, variées de brun.

---

(1) *Phalangistes acipenserinus*, Pall., ou *Ag. acip.*, Tiles.

(2) *Phal. loricatus*, Pall., ou *Agonus dodecaedrus*, Tiles.; — *Phal. fusiformis*, Pall., ou *Ag. rostratus* Tiles. ; — *Ag. lævigatus*, Tiles., ou *syngnathus segaliensis*, id. Mém. des nat. de Moscou, II, xiv.

(3) *Cottus japonicus*, Pall., Spic. Zool., VII, v, ou *Ag. stegophthal- mus*, Til., Mém. de Pétersb., IV, xii; et Voyage de Krusenstern, pl. 87; — *Ag. decagonus*, Bl., Schn., pl. xxvii.

(4) *Cottus monopterygius*, Bl., 178, 1 et 2.

(5) C'est aussi le *Cottus acadianus*, Penn., Aut. zool., III, 371; le *Cottus hispidus*, Bl., Schn., 63; le *scorpœna flava*, Mitchill., Trans. New-Y., I, 11, 8; et peut-être le *Scorpœna americana*, Gmel., Duha- mel, sect. V, pl. 11, f. 5; mais cette figure serait bien mauvaise.

LES HÉMILÉPIDOTES (HEMILEPIDOTUS. Nob.)

Ont aussi à peu près une tête de cotte, mais leur dorsale est unique ; leurs palatins ont des dents, et il y a sur leur corps des bandes longitudinales d'écailles, séparées par d'autres bandes nues. Un épiderme épais ne laisse voir ces écailles que lorsque la peau se dessèche.

On n'en connaît que du nord de la mer Pacifique (1).

LES PLATYCÉPHALES (PLATYCEPHALUS. Bl.)

Ont été détachés des cottes par des motifs encore plus pressants. Leurs ventrales sont grandes, à six rayons, et placées en arrière des pectorales; leur tête est très déprimée, tranchante par les bords, armée de quelques épines, mais non tuberculeuse; ils ont sept rayons aux branchies, et sont couverts d'écailles; leurs palatins portent une rangée de dents aiguës, etc. Ce sont des poissons de la mer des Indes , qui se tiennent enfouis dans le sable pour guetter leur proie.

Une de leurs espèces a été nommée par cette raison l'*Insidiateur* (*Cottus insidiator*, Linn.) (2).

LES SCORPÈNES (SCORPÆNA. Lin.)

Ont, comme les cottes, la tête cuirassée et hérissée ; mais cette tête est comprimée par les côtés. Leur corps est revêtu d'écailles. Il y a sept rayons à leurs ouies, et leur dos ne porte qu'une seule nageoire. Sauf la manière

---

(1) *Cottus hemilepidotus*, Tilesius, Mém. de l'Ac. de Pétersb., III, pl. XI, f. 1 et 2, qui est probablement aussi le *Cottus trachurus*, Pall., Zoogr. Ross., III, 138.

(2) C'est aussi le *Cottus spatula*, Bl., 424, le *Cotte madegasse*, Lacép., III, 11, 12 ; le *Callionymus indicus*, L., Russel, 46, ou *calliomore indien*, Lacép. ; —Aj. *Platyc. endrachtensis*, Quoy et Gaym., Voyage de Freyc., p. 353 ;—*Cott. scaber*, Lin., Bl. 189, Russel, 47 ;—les deux espèces ou variétés de Krusenstern , pl. 59 ; — le *Sandkruyper* de Renard , deuxième part., pl. 50 , f. 210 , et une dixaine d'espèces nouvelles que nous décrirons dans le quatrième vol. de notre ichtyologie ; mais le *Plat. undecimalis*, Bl., Schn., est un centropome ; son *Pl. saxatilis*, un cychla ; son *Pl. dormitator*, un *eleotris*.

N. B. Le genre *Centranodon* de Lacép., n'a pour base que le prétendu *Silurus imberbis* de Houttuyn, lequel n'est qu'un *platycéphale*.

dont leur joue est armée, et les tubercules qui leur donnent souvent une figure bizarre, elles se rapprochent beaucoup de certaines percoïdes, telles que les grémilles et les centropristes ; mais comme dans les cottes les rayons inférieurs de leurs pectorales quoique articulés sont simples et non branchus.

Les Scorpènes propres ou Rascasses. (Scorpæna. Nob.)

Ont la tête épineuse et tuberculeuse, dénuée d'écailles ; des dents en velours aux palatins comme aux mâchoires ; des lambeaux cutanés épars sur différentes parties du corps.

Nous en avons deux espèces :

La *grande Scorpène*. (*Sc. scropha*. Lin.) Bl. 182, et mieux Duham. sect. v. pl. iv.

Plus rouge ; à écailles plus larges, à lambeaux cutanés plus nombreux ;

La *petite Scorpène*. (*Sc. porcus*. Lin.) Bl. 181. et Duham. sect. v. pl. iii. x. 2.

Plus brune ; à écailles plus petites, plus nombreuses. Elles vivent en troupes dans les endroits rocailleux ; leurs piquants passent pour faire des blessures dangereuses (1).

Les Tænianotes sont des scorpènes à corps très comprimé, et dont la dorsale très haute s'unit à la caudale.

Les Sebastes. (Sébastes. Nob.)

Ont tous les caractères des scorpènes, si ce n'est qu'elles manquent de lambeaux cutanés, et que leur tête moins hérissée, est écailleuse.

Il y en a une grande espèce dans la mer du Nord, nommée *Marulke*, et en quelques endroits *carpe* (*Sebastes norvegicus*, Nob., *Perca marina*, Pennt., *Perca norvegica*, Müll.), Bonnat., Encycl. Méth., pl. d'ichtyol., fig. 210. Elle est rouge, et passe souvent deux pieds. On la sèche pour en faire des provisions. Ses épines dorsales servent d'aiguilles aux esquimaux.

---

(1) Aj. *Sc. diabolus*, Nob., Duham., sect. V, pl. iii, f. 1 ; — *Sc. bufo*, N.; Parr., xviii, 1, c; — *Sc. cirrhosa* ou *Perca cirrhosa*, Thunb., Nouv. Mém. de Stokh., XIV, 1793, pl. vii, f. 2 ; — *Scorp. papillosa*, Forst., Bl. Schn., 196; — *Sc. plumier*, Lacép., I, xix, 3; — *Sc. venosa*, N., Russ., 56, et plusieurs espèces nouvelles décrites dans notre quatrième vol.

La Méditerranée en a une très semblable , mais dont les rayons dorsaux sont moins nombreux (*Sebastes imperialis*, Nob., *Scorpæna dactyloptera*, Laroche, Annales Mus., XIII, pl. xxii, f. 9). Son palais est noir; elle manque de vessie natatoire, quoique l'espèce précédente en ait une (1).

LES PTÉROIS. Cuv.

Ont les caractères des scorpènes proprement dites , si ce n'est qu'elles manquent de dents aux palatins, et que leurs rayons dorsaux et pectoraux sont excessivement alongés.

Ce sont des poissons des Indes , non moins remarquables par cette singulière prolongation , que par la jolie disposition de leurs couleurs (2).

LES BLEPSIAS.

Ont la tête comprimée, la joue cuirassée , des barbillons charnus sous la mâchoire inférieure , cinq rayons aux ouïes , de très petites ventrales , et une dorsale très haute , divisée en trois par des échancrures.

On n'en connaît qu'un des îles Aleutiennes (3).

LES APISTES.

Ont les dents aux palatins, et la dorsale indivise des scorpènes; mais les rayons de leurs pectorales peu nombreux, sont tous branchus. Leur caractère particulier consiste dans une forte épine au sous-orbitaire, qui en s'écartant de la joue , devient une arme perfide (4).

---

(1) Le prétendu *Scorpæna malabarica*, Bl. Schn., 190, est une sébaste, la même que celle de la Méditerrannée. — Aj. *Scorp. capensis*, Gmel. ; — *Holoc. albofasciatus*, Lacép., IV; 372 ; — *Perca variabilis*, Pall., ou *Epinephelus ciliatus*, Tiles., Mém. de l'Ac. de Pétersb., IV, 1811, pl. xvi, f. 1-6.

(2) *Scorpæna volitans*, Gmel., Bl., 184 ; — *Sc. antennata*, Bl., 185; — *Sc. Kœnigii*, id., nouv. Mém. de Stokh., X, vii, et plusieurs espèces nouvelles décrites dans notre quatrième vol.

(3) *Blennius villosus*, Steller, ou *Trachinus cirrhosus*, Pall., Zoogr., Ross., III, 237, nº 172. Blepsias est un nom laissé par les anciens , sans désignation caractéristique.

(4) Απιςός, *perfidus.*

Ce sont des poissons de petite taille.

Une première subdivision à le corps écailleux, et parmi elles, il en est qui ont un rayon libre sous une grande pectorale (1).

D'autres ont des pectorales ordinaires, sans rayons libres (2).

Une autre subdivision à le corps nu ; et il y en a aussi à rayons libres sous la pectorale (3), et sans de tels rayons (4).

LES AGRIOPES.

Manquent de l'aiguillon sous-orbitaire, mais ont la dorsale encore plus haute que les apistes et avançant jusqu'entre les yeux. Leur nuque est haute, leurs museau rétréci, leur bouche petite et peu dentée, leur corps sans écailles (5).

LES PELORS.

Avec la dorsale indivise et les dents aux palatins des scopènes, ont le corps sans écailles, deux rayons libres, sous la pectorale, la tête écrasée en avant, les yeux rapprochés, les épines dorsales très hautes et presque libres ; ils n'ont pas l'aiguillon sous-orbitaire des apistes ; leurs formes bizarres, leur aspect monstrueux suffiraient pour les distinguer de tous les autres poissons. Ils viennent de la mer des Indes (6).

---

(1) *Ap. alatus*, Nob., Russel, 160 B.; — *Scorp. carinata*, Bl., Schn.

(2) *Cottus australis*, J. White, New. South., IV, 266 ; — *Ap. tænianotus*, Nob., Lacép., IV, 111, 2. Figure qui porte pour titre : *Tænianote large raie* ; mais qui n'a rien de commun avec le *T. large raie* du texte, IV, 303 et 304, qui est un malacanthe, et le même qui est représenté, III, xxviii, 2 ; sous le nom de *Labre large raie* ; — *Perca cottoïdes*, Lin., Mus. Ad Fred., II, p. 84.

(3) *Ap. minous*, Nob., Russel, 159 ; — *Sc. monodactyle*, Bl., Schn.

(4) Les espèces sont nouvelles et décrites ainsi que plusieurs des subdivisions précédentes, dans notre quatrième vol.

(5) C'est le *Blennius torvus* de Gronov. Act. helv. VII, pl. iii, copié Walb. III, pl. 2, f. 1, ou *Coryphœna torva*, Bl. Schn, et des espèces nouvelles.

(6) *Pel. obscurum*, Nob., ou *Scorpœna didactyla*, Pall., Spic. Zool, VII, xxvi, iv ; Seb., III, xxviii, 3, ou *trigla rubicunda*, Hornstedt., Mém. de Stockh., ix, iii; et quelques espèces nouvelles que nous décrirons dans notre quatrième vol.

LES SYNANCÉES. (SYNANCEIA. Bl. Schn.)

N'ont pas des formes moins hideuses que les pelors; leur tête est rude, tuberculeuse, non comprimée; souvent enveloppée d'une peau lâche et fongueuse; leurs rayons pectoraux sont tous branchus; leurs dorsales indivises, et il n'y a aucunes dents ni à leur vomer, ni à leurs palatins; leur affreuse laideur les a fait regarder comme venimeuses, par les pêcheurs de la mer des Indes, qui est leur séjour (1).

LES LEPISACANTHES. Lacép. (MONOCENTRIS. Bl. Schn.)

Forment un genre singulier, à corps court et gros, entièrement cuirassé d'énormes écailles anguleuses, âpres et carénées, où quatre ou cinq grosses épines libres remplacent la première dorsale, et où les ventrales sont composées chacune d'une énorme épine, dans l'angle de laquelle se cachent quelques rayons mous, presque imperceptibles; leur tête est grosse, cuirassée; leur front bombé; leur bouche assez grande; leurs mâchoires et leurs palatins ont des dents en velours ras, et leur vomer en manque. Il y a huit rayons à leurs branchies.

On n'en connaît qu'une espèce des mers du Japon,

Le *Lépisacanthe Japonais*. Lacép. (*Monocentris Japonica*. Bl. Schn. pl. 24.)

Long de six pouces, d'un blanc argenté (2).

LES ÉPINOCHES (GASTEROSTEUS. N.) (3).

Ont aussi la joue cuirassée, quoique leur tête ne soit

---

(1) *Scorpæna horrida*, Lin., Lacép., II, xvii, 2; et moins bien, Bl., 83; — la *Sc. brachion*, Lacép., III, xii, 1, ou *Synanceia verrucosa*, Bl., Schn., pl. 45; — *Syn. bicapillata*, Lacép., II, xi, 3.

(2) *Gasterosteus japonicus*, Houtt., Mém. de Harl., XX, deuxième part., 299, ou *Sciæna japonica*, Thub., Nouv. Mém. de Stockh., XI, iii, copié, Bl. Schn., pl. 24.

(3) *N B*. Ce nom, qui signifie ventre osseux, ne convient qu'aux épinoches telles que nous les définissons, et non pas à plusieurs poissons de la famille des scombres, que Linnæus y avait réunis, parce que leurs épines dorsales sont libres, mais que nous renvoyons à nos LICHES.

ni tuberculeuse ni épineuse, comme dans les genres précédents. Leur caractère particulier est que leurs épines dorsales sont libres, et ne forment point une nageoire, et que leur bassin se réunissant à des os huméraux plus larges qu'à l'ordinaire, garnit leur ventre d'une sorte de cuirasse osseuse. Leurs ventrales, placées plus en arrière que les pectorales, se réduisent à peu près à une seule épine; il n'y a que trois rayons à leurs ouies.

Nous en avons quelques-unes très nombreuses dans nos eaux douces.

On en confond, sous le nom de *Grande épinoche* (*Gasterosteus aculeatus*, Lin.), deux espèces, qui ont trois épines libres sur le dos, mais dont l'une (*G. trachurus*, Nob., Bl., pl. 53, f. 3), a tout le côté, jusqu'au bout de la queue, garni de plaques écailleuses. L'autre (*G. gymnurus*, Nob., Willughb., 341), n'a de ces plaques que dans la région pectorale. L'une ou l'autre paraît quelquefois en quantité si prodigieuse dans certaines eaux de l'Angleterre et du Nord, qu'on l'y emploie à fumer les terres, à nourrir les cochons, à faire de l'huile (1).

L'*Epinochette*. (*G. pungitius*. Lin.) Bl. 53. 4.

Est notre plus petit poisson d'eau douce. Elle a sur le dos neuf épines toutes fort courtes; les côtés de sa queue ont des écailles carénées; mais il y a encore dans nos eaux une espèce très voisine (*G. lœvis*, N.), qui manque de cette armure.

On pourrait faire un sous-genre à part

Du *Gastré*. (*Gast. spinochia*. Lin.) Bl. 53. 1.

Épinoche de mer, de forme grêle et alongée, qui a quinze épines courtes sur le dos, et toute la ligne

---

(1) Espèces voisines ou épinoches à trois épines. *G. argyropomus*, N.; — *G. brachycentrus*, N.; — *G. tetracanthus*, N., trois espèces d'Italie; —*G. noveboracensis*, N.; —*G. niger*, N., ou *biaculeatus*, Mitchill., Trans. de New-Y., I, 1, 10; — *G. quadracus*, id., ib., f. 11; — *G. cataphractus*, Tiles., Mém. de l'Ac. de Pétersb., III, viii, 1.

latérale garnie d'écailles carénées. Son bouclier ventral est divisé en deux. Ses ventrales ont, outre l'épine, deux très petits rayons.

Nous croyons pouvoir placer à la suite de cette famille

L'Oréosome (Oreosoma. Cuv.)

Petit poisson ovale, dont le tronc est hérissé en dessus et en dessous, de gros cônes de substance cornée, qui lui font comme des montagnes. Il y en a quatre sur le dos et dix sous le ventre, sur deux rangs, avec plusieurs petits entre les rangs.

Il a été rapporté de la mer Atlantique par Péron (1).

La troisième famille des ACANTHOPTÉRYGIENS, celle

DES SCIÉNOIDES.

A de grands rapports avec celle des Percoïdes, et présente même à peu près toutes les mêmes combinaisons de caractères extérieurs, notamment les dentelures du préopercule, et les épines de l'opercule; mais elle n'a point de dents au vomer ni aux palatins; le plus souvent les os de son crâne et de sa face sont caverneux, et forment un museau plus ou moins bombé. Il arrive aussi assez souvent dans cette famille, que les nageoires verticales sont un peu écailleuses.

Il y a des sciénoïdes à deux dorsales, et à dorsale unique; parmi les premières, on compte d'abord le genre des

SCIÈNES (Sciæna.)

Qui a pour caractères communs, une tête bombée,

---

(1) On en trouve la fig., et la descr. détaillée dans le quatrième vol. de notre Ichtyologie. *Oreosoma*, corps montagneux

soutenue par des os caverneux, deux dorsales ou une dorsale profondément échancrée, et dont la partie molle est beaucoup plus longue que l'épineuse; une anale courte, un préopercule dentelé; un opercule terminé par des pointes; sept rayons aux branchies. Ces poissons ressembleraient assez à des perches, s'ils ne manquaient de dents au palais. Leur tête entière est écailleuse; leur vessie natatoire a souvent des appendices remarquables, et les pirres de leur oreille sont plus grosses que dans la plupart des poissons (1).

Nous divisons ce genre comme il suit :

Les Maigres ou Sciènes propres. (Sciæna. Nob.)

N'ont que de faibles aiguillons à l'anale, et manquent de canines et de barbillons.

Nos mers en produisent un,

Le *Maigre* de l'Aunis, *Peisrey* de Languedoc, *Fegaro* des Génois, *Umbrina* des Romains, etc. (*Sciæna umbra*. Nob.)

Qui arrive à une très grande taille, six pieds et plus. Sa vessie natatoire est remarquable par des appendices branchus, qu'elle a de chaque côté en assez grand nombre.

C'est un bon poisson, mais devenu assez rare sur nos côtes de l'Océan (2).

Les Otolithes. (Otolithus. Cuv.)

Ont, comme le maigre, les épines de l'anale faible, et manquent de barbillons; mais parmi leurs dents il en est eu

(1) Cette détermination du genre sciène est conforme à ce qu'en avait pensé Artedi ; Linnæus et ses successeurs l'ont diversement modifié ; mais à notre gré peu heureusement.

(2) Artedi l'ayant confondu avec le *Sciæna nigra*, ce n'est que dans ces derniers temps que son histoire a été de nouveau éclaircie. Voyez mon Mémoire sur le maigre, dans les Mém. du Muséum, tome I, p. 1 ; — aj. *le maigre du Cap*, ou *labre hololépidote*, Lacép., III, xxi, 2 ; — *le maigre brûlé*, qui est le *Perca ocellata*, Lin., ou *centropome œillé*, Lacép., le *Sciæna imberbis* de Mitchill., et le *Lutjan triangle*, Lacép., III, xxiv, 3.

crochets alongés, ou de véritables canines. Ce sont des poissons d'Amérique et des Indes. Leur vessie natatoire a de chaque côté une corne qui se dirige en avant (1).

LES ANCYLODON.

Sont en quelque sorte des otolithes, à museau très court, à canines excessivement longues, et à queue pointue (2).

LES CORBS. (CORVINA. Nob.)

N'ont ni canines, ni barbillons; toutes leurs dents sont en velours. Il diffèrent d'ailleurs des maigres et des otolithes par la grosseur et la force de leur deuxième épine anale.

Nous en avons une espèce très abondante dans la Méditerranée :

Le *Corb noir*. (*Sciæna nigra*. Gm.) Bl. 297.

D'un brun argenté, à ventrales et anale noires (3).

LES JOHNIUS. Bl.

Se lient aux corbs par une série à peine interrompue, et ont seulement la deuxième épine anale plus faible, et plus courte que les rayons mous qui la suivent.

Ce sont des poissons des Indes, à chair légère et blanche, qui entrent pour beaucoup dans la nourriture des habitants(4).

Il y en a aussi au Sénégal (5), et en Amérique (6).

---

(1) *Ot. ruber*, N., ou le *Péche pierre* de Pondichéry ; *Johnius ruber*, Bl., Schn., pl. 17 ; — *Ot. versicolor*, N., Russel, II, cix; — *Ot. regalis*, N., *Johnius regalis*, Bl., Sch., ou *Labrus squeteague*, Mitchill., Trans. New-Y., I, 11, 6; — *Ot. rhomboïdalis*, ou *Lutjan* de Cayenne, Lacép., IV, p. 245; — *Ot. striatus*, Nob., ou *guatucupa*, Margr., Bras., 177, et plusieurs autres qui sont décrits dans notre cinquième vol.

(2) *Lonchurus ancylodon*, Bl., Schn., pl. xxv.

(3) Aj. *Corvina miles*, N., ou *Tella katchelee*, Russel, 117; —*C. trispinosa* N. ou *Bodianus stellifer*, Bl. 331, 1; — *C. oscula*, Lesueur, Sc, nat. Phil. nov. 1822; — *Bola cuja*, Buchan. poiss. du g., pl xii, f. 27; — *C. furcrœa*, N., Lacép., IV, p. 424; et *Bola coïtor.*, Buchan, xxvii, 24 ; — *Bodianus argyroleucus*, Mitchill., Trans. New-Y., I, vi, 3.

(4) Les Anglais du Bengale leur ont transporté le nom de merlan, (Whiting.)— *John. maculatus*, Bl., ou *sarikulla*, Russ., 123; — *J. cataleus*, N. Russ.; 116. ou *Bola chaptis*, Buchan. X., 25. C'est le *Lutjan diacanthe*, Lacép., IV, 244; — *J. anei*, Bl., 357; — *J. karutta*, Bl.; — *J. pama*, N., Buchan, xxxii, 26.

(5) *J. senegalensis*, Nob., esp. nouv.

(6) *J. humeralis*, N., ou *Labrus obliquus*, Mitchill., qui paraît aussi

LES OMBRINES. (UMBRINA. N.)

Se distinguent des autres sciènes, par un barbillon qu'elles portent sous la symphyse de la mâchoire inférieure.

Nous en avons dans la Méditerranée une belle espèce (*Sciæna cirrhosa*, L.), Bl., 300, rayée obliquement de couleur d'acier, sur un fond doré. C'est un bon et grand poisson ; qui vient aussi dans le golfe de Gascogne. Il a dix cœcums courts et une grande vessie aérienne munie de quelques sinus latéraux arrondis (1).

Les LONCHURES, Bl., paraissent ne différer des ombrines que par une caudale pointue et deux barbillons à la symphyse (2).

LES TAMBOURS. (POGONIAS. Lacép.)

Ressemblent aux ombrines, mais au lieu d'un seul barbillon sous la mâchoire, ils en ont un assez grand nombre.

L'Amérique en a un (*Pogonias fascé*, Lacép., II, XVI, (2), argenté, avec des bandes verticales brunes dans sa jeunesse, qui devient aussi grand que notre maigre, et a comme lui des appendices branchus à sa vessie natatoire.(3) Ce poisson fait entendre un bruit plus remarquable encore que celui des autres sciénoïdes, et que l'on a comparé à celui de plusieurs tambours. Ses os pharyngiens sont garnis de grosses dents en pavés (4).

---

le *Perca undulata*, Lin. ; — *J. Xanthurus*, ou *Leiostome queue jaune*, Lacép., IV, x, 1 ; — *J. saxatilis*, Bl., Schn.

(1) Le *Cheilodiptère cyanoptère*, Lacép., III, XVI, 3, n'est qu'une ombrine grossièrement dessinée. Aj. *Omb. Russelii*, N., Russel, 118;— *Sc. nebulosa*, Mitchill., III, 5, qui est aussi le *Perca alburnus*, L., Catesb., XII, 2; *Kingfisch* ou *whiting* des Anglo - Américains ; — le *Pogonathe doré*, Lacép., V, 122, appartient aussi à ce sous-genre.

(2) *Lonchurus barbatus*. Bl. 359.

(3) C'est le *Labrus grunniens*, Mitch., III, 3 ; les *Sciæna fusca* et *gigas* du même auteur en paraissent des âges plus avancés, et tout annonce que c'est aussi le *Labrus chromis* de Linnæus ; enfin, le *Pogonathe courbine*, Lacép., V, 121, n'en diffère pas non plus. — Aj. *Ombrina Fournieri*, Desmar., Dict. class. d'hist. nat. ; ses barbillons sont presque imperceptibles.

(4) Ils sont représentés par Antoine de Jussieu, Mém. de l'Ac. des sc., pour 1723, pl. XI.

Le genre des

CHEVALIERS (EQUES. Bl.)

Ne peut être éloigné de ces sciénoïdes à deux dorsales. Il se reconnaît à un corps comprimé, alongé, élevé aux épaules et finissant en pointe vers la queue; leur dents sont en velours; leur première dorsale est élevée, la deuxième longue, écailleuse; ils sont tous d'Amérique. (1)

Les SCIÉNOÏDES à dorsale unique, se subdivisent d'après le nombre de leurs rayons branchiaux.

Celles qui en ont sept, forment divers genres, parallèles à plusieurs genres des Percoïdes; leur préopercule est toujours dentelé.

LES GORETTES. (HÆMULON. N.) *Vulgairement gueule rouge aux Antilles.*

Ont un profil un peu alongé, auquel on a trouvé quelque rapport avec celui d'un cochon, la mâchoire inférieure comprimée et s'ouvrant fortement, ayant sous sa symphyse deux pores et une petite fossette ovale. Leurs dents sont en velours. Les parties de leur mâchoire inférieure, qui rentrent quand la bouche se ferme sont généralement d'un rouge vif, ce qui leur a valu leur nom (2). Leur dorsale est un peu échancrée; sa partie molle est écailleuse; ils viennent tous d'Amérique (3).

---

(1) *Eques balteatus*, N., ou *Eq. americanus*, Bl., 347, 1, ou *Chœtodon lanceolatus*, Lin., Edw. , 210; — *Eq. punctatus*, Bl. Schn., III, 2; — *Eq. acuminatus*, N., *Grammistes accuminatus*, Bl. Schn., Seb. , III, XXVII, 33.

(2) D' $\tilde{\alpha}\iota\mu\alpha$, sang, et d' $\tilde{v}\lambda\iota\nu$, gencive.

(3) *Hæm. elegans*, N., ou *Anthias formosus*, Bl., 323; — *Hæm. formosum*, N., ou *Perca formosa*, Lin., qui n'est pas le même que le précédent, Catesb., II, vi, 1 ; mais c'est le *Labre plumiérien*, Lacép., III,

LES PRISTIPOMES. (PRISTIPOMA. N.)

Ont le même préopercule, les mêmes pores sous la symphyse que les HÆMULONS ; mais leur museau est plus bombé, leur bouche moins fendue, leur dorsale et leur anale n'ont point d'écailles. Leur opercule finit en angle mousse caché dans son bord membraneux.

C'est un genre très nombreux, dont les espèces sont répandues dans les parties chaudes des deux Océans (1).

LES DIAGRAMMES. (DIAGRAMMA. N.)

Manquent de la fossette sous la symphyse, mais y ont les deux petits pores antérieurs, et en outre deux pores plus gros sous chaque branche. Du reste, leurs mâchoires, leurs opercules, leurs nageoires, sont comme dans les Pristipomes.

Il y en a dans les deux océans ; ceux de l'Atlantique ont les écailles plus grandes (2).

11, 2 ; et le *Guaibi coara* de Margr., p. 163, dont la figure est transposée et placée à l'article du *capeuna*, p. 155 ; — *Hœm. heterodon* ou *diabase rayée*, Desmar., Dict. class. d'hist. nat. ; — *Hœm. caudimacula*, N., ou *uribaco*, Margr., 177 ; et *Diabase de Parra*, Desm., loc. cit.; — *Hœm. capeuna* ou *capeuna*, Margr., 155, et la fig., p. 163, à l'art. du *Guaibi coara*. C'est le *Grammist. trivittatus*, Bl., Schn., 188; — *Hœm. chrysopterum*, Nob., ou *Perca chrysoptera*, L., Catesb., II, 11, 1, et plusieurs autres espèces décrites dans notre cinquième vol.

(1) *Pr. hasta*, N., *Lutjanus hasta*, Bl., 246, 1 ; — *Pr. nageb.*, N.; *sciœna nageb.*, Forsk., ou *Labre comersonien*, Lacép., III, XXIII, 1 ; et *Lutjan microstome*, ib., XXXIV, 2 ; — *Pr. guoraca*, N., Russel., 132, ou *Perca grunniens*, Forsk., ou *Anthias grunniens*, Bl., Schn., p. 305; — *Pr. paikelli*, N., Russel, 121 ; — *Pr. caripa*, id., 124, dont *Anthias maculatus*, Bl., 326, 2, paraît une variété; — *Pr. coro*, N., Seb., III, XXVII, 14, ou *Sciæna coro*, Bl., 307, 2; — *Lutj. surinamensis*, Bl., 253 ; — *Sparus virginicus*, Lin., dont *Perca juba*, Bl., 308, 2 ; et *Sparus vittatus*, Bl., 263 ; sont de jeunes individus. — *Coius. nandus*, Buchan, XXX, 32.

(2) Nous n'en connaissons qu'un, dont le *Lutjanus luteus*, Bl., 247, nous paraît une mauvaise figure

Ceux des Indes sont plus nombreux, et ont les écailles plus petites, le front plus convexe, le museau très court (1).

Les Sciénoïdes à dorsale unique, et à moins de sept rayons aux branchies, se subdivisent encore ; les unes ont la ligne latérale continue jusqu'à la caudale ; dans les autres elle est interrompue.

Parmi les premières, nous rangeons les genres suivants :

Les Lobotes. N.

Dont le museau est court, la mâchoire inférieure proéminente, le corps haut, et dont la dorsale et l'anale alongent leur angle postérieur, de sorte qu'avec leur caudale arrondie, il semble que leur corps se termine en trois lobes. Quatre groupes de très petits points se voient vers le bout de leur mâchoire. Il y en a dans les deux Océans (2).

Les Cheilodactyles. Lacép.

Ont le corps oblong, la bouche petite, de nombreux rayons épineux à leur dorsale, et surtout les rayons inférieurs de leurs pectorales simples et prolongés hors de la membrane, comme dans les cirrhites (3).

---

(1) C'est à eux que se rapporte le PLECTORYNQUE, Lacép., I, xiii, 2. —Aj. *Sciæna gaterina*, Forsk. ; — *Sc. shotaf*, id. ; — *Diagr. lineatum* Nob., ou *perca diagramma*, Lin., Seb., III, xxvii, 18, ou *Anthias diagramma*, Bl., 320 ;—*Diag. pœcilopterum*, N., Seb., III, xxvii, 17;— *D. pictum*, N., Seb., III, xxvi, 32, ou *Perca picta*, Thunb., nouv. Mém. de Stokh., XIII, v ; — *D. pertusum*, ou *Perca pertusa*, id., ib., XIV, vii, 1.

(2) *Holocentrus surinamensis*, Bl., 243, ou *Bodianus triurus*, Mitchill., III, f. 10, et des espèces nouvelles.

(3) Le *Cheilod. fascé*, Lacép., V, i, 1, ou *Cynœdus*, Gronov., Zoophyl. I, x, 1 ; — le *Cheil. de Carmichael*, ou *Chætodon monodactylus*, Carmich., Trans. Lin., XII, xxiv;—*Cheil. carponemus.* N., ou *Cichla macroptera*, Bl., Schn., 342 ; — *Cheil. zonatus*, Nob., ou *Labrus japonicus*, Tiles. Voy. de Krusenstern, pl. LXIII, f. 1.

LES SCOLOPSIDES. (SCOLOPSIDES. N.)

Ont le deuxième sous-orbitaire dentelé et terminé près du bord de l'orbite par une pointe dirigée en arrière, et qui se croise avec une pointe du troisième sous-orbitaire dirigée en sens contraire. Leur corps est oblong ; leur bouche peu fendue ; leurs dents en velours ; leurs écailles assez grandes. Il n'y a pas de pores à leurs mâchoires. Ils vivent dans la mer des Indes. (1)

LES MICROPTÈRES. Lacép.

Ont le corps oblong, trois pores de chaque côté de la symphyse, et les derniers rayons de la partie molle de leur dorsale séparés des autres, et formant une petite nageoire particulière. Il n'y a aucune dentelure à leur opercule (2).

Les Sciénoïdes à moins de sept rayons branchiaux et à ligne latérale interrompue, forment plusieurs genres de poissons assez petits, ovales, pour la plupart joliment variés en couleurs, que l'on peut distinguer comme il suit, d'après l'armure de leur tête. Ils ont des rapports sensibles avec les chœtodons, et ressemblent extérieurement à plusieurs de nos poissons à branchies labyrinthiques.

---

(1) *Scol. kate*, Nob., nommé par Bloch *Anthias. japonicus*, 325, f. 2 ; —*Anth. Vosmeri*, Bl., 321, figure très peu exacte, et le même que *Perca aurata*, Mungo Park., Trans. Lin., III, 35 ; — *Anth. bilineatus*, Bl., 325, 1 ;—*Scol. kurita*, Nob., Russel, 106;—*Scol. lycogenis*, Nob., ou *Holocentre cilié*, Lacép., IV, 371 ; — *Sciœna ghanam*, Forsk, et plusieurs espèces nouvelles.

(2) On n'en connaît qu'un : le *Microptère dolomieu*, Lacép. IV. III. 3. Nous avons encore quelques petits genres de cette subdivision, que nous ferons mieux connaître dans notre cinquième vol.

LES AMPHIPRIONS. Bl. Schn. (1)

Ont le préopercule et les trois pièces operculaires dentelées; ces dernières sont même sillonnées; des dents obtuses sur une seule rangée. (2)

LES PREMNADES. (PREMNAS. Nob.)

Ont au sous-orbitaire une ou deux fortes épines et des dentelures au préopercule (3).

LES POMACENTRES. Lacép. (4)

Ont le préopercule dentelé, l'opercule sans armure; les dents tranchantes sur une seule rangée (5).

LES DASCYLLES. (DASCYLLUS. Nob.)

Ne diffèrent des pomacentres que par des dents en velours ras (6). Tous ces poissons habitent la mer des Indes.

____

(1) Je réduis beaucoup les espèces de ce genre, tel que Bloch l'avait composé.

(2) *Amphipr. ephippium*, Bl., 250, 2; — *Amph. bifasciatus*, Bl., 316, 2; —*Amph. polymnus*, Bl., 316, 1; — *Amph. percula*, N., ou *Lutj. perchot*, Lacép., IV, 239, Klein., Misc., IV, xi, 8; — *Amph. leucurus*, N., Renard, VI, 49, et diverses espèces nouvelles.

(3) *Chœtodon biaculeatus*, Bl., 219, 2, qui est aussi l'*Holocentre sonnerat*, Lacép., IV, 391; et le *Lutjanus trifasciatus*, Bl. Schn., 567; et Kœhlreuter, Nov. Com. Pétrop., X, viii, 6; Seb., III, xxvi, 29, en est une var.; — *Pr. unicolor*, N., Seb., III, xxvi, 19, qui est aussi la scorpène aiguillonnée, Lacép., III, 268.

(4) Nous les définissons autrement que Lacép., et en diminuons beaucoup le nombre par des démembrements.

(5) *Chœtodon pavo*, Bl., 198, 1, qui est le *Pomacentre paon*, Lacép., et son *Holocentre diacanthe*, IV, 338; — *Pomacentrus cœruleus*, Quoy et Gaym., Voyage de Freycin., pl. 64, f. 2; — *P. punctatus*, ib., 1; — *P. emarginatus*, Seb., III, xxvi. 26, 27, 28; — l'*Hol. negrillon*, Lacép., IV, 367.

(6) *Chœtodon aruanus*, Lin , Mus., Ad. Fred., xxxii, Bl., pl. 198, f. 2.

Les Glyphisodons. Lacép.

Ont l'opercule et le préopercule sans dentelures, et les dents sur une seule rangée, tranchantes et le plus souvent échancrées.

Il y en a de l'Atlantique (1), mais la mer des Indes en produit bien davantage (2).

Certains glyphisodons se distinguent des autres par des épines nombreuses à l'anale (3).

Les Héliases.

Ont, avec les pièces operculaires des glyphisodons, des dents semblables à celles des dascylles, c'est-à-dire en velours.

Il y en a aussi dans les deux Océans (4).

Les Acanthoptérygiens de la quatrième famille, ou

Les SPAROIDES,

Ont, comme les Sciénoïdes, le palais dénué de dents ; leurs formes générales, plusieurs détails de leur organisation sont les mêmes ; ils sont aussi couverts d'écailles plus ou moins grandes, mais il

---

(1) Le *Jacaraqua*, Margr., ou *Chœtodon saxatilis*, Lin., Mus., Ad. Fred., xxvii, 3, qui est aussi le *Ch. marginatus*, Bl., 287 ; et son *Ch. Mauritii*, 213, 1 ; et le *Ch. sargoïde*, Lac. ; mais ce n'est pas le *Ch. saxatilis* de Bl., 206, 2 ; — *Ch. curassao*, Bl., 212.

(2) *Chœtodon bengalensis*, Bl., 213, 2, ou *Labre macrogastère*, Lacép., III, xix, 3 ; — *Gl. melanurus*, N., ou *Labre six bandes*, Lacép., III, xix, 2 ; — *Chœt. sordidus*, Forsk., [ou Calamoia pota, Russel, 85 ; — *Gl. sparoïdes*, Nob., Lacép., IV, 11, 1 ; — *Gl. lachrymatus*, Nob., Quoy et Gaym., Freyc., pl. 62, f. 7 ; — *Gl. azureus*, ib., pl. 64, f. 3 ; — *Gl. uniocellatus*, ib., f. 4.

(3) *Chœtodon suratensis*, Bl., 217 ; — *Chœtodon maculatus*, Bl., 427.

(4) Les espèces sont nouvelles, nous les décrivons dans notre cinquième volume.

n'en ont point aux nageoires. Leur museau n'est pas bombé, ni les os de leur tête caverneux ; il n'y a ni dentelures à leur préopercule, ni épines à leur opercule ; leur pylore a des appendices cœcales. Aucun d'eux n'a plus de six rayons aux branchies. On les divise d'après les formes de leurs dents.

La première tribu, les SPARES proprement dits (SPARUS, N.), a sur les côtés des mâchoires, des molaires rondes en forme de pavés, nous les subdivisons en cinq genres.

LES SARGUES. (SARGUS. N.)

Ont en avant des mâchoires des incisives tranchantes, presque semblables à celles de l'homme.

La Méditerranée en possède plusieurs peu différents les uns des autres, et il s'en avance jusque dans le golfe de Gascogne. Leurs couleurs consistent en bandes verticales noires, sur un fond argenté (1).

Il y a de ces sargues qui ont des incisives échancrées (2).

D'autres se distinguent parce que leurs molaires rondes sont sur une seule rangée, et très petites. Il y en a de tels dans la Méditerranée (3).

LES DAURADES. (CHRYSOPHRIS. N.)

Ont sur les côtés des molaires rondes, formant au

---

(1) Le *Sargue de Rondelet* (*Sargus raucus*, Geoff.), Eg., poiss., pl. XVIII, 1, Rondelet, 122. Sp. *Puntazzo* de Risso;—le *Sargue de Salviani,* (*Sargus vulgaris* G.) Eg., XVIII, 2; *Salviani*, fol. 179, pisc. 64;—le *Sparaillon, Sargus annularis*, L., Rondel., 118; Salv., 63; Laroche, Ann. Mus., XIII, pl. XXIV, f. 13;—*Sp. ovis*, Mitch., ou *Sheephead* des Anglo-Américains.

(2) *Perca unimaculata*, Bl., 308, 1, ou *salema*, Margr., 153; — *Sparus crenidens*, Forsk., appartient probablement à cette subdivision.

(3) *S. puntazzo* Gm.. ou *Sp. acutirostris*, La Roche, Ann. Mus., XIII, XXIV, 12. dont Risso fait son genre CHARAX.

moins trois rangées à la mâchoire supérieure, et sur le devant quelques dents coniques ou émoussées.

Nous en avons deux espèces dans nos mers.

La *Daurade vulgaire*. (*Sparus aurata*. L.) Bl. 266. (1). et beaucoup mieux Duhamel. Sect. IV. pl. 2.

A quatre rangs de molaires en haut; cinq en bas; dont une ovale beaucoup plus grande que les autres. C'est un beau et bon poisson, que les anciens nommaient *Chrysophris* (sourcil d'or), à cause d'une bande en croissant de couleur dorée, qui va d'un œil à l'autre.

La *Daurade à petites dents*. (*Chr. microdon*. N.)

A peu près des couleurs de la commune, plus petite; le front plus bombé, a deux rangs de molaires seulement en bas, toutes autant ou plus larges que longues, et sans qu'il y en ait une grande ovale (2).

LES PAGRES

Diffèrent des daurades parce qu'ils n'ont que deux rangées de petites dents molaires arrondies à chaque mâchoire; leurs dents de devant sont en cardes ou en velours.

Le *Pagre de la Méditerranée*. (*Sparus pagrus*. Lin. et Arted.)

Argenté, glacé de rougeâtre; sans tache noire. (3)

---

(1) Les dents sont d'une autre espèce, et celles de la vraie daurade, sont données, pl. 74, pour celles de l'anarrhichas.

(2) Aj. *Sparus bufonites*, Lacép., IV, xxvi, 2, le même que son *Sp. perroquet*, ib., 3; et peut-être que le *Sp. haffara*, Forsk., 33; — *Sp. sarba*, Forsk, 22; — *Chr. chrysargyra*, N., *Chitchillée*, Russel, 91; — *Sp. hasta*, Bl., Schn., 275, ou *Sp. berda*, Forsk, 33; — *Sp. calamara*, N., Russel, 92; — *Sciæna grandoculis*, Forsk., 53; — *Chœtodon bifasciatus*, Forsk, qui est aussi le *Labre chapelet*, Lacép., III, III, 3, son *Spare mylio*, ib., xxvi, 2, et son *Holocentre rabagi*, IV, suppl., 725, etc.

(3) C'est aussi le *Sp. pagrus* de Brünnich, mais non pas celui de Bloch, ce dernier n'a pas représenté le vrai pagre, et il en fait dans son Syst. posth., son *Sparus argenteus*.

La mer des Indes, et celle des États-Unis ont des pagres dont les premières épines dorsales se prolongent en filets (1).

Il y a aux Antilles, des pagres remarquables par le premier interépineux de leur anale, qui est creux et terminé en bec comme une plume à écrire; la vessie natatoire a sa pointe enfoncée dans cette espèce d'entonnoir. On les nomme *Sardes à plumes* (2).

Mais une particularité encore plus notable, est celle d'un pagre du Cap, qui a les maxillaires renflés et solides comme des pierres. Nous le nommons *Pagrus lithognathus*.

LES PAGELS

Ont des dents à peu près comme les pagres, mais leurs molaires, aussi sur deux rangées, sont plus petites; les coniques de devant sont grêles et plus nombreuses. Un museau plus alongé donne à ce sous-genre une autre physionomie.

Nous en avons plusieurs dans nos mers.

Le *Pagel commun*. (*Sparus erythrinus.* L.) Bl. 274.

Est un beau poisson argenté, glacé de rose clair, à corps haut, comprimé.

Le *Rousseau* des Marseillais, *Besugo* des Espagnols. (*Sp. centrodontus.* Laroche.) An. Mus. XIII. xxiii. 2.

Argenté; glacé de rose; une large tache noire irrégulière à l'épaule (3).

L'*Acarne*. (*Pagr. acarne.* Nob). Rondel. 511. *Sparus berda* de Risso, mais non de Forskal.

Plus petit, plus oblong. Argenté; teint de verdâtre vers le dos; sans tache noire.

Le *Bogueravel*. (*Sp. bogaraveo.* Gm.) Rondel. 137

Plus oblong; à museau plus pointu; doré, teint de violâtre; une tache noire à l'aisselle.

----

(1) *Sparus spinifer*, Forsk. — Sp. *argyrops*, Lin. ou *labrus versicolor* Mitch.

(2) *Pagr. calamus*, et *Pagr. penna*, Nob.

(3) C'est le *Sparus pagrus* de Bl., pl. 262.

Le *Morme*. (*Sp. mormyrus*. L.) Rondel. 153. Geoff. Eg. Poiss. pl. xviii. 3.

A bandes verticales noires, sur un fond argenté.

La deuxième tribu n'a qu'un genre ,

Les Dentés. (Dentex. N.)

Caractérisés par des dents coniques même sur les côtés des mâchoires, d'ordinaire sur un seul rang, dont quelques-unes des antérieures s'alongent en grands crochets. Ils auraient d'assez grands rapports avec les hæmulons, sans l'absence de dentelure au préopercule et le rayon de moins aux ouïes. Leur joue est écailleuse.

La Méditerranée en nourrit deux espèces.

Le *Denté vulgaire*, *Dentale* des Italiens. (*Sparus dentex.* Lin.) Bl. 268.

Argenté, nuancé de bleuâtre vers le dos, long quelquefois de trois pieds (1).

Le *Denté à gros yeux*. (*Sp. macrophtalmus*. Bl. 272.)

Rouge; à très grands yeux, beaucoup plus rare, et de moitié moindre.

Nous distinguons des autres dentés, sous le nom de Pentapodes, des espèces à bouche moins fendue, à tête plus écailleuse; à corps moins élevé, à caudale écailleuse jusqu'au bout (2).

Et, sous le nom de Lethrinus, des espèces à joues sans écailles. La plupart ont, comme les Hæmulons, du rouge à l'angle des mâchoires (3).

Tous ces poissons ont une écaille pointue entre les ventrales et une au-dessus de chacune d'elles.

---

(1) Aj. *D. macrocephalus*, N , ou *Labre macrocéphale*, Lacép., III , xxvi, 1 ; — *Sparus synodon*, Bl., 278 ; — *Dentex hexodon*, Quoy et Gaym., Voyage de Freycin., 301.

(2) *Sparus vittatus.* Bl. 275. — le *Sp. rayé d'or*, Lacép. iv, 131, et des espèces nouvelles.

(3) *Spar. chœrorhynchus*, Bl., Schn., 278 ; — *Bodian lentjan*, Lacép., IV, 294 ; — *Kurwa*, Russel, 89 ; — *Sciæna mahsena*, Forsk. , p. 52, n° 62 ; — *Sciæna harak*, id.

Une troisième tribu se compose aussi d'un seul genre.

LES CANTHÈRES. (CANTHARUS. N.)

Qui ont les dents en velours ou en cardes serrées, tout autour des mâchoires dont le rang extérieur est plus fort. Leur corps est élevé, épais; leur museau court; leurs mâchoires ne sont pas protractiles.

Nous en avons deux, que l'on prend dans nos deux mers.

Le *Canthère vulgaire*. (*Sparus cantharus*. Lin.) Rond. 120. et Duham. sect. IV. pl. IV. f. I.

Gris-argenté, rayé longitudinalement de brun. Il a de petites dents grenues derrière les dents en cardes.

La *Brême de mer*. (*Sparus brama*. Lin.)

A peu près de même couleur; les dents toutes en cardes (1).

Une quatrième tribu a les dents tranchantes et comprend deux genres :

LES BOGUES. (BOOPS. N.)

Ont les dents du rang extérieur tranchantes; la bouche petite et nullement protractile.

La Méditerranée en produit plusieurs espèces.

Le *Bogue vulgaire*. (*Sparus boops*. Lin.)

A vingt-quatre dents à chaque mâchoire, à tranchant oblique; le corps oblong, rayé en long de couleur d'or sur un fond d'argent.

La *Saupe*. (*Sparus salpa*. L.) Bl. 265.

Plus ovale, à raies d'or plus brillantes, courant sur un fond d'acier bruni. Les dents larges et échancrées.

LES OBLADES (OBLADA N.)

Diffèrent des bogues parce que derrière leurs dents

---

(1) Les figures données par Bloch, 269 et 270 de ces deux espèces n'en offrent point d'idée juste.

tranchantes il y en a en velours, ce qui les rapproche un peu des canthères.

La Méditerranée en produit une,

L'*Oblade commune.* (*Sparus melanurus.* Lin.) Salv. 181.

Argentée, rayée de noirâtre une large tache noire de chaque côté de la queue.

On peut former une cinquième famille d'ACAN-THOPTÉRYGIENS

Des MENIDES.

Qui diffèrent des familles précédentes, parce que leur mâchoire supérieure est fort protractile et rétractile, à cause de la longueur des pédicules des intermaxillaires, qui se retirent entre les orbites. Leur corps est écailleux comme celui des spares, dans le genre desquels on les avait laissés jusqu'à présent.

Les Mendoles. (Mæna. N.)

Se distingueraient déjà de tous les vrais spares, parce qu'elles ont les dents en velours ras sur une bande étroite et longitudinale du vomer. Leurs mâchoires n'en ont aussi que de très fines et sur une bande fort étroite. La forme de leur corps est oblongue, comprimée, un peu semblable à celle d'un hareng. Il y a une écaille alongée au-dessus de chacune de leurs ventrales et une entre elles.

Nous en possédons quelques espèces dans la Méditerranée.

La *Mendole vulgaire.* (*Sparus mæna.* Lin.) Bl. 270.

Plombée sur le dos, argentée au ventre, une tache noire sur le flanc, vis-à-vis la dernière épine de la dorsale.

La *Juscle.* (*M. jusculum.* N.)

Ne diffère de la vulgaire que par un corps plus étroit, un museau plus court, une dorsale plus haute.

La *M. d'Osbeck.* (*Sparus radiatus.* Osbeck.) *Sparus tricuspidatus.* Spinola. Ann. Mus. X. pl. xviii.

D'un bleu d'acier foncé, des raies bleues obliques sur la joue ; des taches bleues sur les ventrales, la dorsale encore plus haute.

Les Picarels. (Smaris. N.)

Ne diffèrent absolument des mendoles que parce qu'ils n'ont aucunes dents au vomer ; leur corps est généralement un peu moins élevé.

Il y en a aussi quelques-uns dans la Méditerranée.

Le *Picarel commun.* (*Sparus smaris.* Lin.) Laroche. Ann. Mus. XIII. pl. xxv. f. 17.

Gris-plombé en dessus, argenté en dessous, une tache noire sur le flanc.

Le *Picarel martin-pêcheur.* (*Smaris alcedo.* Riss.)

Est nommé ainsi à cause de la belle couleur bleue dont son corps est varié.

Le *Picarel cagarel.* (*Smaris cagarella.* N.)

A le corps aussi haut que la mendole, dont il ne diffère que par son palais sans aucune dent.

Les Cæsio. Lacép.

Ne s'éloignent des picarels que par une dorsale un peu plus élevée de l'avant, et entourée à sa base de fines écailles. Ce sont des poissons de la mer des Indes, à peu près d'une forme de fuseau (1).

---

(1) *Cæsio azuror,* Lacép., III, 86, ou *Vackum,* Valent., 132, ou *Canthère douteux,* Dict. class. d'hist. natur., quatrième liv. ; — *C. smaris,* N., ou *Vackum mare,* Renard, I, pl. 32, f. 174 ; — *Bodianus argenteus,* Bl., 231, ou *Picarel raillard,* Quoy et Gaym., Zool. de Freyc., pl. 44, f. 3 ; — *Sparus cuning,* Bl., 263, ou *Cychla cuning,* Bl. Schn., p. 336.

N. B. M. de Lacépède fait aussi un *Cæsio* du *Scomber equula* de Forskal, ou *Centrogaster equula* de Gmelin, qui est notre *Equula caballa.*

Les Gerres. Nob. Vulgairement *Mocharra* chez les
Espagnols d'Amérique.

Ont aussi la bouche protractile; mais en se pro-
jetant en avant, elle s'abaisse; leur corps est élevé,
et surtout la partie antérieure de leur dorsale, dont la
partie postérieure a le long de sa base une gaîne écailleuse. Il n'y a de dents qu'à leurs mâchoires, et elles sont
petites et en velours. Le premier inter-épineux de leur
anale est creusé en tuyau, comme dans certains pagres.

Il y en a dans les parties chaudes des deux Océans. Ce
sont de très bons poissons (1).

On dit qu'il en vient quelquefois une espèce (*G. rhombeus*, Nob., *Bars de roche* de la Jamaïque, Sloane., II,
pl. 253, f. 1), jusque sur les côtes de Cornouailles, à la
suite des pièces de bois chargées d'anatifes que les courants
entraînent (2).

La sixième famille des ACANTHOPTÉRYGIENS, ou
celle

Des SQUAMMIPENNES,

Est ainsi nommée de ce que la partie molle, et
souvent la partie épineuse de leurs nageoires dorsales et anales, sont recouvertes d'écailles qui les en-
croûtent, pour ainsi dire, et les rendent difficiles
à distinguer de la masse du corps. C'est le carac-

---

(1) *Labrus oyena*, Forsk, Ruppel, voy. poiss., pl. III. x. 2 , ou *Spare
breton* , Lacép., IV, 134, ou *Labre long museau*, id. , III, xix, 1, et
p. 467 ; — *Gerres aprion*, N., Catesb., II, xi, 2; — *G. rhombeus* , N., ou
Stone bass., Sloane, Jam. , II, pl. 253, f. 1; — *G. poieti*, N., Ren., pl.
11, f. 9, Valent., nº 354; — *G. lineatus*, N., ou *Smaris lineatus*, Humb.,
Obs. , Zool. , pl. xlvi, f. 2; — *Gerres argyreus*, N., ou *Sciæna argyrea*,
Forster, ou *Cychla argyrea*, Bl., Schn.; — *G. filamentosus*, N., ou *Wor-
dawahah*, Russel, f. 68.
(2) Couch, Trans. lin., XIV, première part , p. 81.

tère le plus apparent de ces poissons, dont le corps
est en général très comprimé, et qui ont des intestins assez longs et des cœcums nombreux.

Linnæus les comprenait dans son genre des

CHÆTODONS.

Ainsi nommés de leurs dents semblables à des crins,
par leur finesse et leur longueur, rassemblées sur plusieurs rangs serrés, comme les poils d'une brosse. Leur
bouche est petite, leurs nageoires dorsales et anales sont
tellement garnies d'écailles semblables à celles du dos,
que l'on a peine à distinguer l'endroit où elles commencent. Ces poissons, très nombreux dans les mers des
pays chauds, sont peints des plus belles couleurs, ce
qui en a fait recueillir beaucoup dans les cabinets,
et représenter un grand nombre. Leurs intestins sont
longs et amples, et leurs cœcums grêles, longs et nombreux; ils ont une grande et forte vessie aérienne, et
fréquentent généralement les rivages rocailleux; leur
chair est bonne à manger.

Les CHÆTODONS proprement dits.

Ont le corps plus ou moins elliptique, les rayons épineux
et les mous se continuant en une courbe à peu près uniforme; leur museau est plus ou moins avancé, et quelquefois leur préopercule a une fine dentelure.

Ils se ressemblent même à quelques égards, par la distribution de leurs couleurs, et la plupart ont, par exemple, une
bande verticale noire dans laquelle est l'œil.

Dans les uns, plusieurs autres bandes verticales sont parallèles à celle-là (1).

Dans d'autres, elles sont obliques ou longitudinales (2).

---

(1) *Chœt. striatus*, L., Bl., 205, f. 1; — *Ch. octofasciatus*, Gm.
Bl., 215, 1; — *h. collare*, Bl., 216.

(2) *Chœt. Meyeri*, Bl. Schn., nommé mal à propos *Holacanthe jaune
et noir* par Lacép., IV, XIII, 2.

Il y en a aussi qui ont les flancs semés de taches brunes (1).

Plusieurs ont seulement des lignes de reflets dans diverses directions; et tantôt seulement la bande oculaire (2); tantôt aussi quelques rubans sur les nageoires verticales (3).

Il y en a dans lesquels un ou deux ocelles contribuent à varier le dessin (4).

Quelques-uns de ces chætodons proprement dits se distinguent des autres par un filet qui résulte du prolongement d'un ou de plusieurs des rayons mous de leur dorsale (5).

Enfin, il y en a qui se font remarquer par le très petit nombre des épines de leur dorsale (6).

Les Chelmons. Nob.

Sont séparés des chætodons, à cause de la forme extraordinaire de leur museau, qui est long et grêle, ouvert seulement au bout et formé par l'intermaxillaire et par la mâchoire inférieure prolongés outre mesure. Leurs dents sont en fin velours plutôt qu'en soie.

Une espèce (*Chæt. rostratus*, Lin.), Bl., 202, a l'instinct de lancer des gouttes d'eau aux insectes qu'elle aperçoit sur le rivage, et de les faire tomber dans l'eau

---

(1) *Chæt. miliaris*, N., Zool. du Voyage de Freyciuet, pl. 62, f. 5.

(2) *Chæt. Kleinii*, Bl., 218, 2; — *Ch. Sebæ*, N., Seb., III, xxvi, 36.

(3) *Chæt. vittatus*, Bl., Scha., Seb., III, xxix, 18; — *Ch. vagabundus*, Bl., 204; — *Ch. decussatus*, N., Russel, 83; et Klein., Miss., IV, ix, 2; — *Ch. bifascialis*, N., Voyage de Freyc., pl. 62, f. 5; — *Ch. strigangulus*, Gm.; — *Ch. baronessa*, N., Renard, I, xliii, 218; — *Ch. frontalis*, N., ou *Pomacentre croissant*, Lacép.; — *Ch. fasciatus*, Forsk., ou *Ch. flavus*, Bl., Schn., n° 37.

(4) *Ch. nesogallicus*, N., Ren., I, v, 37; et Will., app., V, 4; — *Ch. capistratus*, L., Seb., III, xxv, 16, Mus. Ad. Fred., xxxiii, 4; Klein., Misc., IV, xi, 5; — *Ch. bimaculatus*, Bl., 219, 1; — *Ch. plebeius*, Gm.; — *Ch. unimaculatus*, Bl., 201, 1; — *Ch. sebanus*, N., Seb., III, xxv, 11; — *Ch. ocellatus*, Bl., 211, 2.

(5) *Chæt. setifer*, Bl., 426, 1; — *Ch. auriga*, Forsk.; — *Ch. principalis*, N., Renard, 2ᵉ part., lvi, 239, Valent., n° 407.

(6) Ces espèces sont nouvelles, ainsi que beaucoup d'autres qui appartiennent aux subdivisions précédentes, et que nous décrirons dans notre Ichtyologie.

pour s'en nourrir. C'est un amusement des Chinois de
Java (1).

LES HENIOCHUS OU COCHERS.

Diffèrent des chætodons proprement dits, parce que leurs
premiers aiguillons du dos croissent rapidement, et surtout
le troisième ou le quatrième, qui se prolonge en un filet
quelquefois double de la longueur du corps, et semblable à
une espèce de fouet (2).

LES ÉPHIPPUS OU CAVALIERS.

Se distinguent par une dorsale profondément échancrée
entre sa partie épineuse et sa partie molle, et dont la partie
épineuse sans écailles, peut se replier dans un sillon formé
par les écailles du dos.

Une de leurs subdivisions a trois épines à l'anale et des
pectorales ovales.

Il y en a en Amérique une espèce (*Eph. gigas*, N.)
remarquable par le très gros renflement en forme de
massue du premier interépineux de son anale et de sa
dorsale, et par un renflement analogue de la crête de son
crâne (3).

Une autre subdivision, qui est de la mer des Indes, avec
les trois épines à l'anale, a des pectorales longues et pointues (4).

Une troisième subdivision, aussi de la mer des Indes,
a quatre épines à l'anale, et des écailles très petites.

Une de ses espèces (*Chætodon argus*, L.), Bl., 204, 1,

____

(1) Schlosser, Trans. phil., 1764, p. 39.—Aj. *Ch. longirostris*, Brousson., Dec. ichtyol.

(2) *Chætodon macrolepidotus*, L., Bl., 200, 1. Le *Chæt. acuminatus*,
L., Mus. ad Fred., xxxiii, f. 2, n'en paraît qu'une variété individuelle.
— *Chæt. cornutus*, L., Bl., 200, 2, dont *Chæt. canescens*, L., Seb., III,
xxv, 7, n'est qu'un jeune individu décoloré.

(3) Aj. *Chætodon faber*, Brousson., Bl., 212, 2, dont le *Chætod*
plumieri, id., 211, 1, pourrait n'être qu'une variété; — *Chæt. orbis*,
Bl., 202, 2.

(4) *Chæt. punctatus*, L., ou *Latté*, Russel, 79; — *Chæt. longimanus*,
Bl. Schn., Russel, 80; — *Eph. terla*, N., Russel, 81.

passe pour dévorer de préférence les excréments humains (1).

Une espèce de cette subdivision a été trouvée fossile au mont Bolca (2).

Les Taurichtes, sont des *ephippus* des Indes, qui ont sur chaque œil une corne arquée et pointue (3).

Les Holacanthes. Lacép.

Ont pour caractère un grand aiguillon à l'angle du préopercule, et la plupart ont aussi les bords de cet os dentelés. Ce sont des poissons remarquables par la beauté et la distribution régulière de leurs couleurs, et excellents pour le goût. Les deux Océans en possèdent de nombreuses espèces(4).

Leur forme est ovale ou oblongue.

On peut encore en distinguer

Les Pomacanthes.

Qui ont la forme plus élevée, parce que le bord de leur dorsale monte plus rapidement (5).

On n'en connaît que d'Amérique.

---

(1) Aj. *Chœt. tetracanthus*, Lacép., III, xxv, 2.

(2) *Ittiolitologia veronese*, pl. v, f. 2. On l'y donne comme l'*Argus;* mais c'est une espèce différente.

(3) Le *Poisson bufle* des Malais, *Taurichthys varius*, N., très bien rendu, Renard, I, xxx, 164, Valent., n° 71; — *T. viridis*, Ren., II, x, 49, Valent., n° 161.

(4) Espèces d'Amérique, *Chœtodon ciliaris*, L., Bl., 214, ou *Isabelita*, Parra, VII, 1, ou *Chœt. couronné*, Desmar., Déc. ichtyol.; — *Chœt. tricolor*, Bl. 425; Duham., sect. IV, pl. xiii, 5. — Espèces des Indes, *Chœt. bicolor*, Bl., 206, 1; — *Ch. mesoleucos*, Bl., ou *mesomelas*, Gm., Bl., 216, 2; — *Holac. amiralis*, N., Renard, I, xvi, 92; — *Chœt. annularis*, Bl., 215, 2; — *Chœt. imperator*, Bl., 194; — *Ch. fasciatus*, Bl., 195; — *Chœt. nicobareensis*, Bl. Schn., 50, ou *Geometricus*, Lacép. IV, xiii, 1; —*Hol. lamark.*, Lacép., IV, 531, Renard, I, xxvi, 144, 145, et plusieurs espèces nouvelles.

(5) *Chœt. aureus*, Bl., 193, I, ou *Chirivita jaune*, Parra, VI, 2; — *Chœt. paru*, Bl., 197, ou *Chirivita noir*, Parr., VI, 1; — *Ch. 5-cinctus*, N., *Guaperva*, Margr., 178; — *Ch. arcuatus*, L., Bl., 204, 2.

Les Platax.

Ont en avant de leurs dents en brosse, un premier rang de dents tranchantes, divisées chacune en trois pointes; leur corps, très comprimé, semble se continuer avec des nageoires verticales, épaisses, et très élevées, écailleuses comme lui, et où un petit nombre d'épines se cachent dans le bord antérieur, en sorte que le poisson entier est beaucoup plus élevé qu'il n'est long. Les ventrales sont aussi fort longues. Ce sous-genre est de la mer des Indes (1).

Une espèce (*Ch. arthriticus*, Bell., Trans. phil., 1793, pl. vi), de forme plus orbiculaire, est remarquable par les nœuds ou renflements de quelques-uns de ses inter-épineux, et de ses apophyses épineuses (2).

On en a aussi trouvé une espèce fossile au mont Bolca (3).

Les Psettus. Commers.

Ont, avec des formes à peu près semblables à celles des *platax*, des dents en velours ras, et surtout des ventrales réduites à une seule petite épine, sans rayons mous.

Il y en a d'élevés (4), et d'autres de forme ronde ou ovale (5), tous de la mer des Indes.

Les Pimeleptères. (Pimelepterus. Lacép.)

Se distinguent parmi tous les poissons, par des dents sur une seule rangée, portées sur une base ou talon horizontal, au bord antérieur duquel est une partie verti-

---

(1) *Chœtodon vespertilio*, Bl., 199, 2; — *Ch. teïra*, ib., 1; — *Ch. guttulatus*, N., Ren., II, xxiv, 129.

(2) C'est aussi le *Ch. pentacanthe*, Lacép., IV, xi, 2, et le *Chœtodon orbicularis*, Forsk., ou *Acanthinion orbiculaire*, Lacép., IV, 500.

(3) *Ittiol veron*, pl. 4 et 6.

(4) *Psett. Sebœ*, N., *Chœtodon rhombeus*, Bl., Schn., Seb., III, xxvi, 21; — *Ps. Rhombeus*, N., ou *Scomber rhombeus*, Forsk., ou *Centrogaster rhombeus*, Gm., ou *Centropode rhomboïdal*, Lacép., Russel, 59.

(5) *Psett. Commersonii*, N., ou *Monodactyle falciforme*, Lacép., II, v, 4; et III, 131, qui pourrait bien ne pas différer du *Chœtodon argenteus*, Lin., ou *Acanthopode argenté*, Lacép.

cale tranchante. Ils ont le corps oblong, la tête obtuse, les nageoires épaissies par les écailles qui les recouvrent, ce qui leur a valu leur nom (1).

Ce sont des poissons ovales, lisses, couverts d'écailles brunes; il y en a dans les deux Océans (2).

Un genre voisin des piméleptères, est celui des

DIPTERODON. (3)

Qui a aussi des dents tranchantes, mais taillées obliquement en biseau, et non coudées, et la dorsale épineuse séparée de la molle par une échancrure profonde.

On n'en connaît qu'un du Cap (*Dipterodon capensis*, N.)

Les genres suivants que nous laissons à la suite des chœtodons, à cause de leurs nageoires écailleuses, en diffèrent néanmoins beaucoup par les dents qui revêtent leurs palatins et leur vomer.

LES CASTAGNOLES. (BRAMA. Bl. Schn.) (4)

Tiennent à cette famille, par les écailles qui cou-

---

(1) *Piméleptère* (nageoire grasse). Ce genre de Lacépède, IV, 429, fait d'après Bosc, est le même que celui des XISTÈRES, V, 484, fait d'après Commerson; et tout fait croire que le DORSUAIRE, Lacép., V, 482, qui est certainement identique avec le KYPHOSE, III, 114, pourrait bien être aussi le même que le XISTÈRE.

(2) Le *Piméleptère bosquien*, Lacép., IV, IX, 1, ou *Chœtodon cyprinaceus*, Broussonet, —le *Piméleptère marciac*, Quoy et Gaym., Voyage de Freycin., pl., 62, f. 4; — le *Pim. du Cap*., ou *Kiphose double bosse*, Lacép., III, VIII, 1; — une espèce du Brésil, nommée autrefois par Banks *Chœtodon ensis*.

(3) Ce genre dont le nom est emprunté de Lacépède ne comprend cependant pas les mêmes espèces.

(4) Je soupçonne fortement que c'est la castagnole que M. Rafinesque a eu vue dans son *Lepodus saragus*, Nuov. gen., n° 144. Shaw. en fait, on ne sait pourquoi, deux espèces, *Sp. Raii*, et *Sp. castaneola*; ce dernier d'après Lacép.; mais Lacép. n'a fait son genre que pour l'espèce de Bloch et de Rai.

vrent leurs nageoires verticales, lesquelles n'ont qu'un petit nombre de rayons épineux cachés dans leurs bords antérieurs; mais elles ont des dents en cardes aux mâchoires et aux palatins, le profil élevé, le museau très court, le front descendant verticalement, la bouche presque verticale quand elle est fermée; des écailles jusque sur les maxillaires; sept rayons aux ouïes, une dorsale et une anale basses, mais commençant en pointe saillante; l'estomac court, l'intestin peu ample; les cœcums au nombre de cinq seulement.

On n'en connaît qu'une de la Méditerranée, qui s'égare aussi quelquefois dans l'Océan (*Sparus Raii*, Bl., 273). C'est un bon poisson, decouleur d'acier bruni, qui devient grand, mais qui est tourmenté par des vers intestinaux de beaucoup de sortes.

LES PEMPHÉRIDES. (PEMPHERIS. N.)

Ont une anale longue et écailleuse, et une dorsale courte et élevée; la tête obtuse, l'œil grand, une petite épine à l'opercule, et des dents en velours aux mâchoires, au vomer et aux palatins. Ils sont de la mer des Indes (1).

LES ARCHERS. (TOXOTES. N.)

Ont le corps court et comprimé, la dorsale sur la dernière moitié du dos, à épines très fortes, à partie molle écailleuse, ainsi que l'anale qui lui répond; le museau déprimé, court; la mâchoire inférieure plus avancée que l'autre; les dents en velours très ras aux deux mâchoires, au bout du vomer, aux palatins, aux ptérygoïdiens et sur la langue; six rayons aux ouïes, des dentelures très fines au bord inférieur du sous-orbitaire et du préopercule. Leur estomac est court et large; il y

---

(1) *Pempheris touea*, N., *Sparus argenteus*, J. White, app., 267, ou *Kurtus argenteus*, Bl., Schn., 164; — *P. manguba*, N., Russel, 114; — *P. molucca*, N., Renard, 1, xv, 85; et Valent., n° 46.

a douze appendices cécales à leur pylore ; leur vessie aérienne est grande et mince.

L'espèce connue (*Toxotes jaculator*, Nob.), *Labrus jaculator*, Shaw., tome IV, part., II, p. 485, pl. 68 (1), de Java, est devenue célèbre par l'instinct qu'elle partage avec le *Chæt. rostratus*, de lancer des gouttes d'eau sur les insectes qui se tiennent sur les herbes aquatiques, et de les faire ainsi tomber dans l'eau pour s'en saisir. Il les lance quelquefois à trois ou quatre pieds de hauteur et manque bien rarement.

La septième famille des ACANTHOPTÉRYGIENS, ou

LES SCOMBÉROIDES,

Se compose d'une multitude de poissons à petites écailles, à corps lisse, à cœcums nombreux souvent reunis en grappes, dont la queue et surtout la nageoire caudale sont très vigoureuses.

C'est une des familles les plus utiles à l'homme, par le goût agréable de ses espèces, par leur volume, et par leur inépuisable reproduction qui les ramène périodiquement dans les mêmes parages, et en fait l'objet des plus grandes pêches.

LES SCOMBRES.

Ont une première dorsale non décomposée, tandis que les derniers rayons de la seconde, ainsi que ceux qui leur correspondent à l'anale, sont au contraire détachés, et forment ce que l'on a appellés de *fausses nageoires* (*pinnæ spuriæ*).

____

(1) C'est aussi le *Scarus Schlosseri*, Gmel., Lacép. et Shaw, le *Sciæna jaculatrix* de Bonnaterre, le *Labre sagittaire* de Lacép., le *Coïus chatareus* de Buchanan.

Ce genre se subdivise comme il suit :

Les Maquereaux. (Scomber. Nob.)

Ont le corps en forme de fuseau, couvert d'écailles uniformément petites et lisses ; les côtés de la queue relevés de deux petites crêtes cutanées ; la deuxième dorsale séparée de la première par un espace vide.

Le *Maquereau vulgaire.* (*Scomber scombrus.* L.) Bl. 54.

A dos bleu, marqué de raies ondées noires, à cinq fausses nageoires en haut et en bas ; sa chair est ferme et excellente ; il arrive en abondance en été, sur nos côtes de l'Océan, et y donne lieu à des pêches et à des salaisons presque aussi productives que celles des harengs. Il en vient aussi quelquefois en d'autres saisons. Ceux du premier printemps, généralement plus petits, sont connus sous le nom de sansonnets.

Le maquereau commun n'a point de vessie natatoire ; mais, chose très remarquable, cet organe se trouve dans plusieurs espèces d'ailleurs si semblables, qu'il faut de l'attention pour les distinguer, telles que le *petit Maquereau* de la Méditéranée (*Sc. colias, Sc. pneumatophorus,* Laroche, Ann. Mus. , XIII), et le *Sc. grex*, Mitch., Trans. New-Yorck , I , 423, qui arrive quelquefois sur la côte des États-Unis, en nombre prodigieux (1), etc.

Les Thons. (Thynnus. Nob.)

Ont autour du thorax une sorte de corselet formé par des écailles plus grandes, et moins lisses que celles du reste du corps. Les côtés de la queue ont entre les deux petites crêtes des maquereaux une carène cartilagineuse. Leur première dorsale se prolonge jusque très près de la seconde.

Le *Thon commun.* (*Sc. thynnus.* Lin.)

Est ce grand poisson dont la pêche dans la Méditerranée date de la plus haute antiquité, et fait une des richesses de la Provence, de la Sardaigne, de la Sicile, etc., par l'étonnante abondance avec laquelle il s'y prend et s'y prépare.

---

(1) Aj. *Scomber vernalis,* Mitch., loc. cit. ; — *Sc. canagurta*, N., Russel, 136.

à l'huile, au sel, etc. Il atteint, dit-on, jusqu'à quinze et dix-huit pieds, et a neuf fausses nageoires en dessus et autant en-dessous. Ses pectorales ont le cinquième de sa longueur.

Il y a dans la Méditerranée plusieurs espèces voisines, jusqu'à présent assez mal distinguées.

L'*Alicorti*. (*Sc. brachypterus*. N.) Rondel. 245. et Duham. Sect. VII. pl. VII. f. 5.

Dont les pectorales ne font que le huitième de la longueur totale.

La *Tonine*. (*Sc. thunina*. N.) Aldrov. 315. Descrip. de l'Eg. Poiss. pl. xxiv. f. 5.

D'un bleu brillant, avec des lignes noires ondulées et repliées de diverses manières, etc.

C'est aussi dans ce premier groupe qu'il faut placer

La *Bonite des tropiques*, ou *Thon à ventre rayé*. (*Sc. pelamys*. L.) Lacép. II. xx. 2.

A quatre bandes longitudinales noirâtres sur chaque côté du ventre (1).

LES GERMONS. (ORCYNUS. N.)

Ne diffèrent des thons, que par de très longues pectorales qui égalent le tiers de la longueur du corps, et atteignent au-delà de l'anus.

Le *Germon* des Basques, *Alalonga* des Italiens. (*Sc. alalonga*. Gm.) Duham. Sect. VII. pl. vi. f. 1, sous le faux nom de Thon. Willughb. App. pl. 9. f. 1.

Se prend dans la Méditerranée avec les thons, et vient en été en troupes nombreuses dans le golfe de Gascogne, et y fait l'objet d'assez grandes pêches ; son dos est bleu noirâtre, et passe par degrés à l'argenté du ventre. Il pèse souvent quatre-vingts livres ; sa chair est beaucoup plus blanche que celle du thon.

____

(1) Aj. *Sc. coretta*, N., Sloane, Jam., I, 1, 3 ;—*Dangiri mangelang*, Renard, I, lxxvi, 189.

Les Auxides. (Auxis. N.) (1)

Ont, avec le corselet et les pectorales médiocres des thons,
les dorsales séparées comme dans les maquereaux.

Il y en a une dans la Méditerranée,

Le *Bonicou* ou *Scombre Laroche* de Risso , ou *Scomber
bisus*. Rafinesque. Caratt. pl. II. f. 1. Egypt. XXIV. 6.)

A dos d'un beau bleu, des lignes obliques noirâtres ; à
chair d'un rouge foncé.

Les Antilles en possèdent une autre que l'on y nomme
Thon, et qui devient aussi grande que le thon d'Europe (2).

Les Sardes. (Sarda. N.) (3)

Se distinguent des thons seulement par des dents pointues, distinctes, et assez fortes.

On n'en connaît qu'une, abondante dans la mer Noire et
la Méditerranée (*Scomber sarda*, Bl., 334), Aldrov., 313,
Salvian., 123, Bélon., 179 (4). Bleue, à dos rayé obliquement de noirâtre. Elle habite aussi les deux Océans. C'est
un poisson remarquable par l'extrême longueur de sa
vésicule du fiel, qui était déjà connue d'Aristote (5).

Les Tassards. (Cybium. N.) (6)

Ont le corps alongé , sans corselet et des dents grandes ,
comprimées, tranchantes, en un mot en forme de lancettes.
Leurs palatins n'ont que des dents en velours ras. Il y en a

---

(1) *Auxis*, nom ancien d'un poisson de la famille des thons.

(2) Aj. le *Tasard*, Lacép., IV, p. 8 ; — L'*albacore*, Sloane, Jam., I,
1, 1?

(3) Sarda était le nom ancien du thon pêché et salé dans la mer occidentale.

(4) C'est l'*Amia* des anciens, et de Rondelet, 238 , le *Sarda* de Rondelet, 248, en est le jeune âge. C'est aussi le *Scomber palamitus* de
Rafinesque, le *Sc. ponticus* de Pall., Zoogr. rcss.

(5) Arist., Hist., II, c. 15. Au reste, le thon commun a la vésicule du
fiel tout aussi longue.

(6) *Cybium*, nom ancien d'une préparation de thon et d'un poisson
de la famille des thons.

plusieurs dans les parties chaudes des deux Océans, dont quelques-uns deviennent fort grands (1).

Les Thyrsites (2).

Diffèrent des cybiums, parce que leurs dents antérieures sont plus longues que les autres, et qu'il y a aussi des dents pointues à leurs palatins. Leur queue n'a point de carène latérale.

Ce petit sous-genre conduit sensiblement aux lépidopes et aux trichiures (3).

Les Gempyles (4).

Ressemblent aux thyrsites par les dents des mâchoires, mais ils manquent de dents au palais, et leurs ventrales sont presque imperceptibles, ce qui est encore un rapport avec les lépidopes (5).

Les Espadons. (Xiphias. Linn.)

Appartiennent à la famille des scombéroïdes, et sé rapprochent particulièrement des thons, par leurs écailles infiniment petites, par les carènes des côtés de leur queue, par la force de leur caudale, et par toute leur organisation intérieure. Leur caractère distinctif consiste dans le bec ou la longue pointe en forme d'épée ou de broche, qui termine leur mâchoire supérieure, et leur fait une arme offensive très puissante, avec la-

---

(1) *C. Commersonii*, N., *Sc. Commersonii*, Lacép., ou *Konam*, Russel, 135; — *C. lineolatum*, N., *Mangelang*, Russ., I, vii, 53; — *C. guttatum*, N., ou *Sc. guttatus*, Bl. Schn., pl. v, *Vingeram*, Russel, 134; — *C. maculatum*, ou *Sc. maculatus*, Mitch., Trans. New-Y., I, vi, 8; — *C. regale*, N., ou *Sc. regalis*, Bl., 333, qui est aussi le *Scomberomore plumier*, Lacép., III, 293; — *C. cavalla*, ou *Guarapuca*, Margr., 178.

(2) Nom ancien d'un poisson de cette famille.

(3) *Scomber dentatus*, Bl. Schn., ou *Sc. atun*, Euphrasen et Lacép., ou *Acinacée bâtarde*, Bory Saint-Vincent.

(4) Nom ancien d'un poisson inconnu.

(5) *Gempylus serpens*, N., ou *Serpens marinus compressus lividus*, Sloane, I, 1, f. 2.

quelle ils attaquent les plus grands animaux marins.
Ce bec se compose principalement du vomer et des intermaxillaires, et est renforcé à sa base par l'ethmoïde,
les frontaux et les maxillaires. Leurs branchies ne sont
pas divisées en dents de peignes, mais formées chacune de deux grandes lames parallèles, dont la surface est réticulée (1). Leur rapidité est excessive; ils ont
la chair excellente.

LES ESPADONS proprement dits. (XIPHIAS. N.)

N'ont point de ventrales.
On n'en connaît qu'un,

L'*Espadon commun.* (*Xiphias gladius.* L.)

A pointe aplatie horizontalement et tranchante comme
une large lame d'épée. Les côtés de sa queue sont fortement
carénés; Il n'a qu'une dorsale, mais qui s'élève de l'avant
et de l'arrière, et dont le milieu s'use avec l'âge, au point
qu'il paraît en avoir deux. C'est un des plus grands et des
meilleurs poissons de nos mers; on en a souvent de quinze
pieds et plus. Il est plus commun dans la Méditerranée
que dans l'Océan. Un crustacé parasite (2) entre dans sa
chair, et le rend quelquefois si furieux, qu'il échoue sur
le rivage (3).

LES TETRAPTURES. (TETRAPTURUS. Rafinesque.)

Ont la pointe du museau en forme de stylet, et des ventrales consistant chacune en un seul brin non articulé. Leur
caudale a de chaque côté de sa base, deux petites crêtes saillantes comme dans le maquereau.

Il y en a un dans la Méditerranée; l'*Aiguille* des Sici-
liens, *Tetrapturus belone*, Rafin., Caratt., pl. I, f. 1.

---

(1) C'est ce qui a fait dire à Aristote, que le xiphias a huit branchies.
(2) Il est nommé mal à propos par Gmel. *Pennatula filosa.*
(3) *N. B.* Le *Xiphias imperator*, Bl. Schn., pl. 21, pris de Duhamel,
sect. IV, pl. XXVI, f. 2, n'est que la copie d'une mauvaise figure donnée
par Aldrovande (Pisc., p. 332) comme celle du xiphias ordinaire. L'espèce de l'imperator doit donc disparaître.

Les Makaira. Lacép.

Ont la pointe et les deux petites crêtes des tétraptures, mais ils manquent de ventrales.

On n'en a vu encore qu'un individu, pris à l'île de Ré en 1802 (*Makaira noirâtre*, Lacép., *Xiphias makaira*, Sh. (1)).

Les Voiliers. (Istiophorus. Lacép. Notistium. Herman.)

Ont le bec et les crêtes de la queue comme les tetraptures, mais leur dorsale est très haute, et leur sert à prendre le vent lorsqu'ils nagent, et leurs ventrales longues, grêles, sont composées de deux rayons.

Il y en a quelques espèces encore mal déterminées, dont une de la mer des Indes (*Scomber gladius*, Broussonet, Acad. des Sc., 1786, pl. 10.) *Xiphias velifer*, Bl., Schn., *Xiphias platisterus*, Shaw., IV, part., II, p. 101, a été décrite depuis long-temps (2).

Tous ces poissons atteignent une très grande taille.

Les Centronotes. (Centronotus. Lac.)

Sont un grand genre de scombéroïdes caractérisés, parce que les épines qui, dans les acanthoptérygiens, en général, forment ou la partie antérieure de la dorsale, ou une première dorsale séparée, sont libres et non réunies par une membrane commune. Leurs ventrales existent d'ailleurs toujours. Ils se subdivisent comme il suit :

Les Pilotes. (Naucrates. Rafin.)

Joignent à ces épines libres du dos, un corps en fuseau, et

---

(1) Il reste même à savoir si ce n'était pas un tétrapture qui avait perdu ses ventrales. La figure de M. de Lacép., IV, xiii, 3, est faite d'après le dessin grossier d'un pêcheur.

(2) Il a été représenté aussi par Nieuhof; ap. Willughb., app., pl. V, f. 9, par Renard, I, pl. 34, f. 182, et II, pl. 54, f. 233; par Valentyn, n° 527. Le *Gucbucu*, Margr., 171, paraît à peine différer de l'espèce des Indes. Bl., 345, est une copie falsifiée d'une figure du prince Maurice, qui différait beaucoup moins de celle de Margrave.

une carène aux côtés de la queue comme les thons, et deux épines libres au devant de l'anale.

L'espèce commune, ou le *fanfre* de nos matelots provençaux (*Garterosteus ductor*, Lin., *Scomber ductor*, Bl., 338), est bleue, avec de larges bandes verticales d'un bleu plus foncé. Son nom de *pilote* vient de ce qu'elle suit les vaisseaux pour s'emparer de tout ce qui en tombe; et comme le requin a aussi cette habitude, quelques voyageurs ont dit qu'elle sert de guide au requin; sa taille n'est guère que d'un pied.

Il y en a au Brésil une espèce noire, le *Ceixupira*, Margr., 158 (*Scomber niger*, Bl., 337), qui atteint jusqu'à huit ou neuf pieds de longueur.

Les Élacates.

Ont la forme générale des pilotes, et leurs épines libres du dos; mais leur tête est aplatie horizontalement, et ils n'ont ni carène à la queue, ni épines libres au devant de l'anale (1).

Les Liches. (Lichia. N.)

Ont, avec les épines libres du dos, et deux autres libres aussi devant l'anale, le corps comprimé, et la queue sans carènes latérales. En avant des épines du dos en est une couchée et dirigée en avant.

La Méditerranée en nourrit trois espèces déjà bien caractérisées par Rondelet, et toutes très bonnes comme aliment.

La *Liche* propre ou *Vadigo*. (*Scomber amia*. L.) Rondel. 254. *Amia*. Salv. 121.

A ligne latérale fortement courbée en S; grande espèce qui atteint à plus de quatre pieds de long, et pèse jusqu'à cent livres.

---

(1) *El. motta*, N., *Pedda mottah*, Russel, 153; — *El. americana*, N., *Centronotus spinosus*, Mitch., Trans., Noveb., I, 111, 9, qui est probablement le *Gasterosteus canadensis*, L., et quelques espèces nouvelles.

Le *Derbio*. Rond. 252. (*Sc. glaucus* L.)

A ligne latérale à peu près droite; l'anale et la deuxième dorsale marquées d'une tache noire en avant. Les dents en velours.

La *Liche sinueuse*. Rond. 255. (*L. sinuosa*. N.)

Le bleu du dos, distingué de l'argenté du ventre par une ligne en zigzag; les dents en crochets sur une seule rangée (1).

M. de Lacépède, sépare des liches, sous le nom peu approprié de Scombéroïdes, les espèces où les derniers rayons de la deuxième dorsale et de l'anale sont séparés en fausses nageoires comme dans les scombres proprement dits (2).

Les Trachinotes. Lacép.

Dont ses Acanthinions et ses Cæsiomores, ne diffèrent pas génériquement, sont des liches à corps élevé, à profil tombant plus verticalement, à dorsale et anale aiguisées en pointes plus alongées (3).

Les Rhinchobdelles. (Rhinchobdella. Bl. Schn.)

Ont des épines libres sur le dos, comme les centro- notes, et deux épines libres au devant de l'anale, mais ils manquent de ventrales, comme les espadons propre- ment dits. Leur corps est alongé.

Il y en a deux sous-genres.

---

(1) Aj. *Scomb. calcar*, Bl., 336, f. 2.

(2) *Scomber Forsteri*, Bl. Schn. , ou *Scombéroïde commersonien*, Lacép., II, xx, 3, ou *Aken parah*, Russel, 141; — *Tolparah*, Russel, 138; — *Sc. aculeatus*, Bl., 336, 1; — *Sc. lysan*, Forsk; — *Sc. saliens*, Bl., 335; et Lacép., II, xix; — *Gasterosteus occidentalis*, L., Brown., Jam., xlvi, 2; — *Quiebra-acha*, Parra, xii, 2.

(3) *Chætodon glaucus*, Lacép., 210, ou *Acanthinion bleu*, Lacép., IV, 500; — *Chæt. rhomboïdes*, Bl., 209, ou *Ac. rhomboïde*, Lac.; — *Gas- terosteus ovatus*, L., ou *Mookalée parah*, Russel, 154; — *Cæsiomore Bloch.*, Lacép., III, iii, 2; — *Scomber falcatus*, Forsk.; — *Cæsiomore baillon*, Lacép., III, iii, 1; — *Botlah-parah*, Russel, 142.

Dans

LES MACROGNATHES. Lacép.

Le museau se prolonge en une pointe cartilagineuse qui dépasse la mâchoire inférieure ; la seconde dorsale et l'anale sont distinctes de la caudale (1). Dans

LES MASTACEMBLES. (MASTACEMBELUS, Gronov.)

Les deux mâchoires sont à peu près égales, et la caudale et l'anale presque réunies à la caudale (2).

Les uns et les autres vivent dans les eaux douces de l'Asie, et s'y nourrissent de vers qu'ils cherchent dans le sable. Leur chair est estimée.

Peut-être est-ce ici que l'on doit placer un genre sur lequel on n'a encore que des notions incomplètes ; celui des

NOTACANTHES. Bl. (CAMPILODON. Oth. Fabric.)

Leur corps est très alongé, comprimé, revêtu d'écailles petites et molles, leur museau obtus saille en avant de la bouche, qui est armée de dents fines et serrées ; il n'y a sur le dos que des épines libres ; les ventrales sont en arrière sous l'abdomen ; une anale très longue règne jusqu'au bout de la queue, où elle se joint à une très petite caudale.

On n'en connaît qu'une espèce (*Notacanthus nasus*, Bl. 431, de la mer Glaciale, longue de deux pieds et demi.

LES SÉRIOLES. (SERIOLA. N.)

Offrent tous les caractères des liches ; une épine couchée avant la première dorsale ; une petite nageoire libre

---

(1) *Rhynchobdella orientalis*, Bl. Schn., ou *Ophidium aculeatum*, Bl., 159, 2, ou *Macrognate aiguillonné*, Lacép., II, VIII, 3 ;— *Rh. polyacantha*, Bl. Schn., ou *Macrognate armé*, Lacép. ; Buchan., pl. XXXVII, x, 6 ;—*Rh. aral.*, Bl. Schn., pl. LXXXIX ;—*Macrogn. pancalus*, Buchan., XXII, 7.

(2) *Rhynchobdella halepensis*, Bl. Schn. ; Gronov., Zooph., pl. VIII, a, x.

soutenue par deux épines en avant de l'anale; le corps comprimé, une ligne latérale sans carène ni armure, mais les épines de leur première dorsale sont unies en nageoire par une membrane.

Une de leurs espèces, le *pêche lait* de nos colons de Pondichéry (*Scomber lactarius*, Bl., Schn.), Russell., 108, est remarquable par l'extrême délicatesse de sa chair. Une autre (*Seriola cosmopolita*, N., *Scomber chloris*, Bl., 339), comme étant du petit nombre des poissons que l'on rencontre dans les deux Océans (1).

Il y en a une espèce dont le dernier rayon de la dorsale et de l'anale est détaché (*Seriola bipinnulata*, Nob.), Zool. de Freycin., pl. 61, f. 3.

LES PASTEURS. (NOMEUS. Nob.)

Long-temps placés parmi les gobies, ont de grands rapports avec les sérioles; mais leurs ventrales extrêmement grandes et larges, attachées au ventre par leur bord interne, leur donnent un caractère particulier.

On en a une espèce des mers d'Amérique le *Harder*, Margr., 153 (*Nomeus mauritii*, N.), argentée, à bandes transverses noires sur le dos (2).

LES TEMNODONS. Nob.

Ont la queue sans armure, la petite nageoire où les épines libres au devant de l'anale des sérioles; leur première dorsale est très frêle et très basse; la seconde et

---

(1) Aj. *Sériole Dumeril*, Risso.; — *Scomber fasciatus*, Bl., 341; — *Sériole de Rafinesque*, Risso ou *Trachurus aquilus*. Raff. caratt. XI, 3.

(2) C'est le *Gobius gronovii*, Gmel., le *Gobiomore gronovien*, Lacép., l'*Eleotris mauritii*, Bl. Schn., et le *Scomber zonatus*, Mitch., Trans. New-Yorck, I, IV, 3. Il grandit comme un saumon. L'autre *Harder*, Margr., bras., 166, paraît un muge.

Harder ou *Herder* (berger) est un nom que les matelots hollandais donnent à divers poissons, d'après des idées semblables à celles qui ont fait donner par les nôtres ceux de *conducteur*, de *pilote*, etc. Peut-être même a-t-on confondu notre *nomeus* avec le *pilote* ordinaire, à cause de la ressemblance de ses bandes noires.

l'anale sont couvertes de petites écailles ; mais leur principal caractère consiste dans une rangée de dents séparées, pointues et tranchantes, à chaque mâchoire ; derrière celles d'en haut en est une rangée de petites ; et il y en a en fin velours au vomer, aux palatins et à la langue. Leur opercule finit en deux pointes, et ils ont sept rayons aux ouïes.

On n'en connaît bien qu'un (*Temn. saltator*, N.), argenté) de la taille du maquereau, qui est du petit nombre des poissons communs aux deux Océans (1).

LES CARANX. (CARANX. N.)

Sont des scombéroïdes caractérisés par une ligne latérale cuirassée sur une étendue plus ou moins grande, de pièces ou de bandes écailleuses carénées, et souvent épineuses. Ils ont deux dorsales distinctes, une épine couchée en avant de la première ; les derniers rayons de la seconde faiblement liés, et quelquefois séparés en fausses nageoires ; des épines libres ou formant une petite nageoire au devant de l'anale.

Nos mers d'Europe en nourrissent plusieurs, semblables au maquereau pour la forme générale et par le goût, remarquables, parce que les bandes ou plaques qui garnissent leur ligne latérale commencent dès l'épaule.

On les confond sous les noms de *Saurels*, *Maquereaux bâtards*, etc. (*Scomber trachurus*, Lin.), mais ils diffèrent par le nombre des bandes (2), et l'inflexion plus ou moins rapide de leur ligne latérale. On en trouve jusqu'à la Nouvelle-Zélande de fort semblables aux nôtres.

---

(1) Nous l'avons presque sans différence d'Alexandrie, des États-Unis, du Brésil, du Cap et de la Nouvelle-Hollande. C'est le *Cheilodiptère heptacanthe*, Lacép., III, xxi, 3, d'après Commerson, et son *Pomatome skib*, IV, viii, 3, d'après Bosc. C'est aussi le *Perca saltatrix*, Linn.; Catesb., II, viii, 2 ou *Spare sauteur*, Lacép. — aj. *perca antarctica*. Carmich. Trans. lin. XII, xxv ?

(2) Il y a depuis 70 jusqu'à 100 de ces bandes.

Les autres caranx n'ont de plaques que sur la partie postérieure et droite de leur ligne latérale; sa partie antérieure et arquée, n'a que de petites écailles.

Il y en a en forme de fuseau comme le saurel d'Europe; et parmi eux, quelques-uns ont une seule fausse nageoire à la dorsale et à l'anale (1), d'autres en ont plusieurs (2), mais le plus grand nombre n'en a point (3).

Quelques caranx, dont le corps est plus élevé, mais qui ont encore le profil oblique et peu convexe, se font remarquer par des dents sur une seule rangée (4).

Nos marins nomment CARANGUES, des poissons de ce genre, à corps élevé, à profil tranchant, courbé en arc convexe, et descendant rapidement. Les espèces en sont très nombreuses dans les deux Océans.

La *Carangue* des Antilles. (*Scomber carangus*. Bl. 34o.)

Est argentée, avec une tache noire à l'opercule, et pèse souvent de vingt à vingt-cinq livres. C'est un bon poisson, et très sain.

Une espèce très semblable, mais sans tache noire,

La *Carangue bâtarde*. (*Guaratereba*. Séb. III. xxvii. 3.)

Est au contraire très sujette à être empoisonnée (5).

---

(1) *Kurra-wodagahwah*, Russel, 139; — *Car. punctatus*, N., nommé *Scomber hippos*, par Mitch., Trans. de New-York, I, v, 5; mais qui n'est pas l'hippos de Linnæus; — *Curvata pinima*, Margr., bras., 15o.

(2) *Scomber Rotleri*, Bl., 346, et Russel, 143; — *Sc. cordyla*, L.; mais non pas ses synonymes, qui sont des *Carangues*.

(3) *Scomber crumenophtalmus*, Bl., 343; — *Scomber Plumieri*, Bl., 344, le même que *Sc. ruber*, 343, et que le *Caranx Daubenton*, Lacép., III, 71.

(4) *Scomber dentex*, Bl. Schn.; — *Caranx lune*, Geoffr. Saint-Hil., Egypte, poiss., xxiii, 3, dont *Citula Banksii*, Riss., 2e ed., VI, 13, et peut être *Trachurus imperalis*. Rafin. Car. XI, 1, sont au moins très voisins.

(5) Aj. le *Scomber hippos* de Linn., qui est le *Sc. chrysos* de Mitchill.; — *Ekalah parah*, Russel, 146, peut-être le *Scomber ignobilis*, Forsk.; — *Car. sex fasciatus*, Quoy et Gaym., Zool. de Freycin., pl. 65, f. 4; — *Jarra dandrée parah*, Russel, 147; — *Scomber Kleinii*, Bl., 347, 2; —*Sc. sansun*, Forsk.; — *Kuguroo parah*, Russel, 145; —*Talan parah*, id., 15o, ou *Scomber malabaricus*, Bl., Schn.; — *Wootim parah*, Russel, 148.

On pourrait encore distinguer les carangues sans aucunes dents (1), et les carangues à pointes de la deuxième dorsale et de l'anale très prolongées, que j'avais nommées CITULES (2).

On passe ainsi par degrés à des poissons que l'on pourrait réunir sous le nom commun de

VOMER ,

Et qui sont de plus en plus comprimés et élevés, où l'armure de la ligne latérale s'affaiblit successivement, dont la peau devient fine, satinée, sans écailles apparentes, qui n'ont que des dents en velours ras, et qui se distinguent entre eux par divers prolongements de quelques-unes de leurs nageoires.

Linnæus et Bloch les rangeaient dans le genre ZEUS, mais avec peu de propriété. Nous les divisons comme il suit :

LES OLISTES. (OLISTUS. N.)

Diffèrent des citules, en ce que les rayons mitoyens de leur seconde dorsale ne sont pas branchus, mais seulement articulés, et qu'ils se prolongent en longs filaments (3).

LES SCYRES. (SCYRIS. N.)

Ont les mêmes filaments et à peu près la même forme ; mais les épines, qui devraient former leur première dorsale, sont entièrement cachées dans le bord de la seconde. Leurs ventrales sont courtes (4).

LES BLEPHARIS. CUV.

Ont de longs filaments à leur deuxième dorsale, et à leur anale ; leurs ventrales sont très prolongées, et les épines de

---

(1) *Scomber speciosus*, Lacép., III, 1, 1, ou *Polooso-parah*, Russel, 149, dont le *Car. petaurista*, Geoffr., Eg., XXIII, 1, paraît l'adulte.

(2) *Tchawil-parah*, Russel, 151 ; — *Mais-parah*, id., 152.

(3) L'espèce est nouvelle.

(4) Le *Gal d'Alexandrie*, Geoffr., Eg., poiss., XXII, 2.

la première sont courtes, et percent à peine la peau (1). Leur corps est élevé. Leur profil n'a qu'une inclinaison ordinaire.

Les Gals. Cuv.

Ont le profil plus vertical que les blepharis, mais offrent du reste les mêmes caractères (2).

Dans les Argyreyoses,

Le profil est encore plus élevé; la première dorsale se prononce tout-à-fait, et même ses rayons se prolongent, en partie, en filaments, comme ceux de la seconde. Leurs ventrales sont aussi très prolongées (3).

Les Vomers proprement dits.

Avec le corps comprimé, et le profil vertical des Gals et des Argyreyoses, n'ont point de prolongements à aucune de leurs nageoires (4).

Le genre

Zeus. Linn.

Après qu'on en a retranché les gals, les argyreyoses, etc., comprend des poissons à corps comprimé, à bouche très protractile, comme celle des ménides à petites écailles, n'ayant que des dents faibles et peu nombreuses, mais on doit aussi beaucoup les subdiviser.

---

(1) *Zeus ciliaris*, Bl., 196; — *Zeus sutor*, N., le *cordonnier* de la Martinique.

(2) *Zeus gallus*, L., Bl., ou *Gurrah-parah*, Russel, 57; — le petit Gal; *chewoola-parah*, id., 58.

(3) *Zeus vomer*, L., Mus. ad Fred., XXXI, 9, et mieux, Bl., 93, 2, ou *Abacatuia*, Margr., 161; *Zeus rostratus*, Mitch., Trans. de New-Y., II, 1.—N. B. le *Zeus niger*, Bl., Schn., n'est fondé que sur une méprise, parce que, dans le Margrave imprimé, une figure d'*Abacatuia* a été placée par mégarde, p. 145, à côté de la description du *Guaperva* ou *Chœtodon arcuatus*. La *Sélène argentée*, Lacép., IV, IX, 2, est un *Abacatuia* dont la première dorsale et les ventrales étaient usées. Sa *Sélène quadrangulaire* est le *Chœt. faber*.

(4) *Zeus setapinnis*, Mitchill., Trans. New-Y., I, 9. Labat., Voyage de Desmarchais, I, p. 312.

Les Dorées. (Zeus. Nob.)

Ont la dorsale échancrée, ses épines accompagnées de longs lambeaux de la membrane, et une série d'épines fourchues le long des bases de la dorsale et de l'anale.

Nous en avons dans nos deux mers une espèce (*Zeus Faber*, Lin.), Bl., 41, jaunâtre, avec une tache ronde et noire sur le flanc, que l'on connaît sous les noms de *Dorée* et de *poisson saint Pierre*. C'est un très bon poisson.

La Méditerranée en possède une autre, distinguée par une forte épine fourchue à son épaule (*Z. pungio*, Nob., Rondel., 328).

Les Capros. Lacép.

Ont la dorsale échancrée des dorées, et la bouche encore plus protractile ; mais il n'y a pas d'aiguillons le long de leur dorsale et de leur anale ; tout leur corps est couvert d'écailles fort rudes.

On n'en connaît qu'un de la Méditerranée, petit, jaunâtre (*Zeus aper*, L.) (1).

Les Lampris. Retzius. Chrysotoses. Lacép.

N'ont qu'une dorsale très élevée de l'avant, ainsi que l'anale, et qui n'a qu'une seule petite épine à la base de son bord antérieur. Leurs ventrales ont dix rayons très longs, et les lobes de leur caudale sont aussi très alongés, mais tous ces prolongements s'usent avec l'âge. Les côtés de la queue sont relevés en carène.

On n'en connaît qu'un des mers du Nord (*Lampris guttatus*, Retz.), qui devient fort grand et est violet, tacheté de blanc, et a les nageoires rouges (2).

---

(1) C'est aussi le *Perca pusilla* de Brunnich.

(2) C'est le *Zeus regius*, Bonnat. Encycl., ichtyol., fig. 155. Le *Z. imperialis*, Shaw., Nat. misc., nº 140 ; le *Z. luna*, Gmel ; le *Z. guttatus*, Brunnich, Soc. des Sc. de Copenh., III, 388 ; le *Scomber pelagicus*, Gunner, Mém. de Dronth., IV, xii, 1 ; le *Chrysotose lune*, Lacép., IV, ix, 3 ; le *Poisson de lune*, Duham., sect. IV, pl. vi, f. 5 ; l'*Opah* de Pennant, etc.

14*

Les Equula. Cuv.

N'ont aussi qu'une seule dorsale, mais à plusieurs aiguillons, dont les antérieurs sont quelquefois très élevés; leur museau est très protractile, leur corps comprimé, les bords de leur dos et de leur ventre dentelés le long des nageoires.

Ce sont de petits poissons dont il y a plusieurs espèces dans la mer des Indes (1).

Quelques-unes de ces espèces ont, dans l'état de repos, le museau singulièrement retiré, et en le déployant subitement elles saisissent les petits poissons ou insectes qui passent à leur portée (2).

Les Mènes. Lacép.

Ont le museau des equula, et le corps encore plus comprimé; leur ventre est tranchant, et son bord très convexe vers le bas, par le développement des os de l'épaule, et du bassin, tandis que la ligne du dos est presque droite, ce qui recule leurs ventrales en arrière de leurs pectorales.

On n'en connaît qu'un de la mer des Indes, et de la Chine, *Mené Anne-Caroline*, Lacép.,V, xiv, 2, ou *Zeus maculatus*, Bl., Schn., pl. xxii, Russel., 60. D'un bel argenté tacheté de noirâtre vers le dos.

Les Stromatées. (Stromateus. L.)

Ont la même forme comprimée que les différents Zeus; les mêmes écailles très petites et peu apparentes, sous un épiderme satiné; mais leur museau est obtus, non protractile; ils n'ont qu'une dorsale dont les aiguil-

---

(1) Le type de ce genre est le *Scomber equula* de Forskal, dont Gmelin a fait son *Centrogaster equula*, et Lacép. son *Cœsio poulain.* Aj. *Eq. ensifera*, Nob., ou *Scomber edentulus*, Bl., 428, on *Leyognathe argenté*, Lacép.; — *Eq. cara*, N., Russel, 66; — *Eq. fasciata*, N., ou *Clupea fasciata*, Lacép., V, p. 463, Mém. du Mus., I, xxiii, 2;—*Eq. splendens*, N., Russel, 61;—*Eq. daura*, N., Russ., 65:—*Eq. totta*, Russ., 62;—*Eq. coma*, Russ. et Seb., III, xxvii, 4, 63;—*Eq. ruconius*, Buchan., XII, 35; — *Eq. minuta*, N., ou *Scomber minutus*, Bl. 429, 2, qui pourrait bien être le même que le *Zeus argentarius*, Forster, IX, Schn., 96.

(2) *Eq. insidiatrix*, N., ou *Zeus insidiator*, Bl., 192, f. 2 et 3.

lons peu nombreux sont cachés dans le bord antérieur,
et surtout ils manquent de ventrales. Leurs nageoires,
verticales, sont assez épaisses pour qu'on puisse aussi
vouloir les rapprocher des squammipennes. Outre la
ligne latérale ordinaire, il y a sur leur flanc une strie
qui a été prise pour une deuxième ligne latérale. Leur
œsophage est armé en dedans d'une quantité d'épines
qui tiennent à la veloutée par des racines disposées en
rayons.

La Méditerranée en a une jolie espèce oblongue (*Stromateus fiatola*, L.), Belon., Aquat., 153, Rondel., 493 (1), remarquable par ses taches et ses bandes interrompues de couleur dorée, sur un fond plombé.

Les côtes du Pérou en possèdent un (*Str. stellatus*, N.) à peu près de même forme, mais semé de taches noires; commun au marché de Lima.

Il y en a, dans la mer des Indes, plusieurs autres espèces connues de nos colons français sous le nom de *Pamples;* elles sont généralement plus hautes que la fiatole, et l'on voit souvent des épines ou des lames tranchantes au devant de leur dorsale et même de leur anale (2).

On peut en distinguer

LES PEPRILUS.

Dont le bassin forme, en avant de leur anus, une petite lame tranchante et pointue, que l'on pourrait être tenté de prendre pour un vestige de ventrales (3). D'ailleurs ils ont

____

(1) Cette figure, où la pectorale gauche, reployée vers le bas, a paru à M. de Lacépède être une ventrale, a donné lieu à l'établissement de son genre *Chrysostrôme*, qui en conséquence doit être supprimé.

(2) La *Pample noire, stromateus niger*, Bl., 422, et mieux 160 sous le faux nom de *Str. paru*, Russel, 43 ; — la *Pample blanche, Str. albus*, N. Russel, 44 ; — la *Pample éclatante, Str. candidus*, N. Russel, 42; — la *Pample argentée, Str. argenteus*, Euphrasen, Nouv. Mém. de Stokh, IX, pl. ix, ou *Str. aculeatus*, Bl., Schn. ; — la *Pample grise, Str. griseus*, N.

(3) *Chœtodon alepidotus*, Linn., ou *Stromateus longipinnis*, Mitchill.; — *Str. cryptosus*, Mitch.; — *Str. paru*, Sloane, Jam., II, pl. ccl, fig. A.

aussi les lames tranchantes dont nous venons de parler ; et même nous en avons un où ces lames sont crénelées (1)

LES LUVARUS. Rafinesque.

Paraissent se rapprocher beaucoup des peprilus ; l'extrémité de leur bassin porte une petite écaille qui sert comme d'opercule à l'anus. On ne leur voit point de lames tranchantes. Leur queue a, de chaque côté, une carène prononcée, comme dans les *thons*, les *lampris*.

Nous en avons une très grande espèce dans nos mers (*Luvarus imperialis*, Rafin., Ind. d'Ittiol., Sicil., pl. 1, f. 1), argentée, à dos rougeâtre (2).

LES SESERINUS. Cuv.

Ont tous les caractères des stromatées, même à l'intérieur ; mais on leur voit deux très petites ventrales, ou plutôt deux vestiges de ventrales.

La Méditerranée en a une petite espèce (*Seserinus rondeletii*, N.), Rondel., 257.

LES KURTES. (KURTUS. Bl.)

Tiennent de près aux *peprilus*, dont ils diffèrent surtout parce que leur dorsale est moins étendue en longueur, et parce que leurs ventrales sont bien développées ; leur anale est longue ; leurs écailles sont si fines, qu'on ne les aperçoit guères que lorsque la peau se dessèche ; il n'y en a point aux nageoires ; on compte sept rayons à leurs ouïes ; leur bassin a une épine entre les ventrales, et il y a de petites lames tranchantes au de-

---

(1) *Peprilus crenulatus*, Nob., espèce petite et nouvelle.

(2) On en a pris un à l'île de Ré, en 1826, dont nous avons reçu la figure par M. *Journal Rouquet*, employé des douanes dans cette île.

Je soupçonne que l'on doit y rapporter, au moins comme congénère, l'*Ausonia Cuvieri*, Risso, deuxième édition, pl. xi, f. 28, à laquelle cependant on représente deux épines à l'anus.

vant de la dorsale, dont la base a une épine couchée en avant.

Leur squelette offre une grande singularité, en ce que ses côtes sont dilatées, convexes, et forment des anneaux qui se touchent les uns les autres, et enferment ainsi un espace conique et vide qui se prolonge sous la queue dans les anneaux inférieurs des vertèbres, en un tube long et mince qui renferme la vessie natatoire.

Le *Kurtus indicus*, Bl., 169,

Pourrait bien n'être que la femelle du *Kurtus cornutus* ou *Somdrum-Kara-Mottee* de Russel, poisson très remarquable par une petite corne cartilagineuse et courbée qui s'élève sur la première des petites lames tranchantes, au-devant de la dorsale.

LES CORYPHÈNES. (CORYPHÆNA. Linn.) Vulg. *Dorades*, et par les Hollandais *Dolphin* et *Dofin*.

Ont le corps comprimé, alongé, couvert de petites écailles; la tête tranchante à sa partie supérieure, une dorsale qui règne sur toute la longueur du dos, et se compose de rayons presque également flexibles, quoique les antérieurs n'aient pas d'articulation. Il y a sept rayons à leurs ouies.

LES CORYPHÈNES proprement dites. (CORYPHÆNA. Nob.)

Ont la tête très élevée, le profil courbé en arc, tombant très rapidement, les yeux fort abaissés, des dents aux palatins comme aux mâchoires. Ce sont de grands et beaux poissons célèbres parmi les navigateurs pour la rapidité de leur natation, et la guerre qu'ils font aux poissons volants.

La *Coryphène de la Méditerranée* (*C. hippurus*. L.)

A soixante rayons à sa dorsale; d'un bleu argenté en dessus, avec des taches bleu foncé; jaune citron tacheté de bleu clair en dessous.

Il y en a dans l'Océan plusieurs espèces voisines jusqu'à présent confondues avec celle-là (1).

Les Caranxomores. Lacép.

Diffèrent des coryphènes propres, parce que leur tête est oblongue et peu élevée, et leur œil dans une position moyenne (2).

Les Centrolophes. Lacép.

Ont en outre le palais dénué de dents, et un intervalle sans rayons entre l'occiput et le commencement de la dorsale (3).

Il y a dans la Méditerranée une espèce de chacun de ces sous-genres, et elles s'égarent quelquefois dans l'Océan.

Les Astrodermus. Bonnelli.

Ont la tête élevée et tranchante, et la longue dorsale des coryphènes; mais leur bouche est peu fendue; on ne compte que quatre rayons à leurs ouies; leurs ventrales sont très petites, placées sous la gorge, et surtout les écailles éparses sur leur corps ont la forme rayonnée de petites étoiles.

On n'en connaît qu'un de la Méditerranée, argenté, ta·cheté de noir; à dorsale très élevée; à nageoires rouges (4).

Les Pteraclis. Gron. (Oligopodes. Lacép.)

Ont les dents et la tête des coryphènes, mais leurs écailles sont plus grandes, leurs ventrales jugulaires et très petites,

---

(1) Nous en décrirons plusieurs dans notre ichtyologie, et nous essaierons d'y débrouiller leur synonymie.

(2) *Scomber pelagicus*, L., Mus. ad Fred., xxx, f. 3, ou *Cychla pelagica*, Bl., Schn.; — *Cor fasciolata*, Pall., Spic., Zool. fasc., VIII, pl. iii, f. 2.

(3) *Coryphæna pompilus*, L., Rondel., 250; — le *Centrolophe nègre*, Lacép., IV, 441, le même que le *Perca nigra*, Gmel., Borlase, Hist. of Cornw., pl. xxvi, f. 8, ou *Holocentre noir*, Lacép.; le *Merle*, Duham., sect. IV, pl. vi, f. 2.

(4) *Astrodermus guttatus*, Bonnelli; ou *Diana semilunata*, Risso, 2e éd., pl. vii, f. 14.

et leur dorsale et leur anale aussi élevées que le poisson, ce qui leur donne la forme d'une haute voile.

On n'en connaît qu'un de la Caroline (*Coryphœna velifera*, Pall., Spic., Zool., fasc., VIII, pl. (1).

La huitième famille des ACANTHOPTÉRYGIENS, celle

DES POISSONS EN RUBAN ou TÆNIOIDES.

Se rattache de très près aux scombéroïdes, et son premier genre se lie même étroitement avec les gempyles et les thyrsites; ce sont des poissons très alongés, très aplatis par les côtés, à très petites écailles.

Une première tribu a le museau alongé, la bouche fendue, armée de fortes dents pointues et tranchantes, la mâchoire inférieure plus avancée que l'autre; elle ne comprend que deux genres.

LES LÉPIDOPES. (LEPIDOPUS. Goüan.) Vulgairement *Jarretières*.

Ont pour caractère spécial, des ventrales réduites à deux petites pièces écailleuses; leur corps alongé, mince, a en dessus une dorsale qui règne sur toute sa longueur, en dessous une anale basse, et se termine par une caudale bien formée. Il y a huit rayons à leurs ouïes; leur estomac est alongé. On compte plus de vingts cœcums près de leur pylore; leur vessie aérienne, longue et grêle, a un corps glanduleux fort marqué.

Nous en avons dans nos mers une espèce (*Lepidopus argyreus*, N.), longue souvent de cinq pieds, et qui a été

-----

(1) M. Bosc nous assure l'avoir pris à la Caroline; Pallas dit le sien des Moluques. Peut-être sont-ce deux espèces.

décrite sous plusieurs noms (1). On l'a prise depuis l'Angleterre jusqu'au Cap, mais elle est rare partout.

LES TRICHIURES. (TRICHIURUS. Linn. — LEPTURUS. Artedi. — GYMNOGASTER. Gronov.)

Ont les mêmes formes de corps, de museau, de mâchoires, les mêmes dents pointues et tranchantes, la même dorsale étendue sur le dos, que les lépidopes; mais ils manquent de ventrales et de caudale, et leur queue se prolonge en un long filet grêle et comprimé. A la place d'anale, ils n'ont qu'une suite de petites épines à peine visibles sous le bord inférieur de la queue; leurs ouïes n'ont que sept rayons. Ils ressemblent à de beaux rubans d'argent; leur estomac est alongé et épais; leurs intestins droits; leurs cœcums nombreux; leur vessie natatoire longue et simple.

Il y en a une espèce dans l'Atlantique (*Trichiurus lepturus*, Lin.), Brown., Jam., pl. xlv, f. 4 (2), qui se trouve également sur les côtes de l'Amérique et sur celles de l'Afrique.

Nous en connaissons deux de la mer des Indes, dont une (*Trich. haumela*, Schn., *Clupea haumela*, Forsk., et Gmel., *Savala*, Russel., I, 41) est très semblable à la précédente, et seulement un peu moins alongée.

---

(1) C'est le *Lepidopus* de Gouan., Hist. des Poiss., pl. 1, f. 4; le *Trichiurus caudatus*, Euphrasen, Nouv. Mém. de Stock, IX, pl. ix, f. 2; le *Trichiurus gladius*, Holten, Soc. d'hist. nat. de Copenh., V, p. 23 et pl. ii; le *Trichiurus ensiformis* de Vandelli, ou *Vandellius lusitanicus* de Shaw; le *Ziphotheca tetradens* de Montagu, Soc. Werner., I, p. 81 et pl. ii; le *Scarcina argyrea* de Rafinesque, Nuov. caratt., pl. vii, f. 1; le *Lepidope peron* de Risso; le *Lepidope argenté* de Nardo.

(2) C'est l'*Ubirre* de Laet, Ind. Occid., 573, qu'il a reproduit par une méprise, qu'il indique lui-même, dans Margrave, p. 161, mais à côté de la description du *Mucu*, qui est une murène; confusion qui a fait croire mal à propos à Bloch et à d'autres, que le *Trichiure* est d'eau douce.

L'autre (*Trich. savala*, N.), est encore moins alongée et a l'œil plus petit (1).

Une deuxième tribu comprend des genres à bouche petite et peu fendue.

LES GYMNÈTRES (GYMNETRUS. Bl.)

Ont le corps alongé et plat comme tous les précédents, et manquent entièrement d'anale; mais ils ont une longue dorsale, dont les rayons antérieurs prolongés, forment une sorte de panache, mais se rompent facilement; leurs ventrales sont fort longues (tant qu'elles n'ont pas été usées ou rompues), leur caudale, composée de peu de rayons, s'élève verticalement sur l'extrémité de la queue, laquelle finit en petit crochet. Il y a six rayons à leurs ouïes; leur bouche est peu fendue, très protractile, et n'a que quelques petites dents; leur ligne latérale a de petites épines plus saillantes vers la queue. Ce sont des poissons très mous, à rayons très frêles, qui ont souvent été présentés d'une manière fausse, d'après des individus mutilés (2); leur squelette a les os et

---

(1) C'est à cause d'une transposition dans le texte de Nieuhof, que l'on a attribué aux trichiures des Indes des propriétés électriques que bien sûrement ils n'ont pas.

(2) Le *Falx venetorum* de Belon, dont Gouan a fait son genre TRA-CHYPTÈRE, et qui est devenu le *Cepola trachyptera*, Gmel., ne diffère du *Tœnia altera* de Rondelet, 327, et même de son *Tœnia prima*, qui est le *Cepola tœnia*, L., et du *Spada maxima*, Imperati, 587, ou *Cepola gladius* de Walbaum et du *Tœnia falcata* d'Aldrov., ou *Cepola iris* de Walbaum, que par les diversités de mutilation des individus. Il en est de même du *Vogmar* des Islandais d'Olafsen et Powelsen, Isl., trad. fr., pl. LI, ou *Gymnogaster arcticus* de Brünnich (Soc. des scienc. de Copenhague, III, pl. XIII), qui est le genre *Bogmarus*, Bl. Schn.; du *Gymnètre cépédien*, Risso, 1ʳᵉ édit., pl. V, f. 17; de l'*Argyctius quadrimaculatus*, Rafinesque, Caratt., I, f. 3. de ses *Scarcina quadrimaculata* et *imperialis*; du *Gymnetrus mediterraneus* d'Otto; de l'*Epidesmus maculatus* de Ranzani, opuscol. scientif. fascic., VIII, et du *Regalecus maculatus*, de Nardo, Journ. de phys. de Pavie, VIII, pl. I, f. 1. Tous ces poissons diffèrent à peine

surtout les vertèbres très peu durcis; leur estomac est
alongé, et ils ont de très nombreux cœcums; la vessie
natatoire leur manque; leur chair, muqueuse, se décompose très promptement.

Il y en a dans nos mers quelques espèces qui varient par
le nombre des rayons de la dorsale, et qui, lorsqu'elles sont
entières, c'est-à-dire dans leur première jeunesse, ont souvent une apparence fort singulière, à cause des prolongements de leurs nageoires.

L'espèce la plus brillante de la Méditerranée n'a que
de cent quarante à cent cinquante rayons à sa dorsale. On
ne l'a vue que petite ou médiocre; une autre en a de cent
soixante-dix à cent soixante-quinze; il y en a dans les cabinets des individus de quatre à cinq pieds; une troisième
en a plus de deux cent, et atteint à plus de sept pieds.

La mer du Nord en produit deux espèces, dites, en
Norvège, *Roi des harengs* (1); une à laquelle on donne
tantôt cent vingt, tantôt cent soixante rayons, qui atteint
dix pieds; et une qui en a plus de quatre cent, et atteint jusqu'à dix-huit pieds (2). Leurs ventrales se composent d'un
long filet dilaté vers le bout. Il y en a aussi aux Indes (3).

LES STYLÉPHORES. (STYLEPHORUS. Shaw.)

Ont, comme les gymnètres, une caudale redressée mais

---

par l'espèce, et nullement par le genre. M. Bonnelli est celui qui a décrit
l'individu le moins mutilé; qu'il nomme *Trachypterus cristatus*, Acad.
de Tu in, XXIV, pl. IX.

(1) C'est le *Regalecus glesne, ascanius*, Ic., 2ᵉ cahier, pl. XI, qu'il a
nommé ensuite *Ophidium glesne*, Mém. de la Soc. des scienc. de Copenhag., III, p. 419, ou le *Regalecus remipes*, Brünnich, *ib.* pl. B, f. 4
et 5. Bloch., Syst., pl. 88 copie la figure d'*Ascanius* en l'altérant. Elle
est mieux copiée dans l'Encyclop. méthod., f. 358.

(2) *Gymnetrus Grillii*, Lindroth, Nouv. Mém. de Stock., t. XIX,
pl. VIII.

(3) *Gymnetrus Russelii*, Shaw., IV, part. II, pag. 195, pl. 28.
Ajout. le *Gymnetrus hawkenii*, B. 425, si toutefois cette figure est fidèle; mais le *Régalec lancéolé* ou *Ophidie chinoise*, Lacép. I, XXII, 3, ou
Gymnetrus cepedianus de Shaw, n'appartient point à ce genre.

plus courte, et l'extrémité de leur queue, au lieu de ne for-, mer qu'un petit crochet, se prolonge en une corde grêle, plus longue que le corps.

On n'en connaît qu'un individu mal conservé, pris dans la mer du Mexique, et dont on n'a eu long-temps qu'une image toute défigurée (*Stylephorus chordatus*, Shaw., Trans. Lin., I, vi ; Natur. miscell., VII, pl. 274, et Génér. zool., IV, 1re part., pl. 11) ; mais M. de Blainville en a donné une plus régulière (Journ. de phys. tome LXXXVII, pl. 1, f. 1). Cet individu ne montre point de ventrales.

Une troisième tribu a le museau court, la bouche fendue obliquement.

LES RUBANS. (CEPOLA. Linn.) (1)

Ont une longue dorsale et une longue anale, at- téignant l'une et l'autre la base de la caudale, qui est assez grande : leur crâne ne s'élève point ; leur museau est très court : leur mâchoire inférieure relevée, leurs dents bien prononcées, et leurs ventrales suffisamment dé- veloppées. Il n'y a dans leur dorsale que deux ou trois rayons non articulés et aussi flexibles que les autres. L'é- pine de leurs ventrales est seule poignante ; ils ont six rayons aux ouïes ; leur cavité abdominale est fort courte, ainsi que leur estomac. Ils ont quelques cœcums et une vessie aérienne qui s'étend dans la base de la queue.

Nous en avons une espèce dans la Méditerranée, de cou- leur rougeâtre (*Cepola rubescens*, L.), Trans. Linn., VII, xvii, et Bl., 170, sous le faux nom de *Cepola tænia* (2).

----

(1) Ce nom de CEPOLA, donné par Willughby comme appartenant à Rome au *Fierasfer*, a été appliqué par Linnæus au genre actuel dans le- quel le Fierasfer n'entre pas.

(2) Ajout. *Cepola japonica*. Voy. de Krusenstern, pl. LX, f. 1.

Les Lophotes. Giorna.

Ont la tête courte, surmontée d'une crête osseuse très élevée, sur le sommet de laquelle s'articule un long et fort rayon épineux, bordé en arrière d'une membrane, et à partir de ce rayon, une nageoire basse à rayons presque tous simples, régnant également jusqu'à la pointe de la queue, qui a une caudale distincte mais très petite; et en dessous de cette pointe est une très courte anale. Les pectorales sont médiocres, et sous elles on aperçoit avec peine des ventrales de quatre ou cinq rayons excessivement petites. Les dents sont pointues et peu serrées, la bouche dirigée vers le haut, et l'œil fort grand. On compte six rayons aux branchies; la cavité abdominale occupe presque toute la longueur du corps.

On n'en connaît qu'un,

Le *Lophote Lacépède*. (Giorna, Mém. de l'Académie imp. de Turin, 1805-1808. p. 19. pl. 2.)

Qui se trouve, mais rarement, dans la Méditerranée, et devient fort grand (1).

Une neuvième famille d'Acanthoptérygiens,

Les THEUTYES,

Tient aux scombéroïdes aussi étroitement que la précédente, mais par d'autres rapports, tels que l'armure que plusieurs de ces genres ont aux côtés de la queue ou l'épine couchée dans d'autres en avant de la dorsale, etc. Elle ne comprend qu'un très petit nombre de genres, tous étrangers, à corps comprimé, oblong, à bouche petite, peu ou point

______

(1) *N. B.* La description de Giorna est incomplète, parce qu'il n'avait qu'un individu mutilé, dont il ignorait l'origine. J'ai fait la mienne sur un individu de plus de quatre pieds, pris à Gênes. Voyez Ann. Mus. XX, xvii.

protractile, armée à chaque mâchoire de dents tranchantes, et sur une seule rangée; le palais et la langue sans dents et une seule dorsale. Ce sont des poissons herbivores, vivant de fucus et d'autres herbes marines, et dont les intestins ont beaucoup d'ampleur.

LES SIDJANS. (SIGANUS. Forsk.) BURO de Commerson; CENTROGASTER de Houttuyn; AMPHACANTHUS de Bloch.

Ont un caractère très remarquable et unique en ichtyologie, dans leurs ventrales qui ont deux rayons épineux, l'externe et l'interne; les trois intermédiaires étant branchus comme à l'ordinaire. Ils ont cinq rayons branchiaux. Une épine est couchée en avant de la dorsale. Les os styloïdes de leur épaule, se prolongent en se recourbant, jusqu'à s'attacher par leur extrémité, aux premiers inter-épineux de l'anale (1).

Les espèces en sont assez nombreuses dans la mer des Indes (2).

LES ACANTHURES (ACANTHURUS. Lacép. et Bl.) HARPURUS. Forster. Vulgairement *Chirurgiens*.

Ont les dents tranchantes et dentelées, et de chaque côté de la queue une forte épine mobile, tranchante

---

(1) Geoffr. phil. anat., I, 471 et pl. IX, f. 108.

(2) *Theutis javus*, Linn., Gronov., Zoophyl., pl. VIII, f. 4. — *Siganus stellatus*, Forsk.; — *Amphac. punctatus*, Bl. Schn., ou *Acanthurus meleagris*, Shaw; — *Buro brunneus*, Commers., Lacép., V, 421; — *Siganus rivulatus*, Forsk.; — *Amphac. nebulosus*, Quoy et Gaym., Zool. du voy. de Freycin., p. 369; — *Centrogaster fuscescens*, Houttuyn.; — *Chœtodon guttatus*, Bl., 196; — *Amph. marmoratus*, Quoy et Gaym., voy. de Freyc. Zool., pl. 62, f. 1 et 2; — *Amph. magniahac*, ib., f. 3; — *Centrogaster argentatus*, Houtt. et plusieurs autres que nous décrirons dans notre Ichtyologie.

comme une lancette, qui fait de grandes blessures à ceux qui prennent ces poissons imprudemment; c'est ce qui leur a valu leur nom vulgaire.

Il y en a dans les parties chaudes des deux Océans (1).

Quelques-uns ont la dorsale très haute (2).

On peut aussi en remarquer qui ont une sorte de brosse de poils roides, en avant de l'épine latérale (3).

Et d'autres où les dents sont dentées profondément d'un côté, comme des peignes (4).

LES PRIONURES. Lacép.

Ne diffèrent des acanthures que par l'armure des côtés de leur queue, qui consiste en une suite de plusieurs lames tranchantes horizontales et fixes (5).

LES NASONS. (NASEUS. Commers. MONOCEROS. Bl. Schn.)

Ont, comme les prionures, les côtés de la queue armés de lames tranchantes fixes : mais leurs dents sont coniques, et leur front proéminent en forme de corne ou de loupe au-dessus de leur museau : ils n'ont que quatre

---

(1) *Chœtodon chirurgus*, Bl., 208; — *Theutis hepatus*, L.; Seb., III, xxxiii, f. 3;—*Ac. glauco-pareius*, N., Seb., III, xxv, 3, qui paraît le vrai *Chœtodon nigricans*, L.; — *Chœtodon triostegus*, Brousson., Dec. Icht.; no 4, ou *Acanthure zébre*, Lacép. qui est aussi son *Chœtod. zébre*, III, xxv, 3;—*Ac. guttatus*, Bl. Schn.;—*Ac. suillus*, N. Renard, I, pl. 14, f. 82; — *Chœtodon lineatus*, L.; Seb. III, xxv, 1; — *Chœtodon achilles*, Broussonnet; — *Chœtodon meta*, Russel, 82; —*Chœtod. sohal*, Forsk., dont Lacépède a fait mal à propos un genre sous le nom d'*Aspisure*;— *Ac. striatus.*, N.; *Paningu*, Renard, I, pl. 1, f. 8; — *Ac. argenté*, Quoy et Gaym., voyage de Freycin., pag. 63, f. 3;—*Chœt. nigrofuscus*, Forsk.; —*Chœt. nigricans*, Bl., 203, qui n'est pas celui de Linnæus.

(2) *Ac. velifer*, Bl., 427.

(3) *Ac. scopas*, N., Renard, I, pl. xl, f. 201.

(4) *Ac. ctenodon*, N., esp. nouv.

(5) *Prionure microlépidote*, Lacép., Ann. Mus., IV, p. 205; —*Acanthurus scalprum*, Langsdorf.

rayons aux branchies, et trois rayons mous aux ventrales, leur peau est semblable à du cuir (1).

LES AXINURES. Nob.

Plus alongés que les nasons, et sans corne ni loupe, mais avec les mêmes rayons branchiaux et ventraux; ont la queue armée de chaque côté, d'une lame unique, carrée, tranchante, sans bouclier; leur bouche est très petite, et ils ont les dents très grêles (2).

LES PRIODONS. Nob.

Réunissent les dents dentelées des acanthures, les trois rayons mous aux ventrales des nasons, et la queue non armée des sidjans (3).

La dixième Famille des ACANTHOPTÉRYGIENS, comprend un petit nombre de genres, distingués par des

PHARYNGIENS LABYRINTHIFORMES,

C'est-à-dire qu'une partie de leurs pharyngiens supérieurs sont divisés en petits feuillets plus ou

---

(1) *Naseus fronticornis*, Nob., Lacép., III, vii, 2, Bl., Schn., pl. 42, Hasseq., it. pal., 332; — *Nas. tandock*, Renard., I, iv, 13; et Valent., 518; — *Chæt. unicornis*, Forsk., différent de notre première espèce. — *Nas. brevirostris*, N., Ren., I, xxiv, 130; — *Nas. tumifrons*, N., mal rendu, Ren., I, f. 178; — *Nas. incornis*, N., Ren., I, f. 128, et encore moins bien, f. 147, probabl. l'*Acanthurus harpuras*, Shaw.; — *Nas. carolinarum*, N., Quoy et Gaym., Zool. du voyage de Freycin., pl., 63, f. 1; — *Nas. tuber* Commers., ou *Nason-Loupe*, Lacép., III, vii, 3, ou *Acanthurus nasus*, Shaw., Renard., I, f. 79, Valent., n°., 119 et 478.

(2) *Axinurus thynnoides*, Nob., nouvelle espèce du hâvre Doré, à la Nouvelle-Guinée, rapportée par MM. Quoy et Gaymard.

(3) *Priodon annularis*, Nob., espèce nouvelle de Timor, rapportée par les mêmes.

moins nombreux, irréguliers, interceptant des cellules dans lesquelles il peut demeurer de l'eau qui
découle sur les branchies et les humecte pendant que
le poisson est à sec, ce qui permet à ces poissons de se
rendre à terre et d'y ramper à une distance souvent
assez grande des ruisseaux ou des étangs qui font leur
séjour ordinaire ; propriété singulière qui n'a pas été
ignorée des anciens (1), et qui fait croire au peuple
dans l'Inde, que ces poissons tombent du ciel.

LES ANABAS.

Sont ceux qui ont ces labyrinthes portés au plus haut
degré de complication; néanmoins les troisièmes pharyngiens ont des dents en pavés, et il y en a aussi sous
l'arrière du crâne. Leur corps est rond, couvert de fortes
écailles; leur tête large, leur museau court et obtus,
leur bouche petite, leur ligne latérale interrompue à
son tiers postérieur. Les bords de leur opercule, de leur
sub-opercule et de leur inter-opercule, sont fortement
dentelés, mais non celui du préopercule. Leurs ouïes ont
cinq rayons. Il y a beaucoup de rayons épineux à leur
dorsale et même à leur anale. Leur estomac est médiocre,
arrondi ; leur pylore n'a que trois appendices.

On n'en connaît qu'une espèce, dite en tamoule *Pa-
neiri*, ou *monteur aux arbres* (*Anabas testudineus*, N.) (2),
devenue célèbre parce que, non-seulement elle sort de
l'eau, mais que, selon M. Daldorf, elle grimpe même aux

---

(1) Théophraste, dans son Traité des poissons qui vivent au sec, parle
de petits poissons qui sortent des rivières pour quelque temps, et qui y
retournent ensuite, et dit qu'ils ressemblent à des muges.

(2) C'est l'*Amphiprion scansor*, Bl., Schn., p. 204 et 570, ou *Perca
scandens*, Daldorf., Trans. Linn., III, p. 62. C'est aussi l'*Anthias testudineus*, Bl., pl. 322; et le *Coius coboius*, Hamilton Buchanan, pl. xiii,
f. 38.

arbustes du rivage; cependant ce dernier fait est contesté. L'espèce est répandue dans toutes les Indes-Orientales.

LES POLYACANTHES. (POLYACANTHUS Kuhl.)

Ont les rayons épineux, autant et plus nombreux que les anabas, leur bouche, leurs écailles, leur ligne latérale interrompue, mais il n'y a de dentelures à aucune de leurs pièces operculaires; leur corps est comprimé; leurs ouïes ont quatre rayons; il y a une bande étroite de dents en velours à leurs mâchoires, mais leur palais en manque; leur appareil branchial est plus simple: leur pylore n'a que deux appendices cœcales.

Il y en a dans les eaux douces de toutes les Indes (1).

LES MACROPODES. Lacép.

Ne diffèrent des polyacanthes que par une dorsale moins étendue, qui se termine, ainsi que la caudale et les ventrales, par une pointe grêle et plus ou moins alongée. L'anale occupe plus d'espace que la dorsale.

Ce sont aussi des poissons d'eau douce, des Indes et de la Chine (2).

LES HÉLOSTOMES, Kuhl.

Ont, avec les caractères des polyacanthes, une bouche petite, comprimée, protractile, de manière qu'elle a l'air de sortir et de rentrer entre les sous-orbitaires; leurs très petites dents sont attachées aux bords des lèvres, et non aux mâchoires ni au palais; leurs ouïes ont cinq rayons. Les arceaux de leurs branchies sont garnis, du côté de la

---

(1) *Trichopodus colisa*, Ham. Buchanan; —*Trich. bejeus*, id., 118; —*Tr. cotra*, id., 119; — *Tr. lalius*, id., 120; —*Tr sola*, id., ib.;— *Tr. chuna*, id., 121; — *Trichogaster fasciatus*, Bl. Schn., pl. xxxvi, p. 164; — *Chætodon chinensis*, Bl., pl. ccxviii, f. 1.

(2) Le *Macropode vert doré*, Lacép., III, xvi, 1, et une espèce nouvelle bien plus belle encore par des bandes alternativement rouges et vertes.

15*

bouche, de lames presque semblables à celles de l'extérieur, et qui pourraient bien servir aussi à la respiration (1). Leur estomac est petit, et il n'y a que deux appendices à leur pylore, mais leur intestin est très long; ils ont une vessie natatoire médiocre et à parois épaisses.

LES OSPHROMÈNES, (OSPHROMENUS. Commers.) (2)

Ont tous les caractères des polyacanthes; mais leur chanfrein est un peu concave; leur anale occupe plus d'espace que la dorsale, comme dans les macropodes; une très fine dentelure s'aperçoit à leurs sous-orbitaires, et au bas de leur préopercule; le premier rayon mou de leurs ventrales est très prolongé. On compte six rayons à leurs ouïes. Leur corps est très comprimé.

Une espèce de ce genre, originaire de la Chine,

Le *Gourami*. (*Osphr. olfax*. Commers.) Lacép. III. III. 2.

Devient aussi grande que le turbot, et passe pour encore plus savoureuse. Elle a été introduite dans les étangs de l'île de France, où elle se propage très bien; et on l'a portée depuis peu à Cayenne. On dit que la femelle se creuse dans le sable une fossette pour y déposer ses œufs.

LES TRICHOPODES

Diffèrent des osphromènes, par un chanfrein plus convexe, et une dorsale moins étendue en longueur;

---

(1) On n'en connaît qu'une espèce des Moluques (*Helostoma Temminkii*, N.) que nous décrirons amplement dans notre Ichtyologie.

(2) Ce nom vient d'ὄσφϱομαι (olfacio), et a été imaginé par Commerson, parce qu'il croyait que les pharyngiens caverneux qui se voient dans ce poisson, comme dans les autres de cette famille, pouvaient être des organes de l'odorat, une espèce d'ethmoïde.

N. B. L'*Osphromène gal*, Lacép., *Scarus gallus*, Forsk., n'est qu'une girelle; mais nous avons deux espèces nouvelles de vrais ophromènes; *Ophr. notatus* et *vittatus*, N.

en outre il n'y a que quatre rayons à leurs ouïes. Le
premier rayon mou de leurs ventrales est aussi très
alongé.

On n'en connaît qu'une petite espèce des Moluques,
marquée d'une tache noire sur le côté (1).

LES SPIROBRANCHES. (SPIROBRANCHUS. Nob.)

Ont les formes de l'anabas; mais point de dentelures
aux pièces operculaires, et l'opercule seulement terminé
par deux pointes : il y a une série de dents à leurs palatins.

On n'en connaît qu'un (*Spirobranchus capensis* nob.),
qui est un très petit poisson d'eau douce du cap de Bonne-
Espérance.

LES OPHICÉPHALES. OPHICEPHALUS. Bl.)

Ressemblent à tous les précédents par la plupart de
leurs caractères, et notamment par cette disposition de
leurs pharyngiens en cellules, propres à retenir l'eau ;
aussi se portent-ils comme eux, en rampant dans l'herbe,
à de grandes distances des eaux qui font leur séjour
ordinaire; mais ce qui les distingue fortement et même
les sépare de tous les acanthoptérygiens, c'est qu'ils
n'ont pas d'aiguillons à leurs nageoires, si ce n'est tout
au plus le premier rayon de leurs ventrales; encore, quoique simple n'est-il pas poignant. Leur corps est alongé,
presque cilindrique; leur museau court et obtus, leur
tête déprimée, garnie en-dessus d'écailles ou plutôt de
plaques polygones, comme dans les muges, les anabas,

---

(1) C'est le *Labrus trichopterus*, Gmel., Pall., Spic., VIIIe cah.,
p. 45, le *Trichopterus Pallasii*, Shaw., IV, part. II, p. 392, le *Trichogaster trichopterus*, Bl. Schn., le *Trichopode trichoptère*, Lacép.

N. B. Le *Trichopode mentonnier*, Lacgr., ou *Trichopode satyre*,
Shaw., vol IV, part. II, p. 391, ne repose que sur une mauvaise figure
du Gourami.

etc. Il y a cinq rayons à leurs ouïes; leur dorsale s'étend sur presque toute leur longueur, et leur anale est aussi fort longue; leur caudale est arrondie; leurs pectorales et leurs ventrales médiocres: il n'y a pas d'interruption à leur ligne latérale. Leur estomac est en sac obtus; deux cœcums seulement, mais assez longs, adhèrent à leur pylore. Leur cavité abdominale se prolonge au-dessus de l'anale, jusque tout près du bout de la queue. Tous les bateleurs des Indes ont de ces poissons à sec pour divertir le peuple, et les enfants même s'amusent à les faire ramper sur le sol: dans les marchés de la Chine, on coupe les grandes espèces toutes vivantes, pour les distribuer aux consommateurs (1).

On peut les diviser d'après les nombres de rayons de leur dorsale.

Dans les uns elle n'en a que trente et quelques (2).

Dans d'autres elle en a quarante et davantage (3).

Il y en a enfin où ils passent cinquante (4).

LES MUGILOIDES

Forment une onzième famille d'acanthoptérygiens, composée du genre

DES MUGES. (MUGIL. L.)

Qui peuvent en effet être considérés comme une

---

(1) C'est incontestablement de ce genre que Théophraste a entendu parler.

(2) *Ophicephalus punctatus*, Bl., ou *Oph. lata*, Buchan. ;—*O. marginatus*, N., ou *O. gachua*, Buch. ? pl. xxi, f. 21, ou *Corc motta*, Russel, II, pl. 164 ; — *O. aurantiacus*, Buch.

(3) *Ophicephalus striatus*, Bl., 359, ou *Muttah*, Russel, pl 162, ou *O. chena*, Buchan. ? — *O. sola*, id. ; — *O. sowara*, Russel, 163.

(4) *Ophicephalus marulius*, Buchan., qui est le *Bostrichoïde œillé*, Lacép., II, xiv, 3 ; — *O. barca*, Buchan., xxxv, 20, dont le *Bostriche tacheté*, Lacép., III, p. 143, est au moins très voisin, et plusieurs espèces nouvelles que nous décrirons dans notre Ichtyologie.

famille distincte , tant ils offrent de particularités dans leur organisation ; leur corps est presque cylindrique , couvert de grandes écailles , à deux dorsales séparées, dont la première n'a que quatre rayons épineux ; leurs ventrales sont attachées un peu en arrière des pectorales. Il y a six rayons à leurs ouïes. Leur tête est un peu déprimée, couverte aussi de grandes écailles ou de plaques polygones ; leur museau très court. Leur bouche transversale forme un angle au moyen d'une proéminence du milieu de la mâchoire inférieure, qui répond à un enfoncement de la supérieure, et n'a que des dents infiniment déliées, souvent même presque imperceptibles. Leurs os pharyngiens très développés , donnent à l'entrée de leur œsophage, une forme anguleuse comme l'ouverture de la bouche , qui ne laisse arriver à leur estomac que des matières liquides ou déliées , et toutefois cet estomac se termine en une sorte de gésier charnu , analogue à celui des oiseaux; leurs appendices pyloriques sont en petit nombre , mais leur intestin est long et replié.

Ce sont de bons poissons , qui remontent en troupes aux embouchures des fleuves , en faisant de grands sauts au-dessus de l'eau , et dont nos mers produisent quelques espèces jusqu'ici mal déterminées (1).

Le *Céphale*. (*M. cephalus*. N.)

Se distingue parmi les muges d'Europe , en ce que ses yeux sont à demi couverts par deux voiles adipeux qui adhèrent au bord antérieur et au postérieur de l'orbite, en ce que le maxillaire, quand la bouche est fermée, se cache entièrement sous le sous-orbitaire, et en ce que la base de la pectorale est surmontée d'une écaille longue et carénée.

Les orifices de sa narine sont écartés l'un de l'autre ; ses dents sont assez marquées.

---

(1) Linnæus et plusieurs de ses successeurs ont confondu tous les muges européens sous une seule espèce (leur *Mugil cephalus*).

C'est la meilleure et la plus grande des espèces de la Méditerranée. Nous ne l'avons pas observée sur nos côtes de l'Océan ; mais ses caractères se retrouvent dans plusieurs espèces des Indes et de l'Amérique (1).

Une espèce presque aussi grande, et commune à nos deux mers,

Le Ramado de Nice. (M. capito. N.)

A le maxillaire visible derrière la commissure des mâchoires, même lorsque la bouche est fermée ; ses dents sont bien plus faibles ; les orifices de sa narine rapprochés, la peau des bords de son orbite n'avance point sur le globe de l'œil ; l'écaille du dessus de sa pectorale est courte et obtuse. Il y a une tache noire à la base de cette nageoire (2).

Deux espèces plus petites (le Muge doré et le Muge sauteur, Risso), se rapprochent du capito ; le premier a le maxillaire caché sous le sous-orbitaire comme le céphale ; mais les orifices de sa narine sont rapprochées comme dans le capito ; l'autre, avec les caractères du capito, a le sous-orbitaire échancré, et laissant voir le bout du maxillaire (3).

Une troisième grande espèce commune aussi à nos deux mers,

Le Muge à grosses lèvres. (M. chelo. N.)

Se distingue surtout par des lèvres très grosses, charnues, dont les bords sont ciliés, par des dents qui pénètrent.

---

(1) Il y en a en Amérique cinq ou six espèces confondues et mal caractérisées par Linnæus sous le nom de M. albula. Dans le nombre sont le M. Plumieri, Bl., devenu une sphyrène dans le Bl. Schn., p. 110, et le M. lineatus, Mitchill. On trouve le vrai céphale de la Méditerranée tout autour de l'Afrique. Aj. en espèces des Indes, le Bontah, Russel, II, 180, ou le M. our., de Forskal, peut-être identique avec notre céphale ; Kunnesee, id., 181 ; — M. corsula, Buchan, pl. ix, 97.

(2) C'est cette espèce qui nous paraît avoir été particulièrement décrite par Willughby, et représentée par Pennant.

(3) Aj. Le M. christian, Voyage de Freycinet ; — M. Ferrandi, ib. ; — M. parsia, Buchan, pl. xvii, f. 71 ; — M. cascasia, id. ; — M. peradak, N., Russel, 182.

dans leur épaisseur comme autant de cheveux. Son maxillaire se recourbe et se montre derrière la commissure.

Une petite espèce de la Méditerranée (*M. labeo* , N.)
a les lèvres encore plus fortes à proportion , et crénelées
aux bords.

Il y a aussi de ces espèces à grosses lèvres dans la mer
des Indes (1).

LES TÉTRAGONURUS. Riss.

Ainsi nommés , de crêtes saillantes qu'ils ont vers la
base de la caudale, deux de chaque côté, sont encore un
de ces genres isolés qui semblent l'indice d'une famille
particulière. Ils tiennent en partie des muges , en partie
des scombéroïdes. Leur corps est alongé , leur dorsale
épineuse longue , mais très basse, la molle rapprochée
d'elle , plus élevée et courte; l'anale répond à cette dernière : les ventrales sont un peu en arrière des pectorales. Les branches de la mâchoire inférieure élevées
verticalement , garnies d'une rangée de dents tranchantes , pointues , faisant une espèce de scie, s'emboi-
tent , quand la bouche se ferme , entre celles de la mâchoire supérieure. Il y a de plus une petite rangée de
dents pointues à chaque palatin , et deux au vomer.
Leur estomac est charnu , replié; leurs cœcums nombreux; leur intestin considérable; Leur œsophage est
intérieurement garni de papilles pointues et dures.

---

(1) *M. crenilabis* , Forskal ; — *M. cirrhosthomus* , Forster , ap. Bl.
Schn., 121.

N. B. Le *M. cœruleo-maculatus* , Lacép., V, 389; le même qui est représenté sous le nom de *Crenilabis* , pl. xiii , f. 1, appartient au grouppe
du capito.

N. B. Le *Mugil appendiculatus* , Bosc, ou *Mugilomore Anne-Caroline* ,
Lacép. , V, 398 , n'est autre chose que l'élops, et il en est de même du
Mugil salmoneus de Forster , Bl. Schn. , 121 ; — le *Mugil cinereus* ,
Walbaum., Catesb., II, xi, 2, est un gerres ; — le *M. chanos* de Forskal ,
est de la famille des cyprins.

L'espèce connue, le *Courpata* ou *Corbeau*, de nos côtes de la Méditerranée (*Tetragonurus Cuvieri*, Risso), ne se trouve que dans les grandes profondeurs. Elle est noire, longue d'un pied, et a toutes ses écailles dures, profondément striées et dentelées. On dit sa chair venimeuse (1).

Je place encore ici entre les mugiloïdes et les gobioïdes, un genre qui ne se laisse complétement associer avec aucun autre, c'est celui des

ATHÉRINES. (ATHERINA. Lin.)

Qui ont le corps alongé, deux dorsales très écartées, des ventrales plus en arrière que les pectorales, la bouche très protractile, garnie de dents très menues. Toutes les espèces connues ont une large bande argentée le long de chaque flanc. Il y a six rayons à leurs ouïes; leur estomac n'a point de cul-de-sac, et leur duodénum n'a pas d'appendices cœcales; leurs dernières vertèbres abdominales recourbent leurs apophyses transverses, et forment ainsi un petit cornet où se loge la pointe de la vessie natatoire.

Ce sont de petits poissons d'un goût délicat, et dont les jeunes se tiennent long-temps en troupes serrées, et se mangent sur nos côtes de la Méditerranée, sous le nom de *Nonnat* (les aphyes des anciens).

Nos mers en produisent plusieurs espèces, confondues jusqu'ici sous le nom d'*Atherina hepsetus*, Linn.

Le *Sauclet* du Languedoc, ou *Cabassous* de Provence. (*Atherina hepsetus*. N. (2)) Rondel. 216. Duhamel. sect. VI, pl. IV, f. 3.

A la tête un peu pointue, neuf rayons épineux à sa

---

(1) On n'en a que de mauvaises figures : *Mugil niger*, Rondel , 423 ; *Corvus niloticus*, Aldrov., pisc. 610 ; Risso, Ire. édit., pl. x, f. 37.

(2) C'est probablement cette espèce qui a servi en particulier de type

première dorsale, onze mous à sa deuxième, douze à l'anale, cinquante-cinq vertèbres au squelette.

Le *Joël* du Languedoc; *Cabassouda* d'Iviça. (*Atherina Boyer*. Risso.) Rondel. 217.

A la tête plus large, plus courte, l'œil plus grand; sept épines à la première dorsale; onze rayons à la deuxième, treize à l'anale; quarante-quatre vertèbres au squelette.

Le *Mochon* d'Iviça. (*Atherina mochon*. N.)

De la forme du sauclet, mais à sept épines à la première dorsale, quinze rayons mous à l'anale, et quarante-six vertèbres au squelette.

Le *Prêtre*, *Abusseau*, ou *Roseré* des côtes de l'Océan (1) (*Ath. presbyter*. Nob.) Duham. sect. VI, pl. IV, f. 1, 2, 3, 4, 6 et 7.

A le museau un peu plus court que le sauclet, huit épines à la première dorsale, douze rayons mous à la deuxième, quinze ou seize à l'anale, cinquante vertèbres au squelette.

Les espèces étrangères d'athérines sont assez nombreuses (2).

à l'espèce de l'hepsetus de Linn. Il faut remarquer que la figure intitulée *Atherina hepsetus* par Bloch, pl. cccxciii, f. 3, et Syst., pl. xxix, f. 2, est purement imaginaire.

(1) Ces noms viennent de la bande d'argent de ses flancs que l'on a comparée à une étole.

(2) *Atherina lacunosa*, Forster, Bl. Schn., 112, probablement l'*hepsetus* de Forskal, 69; — *A. endrachtensis*, Quoy et Gaym., Voyage de Freyc., Zool., p. 334; — *A. jacksoniana*, iid., 333; — *A. brasiliensis*, iid., 332; — *A. neso-gallica*, N., Lacép., V, pl. xi, f. 1. Ce n'est pas le même que l'*A. pinguis* du texte. — *A. mœnidia*, Lin., qui n'est pas, comme il le croit, le *mœnidia* de Brown, Jam., pl. xlv, f. 3, mais bien l'*A. notata*, Mitchill, Trans. de New-Yorck, I, pl. iv, f. 6, et plusieurs autres que nous décrirons dans notre Ichtyologie.

La douzième famille des acanthoptérygiens ou celle

Des GOBIOIDES.

Se reconnaît à ses épines dorsales grêles et flexibles ; tous ces poissons ont à peu près les mêmes viscères, c'est-à-dire un canal intestinal égal, ample, sans cœcums, et point de vessie natatoire.

Les Blennies ou Baveuses. (Blennius. L.)

Ont un caractère très marqué dans leurs nageoires ventrales, placées en avant des pectorales, et composées seulement de deux rayons. Leur estomac est mince sans cul de sac, leur intestin ample, mais sans cœcum ; ils n'ont pas de vessie natatoire. Leur corps est alongé, comprimé, et ils ne portent qu'une dorsale composée presqu'en entier de rayons simples, mais flexibles. Ils vivent en petites troupes parmi les rochers des rivages, nageant, sautant, et pouvant se passer d'eau pendant quelque temps. Leur peau est enduite d'une mucosité qui leur a valu leur nom grec *Blennius*, et leur nom français Baveuses, qui en est une traduction. Plusieurs sont vivipares, et ils ont tous, et dans les deux sexes, près de l'anus, un tubercule qui paraît leur servir pour l'accouplement. Nous les divisons comme il suit.

Les Blennies proprement dits.

Dont les dents longues, égales et serrées, ne forment qu'un seul rang bien régulier à chaque mâchoire, terminé en arrière, dans quelques espèces, par une dent plus longue et en crochet. Leur tête est obtuse, leur museau court, leur front vertical ; leurs intestins larges et courts.

La plupart ont un tentacule souvent frangé en panache

sur chaque sourcil, et plusieurs en ont un autre sur chaque tempe.

Nous avons diverses espèces de cette subdivision le long de nos côtes ; une des plus remarquables est

Le *Blennie papillon.* (*Bl. ocellaris.* Bl. 167. 1.)

A dorsale bilobée ; le lobe antérieur très élevé, marqué d'une tache ronde et noire, entourée d'un cercle blanc et d'un cercle noir.

Le *Bl. tentaculaire.* (*Bl. tentacularis.* Brünn.) Bl. 167. 2. Sous le nom de Bl. *Gattorugine.*

A quatre filaments aux sourcils, à dorsale unie ; une tache noire entre le quatrième et le cinquième rayons.

Le *Bl. à bandes.* (*Bl. gattorugine.* L.) Will. H. 2. et Bl. 162. 1. 2. Sous le nom de *Bl. fasciatus.*

A deux filaments ; à dorsale presque unie, à bandes obliques nuageuses brunes.

Le *Bl. à tentacules palmés.* (*Bl. palmicornis.* Cuv.) Penn. Cop. Encycl. Méth. f. 117. Sous le nom de *Gattorugine.*

A dorsale unie ; le tentacule sur l'œil divisé en petits filaments (1).

D'autres n'ont que des panaches à peine visibles aux sourcils, mais portent sur le vertex une proéminence membraneuse, qui s'enfle et rougit dans la saison de l'amour.
Il y en a aussi quelques-uns dans nos mers.

Le *Bl. galerite.* (*Bl. galerita.* L.) Rondel. 204. *Bl. pavo.* Risso.

A dorsale unie ; tacheté et rayé de bleu, une tache noire ocellée derrière l'œil.

Le *Bl. à tête rouge.* (*Bl. rubriceps.* Risso.)

Les trois premiers rayons de la dorsale élevés, et faisant une pointe rouge, ainsi que le dessus de la tête.

---

(1) Aj. *Bl. cornutus*, L. ; — *Bl. pilicornis*, N., *punaru*, Margr., 165; la deuxième fig., mais la prem. descript., etc.

Dans d'autres enfin (les Pholis (1), Artéd.), il n'y a ni panache, ni crête.

Nous en avons un petit très commun sur toutes nos côtes,

La *Baveuse commune.* (*Bl. pholis.* L.) Bl., 71. 2.

A profil presque vertical, à dorsale un peu échancrée, pointillée et marbrée de brun et de noirâtre.

Nous distinguons de ces blennies proprement dits, sous le nom de

MYXODES,

Des espèces à tête alongée, à museau pointu, saillant au devant de la bouche, à dents sur une seule rangée, comme dans les blennies, mais sans canines (2), et sous le nom de

SALARIAS,

Les espèces dont les dents, également sur une seule rangée et fort serrées, sont comprimées latéralement, crochues au bout, d'une minceur inexprimable et en nombre énorme. Elles se meuvent, dans l'individu frais, comme les touches d'un clavecin. La tête de ces poissons, fort comprimée en haut, est très large transversalement dans le bas. Leurs lèvres sont charnues et renflées, leur front tout-à-fait vertical, leurs intestins, roulés en spirale, sont plus minces et plus longs que dans les blennies ordinaires.

On n'en connaît que de la mer des Indes (3).

Nous appellerons

CLINUS (4).

Les espèces à dents courtes et pointues, éparses sur plusieurs rangées, dont la première est plus grande. Leur

---

(1) *Pholis*, nom grec d'un poisson toujours enveloppé de mucus. Aj. *Bl. cavernosus*, Schn., 37, 2; — *Gadus salarias*, Forsk, p. 22.

(2) Les espèces sont nouvelles.

(3) *Sal. quadripinnis*, Cuv., qui est le blennius gattorugine de Forsk., p. 23; — *Bl. simus*, Sujef. act. Petrop., 1779, IIe part., pl. vi; — l'*Alticus* ou *sauteur* de Commers., Lacép., II, p. 479, et plusieurs espèces nouvelles. J'ai tout lieu de croire qu'il faut y rapporter aussi le *Bl. edentulus*, Bl. Schn., ou *truncatus*, Forster, bien qu'on prétende qu'il n'a pas de dents.

(4) *Clinus*, nom des blennies chez les Grecs modernes.

museau est moins obtus que dans les deux sous - genres précédents ; leur estomac plus large , et leurs intestins plus courts.

Dans quelques-uns , les premiers rayons de la dorsale forment une pointe séparée par une échancrure du reste de la nageoire (1). Leurs sourcils sont surmontés de petits panaches.

Il y en a même où les premiers rayons sont totalement en avant , et semblent former une crête pointue et rayonnée sur le vertex (2).

Dans d'autres , au contraire , la dorsale est continue et égale (3).

LES CIRRHIBARBES. Cuv.

Ont, avec la forme des clinus, des dents en velours, et outre un petit tentacule sur l'œil, et un à la narine , ils en portent trois grands au bout du museau , et huit sous la pointe de la mâchoire inférieure.

On n'en connaît qu'un des Indes , d'un fauve uniforme.

LES GONNELLES. (MURÆNOÏDES. Lacépède. CENTRONOTUS. Schn.)

Ont les ventrales encore plus petites que tous les autres blennies , presque insensibles , et souvent réduites à un seul rayon. Leur tête est très petite , et leur corps alongé en lame d'épée ; leur dos est garni tout du long d'une dorsale égale , dont tous les rayons sont simples et sans articulations. Leurs dents sont comme dans les clinus ; leur estomac et leurs intestins d'une venue.

---

(1) *Bl. mustelaris*, L., Mus. Ad. Fred., xxxi, 3 ; — *Bl. superciliosus* Bl., 168 ; — *Bl. argenteus*, Risso.

N. B. Le *Blennie pointillé*, Lacép., II, xii, 3, ne me paraît qu'un individu mal conservé du *Superciliosus.*

(2) *Bl. fenestratus*, Forster. Bl. Schn., p. 173.

(3) *Bl. spadiceus*, Schn., Séb., III, xxx, f. 8 ; — *Bl. acuminatus*, id., Séb , ib., 1 ; — *Bl. punctatus*, Ott., Fabr., Soc. d'Hist. nat. de Copenh., vol. II , cah. 11, pl. x, f. 3 ; — *Bl. Audifredi*, Risso , pl. vi, f. 15 ; — *Bl. capensis*, Forster, Bl. Schn., 175 ; — *Bl. lumpenus*, Walb. Arted. renov., part., III , pl. iii.

Il y en a un très abondant sur nos côtes (*Bl. gunnellus*, L.), Bl., 71, 1, Lacép., II, xii, 2, dont la dorsale a tout du long de sa base une suite de taches ocellées.

Les Opistognathes. (Cuv.)

Ont les formes des blennies propres, et surtout leur museau court, et se distinguent par leurs maxillaires très grands et prolongés en arrière en une espèce de longue moustache plate. Leurs dents sont en râpe à chaque mâchoire, et la rangée extérieure plus forte. On leur compte trois rayons aux ventrales, qui sont placées précisément sous les pectorales.

On n'en connaît qu'un, rapporté de la mer des Indes par M. Sonnerat (*Opistognathus Sonnerati*, Cuv.).

Nous n'osons éloigner des blennies, bien qu'ils n'aient aucun rayon épineux,

Les Zoarcès. Cuv.

Qui d'ailleurs ont le tubercule anal, les intestins sans cœcums, le corps oblong et lisse des blennies, six rayons aux branchies. Leurs ventrales ont trois rayons; leurs dents sont coniques, sur un seul rang aux côtés des mâchoires; sur plusieurs en avant; ils n'en ont aucunes au palais. Leur dorsale, leur anale et leur caudale sont réunies, après toutefois que la dorsale a éprouvé une grande dépression.

Il y en a dans nos mers et dans tout le nord, une espèce connue depuis long-temps comme vivipare (*Blennius viviparus*, L.), Bl., 72; sa taille est d'un pied; elle est fauve, avec des taches noirâtres le long de sa dorsale.

L'Amérique en a une beaucoup plus grande (*Z. labrosus*, N., *Blennius labrosus*, Mitchill., Trans. de New-Yorck, 1, 1, 7, qui arrive à trois pieds et plus; olivâtre semée de taches brunes.

Les Anarrhiques. (Anarrhichas. L. (1).

Me paraissent si semblables aux blennies, que je les

---

(1) *Anarrhichas*, grimpeur, nom imaginé par Gesner (paralipomen, p. 1261), parce que ce poisson grimpe, dit-on, contre les écueils, en s'aidant de ses nageoires et de sa queue.

nommerais volontiers des blennies sans ventrales. La nageoire dorsale, toute composée de rayons simples, mais sans roideur, commence à la nuque, et s'étend, ainsi que l'anale, jusqu'auprès de celle de la queue, qui est arrondie aussi-bien que les pectorales. Tout leur corps est lisse et muqueux. Leurs os palatins, leur vomer et leurs mandibules sont armés de gros tubercules osseux, qui portent à leur sommet de petites dents émaillées, mais les dents antérieures sont plus longues et coniques. Cette dentition leur donne une armure vigoureuse qui, jointe à leur grande taille, en fait des poissons féroces et dangereux. Ils ont six rayons aux ouïes, l'estomac court et charnu, le pylore près de son fond, l'intestin court, épais et sans cœcums, et ils manquent de vessie aérienne.

Le plus commun, appelé vulgairement *Loup marin*, *Chat marin* (*Anarr. Lupus*, L.), Bl., 74, habite les mers du nord, et vient assez souvent sur nos côtes; atteint six et sept pieds de longueur, et est brun, avec des bandes nuageuses plus foncées. Sa chair ressemble à celle de l'anguille. Il est d'une grande ressource pour les Islandais, qui le mangent séché et salé, emploient sa peau comme chagrin, et son fiel comme savon (1).

LES GOBOUS, *Boulereaux* ou *Gougeons de mer*. (GOBIUS. L.)

Se reconnaissent sur-le-champ à leurs ventrales thorachiques réunies soit dans toute leur longueur, soit au moins vers leurs bases, en un seul disque creux, et formant plus ou moins l'entonnoir. Les épines de leur dorsale sont flexibles; l'ouverture de leurs ouïes, pourvue

---

(1) On a cru que ses dents pétrifiées formaient les *bufonites*, mais elles n'en ont ni la forme ni le tissu.

Ajoutez le *petit Anarrhique* (*Anarr. minor*, Olafsen), Voyage en Isl., Tr. fr., pl. L.

de cinq rayons seulement, est généralement peu ouverte, et comme les blennies, ils peuvent vivre quelque
temps hors de l'eau; comme eux aussi ils ont un estomac sans cul-de-sac, et un canal intestinal sans cœcums; leurs mâles ont enfin le même petit appendice
derrière l'anus, et l'on sait de quelques espèces qu'elles
produisent des petits vivants. Ce sont des poissons petits
ou médiocres, qui se tiennent entre les roches des rivages. La plupart ont une vessie aérienne simple.

LES GOBIES proprement dits. (GOBIUS. Lacép. et Schn.)

Ont les ventrales réunies sur toute leur longueur, et même
en avant de leur base par une traverse, en sorte qu'elles forment un disque concave. Leur corps est alongé, leur tête
médiocre, arrondie, leurs joues renflées, leurs yeux rapprochés. Leur dos porte deux nageoires, dont la postérieure assez
longue. Nous en avons quelques - uns dans nos mers, dont
les caractères ne sont pas encore suffisamment établis (1).

Ils se tiennent dans les fonds argileux, et y passent l'hiver
dans des canaux qu'ils y creusent. Au printemps, ils prépa-
rent dans des lieux riches en fucus un nid qu'ils recouvrent de racines de zostera ; le mâle y demeure renfermé,
et y attend les femelles, qui viennent successivement y déposer leurs œufs. Il les féconde, et les garde et les défend
avec courage (2).

---

(1) Bélon et Rondelet ont voulu reconnaître dans ces poissons les
gobius des anciens, et Artédi a prétendu retrouver dans l'Océan les
espèces mal déterminées par ces deux auteurs dans la Méditerranée.
De là une confusion inextricable; pour l'éclaircir, il faut recommencer
les descriptions et les figures. C'est ce que nous essaierons en partie dans
notre Ichtyologie.

(2) Ces observations ont été faites par feu *Olivi* sur un gobie des la-
gunes de Venise, qu'il croit le même que le niger, mais qui est peut-être
une autre des nombreuses espèces de la Méditerrannée ; elles sont rapportées par M. de Martens, dans le deuxième volume de son voyage à
Venise, p. 419. J'en ai conclu que le gobie est le *Phycis* des anciens ; *le
seul des poissons qui se construise un nid*, Arist., Hist. anc., liv. VIII,
chap. 30.

Le *Boulereau noir.* (*Gobius niger.* L.) Penn. Brit. Zool.
pl. 38.

A corps brun-noirâtre, les dorsales liserées de blanchâtre, est le plus commun sur nos rivages de l'Océan. Il n'atteint que quatre ou cinq pouces. Les rayons supérieurs de ses pectorales ont l'extrémité libre.

On y trouve aussi en abondance

Le *Boulereau bleu.* (*Gob. jozzo.*) Bl. 107. f. 3.

Brun marbré de noirâtre; les nageoires noirâtres; deux lignes blanches sur la première dorsale, dont les rayons s'élèvent en filets au-dessus de sa membrane.

Le *Boulereau blanc.* (*Gob. minutus.* L.) *Aphia.* Penn.
pl. 37.

A corps fauve-pâle; à nageoires blanchâtres, rayées en travers de lignes fauves : long de deux à trois pouces.

La mer Méditerranée, qui nourrit peut-être ces trois espèces, en produit plusieurs autres de taille et de couleurs variées. (1)

Le *grand Boulereau.* (*Gob. capito.* N.) Gesner. 396.

Long d'un pied et plus; olivâtre marbré de noirâtre; des lignes de points noirâtres sur les nageoires. Sa tête est large et ses joues renflées.

Le *Boulereau ensanglanté.* (*G. cruentatus.* Gmel.)

Aussi assez grand, brun marbré de gris et de rouge; des marbrures rouges de sang sur les lèvres et l'opercule; des lignes rouges sur la première dorsale; des lignes de points saillants forment un H sur la nuque, etc.

Il y en a aussi des espèces dans l'eau douce; tel est le *Gobius fluviatilis,* observé par M. Bonnelli dans un lac de Piémont; plus petit que le noir, noirâtre, sans filets libres aux pectorales, une tache noire au-dessus de l'ouverture des ouïes. Aux environs de Bologne, il s'en trouve un plus grand (*G. lota,* Nob.), brun; des veines noirâtres

____

(1) *Voyez-en* les descriptions, mais sans en adopter entièrement la nomenclature, Risso, Icht. de Nice, p. 155 et suivantes.

16*

sur la joue ; une petite tache noirâtre sur la base de la pectorale, une autre de chaque côté de celle de la caudale.

Parmi les gobies étrangers on peut remarquer, à cause de l'extrême largeur de sa tête, le *B. à large tête* (*Cotius macrocephalus*, Pall., Nov. Act. Petrop, I, pl. x, f. 4, 5, 6). A cause de leur forme alongée et de leur caudale pointue, les *G. lanceolatus*, Bl., 38, 1 ; *G. bato*, Buchan., pl. 37, f. 10; *Eleotris lanceolata*, Bl. Schn., pl. 15, que nous nommons *Gobius elongatus* (1).

Les Gobioïdes. Lacep.

Ne diffèrent des gobies que par la réunion de leurs dorsales en une seule. Leur corps est plus alongé (2).

Les Tænioïdes. *id.*

Ont, avec la dorsale unique des *gobioïdes*, un corps encore plus alongé. Ce sont des poissons d'une physionomie fort extraordinaire. Leur mâchoire supérieure est très courte, l'inférieure haute et convexe de toutes parts, remonte au devant de la supérieure ; toutes les deux sont armées de longues dents crochues ; enfin leur œil est réduit presque à rien et caché entièrement sous la peau. La concavité de leur bouche contient une langue charnue et presque globuleuse. Leur mâchoire inférieure a en-dessous quelques petits barbillons.

On n'en connaît qu'un (le *Tænioide Hermannien*,

---

(1) En espèces étrangères, on peut mettre sans difficulté parmi les gobies : le *Gobius Plumerii*, Bl., 175, 3 ; — *G. lagocephalus*, Pall., VIII, pl. 11, f. 6, 7; — *G. Boddarti*, id., ib., pl. 1, f. 5; — *G. ocellaris*, Brouss. Dec., pl. 11; — *G. bosc.*, Lacép., II, xvi, 1, ou *G. viridi-pallidus*, Mitchill, Trans. de New-Yorck, I, 8, ou *G. alepidotus*, Bl. Schn.; — *G. Russelii*, N. Russel, I, 53 ; — *G. giuris*, Buchanan, pl xxxiii, f. 13 ; Russel, I, 50 ; — *G. changua*, Buch., pl. v, f. 10; — le *Bostryche Chinois*, Lacép., II, xiv, et beaucoup d'espèces nouvelles que nous décrirons dans notre Hist. des Poiss.

(2) *Gob. broussonnet*, Lacép., II, pl. xvii, f. 1 (*Gob. oblongatus*, Schn., add. 548).

Lacép.), qui se tient dans la vase des étangs, aux Indes orientales (1).

Bloch (édition de Schn., p. 63) sépare avec raison de tout le genre *gobie*

LES PERIOPHTALMES. (PERIOPHTALMUS. Schn.)

Qui ont la tête entière écailleuse, les yeux tout-à-fait rapprochés l'un de l'autre, garnis à leur bord inférieur d'une paupière qui peut les recouvrir, et les nageoires pectorales couvertes d'écailles sur plus de la moitié de leur longueur, ce qui leur donne l'air d'être portées sur une espèce de bras. Leurs ouïes étant plus étroites encore que celles des autres gobies, ils vivent aussi plus long-temps hors de l'eau, et aux Moluques, leur patrie, on les voit souvent ramper et sauter sur la vase, pour échapper à leurs ennemis, ou pour atteindre les petites crevettes, dont ils font leur principale nourriture.

Les uns ont les ventrales en disque concave des gobies proprement dits (2).

Les autres ont leurs ventrales séparées presque jusqu'à la base (3).

----

(1) C'est le *Cæpola cæcula*, Bl. Schn., pl. LIV, d'après un dessin de John ; le *Tænioïde hermannien*, Lacép., II, XIX, 1, d'après un dessin chinois ; et le *Gobioïde rubicunda*, Buchanan, pl. V, f. 9.

(2) *Gobius Schlosseri*, Pall., Spic., VIII, pl. 1, f. 1-4, auquel il faut joindre le *Gobius striatus*, Schn., pl. XVI, resté, on ne sait pourquoi parmi les *Gobies*, car c'est un véritable *Périophtalme*.

(3) *Gobius Kælreuteri*, Pall., Spic., VIII, pl. II, f. 13 ; —*Per. ruber*, Schn. ; — *Per. papilio*, Schn., pl. XIV.

N. B. Soit les gobies, soit les périophtalmes, dont les nageoires ventrales seraient séparées, prendraient dans la méthode de M. Lacépède le nom de *Gobiomores* ; si avec cette division des ventrales ils ne portaient qu'une dorsale, ce seraient des *Gobiomoroïdes*, mais les espèces rangées sous ces deux genres n'en portent pas tous les caractères. Le *Gobiomore gronovien* (*Gob. Gronovii*, Gm.), Margr., 153, n'est point de cette famille. C'est notre genre PASTEUR de la famille des *Scombres*. Le *Gobiomoroïde pison*, *Gob. pisonis*, Gm., *Amore pixuma*, Margr., 166 ; *Eleotris* 1, Gron. Mus., 16, n'a pas le caractère de ce genre, car il

Je séparerai aussi, et j'appellerai avec Gronovius

ELÉOTRIS.

Des poissons qui ont, comme les gobies, la première dorsale à aiguillons flexibles, et l'appendice derrière l'anus, mais dont les ventrales sont parfaitement distinctes, la tête obtuse, un peu déprimée, les yeux écartés l'un de l'autre, et dont la membrane branchiale porte six rayons.

Leur ligne latérale est peu marquée, et leurs viscères sont pareils à ceux des gobies.

La plupart vivent dans les eaux douces, et souvent dans la vase.

Les Antilles en ont une espèce nommée,

Le *Dormeur*. (*Eleotris dormitatrix*. N.) *Platycephalus dormitator*. Bl. Schn.

Assez grande, à tête déprimée ; à joues renflées ; à nageoires tachetées de noir, qui se tient dans les marais (1).

Il y en a aussi au Sénégal (2) et aux Indes (3).

Les côtes de la Méditerranée en ont une petite espèce

---

deux dorsales, et dans la figure de Margrave et dans les descriptions de Gronovius ; et par ses ventrales c'est un éleotris.

Bl. éd. de Schn., p. 65, sépare des gobies, et fait le genre *Eleotris* différent de celui du même nom de Gronovius, des espèces dont les ventrales seraient seulement réunies en éventail, sans former l'entonnoir, mais dans celles que j'ai examinées, j'ai trouvé que la membrane qui réunit en avant leurs bords externes est seulement plus courte à proportion, ce qui a empêché de la remarquer. C'est pourquoi je les laisse dans les gobies.

(1) C'est le *Gobiomore dormeur*, Lacép. Ajoutez le *Guavina*, Parr., pl. xxxix, f. 1 ; — l'*Amore guaçu*, Marg., 66 ; — l'*Amore pixuma*, id., ib., ou *Gobius pisonis*, Gm.

(2) Je le juge d'après la note jointe à une peau séchée donnée au Muséum par Adanson, et qui est d'une espèce différente des précédentes.

(3) Le *Gobius strigatus*, Broussonnet, Dec., pl. 1, ou *Gobiomore taiboa*, Lacép.; copié Encycl. méth., f. 138 ; — l'*Eleotris noir*, Quoy et Gaym., Voyage de Freyc., pl. LX, f. 2, et les *Sciæna macrolepidota*, Bl., 298, et *Maculata*, id., 299, 2, dont j'avais fait autrefois le genre PROCHILUS qui doit être supprimé.

(*Gobius auratus*, Riss.) dorée , marquée d'une tache noire sur la base de la pectorale (1).

LES CALLIONYMES. (CALLIONYMUS. L.) (2).

Ont deux caractères fort marqués , dans leurs ouïes ouvertes seulement par un trou de chaque côté de la nuque, et dans leurs nageoires ventrales placées sous la gorge , écartées et plus larges que les pectorales. Leur tête est oblongue , déprimée , leurs yeux rapprochés et regardant en haut, leurs intermaxillaires très protractiles, et leurs préopercules alongés en arrière et terminés par quelques épines. Leurs dents sont en velours, ils en manquent au palais. Ce sont de jolis poissons, à peau lisse, dont la dorsale antérieure soutenue par quelques rayons sétacés, s'élève quelquefois beaucoup. La seconde dorsale est alongée ainsi que l'anale. Ils ont derrière l'anus le même appendice que les précédents. Leur estomac n'est point en cul-de-sac, et ils manquent de cœcums et de vessie aérienne.

Nous en avons un commun dans la Manche.

Le *Savary* ou *Doucet*. (*Callion. lyra*. Lin.) Bl. 161. Lacép. II. x. 1.

Dont la première dorsale est élevée , et le premier rayon en long filet. Il est orangé, tacheté de violet. Le *Call. dracunculus* , Bl., 162, n'en diffère que parce que sa première dorsale est courte et sans filet ; plusieurs le croient sa femelle.

La Méditerranée en a quelques autres, tels que

Le *Lacert*. (*Call. lacerta*. N.) Rondel. 304, et moins bien *Call. pusillus*. Laroche. Ann. Mus. XIII. xxv. 16.

A première dorsale basse; la deuxième , au contraire , très élevée dans le mâle; des points argentés et des lignes

---

(1) C'est une éleotris et non un gobie.

(2) *Callionymus* (beau nom), l'un des noms de l'uranoscope chez les Grecs. C'est Linnæus qui l'a appliqué à ce genre-ci.

blanches liserées de noir sur les flancs. La caudale longue
et pointue (1).

LES TRICHONOTES. (TRICHONOTUS. Schn.)

Ne paraissent que des callionymes dont le corps est très
alongé, et dont la dorsale unique et l'anale ont une longueur proportionnée. Les deux premiers rayons de la dorsale
alongés en longues soies, représentent la première dorsale
des callionymes ordinaires. On dit pourtant les branchies
des trichonotes bien fendues (2).

LES COMÉPHORES. Lacép.

Ont la première dorsale très basse, le museau oblong,
large, déprimé, les ouïes très fendues, à sept rayons, de
très longues pectorales, et, ce qui les distingue dans cette
famille, ils manquent absolument de ventrales.

On n'en connaît qu'un, du lac Baïkal (*Callionymus
Baïcalensis*, Pall., Nov. Act., Petr., I, ix, 1). Long d'un
pied, d'une substance molle et grasse, que l'on presse
pour en tirer de l'huile. On ne l'obtient que mort, après
des tempêtes.

LES PLATYPTÈRES. Kuhl et van Hasselt.

Ont, avec les ventrales larges et écartées des callionymes, une tête courte, déprimée, une petite bouche,
des branchies ouvertes et de larges écailles; leurs
deux dorsales sont courtes et écartées (3).

---

(1) *N. B.* Le *Callionymus diacanthus*, Carmichael, Trans. Linn., XII,
pl. xxvi, ne me paraît pas de ce genre; le Calliomore indien, *Callionymus indicus*, Linn., n'est autre que le *Platycephalus spatula*, Bl., 424.
Aj. *Call. cithara*, N.; — *C. jaculus*, et d'autres espèces nouvelles
de la Méditerranée; et en espèces étrangères, *C. orientalis*, Schn., pl. vi;
— *C. ocellatus*, Pall., VIII, pl. 4, f. 13; — *C. sagitta*, id., ib., f. 4, 5;
et quelques autres que nous décrirons dans notre Ichthyologie.

(2) *Trichonotus setigerus*, Bl. Schn., pl. 39.

(3) *Platyptera melanocephala*, K., et V, H.; *Pl. trigonocephala*,
i d., deux poissons des Indes, que nous décrirons dans notre Ichtyologie.

Je place en hésitant, à la fin de cette famille , un genre qui formera probablement un jour le type d'une famille particulière, c'est celui des

CHIRUS. Steller. (LABRAX. Pallas.)

Poissons à corps assez long, garni d'écailles ciliées; à tête petite, sans armure; à bouche peu fendue, armée de petites dents coniques, inégales; dont la dorsale n'a que des épines presque toujours minces, et s'étend tout le long du dos; leur caractère distinctif est d'avoir plusieurs séries de pores semblables à la ligne latérale, ou en quelque sorte plusieurs lignes latérales. Leurs intestins manquent d'appendices cœcales ; ils ont souvent une aigrette au sourcil, comme certaines blennies; mais leurs ventrales ont cinq rayons mous, comme à l'ordinaire.

Ceux que l'on connaît viennent de la mer du Kamschatka (1).

Je forme une treizième famille, celle des

PECTORALES PÉDICULÉES ,

De quelques acanthoptérygiens dont les os du carpe s'alongent pour former une espèce de bras qui porte leurs pectorales. Elle comprend deux genres voisins l'un de l'autre, quoique les auteurs les aient presque toujours fort éloignés, et qui tiennent de près aux gobioïdes.

___

(1) *Labrax lagocephalus; — L. decagrammus; — L. superciliosus ; — L. monopterygius; — L. octogrammus; — L. hexagrammus;* tous décrits et représentés par Pallas dans le onzième tome des Mém. de l'Ac. de Pétersb., pour 1810.

LES BAUDROYES. (LOPHIUS. L.) (1).

Ont pour caractère général, outre leur squelette à demi cartilagineux, et leur peau sans écailles, les pectorales supportées comme par deux bras, soutenus chacun par deux os que l'on a comparés au radius et au cubitus, mais qui appartiennent réellement au carpe, et qui, dans ce genre, sont plus alongés qu'en aucun autre; des ventrales placées fort en avant de ces pectorales; enfin, des opercules et des rayons branchiostèges, enveloppés dans la peau, et les ouïes ne s'ouvrant que par un trou, percé en arrière de ces mêmes pectorales. Ce sont des poissons voraces, à estomac large, à intestin court, qui peuvent vivre très long-temps hors de l'eau, à cause du peu d'ouverture de leurs ouïes.

LES BAUDROYES proprement dites. Vulgairement RAIES-PÊCHERESSES. (LOPHIUS. Cuv.)

Ont la tête excessivement grande à proportion du reste de leur corps, très large et déprimée, épineuse en beaucoup de points, la gueule très fendue, armée de dents pointues, la mâchoire inférieure garnie de nombreux barbillons; deux dorsales distinctes, et quelques rayons de la première détachés en avant, libres et mobiles sur la tête, où ils sont portés sur un inter-épineux couché horizontalement; la membrane des ouïes formant un très grand sac ouvert dans l'aisselle, soutenu par six rayons très alongés, mais l'opercule petit. Elles n'ont que trois branchies de chaque côté. On assure qu'elles se tiennent dans la vase, et qu'en faisant jouer les rayons de leur tête, elles attirent les petits poissons, qui prennent l'extrémité souvent élargie et charnue de ces rayons pour des vers, et qu'elles peuvent aussi en saisir ou en retenir dans le sac de leurs ouïes (2).

---

(1) *Lophius*, nom fait par Arlédi, de λοφιὰ (*pinna*), à cause des crêtes de leur tête. Les anciens les nommaient βάτραχος et *rana* (grenouille).

(2) Geoffroy, Ann. du Mus., X, p. 180.

Leur intestin a deux très courts cœcums vers son origine ;
la vessie natatoire manque.

La *Baudroye commune* , *Raie pécheresse* , *Diable de mer* ,
　　Galanga , etc. (*Lophius piscatorius*. L.) Bl. 87.

Est un grand poisson de nos mers, atteignant quatre et
cinq pieds de longueur , que sa figure hideuse a rendu
célèbre.

Nous en avons encore dans nos mers une espèce très
semblable (*L. parvipinnis* , N.), à deuxième dorsale plus
basse , et qui n'a que vingt-cinq vertèbres, tandis que l'espèce commune en a trente (1).

LES CHIRONECTES.　(ANTENNARIUS. Commers.)

Ont, comme les baudroyes, des rayons libres sur la tête ,
dont le premier est grêle , terminé souvent par une houppe,
et dont les suivants , augmentés d'une membrane , sont
quelquefois très renflés, et d'autres fois réunis en une nageoire. Leur corps et leur tête sont comprimés, leur bouche
ouverte verticalement ; leurs ouïes , munies de quatre
rayons, ne s'ouvrent que par un canal et un petit trou derrière la pectorale : leur dorsale occupe presque tout le dos.
Des appendices cutanées garnissent souvent tout leur corps.
Ils ont quatre branchies. Leur vessie natatoire est grande,
leur intestin médiocre et sans cœcums. Ils peuvent en remplissant d'air leur énorme estomac, à la manière des tédro-
dons, gonfler leur ventre comme un ballon ; à terre, leurs
nageoires paires les aident à ramper, presque comme de

---

(1) Nous ne savons si c'est le *Lophius budecassa* de MM. Spinola et
Risso, qui est décrit comme plus fauve et plus varié en couleur que l'espèce
commune.

Ajoutez le *Lophius setigerus*, Vahl., Soc. d'Hist. nat. de Copenh., IV,
p. 215, et pl. III, f. 5 et 6, nommé mal à propos *viviparus* par Bl., Syst.
pl. XXXII.

N. B. La *Baudroye ferguson* , Lacép., Trans. phil., LIII , XIII; le
Lophius cornubicus, de Sh., Borlase corn. XXVII , 6; le *L. barbatus*,
Gmel., Act. Stockh , 1779, 3e cah., pl. IV , ne sont que des individus
altérés de la baudroye commune ; le *L. monopterygius* , Shaw , Nat.
miscell., 202 et 203 , n'est qu'une torpille défigurée par l'empaillage.

petits quadrupèdes, les pectorales, à cause de leur position, faisaut fonction de pieds de derrière, et ils peuvent vivre ainsi hors de l'eau pendant deux ou trois jours. On les trouve dans les mers des pays chauds, et Linnæus en avait confondu plusieurs sous le nom de *Lophius histrio* (1).

On pourrait distinguer les espèces où le deuxième et le troisième rayon sont réunis en une nageoire, qui même se joint quelquefois à la deuxième dorsale (2).

Les Malthées. (MALTHE. Cuv.)

Ont la tête extraordinairement élargie et aplatie, principalement par la saillie et le volume du sub-opercule; les yeux fort en avant; le museau saillant comme une petite corne; la bouche sous le museau, médiocre et protractile; les ouïes soutenues par six ou sept rayons, et ouvertes à la face dorsale, par un trou au-dessus de chaque pectorale; une seule petite dorsale molle; le corps hérissé de tubercules osseux, des barbillons tout le long de ses côtés, mais point de rayons libres sur la tête. Ils manquent de vessie natatoire et de cœcums (3).

(1) Espèces. *Chironectes pictus*, N., ou *Lophius histrio pictus*, Bl. Schn., 142, Mém. Mus., III, xvi, 1; — *Ch. tumidus*, N., Mus. Ad. Fred., p. 56; — *Ch. lœvigatus*, N., ou *L. gibbus*, Mitch., Trans. New-Yorck, I, vi, 9; — *Ch. marmoratus*, ou *L. histr. marm.*, Bl. Schn., 142, Klein, Miss., III, iii, 4, ou *L. raninus*, Tiles., Mém. des nat. de Mosc., II, xvi; — *Ch. hispidus*, Bl. Schn., 143, Mém. Mus., III, xvii, 2; — *Ch. scaber*, ib., xvi, 2, ou *Guaperva*, Margr., 150 (mais non la figure), *L. histrio*, Bl., pl. cxi; — *Ch. biocellatus*, N., Mém. Mus., III, xvii, 3; — *Ch. ocellatus*, ou *L. histr. ocell.*, Bl. Schn., 143, Parra, I; — *Ch. variegatus*, ou *L. chironecte*, Lacép. I, xiv, 2, ou *L. pictus*, Shaw, Gen. Zool., V, part. II, pl. clxv; — *Ch. furcipilis*, N., Mém. Mus., III, xvii, 1; Laët., Ind. Occ., 574, figure répétée pour le guaperva, Margr., 150; — *Ch. nummifer*, N., Mém. Mus., III, xvii, 4; — *Ch. Commersonii*, N., Lacép., I, xiv, 3, et très mal, Ren., I, xliii, 212; — *Ch. tuberosus*, N.

(2) *Ch. punctatus*, N., Mém. Mus., III, xviii, 2, et Lacép., Ann. Mus., IV, lv, 3; — *Ch. unipinnis*, N., Mém. Mus., III, xviii, 3, Lacép., Ann. Mus., III, xviii, 4.

(3) *Lophius vespertilio*, L., Bl., 110; — *Malth. nasuta*, N., Séb., I, lxxiv, 2; — *M. notata*, N; — *M. angusta*, Nob., dont le squelette est

LES BATRACOÏDES. Lac. (BATRACHUS. Bl. Schn.) (1)

Ont la tête aplatie horizontalement, plus large que le corps, la gueule bien fendue, l'opercule et le sous-opercule épineux; six rayons aux ouïes; des ventrales étroites, attachées sous la gorge, et qui n'ont que trois rayons, dont le premier alongé et élargi, des pectorales portées par un bras court, résultant de l'alongement des os du carpe. Leur première dorsale est courte, soutenue de trois rayons épineux, la seconde molle et longue, ainsi que celle de l'anus qui lui répond. Souvent leurs lèvres sont garnies de filaments. Ceux qu'on a disséqués ont l'estomac en sac oblong, des intestins courts, et manquent de cœcums. Leur vessie natatoire est profondément fourchue en avant. Ils se tiennent cachés dans le sable pour tendre des embûches aux poissons, comme les baudroies et les platycéphales. On croit les blessures faites par leurs piquants dangereuses.

Il y en a dans les deux Océans.

Les uns ont la peau lisse et fongueuse, et un lambeau cutané sur l'œil (2).

D'autres l'ont garnie d'écailles, et manquent de lambeaux sur l'œil (3).

---

dans *Rosenthal*, pl. Ichthyol., t. XIX, 2; — *M. truncata*, N.; — *M. stellata*, N., ou *Lophius stellatus*, Vahl., Mém. de la société d'Hist. nat. de Copenh., IV, pl. III, f. 3 et 4, le même que le *Lophie faujas*, Lacép., I, XI, 2 et 3, et le *Lophius ruber*, Til., Voyage de Krusenstein, LXI.

(1) Βάτραχος, grenouille, à cause de leur tête élargie.

(2) *Batr. tau* (*Gadus tau*, L.), ou *Lophius bufo*, Mitch., ou *Batrachoïde verneul*, Lesueur, Mém. Mus, V, XVII; — le *Batr. varié*, id., Sc. nat. phil.; — *Batr. grunniens* (*Cottus grunniens*, L.), Bl. 179, Séb., III, XXIII, 4; — *Batr. gangene*, Buchan, XIV, 8; — *Batr. dubius*, N., ou *L. dubius*, J. White, 265, Nieuhof, ap. Will., ap., IV, 1; — *Batr. 4-spinis*, N., ou *Batr. diemensis*, Lesueur, Sc. nat. phil.

(3) *Batr. surinamensis*, Bl. Schn., pl. VII, donné comme le *Tau*, Lacép., II, XII, 1; — *Batr. conspicillum*, N., ou le prétendu *Batr. tau*, Bl., pl. LXVII, f. 2 et 3.

On pourrait en séparer qui manquent d'écailles et de barbillons, et ont des lignes de pores percés à la peau (1), et des dents crochues à la mâchoire inférieure.

La quatorzième famille des Acanthoptérygiens, ou celle

Des LABROIDES,

Se reconnaît aisément à son aspect; elle a le corps oblong, écailleux; une seule dorsale soutenue en avant par des épines, garnies le plus souvent chacune d'un lambeau membraneux; les mâchoires couvertes par des lèvres charnues; les pharyngiens au nombre de trois, deux supérieurs appuyés au crâne, un inférieur grand, tous trois armés de dents, tantôt en pavé, tantôt en pointes ou en lames, mais généralement plus fortes qu'à l'ordinaire; un canal intestinal sans cœcums ou avec deux cœcums très petits et une forte vessie natatoire.

Les Labres. (Labrus. L.)

Forment un genre nombreux de poissons très semblables entre eux par leur forme oblongue, les doubles lèvres charnues, qui leur ont valu leur nom, dont l'une tient immédiatement aux mâchoires, et l'autre aux sousorbitaires; leurs ouïes serrées à cinq rayons, leurs dents maxillaires coniques, dont les mitoyennes et antérieures plus longues, et leurs dents pharyngiennes cylindriques et mousses, disposées en forme de pavé,

---

(1) *Batr. porosissimus*, N., *Niqui*, Margr., 178, ou deuxième *niqui* de Pison, 295. *N. B.* Le premier *Niqui* de Pison, 294, en est une figure mal copiée du recueil dit de Mentzel, et où le graveur a ajouté des écailles.

des supérieures sur deux grandes plaques, les inférieures sur une seule qui correspond aux deux autres. Leur estomac n'est point en cul-de-sac, mais se continue avec un intestin sans aucuns cœcums, qui, après deux replis, se termine en un gros rect^{um}. Il ont une vessie aérienne simple et robuste.

Les **Labres** proprement dits. Vulgairement *Vieilles de mer.*

N'ont aux opercules et aux préopercules, ni épines, ni dentelures; leur joue et leur opercule sont couverts d'écailles. Leur ligne latérale est droite ou à peu près.

Nos mers en possèdent quelques espèces que les variations de leurs couleurs ont rarement permis de bien distinguer (1).

La *Vieille tachetée.* Duham. Sect. IV , pl. II., fig. I. (*Labrus maculatus.* Bl. 284 ? *Labrus bergilta.* Ascan. Ic. I.)

Longue d'un pied à dix-huit pouces, à vingt ou vingt-une épines dorsales; bleue ou verdâtre en-dessus, blanche en dessous, émaillée partout de fauve : le fauve devient quelquefois général (2).

La *Vieille rayée.* (*Labrus variegatus.* Gm. *L. lineatus.* Penn. XLV, cop. Encycl. 402.)

Une ou plusieurs bandes nuageuses, irrégulières, foncées le long du flanc, sur un fond plus ou moins rou-

---

(1) *N. B.* On ne peut se fier sur les labres ni aux figures de Bloch, ni aux synonymies de Gmelin.

(2) La *Vieille tachetée* a été indiquée par Lacépède sous le nom de *Labre Neustrien.* Il serait possible que le *Labrus maculatus*, Bl., 294, en fût une mauvaise figure faite d'après un individu sec dont la couleur aurait été entièrement altérée; le *Labrus tinca*, Shaw., Nat., Misc., 426, et Gen. zool., IV, pl. II, p. 499, en est une belle variété rouge tachetée de blanc, mais ce n'est pas le *Tinca* de Linn.; le *Labrus ballan*, Pennt., 44 , copié encycl. 400, est la variété toute fauve; le *L. Comber*, Pennt., XLII, cop. encycl., 405, est une variété rouge avec une suite de taches blanches le long du flanc.

geâtre; dorsale à seize ou dix-sept épines, marquée d'une tache foncée sur le devant (1).

La *Vieille couleur de chair*. (*Labrus carneus*. Bl. et *Labrus trimaculatus*. L.) Bl., 289.

Rougeâtre, trois taches noires sur l'arrière du dos.

La *Vieille verte*. (*Labrus turdus*. Gm.) Salvian. 86.

D'un verd plus ou moins prononcé, à taches tantôt nacrées, tantôt brunes, éparses; souvent une bande nacrée le long du flanc (2).

La *Vieille noire* (*Labrus merula*. Gm.), Salvian, 87.

D'un noir plus ou moins bleuâtre; ces trois espèces ont de seize à dix-sept ou dix-huit épines à la dorsale. Nous n'avons la dernière que de la Méditerranée (3).

Les CHEILINES. Lacép.

Diffèrent des labres proprement dits, parce que leur ligne latérale s'interrompt vis-à-vis la fin de la dorsale, pour recommencer un peu plus bas. Les écailles de la fin de leur queue sont grandes et enveloppent un peu la base de leur caudale. Ce sont de beaux poissons de la mer des Indes (4).

---

(1) Je n'en connais de bonne figure que celle de Pennant; je soupçonne le *Labr. vetula*, Bl., 293, d'en être une figure altérée; c'est, dans la saison de l'amour, le *Turdus perbelle pictus* de Willughby, 322, et le *Sparus formosus* de Shaw., Nat., Miscell.

(2) Je crois que le *Labrus viridis* et le *Labrus luscus*, Lin., sont des variétés de ce turdus, qui est sujet aux plus grands changements sous le rapport des couleurs. Le *Labr. viridis*, Bl., 282, est une girelle et diffère de celui de Linné.

(3) Aj. *Labr. americanus*, Bl. Schn., ou *Tautoga*, Mitchil, pl. III, 1; — *L. Hérissé*, Lacép. III, xx, 1; — *L. Large queue*, id., III, ix, 3; — *L. Deux croissants*, id., III, xxxii, 2; — *L. Diane*, id., III, xxxii, 1. *N. B.* Le *Cheilion doré* de Commers., Lacép., IV, 433, ou le *Labrus inermis* de Forskal (*L. Hassec*, Lacép.), et Voyage de Freycin., Zool., pl. 54, n° 2, n'est qu'un labre très grèle, dont les épines dorsales sont flexibles.

(4) Le *Cheiline trilobé*, Lacép. III, xxxi, 3, le même que le *Sparus chlorurus*, Bl. 260; — *Sparus radiatus*, Bl. Schn., 56; — *Sparus fasciatus*, Bl., 257, qui est aussi le *Labre enneacanthe*, Lacép., III, p. 490; — *Labrus fasciatus*, Bl., 290, qui est aussi le *Labre malapteronote*,

Les Capitaines. (Lachnolaimus. N.)

Ont les caractères généraux des labres proprement dits, mais leurs pharyngiens n'ont de dents en pavé qu'à leur partie postérieure ; le reste de leur étendue, ainsi qu'une partie du palais, est garni d'une membrane villeuse. Ils se reconnaissent dès l'extérieur, parce que les premières épines de leur dorsale s'élèvent en longs filets flexibles.

Les espèces connues viennent d'Amérique (1).

Les Girelles. (Julis. N.)

Ont la tête entièrement lisse et sans écailles. Leur ligne latérale est fortement coudée vis-à-vis la fin de la dorsale. Nous en avons quelques-unes dans nos mers.

La *Girelle* la plus connue de la Méditerranée. (*Labrus julis*. L.) Bl. 287, f. 1.

Est un petit poisson remarquable par sa belle couleur violette, relevée de chaque côté par une bande en zigzag d'un bel orangé, etc. Elle est sujette à beaucoup de variétés. On la trouve aussi dans l'Océan.

La *Girelle rouge*. (*Julis gioffredi*. Risso.)

D'un beau rouge d'écarlate ; une tache noire à l'angle

Lacép., III, xxxi, 1; figure à laquelle doit se rapporter la descr. du *labre fuligineux*, id., III, p. 493, mais non la figure qui est celle du *Mesoprion uninotatus* ;—*Labrus melagaster*, Bl., 296, 1 ; — *L. diagramme*, Lac., III, 1, 2 ;— *L. lunula*, Forskal.

N. B. Le *Labrus scarus*, L. (*Cheiline scare*, Lacép.), n'avait été établi par Artédi et Linnæus que sur une description équivoque de Bélon, Aquat., éd. lat., p. 239, et Obs., p. 21, où l'on ne peut pas même voir de quel genre est le poisson dont il veut parler. La figure et la description de Rondelet, lib. VI, ch. 11, p. 164, que l'on cite d'ordinaire avec celles de Bélon, appartiennent à un poisson tout différent et du genre des spares. Le vrai *Scarus* des Grecs est un tout autre poisson, comme nous le verrons bientôt.

(1) *Lachnolaimus suillus*, N. ; Catesb., II, xv ; — *L. caninus*, N. ; Parra, pl. 111, f. 2.

de l'opercule; une bande dorée le long des flancs; habite aussi nos deux mers.

La *Girelle turque*. (*Julis turcica*. Riss.)

D'un beau vert, un trait roux sur chaque écaille, la tête rousse avec des lignes bleues; une ou plusieurs bandes verticales d'un bleu turquoise; une tache noire à la pectorale, la queue en croissant; c'est un des plus jolis poissons de la Méditerrannée.

Les girelles des mers des pays chauds sont très nombreuses, et pour la plupart peintes des couleurs les plus vives et les plus variées.

Les unes ont la caudale arrondie ou tronquée (1); et il y en a dont les premiers rayons dorsaux s'alongent en filets (2).

---

(1) Girelles à queue ronde ou tronquée : le *Labre parterre*, Lacép., III, xxix, 2, le même que l'*Echiquier*, id., p. 493; — le *L. trilobé*. id., III, iv, 3; — le *L. ténioure*, Lac., III, xxix, 1, le même que son *Spare hémisphère*, III, xv, 3, et probablement que son *Spare brachion*, III, xviii, 3; — le *L. ceinture*, id., III, xxviii, 1; — *Labrus brasiliensis*, Bl., 280; — *L. macrolepidotus*, Bl., 284, 2; — *L. guttatus*, Bl., 287, 2; — *L. cyanocephalus*, Bl., 286; — *L. malapterus*, Bl., 285;— *L. chloropterus*, Bl., 288; — *L. bivittatus*, 284, 1; — *Julis crotaphus*, Nob., Parra, xxxvii, 1; —*L. albovittatus*, Kœhlr., Nov. Comm. petr., IX, 458, et Encycl., 399; — *L. mola*, Nob., Russel, II, 120; — *L. margaritiferus*, Nob., ou *Gir. Labiche*, Voyage de Freycin., Zool., pl., f. 3; — *L. ornatus*, Carmich., Trans. Linn., XII, xxvii.

(2) La *Girelle Gaymard*, Voyage de Freycinet, pl. liv, qui est aussi le *Sparus cretus*, Forst., et Renard, Ire part., pl. ii, nº 11, et IIe part., 160.

N. B. Les *coris* établis par M. de Lacépède, d'après les dessins de Commerson, se sont trouvés des girelles à queue tronquée, où le dessinateur avait négligé d'exprimer la séparation du préopercule et de l'opercule. Le *Coris angulé*, III, iv, 2, paraît même n'être que le *Labrus malapterus*, et le *Coris aigrette*, III, iv, 1, doit être bien voisin de la *Girelle Gaymard*.

M. de Lacépède a aussi nommé *Hologymnoses* des girelles dont les écailles du corps, plus petites que de coutume, seraient cachées dans l'état de vie par un épiderme épais; mais les écailles qui ne paraissent point dans le dessin de Commerson, gravé Lacép., III, pl. 1, f. 3, se voient très bien dans le poisson desséché apporté depuis au Muséum ;

D'autres ont la queue en croissant ou fourchue (1).

Les Anampsès. Cuv.

Ont tous les caractères des girelles, si ce n'est que leurs mâchoires n'ont chacune que deux dents plates, saillant hors de la bouche et recourbées en dehors.

On n'en connaît qu'un ou deux de la mer des Indes (2).

Les Crenilabres.

Que nous séparons des lutjans de Bloch, pour les ramener à leur vraie place, ont tous les caractères intérieurs et extérieurs des labres proprement dits, et ne s'en distinguent que par la dentelure du bord de leur préopercule.

On en prend quelques-uns dans les mers du Nord; tels que *Lutjanus rupestris* Bl. 250; fauve à bandes nuageuses, verticales; noirâtres. *Lutj. Norvegicus.* id. 256; brunâtre, tacheté et marbré irrégulièrement de brun foncé; *Labr. Melops;* orangé, tacheté de bleu; une tache noire derrière l'œil, pl. xxi, fig. 1; *Labr. exoletus* ou *L. palloni* de Risso, remarquable par les cinq épines de son anale (3).

La Méditerranée en fournit un grand nombre des plus jolies couleurs, dont le plus beau est le *Labr. lapina,* Forsk., argenté, à trois larges bandes longitudinales, formées de

---

ainsi ce genre doit rentrer dans les girelles, aussi bien que le *Demi-Disque*, III, pl. vi, f. 1; l'*Annelé*, ib., pl. xxviii, et le *Cerclé*, qui en sont tous au moins très voisins.

(1) Girelles à queue en croissant ou fourchue : *Labre hébraïque*, Lacép., III, xxix, 3; — *Labrus bifasciatus*, Bl., 283; — *L. lunaris*, L., Gron., Mus., II, vi, 2, cop. Encycl., 196; — *L. lunaris*, Bl., 281, qui est différent, et pourrait même n'être qu'un individu altéré de la *girelle turque*; — *L. viridis*, Bl., 282; — *L. brasiliensis*, Bl. 280; — *Julis cœruleocephalus*, N., ou *Girelle Duperrey*, Voyage de Freycin., Zool., pl., f. 333; — *L. argenté*, Lac., III, xviii.

N. B. Le *Scarus gallus* de Forskal est probablement le même que le *Lab. lunaris.*

(2) *Labrus tetrodon*, Bl. Schn., 263; — *Anampses Cuvieri*, Quoy et Gaymard, Voyage de Freycin., Zool., pl. lv, f. 1.

(3) *Aj. Lab. gibbus*, Penn., xlvi, copié Encycl., 403; — *Lutj. virescens*, B., 254, 1.

points vermillons; les pectorales jaunes, les ventrales bleues, etc. (1) Il y en a aussi beaucoup dans les mers des pays chauds (2), et plusieurs espèces, laissées jusqu'à présent parmi les labres, doivent encore être ramenées ici.

LES SUBLETS. (CORICUS. CUV.)

Joignent aux caractères des crénilabres, celui d'une bouche presque aussi protractile que celle des filous.

On n'en connaît que de petits de la Méditerranée (3).

On doit retirer du genre des spares, pour les placer auprès des cheïlines ou des sublets

LES FILOUS. (EPIBULUS. CUV.)

Si remarquables par l'extrême extension qu'ils peuvent donner à leur bouche, dont ils font subitement une espèce de tube par un mouvement de bascule de leurs maxillaires, et en faisant glisser en avant leurs intermaxillaires. Ils emploient cet artifice pour saisir au passage les petits poissons, qui nagent à portée de ce singulier instrument. Les sublets, les zées, les picarels, l'emploient également,

---

(1) M. *Risso* en a décrit plusieurs dans sa première édition, sous le nom de *Lutjans*; dans la seconde, il a adopté notre genre CRÉNILABRE, et il en porte le nombre à vingt-huit; mais une partie de ses espèces rentrent les unes dans les autres, et sa synonymie est quelquefois hasardée. Il y aura lieu de comparer ses espèces avec celles de Brunnich, de Bloch, etc. *Labr. venosus*, Brunn. ; — *Labr. fuscus*, Brunn. ; — *Labr. unimaculatus*, Brunn. ; — *Lutj. rostratus*, Bl, 254, 2, peut-être le *Cr. tinca*, Risso; — *Labr. 5-maculatus*, Bl., 291, 2, est le *Crenil. Roissal*, Risso; — *Lutj. bidens*, Bl., 251, 1; — *Labr. mediterraneus*, Brunn.; — *Labr. rubens*, Brunn.; — *Labr. pirca*, Brunn.; — *Labr. spalatensis*, Br.; — *Labr. tinca*, Br.; — *Labr. ocellatus*, Forsk., ou *olivaceus*, Brunn., etc.

(2) Nous devons mettre en tête le *Lutjanus verres*, Bl., 255, le même que son *Bodianus bodianus*, 223, et que le *Perro-colorado*, Parra, pl. III, f. 1. — Aj. *Lutj. notatus*, Bl., 251, 2; — *L. violaceus*, ou *L. Linkii*, Bl., 252; — *L. virescens*, Bl., 254, 1; — *Lab. burgall*, Schœpf., ou *L. chogset*, Mitch., III, 2 ? — *L. chrysops*, Bl., 248.

(3) Le *Lutjan verdâtre* et le *Lutjan Lamark*, Risso, première édition. Dans sa deuxième édition, il adopte ce sous-genre, et y joint un *Coricus rubescens*.

suivant le plus ou moins de protractilité de leurs mâchoires.

Tout le corps et la tête des filous sont recouverts de grandes écailles, dont le dernier rang empiète même sur la nageoire de l'anus et sur celle de la queue, ainsi que dans les cheïlines. Leur ligne latérale est interrompue de même; ils ont comme elles, et comme les labres, deux dents coniques, plus longues au-devant de chaque mâchoire, et ensuite de petites dents mousses; mais nous n'avons pu observer celles de leur pharynx.

On n'en connaît qu'un de la mer des Indes, de couleur rougeâtre (*Sparus insidiator*), Pall., Spic. Zool. fasc., VIII; pl. v, 1.

LES CLEPTIQUES. (CLEPTICUS. N.)

Ont un petit museau cylindrique qui sort subitement comme celui des filous, mais n'est pas si long que la tête, et laisse à peine sentir quelques petites dents; leur corps est oblong, leur tête obtuse, leur ligne latérale continue; leurs écailles enveloppent la dorsale et l'anale, presque jusqu'au sommet des épines.

On n'en connaît qu'un des Antilles (*Clepticus genizara*, N.), Parra, pl. xxi, fig. 1, d'un rouge pourpré.

LES GOMPHOSES. Lacép. (ELOPS. Commers.)

Sont des labroïdes à tête entièrement lisse, comme dans les girelles, mais dont le museau a la forme d'un tube long et mince, par le prolongement de leurs intermaxillaires et de leurs mandibulaires, que les téguments lient ensemble, jusqu'à la petite ouverture de la bouche (1).

Ils se prennent dans les mers des Indes, et certaines espèces fournissent un aliment délicieux (2).

---

(1) *Gomphosus viridis*, N., ou *G. Lacépède*, Quoy et Gaym., Voyage de Freycinet, Zool., pl. LV, f. 2;— *Gomphosus cæruleus*, Lacép., III. pl. v, f. 1, ou *Acarauna longirostris*, Sevastianof, Nov. act. Petrop., XIII, t, XI;— *G, variegatus*, Lacép., ib., f. 2. —Gomphose, de γόμφος, cuneus, clavus.

(2) Renard, Poissons de la mer des Indes, deuxième partie, pl. xii, f. 109. Cependant Commerson dit que le *Gomphose bleu* est un manger médiocre.

LES RASONS. (XIRICHTHYS. Cuv.)

Sont des poissons semblables aux labres par les formes, mais très comprimés, dont le front descend subitement vers la bouche par une ligne tranchante et presque verticale, formée par l'ethmoïde et les branches montantes des intermaxillaires. Leur corps est couvert de grandes écailles; leur ligne latérale interrompue, leurs mâchoires armées d'une rangée de dents coniques, dont les mitoyennes plus longues, et leur pharynx pavé de dents hémisphériques; enfin leur canal intestinal est continu, à deux replis sans cœcums ni cul-de-sac stomacal. Ils ont une vessie aérienne assez étendue. Les naturalistes les avaient placés jusqu'à nous avec les coryphènes, dont ils diffèrent beaucoup à l'intérieur et à l'extérieur. C'est des labres qu'ils se rapprochent le plus, ne s'en distinguant que par le profil de leur tête (1).

La plupart ont la tête nue comme les girelles, tel est

Le *Rason* ou *Rasoir* de la Méditerranée. (*Coryphœna novacula*, L.) Rondel, 146, Salv. 117.

Rouge, diversement rayé de bleu. On estime sa chair (2).

Quelques-uns ont la joue écailleuse (3), et il y en a qui se distinguent par de petites écailles (4).

____

(1) Le tranchant de la tête des coryphènes tient à la crête interpariétale; leurs écailles sont petites et molles; leurs cœcums nombreux. *Voyez* Mém. du Mus., II, 324.

(2) *N. B.* Le *Coryph. lineolata*, Rafin., Caratt., 33, ne diffère pas du *rason ordinaire*; mais le *novacula ooryphœna* de Risso n'est autre que le pompile ou centrolophe. Le *Coryph. cœrulea* de Bloch, 176, est un scare. — Ajoutez *Cor. psittacus*, L.; — *Cor. lineata*, L., et des espèces nouvelles.

(3) *Coryphœna pentadactyla*, Bl., 173, ou *Blennius maculis 5*, etc., Ankarstrom, Mém. de Stockh., pl. III, f. 2.

Linnæus l'a confondu avec le poisson à cinq doigts de Nieuhof, Willughb., App. pl. VIII, f. 2, qui n'est qu'un pilote, ce qui a engagé Lacépède à en faire son genre *Hémiptéronote*, dont les caractères ne conviennent nullement à ce rason.

(4) *Rason l'écluse*, Quoy et Gaym., Voyage de Freycinet, Zool., pl. LXV, f. 1.

LES CHROMIS. Cuv. (1).

Ont les lèvres, les intermaxillaires protractiles, les os pharyngiens, les filaments à la dorsale et le port des labres, mais leurs dents sont en cardes aux mâchoires et au pharynx, et il y en a en avant une rangée de coniques. Leurs nageoires verticales sont filamenteuses, souvent même celles du ventre prolongées en longs filets, et leur ligne latérale est interrompue. Leur estomac est en cul-de-sac, mais sans cœcums.

Nous en avons une petite, d'un brun châtain, que l'on pêche par milliers dans la Méditerranée. C'est le *petit Castagneau* (*Sparus chromis*, L.), Rondel., 152 ; le *Coracin vulgaire* ou *noir* des anciens.

Le Nil en produit une autre, qui atteint deux pieds de long, et passe pour le meilleur poisson d'Égypte : c'est le *Bolti* ou *Labrus niloticus*, Hasselq., 346, Sonnini, pl. XXVII, fig. 1; le *Coracin blanc* ou d'Égypte des anciens (2).

LES CYCHLES. (CYCHLA. Bl. Schn.)

Diffèrent des chromis par leurs dents toutes en velours sur une large bande ; et par un corps plus alongé (3).

---

(1) Χρόμις, χρέμις, χρεμη, noms grecs d'un poisson indéterminé.

(2) Ajoutez *Labrus punctatus*, Bl., 295, 1 ; — le *Labre filamenteux*, Lac., III, XVIII, 2 ; — le *Labre 15-épines*, id. ib., XXV, 1;— *Sparus surinamensis*, Bl., 277, 2 ; — *Chœtodon suratensis*, Bl., 217? — *Perca bimaculata*, Bl., 310, 1.

(3) Je retranche beaucoup d'espèces du genre CYCHLA tel que l'a formé Bloch, mais j'y laisse *C. saxatilis*, Bl., 309; — *C. ocellaris*, Bl. Schn., pl. LXVI; — *C. argus*, Valenc., ap. Humboldt, Obs. zool., tom. II, p. 109; — peut-être le *C. brasiliensis*, Bl., 310, 2, et des espèces nouvelles. Mais le *C. erythrura*, Bl., 261, et le *C. argyrea* sont des GERRES; le *C. cuning* un CÆSIO; le *C. brama* un CANTHÈRE; le *C. macrophtalma*, Bl., 268, le *C. japonica*, id., 277, 1, le *C. cynodon*, id., 278, 1, sont des DENTEX; le *C. surinamensis*, id., 277, 2, et le *C. bimaculata*, id. 310, 1, sont des CHROMIS; le *C. guttata*, Bl., 312, le *C. maculata*, id., 313, le *C. punctata*, id., 314, sont des SERRANS, ou, dans la méthode de Bloch, des BODIANS; le *C. pelagica* est le CARANXOMORE de Lacépède,

Les Plésiops. Cuv.

Sont des chromis à tête comprimée, dont les yeux sont rapprochés, et les ventrales très longues.

Les Malacanthes. (Malacanthus. Nob.)

Ont les caractères généraux des labres, et des dents maxillaires assez semblables aux leurs, mais leurs dents pharyngiennes sont en cardes comme dans les chromis et les cychles; leur corps est alongé, leur ligne latérale continue, leur opercule terminé par une petite épine, et leur longue dorsale n'a qu'un très petit nombre d'épines minces et flexibles en avant.

Nos colons des Antilles en ont une espèce qu'ils nomment *Vive*; c'est le *Coryphœne plumier*, Lacép. IV, viii, 1, jaunâtre, rayée irrégulièrement en travers de violet (1), à queue en croissant.

Les Scares. (Scarus. L.)

Sont des poissons remarquables par leurs mâchoires, (c'est-à-dire leurs os intermaxillaires et prémandibulaires) convexes, arrondies, garnies de dents disposées comme des écailles sur leur bórd et sur leur surface antérieure; les dents se succèdent d'arrière en avant,

---

ou *Coryphœna pelagica*, Linn. On voit que Bloch avait fait son genre Cychla aussi mal que son genre Grammistes.

Les *Hiatules* seraient des labres sans nageoire anale, mais on n'en cite qu'un de la Caroline, et seulement d'après une note de Garden qui a besoin d'être confirmée (*Labrus hiatula*, L.). On ne conçoit pas d'après quelle idée Bloch, édition de Schn., p. 481, a pu le mettre parmi les *Trachyptères*.

(1) *N. B.* Cette figure tirée de Plumier a été altérée par Bloch pour en faire son *Coryphœna plumieri*, pl. 175. Lacépède en donné une copie plus exacte. C'est aussi le *Matejuelo blanco* de Parra., XIII, 1, ou le *Sparus oblongus*, Bl. Schn., 283.

Aj. le *Tubleu* de l'Ile de France, ou *Labre large raie*, Lacép., III, xxviii, 2, dont la description se trouve tome IV, p. 204, sous le nom de *Tœnianote large raie*.

de manière que celles de la base sont les plus nouvelles
et formeront un jour un rang au tranchant. Les naturalistes ont cru à tort que l'os lui-même était à nu. Ces
mâchoires sont d'ailleurs recouvertes dans l'état de vie
par des lèvres charnues; mais il n'y a pas de double
lèvre adhérente au sous-orbitaire. Ces poissons ont la
forme oblongue d'un labre, de grandes écailles, et la ligne
latérale interrompue; ils portent à leur pharynx deux
plaques en haut et une en bas, garnies de dents comme
les plaques pharyngiennes des labres, mais ces dents sont
des lames transversales et non des pavés arrondis.

L'archipel en possède une espèce de couleur bleue ou
rouge, suivant la saison, qui est le *Scarus creticus* d'Aldrovande, pisc., p. 8; et qui, d'après de nouvelles recherches, me paraît être vraiment le scarus si célèbre chez
les anciens, et que, sous le règne de Claude, Elipertius
Optatus, commandant d'une flotte romaine, alla chercher en Grèce pour le répandre dans la mer d'Italie.
On le mange encore aujourd'hui en Grèce, en l'assaison-
nant de ses intestins (1).

Il y en a de nombreuses espèces dans les mers des pays
chauds. On leur donne communément, à cause de la forme
de leurs mâchoires et de l'éclat de leurs couleurs, le nom
de poissons perroquets.

Les uns ont la caudale en croissant (2), et dans ce nombre, il y en a dont le front est singulièrement bombé (3).

---

(1) *N. B.* Ce n'est pas le *Sc. cretensis* de Bloch, 228.

(2) *Scarus coccineus*, Bl. Schn., Parra, XXVIII, 2, qui est le *Sparus
abildgardii*, Bl. , 259, et le *Spare rougeor*, Lacép., III, xxxiii, 3; — le
Grand scare à machoires bleues, Sc. *guacamaia*, Nob., Parra, XXVI;—
le *Sc. catesby*, Lacép., Catesb. , II, xxix;—le *Sc. bridé*, Lacép., IV, 1.
2; — *Sc. chrysopterus*, Bl. Schn., 57;—*Sc. capitaneus*, N., qui est à la
fois le *Sc. ennéacanthe*, Lacép., IV, p. 6, et son *Sc. denticulé*, id., p. 12
et pl. 1, f. 1, et dont il a rapporté une description sous la rubrique du *Sc.
chadri.*

(3) *Sc. loro*, Bl., Schn., Parra, XXVII, 1;—*Sc. cœruleus*, Bl. Schn.,
Parra, XXVII, 2, et Catesb., II, xiii, qui est aussi le *Coryphœna cœru-*

D'autres l'ont coupée carrément (1).

Nous détachons des scares :

LES CALLIODONS.

Où les dents latérales de la mâchoire supérieure sont écartées et pointues, et où cette mâchoire en a un rang intérieur de beaucoup plus petites (2), et

LES ODAX.

Qui se rapprochent des vrais labres par des lèvres renflées, et une ligne latérale continue ; leurs mâchoires composées comme celles des scares, sont cependant plates et non bombées, et se laissent recouvrir par les lèvres ; leurs dents pharyngiennes sont en pavés comme dans les labres (3).

La quinzième et dernière famille des Acanthoptérygiens, ou celle

DES BOUCHES EN FLUTE,

Se caractérise par un long tube formé au devant du crâne par le prolongement de l'ethmoïde, du vomer, des préopercules, interopercules, ptérygoïdiens et tympaniques, et au bout duquel se trouve la bouche composée comme à l'ordinaire, des inter-maxillaires, maxillaires, palatins et mandibulaires.

---

lea, Bl., 176, et, ce qui est plus extraordinaire, le *Spare holocyanose*, Lacép., III, xxxiii, 2, et IV, p. 441, tire son origine du même dessin de Plumier que cette figure de Bloch.

(1) *Sc. vetula*, Bl. Schn., Parra, xxviii, 1; — *Sc. tœniopterus*, Desmarest; — *Sc. chloris*, Parr., xxviii, 3 ; — *Sc. psittacus*, Forsk.; — *Sc. viridis*, Bl.

(2) *Scarus spinidens*, Quoy et Gaym., Zool. du Voyage de Freycin., p. 289, et quelques espèces nouvelles.

(3) *Scarus pullus*, Forster, Bl. Schn., 288.

Leur intestin n'a point de grandes inégalités, ni beaucoup de replis, et leurs côtes sont courtes ou nulles.

Les uns (les fistulaires) ont le corps cylindrique ; les autres (les centrisques) l'ont ovale et comprimé.

LES FISTULAIRES. (FISTULARIA, L.)

Prennent en particulier leur nom du long tube commun a toute la famille. Les mâchoires sont au bout, peu fendues et dans une direction presque horizontale. Cette tête ainsi alongée, fait le tiers ou le quart de la longueur du corps, qui est lui-même long et mince. On compte six ou sept rayons aux ouïes ; des appendices osseux s'étendent encore en arrière de la tête sur la partie antérieure du corps qu'elles renforcent plus ou moins. La dorsale répond à l'anale, l'estomac en tube charnu se continue avec un canal droit, sans replis, au commencement duquel adhèrent deux cœcums.

Dans

LES FISTULAIRES proprement dits. (FISTULARIA. Lacép.)

Il n'y a qu'une dorsale, composée en grande partie, ainsi que l'anale, de rayons simples. Les intermaxillaires, et la mâchoire inférieure, sont armés de petites dents. D'entre les deux lobes de leur caudale sort un filament quelquefois aussi long que tout le corps. Le tube du museau est très long et déprimé ; la vessie natatoire excessivement petite ; les écailles invisibles. On en trouve dans les mers chaudes des deux hémisphères (1).

______

(1) *Fistularia tabacaria*, Bl., 387, 1 ; — *Fistul. serrata*, id., ib., 2, sont d'Amérique, Marg., 148, Catesb., II, xvii ; — *Fist. immaculata*, Commers., John White, p. 296, f. 2, est de la mer des Indes.

Dans

LES AULOSTOMES. Lacép. (1).

La dorsale est précédée de plusieurs épines libres, et les mâchoires manquent de dents; le corps bien écailleux, moins grêle, est élargi et comprimé, entre la dorsale et l'anale, que suit une queue courte et menue, terminée par une nageoire ordinaire. Le tube du museau est plus court, plus gros et comprimé; la vessie natatoire est très grande.

On n'en connaît qu'un, de la mer des Indes (2).

LES CENTRISQUES. (CENTRISCUS (3). L.) Vulgairement *Bécasses de mer.*

Ont, avec le museau tubuleux de cette famille, un corps non alongé, mais ovale ou oblong, comprimé par les côtés et tranchant en dessous; des ouïes seulement de deux ou trois rayons grêles; une première dorsale épineuse et de petites ventrales en arrière des pectorales. Leur bouche est extrêmement petite et fendue obliquement; leur intestin sans cœcums, replié trois ou quatre fois, et leur vessie natatoire considérable.

Dans

LES CENTRISQUES proprement dits.

La dorsale antérieure, située fort en arrière, a sa première épine, longue et forte, supportée par un appareil qui tient à l'épaule et à la tête. Ils sont couverts de petites écailles, et ont de plus quelques plaques larges et dentelées sur l'appareil dont nous venons de parler.

Le *Centriscus scolopax*. L. Bl. 123 (4)

Est une espèce très commune dans la Méditerranée, longue de quelques pouces, d'une couleur argentée.

---

(1) *Aulostome* (bouche en flûte), de αὐλός et ςόμα.

(2) *Fistularia chinensis*, Bl., 388.

(3) *Centriscus*, de κεντες.

(4) C'est aussi le *Silurus cornutus* de Forskal, *Macroramphose*, Lac.

Dans

Les Amphisiles. (Amphis le. Klein.)

Le dos est cuirassé de larges pièces écailleuses, dout l'épine antérieure de la première dorsale a l'air d'être une continuation.

Les uns ont même d'autres pièces écailleuses sur les flancs, et l'épine en question placée tellement en arrière, qu'elle repousse vers le bas la queue, la seconde dorsale et l'anale. Tel est le *Centriscus scutatus*, Linn., Bl., 123, 2.

D'autres tiennent le milieu entre cette disposition et celle des centrisques ordinaires. Leur cuirasse ne couvre que la moitié du dos (*Centriscus velitaris*, Pall., Spic., VIII, iv, 8).

Les uns et les autres viennent de la mer des Iudes.

La deuxième division des poissons ordinaires ou celle des Malacoptérygiens, contient trois ordres, caractérisés d'après la position des ventrales ou leur absence.

LE DEUXIÈME ORDRE DES POISSONS,

Ou celui des MALACOPTÉRYGIENS ABDOMINAUX,

C'est-à-dire, dont les ventrales sont suspendues sous l'abdomen et en arrière des pectorales, sans être attachées aux os de l'épaule, est le plus nombreux des trois; il comprend la plupart des poissons d'eau douce.

Nous le subdivisons en cinq familles.

La première famille, ou celle

Des CYPRINOIDES,

Se reconnaît à une bouche peu fendue, à des mâchoires faibles, le plus souvent sans dents, et dont le bord est formé par les intermaxillaires ; à des pharyngiens fortement dentés, qui compensent le peu d'armure des mâchoires ; à des rayons branchiaux peu nombreux. Leur corps est écailleux ; ils n'ont point de dorsale adipeuse, comme nous en verrons dans les silures et les salmones. Leur estomac n'a point de cul-de-sac, ni leur pylore d'appendices cécales. Ce sont les moins carnassiers des poissons.

Les Cyprins

Forment un genre très nombreux et fort naturel, aisé à distinguer à sa petite bouche, à ses mâchoires sans aucunes dents et aux trois rayons plats de ses ouïes. Leur langue est lisse ; leur palais est garni d'une substance épaisse, molle et singulièrement irritable que l'on connaît vulgairement sous le nom de langue de carpe ; leur pharynx offre un puissant instrument de mastication, savoir de grosses dents adhérentes aux os pharyngiens inférieurs, et pouvant presser les aliments entre elles, et un disque pierreux enchâssé dans une large cavité sous une apophyse du basilaire. Ces poissons n'ont qu'une dorsale, et leur corps est couvert d'écailles le plus souvent fort grandes ; ils habitent les eaux douces, et sont peut-être les moins carnassiers de toute la classe, vivant en grande partie de graines, d'herbe et même de limon. Leur estomac se continue avec un intestin court et sans cœcums, et leur vessie est divisée en deux par un étranglement.

Nous les subdivisons en sous-genres comme il suit :

Les Carpes proprement dites. (Cyprinus. Cuv.)

A dorsale longue, ayant, ainsi que l'anale, une épine plus ou moins forte pour deuxième rayon.

Les unes ont des barbillons aux angles de la mâchoire supérieure.

Telle est

La *Carpe vulgaire*. (*Cyprinus carpio*. L.) Bl. 16. (1).

Poisson connu de tout le monde, d'un vert olivâtre, jaunâtre en dessous, dont les épines dorsales et anales sont fortes et dentelées et les barbillons courts ; ses dents pharyngiennes sont plates et striées à la couronne. Originaire du milieu de l'Europe, il vit dans nos eaux tranquilles, où il atteint jusqu'à quatre pieds de long. Il s'élève aisément dans les viviers, dans les étangs, et est généralement de bon goût.

On en voit assez souvent des individus monstrueux, à front très bombé et à museau très court.

L'on en élève une race à grandes écailles, dont certains individus ont la peau nue par places, ou même entièrement, que l'on nomme *Reine des Carpes*, *Carpe à miroir*, *Carpe à cuir*, etc. (*Cyprinus rex cyprinorum*, Bl., 17.)

D'autres espèces manquent de barbillons. Tels sont en Europe

Le *Carreau* ou *carrassin*. (*Cypr. carassius*. L.) Bl. XI.

A corps très élevé, à ligne latérale droite, à tête petite, à caudale coupée carrément.

Il est rare dans nos environs, mais fort commun dans le nord.

La *Gibèle*. (*C. Gibelio*. Gm.) Bl. 12.

A corps un peu moins haut, à ligne latérale arquée vers le bas, à caudale coupée en croissant.

---

(1) Les *Cyprins Anne-Caroline*, Lacép., V, xviii, 1, *rouge-brun*, id., ib., xvi, 1, *mordoré*, ib., 2, *vert-violet*, ib., 3, tous connus seulement d'après des peintures chinoises, se rapprochent beaucoup de la carpe. Les Chinois, qui se plaisent à élever des poissons d'eau douce, en obtiennent des variétés très diverses, dont on voit des figures dans leurs recueils, mais qu'il ne serait pas sûr d'ériger en espèces sur ces seuls documents.

Elle est plus commune autour de Paris ; les épines de ces deux espèces sont faibles, et c'est à peine si l'on y aperçoit quelque dentelure.

Telle est encore une espèce importée chez nous, et qui s'y est fort multipliée à cause de l'éclat et de la variété de ses couleurs, qui font l'ornement de nos bassins.

La *Dorade de la Chine*. (*Cypr. auratus*. L.) Bl. 93.

Qui a les épines dorsales et anales dentelées comme la carpe. D'abord noirâtre, elle prend par degrés ce beau rouge doré qui la caractérise ; mais il y en a d'argentées et de variées de ces trois nuances. Il y en a aussi des individus sans dorsale, d'autres à dorsale très petite, d'autres dont la caudale est très grande et divisée en trois ou quatre lobes, d'autres dont les yeux sont énormément gonflés ; et tous ces accidents, produits de l'éducation domestique, peuvent se combiner diversement (1).

C'est aussi à ce groupe qu'appartient le plus petit de nos cyprins d'Europe, dit

La *Bouvière* ou *péteuse*, (*Cypr. amarus*. Bl. VIII. 3.)

Longue d'un pouce, verdâtre dessus, d'un bel aurore dessous ; en avril, dans le temps du frai, elle a une ligne d'un bleu d'acier de chaque côté de la queue ; le deuxième rayon dorsal forme une épine assez roide.

Les Barbeaux. (Barbus. Cuv.)

Ont la dorsale et l'anale courtes, une forte épine pour second ou troisième rayon de la dorsale, et quatre barbillons, dont deux sur le bout, et deux aux angles de la mâchoire supérieure.

Le *Barbeau commun*. (*Cyprinus barbus*. L.) Bl. 18.

Reconnaissable à sa tête oblongue, et très commun

---

(1) Tels sont le *Cypr. macrophtalmus*, Bl., 410, ou le *gros yeux*, Lacép., V, xviii, 2, le *C. quatre lobes*, Lacép., ib., 3, et les variétés de la dorade, Bl., 93, 94, etc. *Voyez* la Collection de Dorades de la Chine, par Sauvigny et Martinet. — Aj. *Cypr. devarid*, Buchanan, pl. vi, f. 94 ; — *C. catla*, id., pl. xiii, f. 81.

dans les eaux claires et vives, où il atteint quelquefois plus de dix pieds de long.

L'Italie a quelques espèces voisines, dont l'épine est plus faible, et qui néanmoins diffèrent des goujons par leurs quatre barbillons (*Barbus caninus*, Bonnelli; *B. plebeius*, Val., *B. Eques*, id.) (1).

LES GOUJONS. (GOBIO. CUV.)

Ont la dorsale et l'anale courtes, sans épines à l'une ni à l'autre, et des barbillons.

Nous en avons un à nageoires piquetées de brun, qui, malgré sa petitesse, est estimé par son bon goût (*Cypr. gobio*, L.), Bl., 8, f. 2. Il vit en troupes dans nos eaux douces, et ne passe guère huit pouces de longueur (2).

LES TANCHES. (TINCA. CUV.)

Joignent aux caractères des goujons, celui de n'avoir que de très petites écailles; leurs barbillons sont aussi très petits.

Nous en avons une, la *Tanche vulgaire* (*Cypr. tinca*, L.), Bl., 14, courte et grosse, d'un brun jaunâtre, qui n'est

---

(1) Ajoutez les barbeaux de la mer Caspienne : *Cyprinus mursa*, Guldenstedt, Nov. Comm. Petrop., XVII, pl. xviii, f. 3-5; — *C. bulatmai*, Pall., et le barbeau du Nil (*Cyprinus binny*, Forsk., 71; Sonnini, Voyag., pl. xxvii, f. 3, ou *Cypr. lepidotus*, Geoffr., Eg. Poiss. du Nil, pl. x, f. 2).

N. B. Bruce après avoir donné l'histoire du vrai binny, y rapporte par mégarde la figure et la description d'un *polynème* qu'il aura dessiné dans la mer Rouge, d'où l'espèce imaginaire du *polyn. Niloticus* Shaw.

Il y a aussi des barbeaux aux Indes, tels que : *Cypr. calbasu*, Buchan. Poiss. du Gange, pl. ii, f. 33; —*C. cocsa*, id., pl. iii, f. 77; —*C. Daniconius*, id., xv, 89;—*C. kunama*, Russel, 204; — *C. morula*, Buch., xviii, 91;—*C. gonius*, ib., iv, 82; — *C. Rohita*, ib., xxxvi, 85, et plusieurs autres que nous décrirons dans notre Ichtyologie; nous en avons même d'Amérique.

(2) Aj. *Cypr. capoeta*, Guldenst., Nov. Comm. Petrop., XVII, pl. xviii, f. 12; — *C. curmuca*, Buchan., Voyage au Mysore, III, pl. xxx; — *C. bendelisis*, id., ib., pl. xxxii.

bonne que dans certaines eaux, et qui prend quelquefois une belle couleur dorée (*Cypr. tinca auratus*, Bl., 25). Elle habite de préférence les eaux stagnantes.

LES CIRRHINES. Cuv.

Ont la dorsale plus grande que les goujons, et leurs barbillons sur le milieu de la lèvre supérieure (1).

LES BRÊMES. (ABRAMIS. Cuv.)

N'ont ni épines ni barbillons; leur dorsale est courte, placée en arrière des ventrales, et leur anale est longue. Nous en avons deux :

La *Brême commune.* (*C. brama.* L.) Bl. 13.

La plus grande espèce de cette subdivision ; elle a vingt-neuf rayons à l'anale, et toutes les nageoires obscures. C'est un assez bon poisson, fort abondant, et qu'on multiplie aisément.

La *Bordelière, petite Brême* ou *hazelin.* (*C. blicca. C. latus.* Gm.) Bl. 10.

A pectorales et ventrales rougeâtres, à vingt-quatre rayons à l'anale; peu estimée, et ne servant guère qu'à nourrir les poissons dans les viviers (2).

LES LABÉONS. (LABEO. Cuv.)

Ont la dorsale longue, comme les carpes proprement dites, mais les épines et les barbillons leur manquent, et leurs lèvres charnues et souvent crénelées, sont d'une épaisseur remarquable. Ils sont tous étrangers (3).

---

(1) *Cypr. cirrhosus*, Bl., 411 ; — *C. mrigala*, Buchan., pl. vi, f. 79; — *C. nandina*, id., viii, 84?

(2) Ajoutez trois poissons qui remontent de la Baltique dans les fleuves qui s'y jettent, la *Sope* (*C. ballerus*), Bl., 9, la *Serte* (*C. vimba*, L.), Bl., 4, et le *C. Buggenhagii*, Bl., 95; et en espèces étrangères, *C. cotis*, Buchan., pl. xxxix, f. 93.

(3) *C. niloticus*, Geoffr., Poiss. du Nil, pl. ix, f. 2;—*C. fimbriatus*, Bl., 409, auquel il faut ajouter le *Catastomus cyprinus*, Lesueur.

Les Catastomes. (Catastomus. Lesueur.)

Ont les mêmes lèvres , épaisses, pendantes et frangées ou crénelées, que les labéons; mais leur dorsale est courte comme celle des ables ; elle répond au-dessus des ventrales. Ils vivent dans les eaux douces de l'Amérique septentrionale. (1).

Les Ables. (Leuciscus. Klein.) Vulg. *Poissons blancs.*

Ont la dorsale et l'anale courtes , et manquent d'épines et de barbillons ; leurs lèvres n'ont rien de particulier. C'est une subdivision nombreuse en espèces , mais dont la chair est peu estimée. On leur applique assez indistinctement , dans nos diverses provinces, les noms de *Meunier, Chevanne,* *Gardon,* etc. (2).

Nous les distinguons d'après la position de leur dorsale , caractère qui n'est pas toujours assez net. Dans les uns , elle répond au-dessus des ventrales.

Nous possédons ici de ce groupe,

Le *Meunier.* (*Cyprinus dobula.* L.) Bl. 5.

A tête large, à museau rond , à pectorales et ventrales rouges.

Le *Gardon.* (*C. idus.*) Bl. 6, et mieux Meidinger. 36.

A peu près des mêmes couleurs , à tête moins large, dos plus relevé, museau plus convexe.

La *Rosse.* (*Cyprinus rutilus.* L.) Bl. 2.

A corps comprimé, argenté; toutes les nageoires rouges.

La *Vandoise.* (*C. Leuciscus.*) Bl. 97, fig. 1.

A corps étroit, à nageoires pâles, à museau un peu proéminent.

---

(1) M. Lesueur en a décrit dix-sept espèces dans le Journal de l'Académie des sciences naturelles de Philadelphie, tom. I, 1817, p. 88 et suiv., et en représente neuf; mais il faut en retrancher la première (*Cat. cyprinus*), qui est plutôt un labéon. — Aj. *Cypr. teres,* Mitchill, Trans. New-Y., I, vi, 11, et le *Cyprin sucet,* Lacép., V, xv, 2.

(2) *N. B.* Bloch et ses successeurs n'ont point suivi l'usage des environs de Paris dans l'application de ces noms français, qu'ils ont répartis presque au hasard.

On prend dans le Rhin

Le *Nez*. (*C. Nasus*. L.)

Qui a le museau plus saillant que la vandoise, plus obtus (1).

En d'autres, la dorsale répond au-dessus de l'intervalle qui est entre les ventrales et l'anale.

Il y a de ce groupe dans nos eaux,

Le *Rotengle*. (*C. Erythrophtalmus*.) Bl. 1.

A nageoires rouges comme la rosse; le corps plus haut, plus épais.

L'*Ablette*. (*Cypr. alburnus*. L.) Bl. 8. f. 4.

A corps étroit, argenté, brillant, à nageoires pâles, le front droit, la mâchoire inférieure un peu plus longue; très abondante dans toute l'Europe. C'est un des poissons dont la nacre sert à fabriquer les fausses perles.

Le *Spirlin* ou *Éperlan de Seine*. (*Cyp. bipunctatus*. L.) Bl. 8. f. 1.

Très semblable à l'ablette; deux points noirs sur chacune des écailles de sa ligne latérale.

Le *Véron*. (*Cypr. phoxinus*. L.) Bl. 8. f. 5.

Tacheté de noirâtre; la plus petite espèce de ce pays.

Les rivières d'Allemagne et de Hollande nourrissent

L'*Orfe*. (*C. Orphus*.) Bl. 95.

D'un beau rouge de minium (2).

---

(1) Ajoutez *Cypr. grislagine*; — *C. jeses*, et en espèces étrangères, *Cypr. pala*, N., Russ., 207; — *C. tolo*, N., Russ., 208; — *C. boga*, Buchan., Pisc. Gang., pl. xxviii, f. 80; — *C. mola*, ib., xix, f. 86; — *C. sophore*, ib., xxxviii, f. 92; — *C. ariza*, id., Voyage au Meissour, III, xxxi.

La difficulté de reconnaître les figures données par les auteurs d'espèces si semblables est encore augmentée parce qu'il y a dans les rivières d'Europe plusieurs autres espèces qui n'ont pas encore été représentées.

(2) Aj. l'*Aspe* (*C. aspius* Bl.).

En espèces étrangères : *Cypr. basbora*, Buchan., Pisc. Gang., II, f. 90; — *C. morar*, ib., xxxi, f. 75, et un grand nombre d'autres des

Il y en a enfin où elle répond sur le commencement de l'anale (les Chela de Buchanan), et dans plusieurs de ceux-ci le corps est comprimé presque comme dáns certains clupes. Tel est

Le *Rasoir*. (*Cypr. cultratus*. L.) Bl. 37.

Remarquable encore par sa mâchoire inférieure, qui remonte en avant de la supérieure, par ses grandes pectorales taillées en faulx, etc. (1).

Ce groupe possède des espèces à barbillons (2).

On pourrait séparer de tous les autres cyprins

Les Gonorhinques. (Gonorhynchus. Gronov.)

Qui ont le corps et la tête alongés et couverts, ainsi que les opercules, et même la membrane des ouïes, de petites écailles; le museau saillant, au devant d'une petite bouche sans dents et sans barbillons; trois rayons aux ouïes, et une petite dorsale au-dessus des ventrales.

On n'en connaît qu'un du Cap (*Cyprinus gonorhynchus*, Gm.), Gron., Zooph., pl. x, fig. 24. (3).

Les Loches, ou Dormilles. (Cobitis. L.) (4).

Ont la tête petite, le corps alongé, revêtu de petites écailles et enduit de mucosité; les ventrales fort en arrière, et au-dessus d'elles une seule petite dorsale; la bouche au bout du museau, peu fendue, sans dents, mais entourée de lèvres propres à sucer, et de barbillons; les ouïes peu ouvertes, à trois rayons seulement.

---

eaux douces de toutes les parties du monde, dont MM: Buchanan, Mitchill, etc., ont déjà indiqué plusieurs, et auxquelles nous en ajouterons encore dans notre histoire des poissons. M. Buchanan seul a trouvé aux Indes plus de quatre-vingt cyprins. Nous ne citons ici que ceux dont il a donné des figures.

(1) Aj. *Cypr. clupeoïdes*, Bl., 408, 2 ;—*C. bacaila*, Buchan., VIII, 76.

(2) *Cypr. dantica*, id., xvi, 88.

(3) Mal copié, Schn., 78.

(4) Κωβῖτις, nom grec d'un petit poisson mal déterminé.

Leurs os pharyngiens inférieurs sont assez fortement dentés, il n'y a point de cœcums à leur intestin, et leur très petite vessie natatoire est enfermée dans un étui osseux, bilobé, adhérent à la troisième et à la quatrième vertèbres (1). Nous en avons trois espèces dans nos eaux douces.

La *Loche franche*. (*Cobitis barbatula*. L.) Bl. 31. 3.

Petit poisson de quatre ou cinq pouces, nuagé et pointillé de brun, sur un fond jaunâtre, à six barbillons; commun dans nos ruisseaux, et de fort bon goût.

La *Loche d'étang*. Misgurn. Lac. (2). (*Cobitis fossilis*. L.) Bl. 31. 1.

Longue quelquefois d'un pied, avec des raies longitudinales brunes et jaunes, et dix barbillons. Elle se tient dans la vase des étangs, où elle subsiste long-temps même lorsqu'ils sont gelés ou desséchés. Quand le temps est orageux, elle vient à la surface, l'agite, et trouble l'eau; quand il est froid, elle se retire plus soigneusement dans la vase. Elle avale sans cesse de l'air, qu'elle rend par l'anus, après l'avoir changé en acide carbonique, selon la belle observation de M. Ehrman. Sa chair est molle et sent la vase (3).

La *Loche de rivière*. (*Cobitis tænia*. L. 12.) Bl. 31. 2.

A six barbillons, à corps comprimé, orangé, marqué de séries de taches noires, se distingue des deux autres par un aiguillon fourchu et mobile, que le sous-orbitaire forme en avant de l'œil. C'est la plus petite des trois.

---

(1) *Voy*. Schneider, Syn. pisc. Arted., p. 5 et 337.

(2) *N. B.* Je ne sépare pas les *misgurns* des *loches*, parce que leur organisation ne diffère en rien, et que les premiers n'ont pas plus de dents que les autres aux mâchoires; j'ai cherché inutilement celles qu'y décrit Bloch.

(3) Aj. les trois espèces de cobitis à joue non armée décrites par Buchanan, Poiss. du Gange, p. 357-359.

Elle se tient dans les rivières, entre les pierres, et est
peu recherchée (1).

LES ANABLEPS. (ANABLEPS. Bl.) (2).

Long-temps et mal à propos réunis aux *loches*, ont
des caractères fort particuliers; d'abord leurs yeux très
saillants sous une voûte formée de chaque côté par le
frontal, ont la cornée et l'iris partagés en deux por-
tions par des bandes transverses, en sorte qu'ils ont
deux pupilles et paraissent doubles quoiqu'ils n'aient
qu'un crystallin, un vitré et une rétine (3), ce dont il
n'y a pas d'autre exemple parmi les animaux vertébrés.
Ensuite les organes de la génération et la vessie du
mâle ont leur canal excréteur dans le bord antérieur de
la nageoire anale, lequel est gros, long, revêtu d'é-
cailles; son extrémité est percée et sert sans doute à
l'accouplement. La femelle est vivipare, et les petits
naissent déjà très avancés.

Ces poissons ont le corps cylindrique, revêtu de
fortes écailles, cinq rayons aux ouïes, la tête aplatie,
le museau tronqué, la bouche fendue transversalement
au bout, armée aux deux mâchoires de dents en velours;
les intermaxillaires sans pédicule et suspendus sous les
os nasaux qui forment le bord antérieur du museau; les
pectorales en grande partie écailleuses et une petite
dorsale placée sur la queue et plus en arrière que l'a-
nale. Leurs os pharyngiens sont grands et garnis de
beaucoup de petites dents globuleuses ; leur vessie
aérienne est très grande, leur intestin ample, mais sans
cœcums.

On n'en connaît qu'un des rivières de la Guiane (*Cobitis anableps*, L.), *Anableps tetrophtalmus*, Bl., 361.

______

(1) Aj. *Cobitis geta*, Buchanan, XI, 96, et les sept autres espèces à
joues armées décrites par cet ichtyologiste, Poiss. du Gange, pag. 350-
356.

(2) D'ἀναβλέπω, lever les yeux, nom donné par Artédi.

(3) *Voyez* Lacép., Mém. de l'Institut, tom. II, p. 372.

Les Poecilies. (POECILIA. Schn.)

Ont les deux mâchoires aplaties horizontalement, protractiles, peu fendues, garnies d'une rangée de petites dents très fines, le dessus de la tête plat, les opercules grands, cinq rayons aux ouïes, le corps peu alongé, les ventrales peu reculées, et la dorsale au-dessus de l'anale. Ce sont de petits poissons vivipares des eaux douces de l'Amérique (1).

Les Lebias. (Cuv.)

Ressemblent aux pœcilies, si ce n'est que leurs dents sont dentelées.

Il y en a une espèce eu Sardaigne (*Pœcil. calaritana,* Bonnelli), très petit poisson marqué de petites raies noirâtres sur les flancs (2).

Les Fondules. (FUNDULUS. Lacép.)

Ont encore beaucoup de rapports avec les pœcilies; mais leurs dents sont en velours et la rangée antérieure en crochets; ils en ont de coniques, assez fortes au pharynx. On ne leur compte que quatre rayons aux ouïes (3).

---

(1) *Pœcilia Schneideri,* Val., ou *P. vivipara,* Schn., 86, 2;—*P. multilineata*, Lesueur, Journ. Sc., Philad., janvier 1821, pl. 1; —*P. unimacula,* Val., Ap. Humb., Obs. zool., II, pl. LI, f. 2 ; — *P. surinamensis,* id., ib., f. 1.

(2) Aj. *Lebias ellipsoïdea,* Lesueur, Ac. Sc., Philad., janv. 1821, pl. 11, f. 1 et 3 ; — *Leb. rhomboïdalis,* Val., Ap. Humb., Obs. zool., II, pl. LI, 3 ; — *Leb. fasciata,* id., ib., 4.

(3) *Fundulus cœnicolus,* Val., ou *Cobitis heteroclita,* Linn., ou *Pœcilia cœnicola,* Schn.; *Mudfish.* de Schœpf.; —*Fund. fasciatus,* Val., loc. cit., LII, 1, ou *Pœcilia fasciata,* Schn., ou *Esox pisciculus,* Mitch., dont son *Esox zonatus,* ou *Hydrargyre swampine.,* Lacép., V, 319, est le jeune âge, mais la figure V, x, 3, est d'une autre espèce;— *Fund. brasiliensis,* Val., loc. cit., LII, 2.

LES MOLINESIA. Lesueur.

Se distinguent par la position de leur anale entre les ventrales ; et sous l'origine de la dorsale qui est très grande. Leurs dents sont comme dans les fondules, et ils n'ont que quatre ou cinq rayons aux ouïes (1).

LES CYPRINODONS. Lacép.

Ont de fines dents en velours, et six rayons aux ouïes ; d'ailleurs ils ressemblent aux trois genres précédents

Il y en a un dans les lacs d'Autriche, surtout dans les eaux souterraines (*Cypr. umbra*, Nob., UMBRA, Cramer). Petit poisson d'un brun roussâtre avec quelques taches brunes (2).

La deuxième famille des MALACOPTÉRYGIENS abdominaux, ou celle

DES ESOCES,

Manque aussi d'adipeuse ; sa mâchoire supérieure a son bord formé par l'intermaxillaire, ou du moins, quand il ne le forme pas tout-à-fait , le maxillaire est sans dents et caché dans l'épaisseur des lèvres. Ils sont voraces ; leur intestin est court, sans cœcums ; plusieurs remontent dans les rivières ; tous ont une vessie natatoire. Excepté les micros-

---

(1) *Molinesia latipinna*, Lesueur, Ac. Sc. nat., Philad., janvier, 1821 , t. III , 1.

(2) Aj. *Cyprinodon flavulus*, Val., loc. cit. LII, 3, qui est l'*Esox flavulus* Mitch. , pl. IV, f. 8 , ou le *Cobitis maialis*, Schn. ; — *C. ovinus*, ou *Esox ovinus*, Mitch., ib. ;—*C. variegatus*, Lacép., V, XV, 1.

sonies, tous ceux que nous connaissons ont la dorsale opposée à l'anale.

Linnæus les réunissait dans son genre des

BROCHETS. (Esox. L.)

Que nous divisons comme il suit :

LES BROCHETS proprement dits. (Esox. Cuv.)

Ont de petits intermaxillaires garnis de petites dents pointues au milieu de la mâchoire supérieure, dont ils forment les deux tiers; mais les maxillaires qui en occupent les côtés n'ont pas de dents. Le vomer, les palatins, la langue, les pharyngiens et les arceaux des branchies sont hérissés de dents en carde; sur les côtés de la mâchoire inférieure, est en outre une série de longues dents pointues. Leur museau est oblong, obtus, large et déprimé. Ils n'ont qu'une dorsale, vis-à-vis de l'anale. Leur estomac, ample et plissé, se continue avec un intestin mince et sans cœcums, qui se replie deux fois. Leur vessie natatoire est très grande.

Nous en avons un en Europe (*Esox lucius*, L.), Bl., 32, connu de tout le monde comme l'un des poissons les plus voraces et les plus destructeurs, mais dont la chair est agréable et d'une digestion facile.

Cette espèce existe aussi dans les eaux douces de l'Amérique septentrionale, qui en ont de plus deux autres : l'une avec des lignes brunâtres sur les flancs, qui forment quelquefois un réseau. *Esox reticularis*, Lesueur, Ac. Sc. nat. Philad.); l'autre semé de taches rondes et noirâtres (*Es. Estor*, id., ib., I., 413).

LES GALAXIES. (GALAXIAS. Cuv.)

Ont le corps sans écailles apparentes, la bouche peu fendue, des dents pointues et médiocres aux palatins et aux deux mâchoires, dont la supérieure a presque tout son bord formé par l'intermaxillaire; enfin quelques fortes dents crochues sur la langue.

Les côtés de leur tête offrent des pores, et leur dorsale répond à l'anale, comme dans les brochets, dont ils ont aussi les intestins (1).

LES ALEPOCÉPHALES. RISSO.

Ont à peu près les mêmes formes générales, mais leur tête seule est sans écailles, leur corps en a de larges; leur bouche est petite, et n'a que de fines dents en velours. Ils ont l'œil très grand, et huit rayons aux ouïes.

On n'en connaît qu'un des profondeurs de la Méditerranée. (*Al. rostratus*, Risso, 2me édit., f. 27, et Mém. de l'ac. de Turin, XXV, pl. x, f. 24.

LES MICROSTOMES. (MICROSTOMA. Cuv.)

Ont le museau très court, la mâchoire inférieure plus avancée, garnie, ainsi que les petits intermaxillaires, de dents très fines; trois rayons larges et plats aux ouïes; l'œil grand, le corps alongé, la ligne latérale garnie d'une rangée de fortes écailles; une seule dorsale peu en arrière des ventrales; les intestins des brochets.

On n'en connaît qu'un de la Méditerranée (la *Serpe microstome*, Risso, pag. 356.)

LES STOMIAS. CUV.

Ont le museau extrêmement court, la gueule fendue jusque près des ouïes, les opercules réduits à de petits feuillets membraneux, et les maxillaires fixés à la joue. Les intermaxillaires, les palatins et les mandibules armés d'un petit nombre de dents longues et crochues, et de petites dents semblables sur la langue. Leur corps est alongé, leurs ventrales tout-à-fait en arrière, et leur dorsale opposée à l'anale, sur l'extrémité postérieure du corps.

On connaît deux espèces de ces singuliers poissons, découverts par M. Risso dans la Méditerranée; noirs, ornés tout le long de leur ventre de plusieurs rangées de points argentés. L'une, l'*Esox boa* (Risso, 1re éd., pl. x, f. 34, et 2me éd., f. 40), n'a point de barbillons; l'autre, *Stomias*

---

(1) *Esox truttaceus*, Cuv.; — *Esox alepidotus*, Forst.

barbatus, en a un très long, épais, pendant sous la symphyse de la mâchoire inférieure.

LES CHAULIODES. (CHAULIODUS. Schn.)

Autant qu'on en peut juger par une figure (Catesb., Supp., pl. IX, Sch., pl. 85.), ont beaucoup de rapport avec les stomias par la tête et les mâchoires. Deux dents à chaque mâchoire croisent sur la mâchoire opposée, quand la gueule se ferme. La dorsale répond à l'intervalle des pectorales et des ventrales, qui sont bien moins reculées qu'aux stomias, et le premier rayon de cette dorsale s'alonge en filament.

On n'en a encore trouvé qu'un près de Gibraltar (*Chauliodus sloani*, Schn., pl. 85; *Esox stomias*, Sh. V, part. I, pl. III), long de quinze ou dix-huit pouces, et d'un vert foncé (1).

LES SALANX. Cuv. (2).

Ont la tête déprimée, les opercules se reployant en dessous, quatre rayons plats aux ouïes, les mâchoires courtes pointues, garnies chacune d'une rangée de dents crochues, la supérieure formée presque en entier par des intermaxillaires sans pédicules; l'inférieure un peu alongée de la symphyse par un petit appendice qui porte des dents; leur palais et le fonds de leur bouche sont entièrement lisses. On ne leur voit pas même de saillie linguale (3).

LES ORPHIES. (BELONE. Cuv.)

Ont les intermaxillaires formant tout le bord de la mâchoire supérieure, qui se prolonge, ainsi que l'inférieure, en un long museau; l'une et l'autre est garnie de petites dents; leur bouche n'a point d'autres dents; celles de leur pharynx sont en pavé. Leur corps est alongé, et revêtu d'écailles peu apparentes, excepté une rangée longitudinale carénée de chaque côté, près du bord inférieur. Leurs os sont bien

---

(1) Le *Stomias Schneideri*, Risso, deuxième éd., f. 37, me paraît d'un autre genre et même d'un autre ordre.

(2) *Salanx*, nom grec d'un poisson inconnu.

(3) Il n'y en a qu'une espèce encore nouvelle.

remarquables par leur couleur d'un beau vert (1). Elles diffèrent peu des brochets par les intestins.

Nous en avons une près de nos côtes, longue de deux pieds, vert dessus, blanc dessous, qui donne un bon manger, malgré la prévention qu'inspire la couleur de ses arêtes (*Esox belone*, L.), Bl., 33. Il y a des espèces voisines dans toutes les mers. On dit que l'une d'elles parvient jusqu'à huit pieds de long, et que sa morsure est dangereuse (2).

LES SCOMBRÉSOCES. Lacép. (SAÏRIS. Rafin.)

Ont la même structure de museau que les orphies, et à peu près le même port et les mêmes écailles, avec la rangée carénée le long du ventre, mais les derniers rayons de leur dorsale et de leur anale sont détachés en fausses nageoires, comme dans les maquereaux.

Il y en a un dans la Méditerranée (le *Scombrésoce campérien*, Lac., V, vi, 3. *Esox saurus*, Bl. Sch., pl. 78, 2.) *Saïris nians*, Rafin. Nuov. gen. ix. 1 (3).

LES DEMI-BECS. (HEMI-RAMPHUS. Cuv.)

Ont les intermaxillaires formant le bord de la mâchoire supérieure, qui, ainsi que le bord de l'inférieure, est garni de petites dents; mais la supérieure est très courte, et la symphyse de l'inférieure se prolonge en une longue pointe ou demi-bec sans dents. Du reste, par leur port, leurs nageoires et leurs viscères, ils ressemblent encore aux orphies.

---

(1) Cette couleur est inhérente aux os, et ne dépend ni de la cuisson ni de la moëlle épinière, comme le croit Bl., éd. de Schn., p. 391.

(2) Le *Brochet de Bantam*, Renard, IIe part., fol. 14, n° 65; — le *Belone crocodila*, Lesueur, Ac. Sc. nat. Philad, I, 129, probablement le même que le *wahla kuddera*, Russel, 175, et que la variété de l'orphie, Lacép., VII, pl. v, f. 1.

Aj. *Belone caudimacula*, N., *kuddera*, A., Russel, 176; — *Belone cancila*, Ham. Buchan, xxvii, 70; — *Belone argalus*, Lesueur, loc., cit., p. 125; — *Bel. truncata*, id., p. 126; — *Bel. caribæa*, id., 127, qui est peut-être le *timucu* de Margr., 168, et d'autres espèces que nous décrirons dans notre grande ichtyologie.

(3) Aj. *Scomber-esox equirostris*, Lesueur, Ac. Sc. nat. Philad., I, 132; — *Sc. scutellatus*, id., ib.

Leurs écailles sont assez grandes et rondes, et il y en a aussi une rangée de carénées le long du ventre.

On en trouve plusieurs espèces dans les mers chaudes des deux hémisphères ; leur chair, quoique huileuse, est agréable au goût (1).

LES EXOCETS. (EXOCETUS. L.) (2).

Se reconnaissent sur-le-champ parmi les abdominaux à l'excessive grandeur de leurs pectorales, assez étendues pour les soutenir quelques instants en l'air. Du reste, leur tête et leur corps sont écailleux, une rangée longitudinale d'écailles carénées leur forme une ligne saillante au bas de chaque flanc, comme aux orphies, aux hémiramphes, etc. (3). Leur tête est aplatie en dessus et par les côtés ; leur dorsale est placée au-dessus

---

(1) Espèces des Indes, *Hemir. longirostris*, N., ou kuddera C, Russel, 178 ; — *H. brevirostris* ou *kuddera* B, Russel, 177, Willughb. app., pl. vi, f. 4 ; — *H. marginatus*, N., Lacép. V, vii, 2 ; — *H. commersonii*, N., Lacép., V, vii, 3, ou le *demi-bec de Baggewaal*, Renard, IIᵉ part., pl. v, n° 21.

Espèces d'Amérique, *H. brasiliensis*, N., ou *Esox brasiliensis*, Bloch, 391 ; — *H. hepsetus* ou *Es. hepsetus*, Bl., Schn., et d'autres que nous décrirons dans notre grande histoire des poissons. *Voyez* aussi l'article de M. Lesueur, Journ. des Sc. nat. de Philad., I, 134 et suivantes.

N. B. M. de Lac. réunit l'*esox hepsetus* de Linn. à l'*es. marginatus* ; mais l'*esox hepsetus* est un composé de deux poissons : l'un, le *piquitinga* de Marg., 159, (le *mœnidia* de Brown, Jam. XLV, 3), est un anchois. L'autre, amœn., ac. I, p. 321, me paraît indéterminable, mais ce ne peut pas être un *hémiramphe*.

(2) Εξώχοιτος, couchant dehors, nom grec d'un poisson qui, au dire des anciens, venait se reposer sur le rivage. C'était probablement quelque gobie ou quelque blennie, comme l'ont pensé Rondelet et d'autres. On ne comprend pas comment Artédi a pu associer nos poissons actuels à ces blennies : Linnæus les en a séparés en leur conservant ce nom d'*exocet* qui ne leur appartenait point.

(3) On ne doit pas confondre, comme l'a fait Bloch, cette carène avec la ligne latérale qui est à sa place ordinaire, quoique souvent peu marquée.

de l'anale, leurs yeux grands, leurs intermaxillaires sans pédicules et faisant seuls le bord de la mâchoire supérieure; leurs deux mâchoires sont garnies de petites dents pointues et leurs os pharyngiens de dents en pavé.

On compte dix rayons à leurs ouïes; leur vessie natatoire est très grande, et leur intestin droit et sans cœcums. Le lobe supérieur de la caudale est le plus court. Leur vol n'est jamais bien long; s'élevant pour fuir les poissons voraces, ils retombent bientôt, parce que leurs ailes ne leur servent que de parachutes; les oiseaux les poursuivent dans l'air comme les poissons dans l'eau. On en trouve dans toutes les mers chaudes et tempérées.

Nous en avons un assez commun dans la Méditerranée, reconnaissable à la longueur de ses ventrales, placées plus en arrière que le milieu du corps. C'est l'*Exocetus exiliens*, Bl. 397. Les jeunes individus ont des bandes noires sur leurs nageoires (1). L'espèce la plus commune dans l'Océan, *Ex. volitans*, Bl. 398, a les ventrales petites et placées avant le milieu (2).

Les mers d'Amérique en produisent avec des barbillons tantôt simples (3), tantôt doubles, et même branchus (4).

---

(1) Tel était le petit individu de la Caroline décrit par Linnæus, et, à ce que je crois, l'*exocetus fasciatus*, Lesueur, Ac. Sc. nat. Phil., II, pl. iv, f. 2, mais le deuxième *pirabebe* de Pison, 61, est le *volitans*.

(2) Je vois par les dessins de Commerson et par celui de Whyte, Botan. Bay, app., p. 266, ainsi que par les envois de nos voyageurs récents, que l'on en trouve des deux formes dans la mer Pacifique.

N. B. L'*exiliens* et le *mesogaster*. Bl. 399, se ressemblent beaucoup. Il n'est pas aisé de les distinguer dans les relations et les figures des voyageurs.—L'*evolans* de Linn. ne paraît qu'un *volitans* dont les écailles étaient tombées.

(3) *Exocetus comatus*, Mitch., Trans., New., I, pl. v, f. 1, probablement le même que l'*Ex. appendiculatus*, Will Wood., Ac. sc. nat., Philad., IV, xvii, 2.

(4) *Exocetus furcatus*, Mitch., l. cit., f. 2, que je soupçonne le même que l'*Ex. nuttalii*, Lesueur, Sc. nat. Philad., II, iv, 1.

Nous plaçons, à la suite de la famille des ésoces, un genre qui en diffère peu, mais qui a les intestins plus longs et deux cœcums. Il donnera lieu très probablement à une famille particulière. C'est celui des

MORMYRES. (MORMYRUS. L.) (1).

Poissons à corps comprimé, oblong, écailleux, à queue mince à sa base, renflée vers la nageoire, dont la tête est couverte d'une peau nue et épaisse, qui enveloppe les opercules et les rayons des ouïes, et ne laisse pour leur ouverture qu'une fente verticale, ce qui leur a fait refuser des opercules par quelques naturalistes, quoiqu'ils en aient d'aussi complets qu'aucun poisson, et a fait réduire à un seul leurs rayons branchiaux, quoiqu'ils en aient cinq ou six. L'ouverture de leur bouche est fort petite, presque comme aux mammifères nommés fourmilliers; les maxillaires en forment les angles. Des dents menues et échancrées au bout garnissent les intermaxillaires et la mâchoire inférieure, et il y a sur la langue et sous le vomer une longue bande de dents en velours. L'estomac est en sac arrondi, suivi de deux cœcums et d'un intestin long et grêle, presque toujours enveloppé de beaucoup de graisse. La vessie est longue, ample et simple. On compte les *mormyres* parmi les meilleurs poissons du Nil.

Les uns ont le museau cylindrique, la dorsale longue (2).

----

(1) Μόρμυρος, nom grec d'un poisson de mer littoral et varié en couleur : probablement le *sparus mormyrus*, L. Il a été appliqué assez mal à propos par Linnæus à des poissons d'eau douce d'une couleur uniforme.

(2) Le *Morm. d'Hasselquist*, Geoff., poiss. du Nil, pl. VI, f. 2;— *Mormyrus caschive*, Hasselq., 398, qui me paraît différent du précédent par plusieurs traits essentiels, à en juger par sa description;— le *morm. oxyrinque*, Geoff., pl. VI, f. 1, qui est le *centriscus niloticus*, Schn., pl. 30; — *Mormyrus cannume*, Forsk., 74, dont la description ne me paraît pas non plus pouvoir s'accorder avec aucun des précédents.

D'autres ont le museau cylindrique, la dorsale courte (1).

On peut croire, ainsi que le pense M. Geoffroy, que c'est dans l'une ou l'autre de ces subdivisions que l'on doit chercher l'*oxyrinque*, révéré des anciens Égyptiens.

D'autres encore ont le museau court, arrondi, la dorsale courte (2).

Enfin, il en est où le front fait une saillie bombée, en avant d'une bouche reculée (3).

La troisième famille des malacoptérygiens abdominaux, ou celle

Des SILUROIDES,

Se distingue de toutes les autres de cet ordre, parce qu'elle n'a jamais de véritables écailles, mais seulement une peau nue, ou de grandes plaques osseuses. Les intermaxillaires suspendus sous l'ethmoïde forment le bord de la mâchoire supérieure, et les maxillaires sont réduits à de simples vestiges ou alongés en barbillons. Le canal intestinal est ample, replié et sans cœcums; la vessie grande, et adhérente à un appareil osseux particulier; presque toujours la dorsale et les pectorales ont une forte épine articulée, pour premier rayon, et il y a très

---

(1) Le *Morm. de Denderah,* ou *anguilloïdes*, L., Geoffr., pl. vii, f. 2, mal à propos confondu avec le *caschive* d'Hasselquist par Linnæus, mais qui est le *hersé*, Sonnini, Voyag. en Egyp., pl. xxii, f. 1.

(2) Le *Morm. de Salheyhe*, *M. labiatus*, Geoffr., pl. vii, f. 1;—le *M. de Belbeys*, *M. dorsalis*, id., pl. viii, f. 1, qui est le *kaschoué*, Sonn., pl. xxi, f. 3.

(3) Le *Morm. bané*, ou *M. cyprinoïdes*, L., Geoffr., pl. viii, f. 2.

N. B. Il y a dans le Nil et dans le Sénégal plusieurs autres espèces de *Mormyres*, non encore publiées.

souvent en arrière une adipeuse comme dans les saumons.

Les Silures. (Silurus. L.) (1).

Forment un genre nombreux que l'on reconnaît à sa nudité, à sa bouche fendue au bout du museau, et pour le plus grand nombre des sous-genres, à la forte épine qui fait le premier rayon de la pectorale. Elle est tellement articulée sur l'os de l'épaule, que le poisson peut à volonté la rapprocher du corps ou la fixer perpendiculairement dans une situation immobile, ce qui en fait alors une arme dangereuse, et dont les blessures passent en beaucoup d'endroits pour envenimées, sans doute parce que le tétanos survient à la suite de leurs déchirures.

Les silures ont en outre la tête déprimée, les intermaxillaires suspendus sous l'ethmoïde, et non protractiles, les maxillaires très petits, mais se continuant presque toujours chacun en un barbillon charnu auquel se joignent d'autres barbillons attachés à la mâchoire inférieure ou même aux narines. Le couvercle de leurs branchies manque de la pièce que nous avons appelée *subopercule;* la vessie natatoire robuste et en forme de cœur, adhère par ses deux lobes supérieurs à un appareil osseux particulier, qui tient à la première vertèbre. L'estomac est en cul-de-sac charnu; l'intestin long, ample et sans cœcums (2). Ces poissons abondent dans les rivières des pays chauds. On trouve des grains dans l'estomac de plusieurs espèces.

---

(1) *Silurus* et *glanis*, deux noms anciens, pris tantôt pour synonymes, tantôt pour différents, et donnés à des poissons du Nil, du Danube, de l'Oronte et de quelques rivières de l'Asie-Mineure. Il n'est guère douteux qu'ils n'appartiennent à ce genre.

(2) Hasselquist en attribue au *schilbé*, mais je me suis assuré du contraire.

Dans

LES SILURES proprement dits. (SILURUS. Lacép.)

Il n'y a qu'une petite nageoire de peu de rayons, sur le devant du dos, mais l'anale est fort longue, et va très près de celle de la queue.

LES SILURES, plus spécialement ainsi nommés. (SILURUS Artéd. et Gronov.)

Ont la petite dorsale sans épine sensible; les dents en cardes aux deux mâchoires, et derrière la bande intermaxillaire de ces dents, est une bande vomérienne. Tel est

Le *Saluth* des Suisses. (*Silurus glanis.* L.) Bl. 34. *Wels* ou *Scheid* des Allemands; *Mal* des Suédois.

Le plus grand des poissons d'eau douce de l'Europe, et le seul de tout ce grand genre qu'elle possède; lisse, noir, verdâtre, tacheté de noir endessus, blanc jaunâtre en dessous, à grosse tête, à six barbillons, quelquefois long de six pieds et davantage, et pesant, dit-on, jusqu'à trois cents livres. Il se trouve dans les rivières d'Allemagne, de Hongrie, dans le lac d'Harlem, etc. ; se cache dans la vase pour attendre sa proie. Sa chair est grasse, et on emploie en quelques endroits son lard comme celui du porc (1).

LES SCHILBÉS.

Diffèrent de ces silures propres par un corps comprimé verticalement, et par une épine forte et dentelée à leur dorsale. Leur tête petite, déprimée, leur nuque subitement relevée, et leurs yeux placés très bas, leur donnent une apparence singulière.

On n'en connaît encore que dans le Nil, où leur chair

---

(1) Ajoutez *Sil. fossilis*, Bl., 370, 2 ; —*Sil bimaculatus*, id., 364 ;— *Wallagoo*, Russel, 160 ; —*Sil. attu*, Schn. , 75 ; — le *Sil. chinois*, Lacép. V, 11, 1 ; — *Sil. asotus*, L. Pallas , nov. act. Petrop. I, xi, 2, *N. B.* D'après une inspection de l'individu desséché, l'*ompok siluroïde*, Lacép. V, 1, 2 , est un silure dont la dorsale repliée n'a pas été vue par le dessinateur.

est moins mauvaise que celle des autres silures de ce fleuve. Ils ont huit barbillons (1).

On pourra faire un nouveau sous-genre de quelques espèces d'Amérique à tête ronde, mousse, petite, pourvue de barbillons et dont les yeux sont presque imperceptibles (2).

LES MACHOIRANS (3). (MYSTUS. Artéd. et Lin. dans ses premières éditions.)

Sont des silures qui, outre leur première dorsale rayonnée, en ont une seconde adipeuse ; ils se composent principalement des *pimelodes* et des *doras,* Lacép.

LES PIMELODES. Lacép.

Ont le corps revêtu seulement d'une peau nue, sans armures latérales.

Ce sous-genre est encore beaucoup trop nombreux en espèces, et ses espèces sont beaucoup trop diverses par leur conformation, pour que nous n'ayons pas été obligés de le diviser et de le subdiviser.

Nous y distinguons d'abord :

LES BAGRES.

Qui ont à chaque mâchoire une bande de dents en velours, et derrière celles de la mâchoire supérieure, une bande parallèle qui appartient au vomer ; le nombre de leurs barbillons et la forme de leur tête, servent à les subdiviser.

Parmi ceux qui ont huit barbillons, il y en a à tête oblongue et déprimée (4).

A tête large et courte (5).

______

(1) *Silurus mystus* Hasselq., Geoff., poiss. d'Ég., pl. II, fig. 3 et 4 ; —*Silurus auritus,* Geoff.. ib., f. 1 et 2.

(2) *Silurus candira,* Spix, X, 1 ;—*Sil. cœcutiens,* id., ib., 2.

(3) *Machoiran,* nom de ces poissons dans les colonies françaises. Schn., p. 478, le rapporte mal à propos aux balistes.

(4) *Sil. Bayad.,* Forsk., *Porcus bayad.,* Geoff., Égyp., poiss., pl. xv, f. 1 et 2 ; — *Sil. Docmac,* Forsk., Geoffr., ib., 3, 4 ;— *Pimelodus aor.,* Buchan., xx, 68 ?

(5) *Sil. erythropterus,* Bl. 369, 2 ; — *Pimel. carasius,* Buchan., XI, 67 ; — *Pim. gulio,* id., xxiii, 66 ; — *Pim. carcio,* id., I, 72 ; — *Pim. nangra,* id., xi, 63.

Parmi ceux à six barbillons, les plus remarquables ont
le museau déprimé et large, autant et plus que le brochet (1).

D'autres ont la tête ovale, et ses os chagrinés lui forment une espèce de casque (2).

D'autres l'ont ronde et non casquée, mais couverte seulement d'une peau nue (3).

Quelques-uns se font remarquer par une tête déprimée,
des yeux placés très bas sur ses côtés, et une adipeuse extrêmement petite; ils ressemblent beaucoup aux schilbés (4).

Enfin il y a des bagres qui n'ont que quatre barbillons (5).

Les Pimelodes proprement dits.

N'ont point de bande de dents au vomer, parallèle à celle
de la mâchoire supérieure, mais il y en a souvent à leurs
palatins. Ils offrent dans le nombre de leurs filets et dans les
formes de leur tête, des variétés encore plus nombreuses que
les bagres.

Ainsi parmi ceux qui n'ont qu'une seule bande de dents,
on en voit qui ont la tête casquée, et une plaque osseuse
ou bouclier distinct entre le casque et l'épine de la dorsale (6).

D'autres où le bouclier s'unit et ne fait qu'un seul corps
avec le casque qui règne ainsi depuis le museau jusqu'à
la dorsale (7).

D'autres encore qui ont la tête ovale, revêtue seulement
de peau, au travers de laquelle les os ne paraissent pas, et

---

(1) *Sil. lima*, Bl. Schn.; — *Sil. fasciatus*, Bl. 366, et diverses espèces
nouvelles. Spix fait de cette division son genre Sorubim.

(2) *Pimélode abouréal* Geoffr., Égyp. poiss., pl. xiv, f. 3 et 4; —
Pimel. bilineatus, Deddi-Jallah., Russel, 169.

(3) Ces espèces sont nouvelles.

(4) Spix en fait son genre Hypophtalmus, dont il a deux espèces :
Hyp. edentatus, ix, *Hyp. nuchalis*, xvii.

(5) *Sil. bagre*, Bl. 365; — *Sil. marinus*, Mitch.

(6) *Sil. clarias*, Bl. xxxv, 1, 2; — *Pimel. maculatus*, Lacép., V, p.
103; — *Sil. hemioliopterus*, Bl. Schn.

(7) Espèces nouvelles.

dans ce groupe, les uns ont six barbillons (1); les autres huit (2).

Il y en a à tête nue, mais très large, que l'on connaît sous le nom de *chats*, et leurs barbillons sont aussi tantôt au nombre de six (3), tantôt de huit (4).

On doit en distinguer à tête petite, plate, à dorsales aussi très petites; à dents presque imperceptibles. (5).

Viennent ensuite les pimelodes, qui, outre la bande de dents de la mâchoire, en ont des plaques aux palatins; ces dents palatines peuvent être en velours ou cardes, et alors le bouclier de la nuque peut être distinct du casque (6), ou bien il peut lui être réuni (7). Ces dents palatines sont quelquefois aussi, rondes comme de petits pavés (8).

Il y a des pimelodes très singuliers, par des dents en cardes qui leur forment un groupe mobile en dedans de la peau de la joue (9).

Il y en a aussi à museau alongé (10), et même pointu et presque sans dents (11).

Ces pimelodes à museau alongé conduisent au groupe encore beaucoup plus extraordinaire

DES SHALS. (SYNODONTIS. CUV.) (12).

Dont le museau est étroit, et où la mâchoire inférieure porte un paquet de dents très aplaties latéralement, termi-

---

(1) *Sil. 4-maculatus*, Bl. 368, 2 ; — *Pim. namdia*, N., Margr., 149; — *Pim. sebœ*, N., Seb. III, xxix, 5; — *Pim. pirinamp.*, Spix, 8.

(2) *Pim. octocirrhus*, N., Seb., III, xxix, 1.

(3) Espèces nouvelles.

(4) *Sil. catus*, Linn., Catesb., II, xxiii.

(5) Espèces nouvelles.

(6) *Pim. herzbergii*, Bl., 367? — le *Pim. doigt-de-nègre*, Lacép.

(7) Espèces nouvelles.

(8) Espèces nouvelles.

(9) *Pim. genidens*, Nob., espèce nouvelle.

(10) Le *Karasche* (*Pim. biscutatus*), Geoffr., Égyp., poiss., XIV, 1, 2; — *Pim. gagata*, Buchan., xxxix, 65?

(11) *Pim. conirostris*, N.

(12) *Synodontis*, nom ancien d'un poisson du Nil, indéterminé.

nées en crochets, et suspendues chacune par un pédicule flexible, dentition dont il n'y a point d'autre exemple connu. Le casque rude, formé par le crâne de ces poissons, se continue sans interruption, avec une plaque osseuse qui s'étend jusqu'à la base de l'épine de la première dorsale, épine qui est très forte, aussi-bien que celles des pectorales. Leurs barbillons inférieurs, quelquefois même les maxillaires, ont des barbes latérales. On trouve de ces poissons dans le Nil et dans le Sénégal; leur chair est méprisée (1).

Les Agéneioses. Lacép.

Ont tous les caractères des pimelodes, excepté qu'ils manquent de barbillons proprement dits.

Dans les uns, l'os maxillaire, au lieu de se prolonger en un barbillon charnu et flexible, se redresse comme une corne dentelée (2).

Dans d'autres, il ne fait aucune saillie, et reste caché sous la peau; les épines dorsale et pectorale y sont peu apparentes (3).

Les Doras. Lacép.

Sont des *machoirans*, c'est-à-dire des silures à deuxième dorsale adipeuse, où la ligne latérale est cuirassée par une rangée de pièces osseuses, relevées chacune d'une épine ou

---

(1) *Silurus clarias*, Hasselquist, très différent du *Clarias* de Gronovius et de Bloch.; c'est le même que le *sil. schal*, Schn., Sonnini, Voyag., pl. xxi, f. 2, ou que le *Pimelode scheilan*, Geoff., poiss. d'Ég., pl. xiii, f. 3 et 4; — *Pimelodus synodontes*, Geoff., ib., xii, f. 5; — *Pimelodus membranaceus*, id., ib., f. 1 et 2. *N. B. Schal* est leur nom générique dans la basse Égypte; *Gurgur* dans la haute.

(2) *Silurus militaris*, Bl., 362.

(3) *Sil. inermis*, Bl., 363, Seb., III, xxix, 8; — *Pimel. silondia*, Buchan., VII, 50.

N. B. Le *Silurus ascita*, L., ad. fr., pl. xxx, f. 2, 2, n'est qu'un Pimelode ordinaire sortant de l'œuf, et dont le jaune n'est pas encore tout à fait rentré dans l'abdomen. Linnæus a pris ce jaune pour un ovaire, et son erreur a été paraphrasée par Bloch. C'est aussi par une faute d'impression que Linnæus place quatre barbillons à la mâchoire supérieure. Ses figures les mettent à l'inférieure.

d'une carène saillante. Leurs épines dorsales et pectorales sont très fortes, et puissamment dentelées. Leur casque est âpre, et se continue jusqu'à la dorsale, comme aux *schals*, et leur os de l'épaule fait une pointe en arrière.

Il y en a qui n'ont que la bande de dents en velours à la mâchoire supérieure (1).

D'autres ont le museau pointu, et point de dents ou des dents à peine sensibles; leurs barbillons maxillaires ont quelquefois des soies latérales (2).

LES HÉTÉROBRANCHES. (HETEROBRANCHUS. Geoff.)

Ont la tête garnie d'un bouclier âpre, plat, et plus large qu'aucun autre silure, parce que les frontaux et les pariétaux donnent des lames latérales, qui recouvrent l'orbite et la tempe; l'opercule est encore plus petit à proportion qu'aux précédents, et ce qui les distingue même de tous les poissons, c'est la particularité observée par M. Geoffroi, qu'outre les branchies ordinaires, ils ont des appareils ramifiés comme des arbres, adhérents à la branche supérieure du troisième et du quatrième arc branchial, et qui paraissent être une sorte de branchies surnuméraires. Du reste, leurs viscères ressemblent à ceux des autres silures; leur membrane branchiale a de huit ou neuf, à treize ou quatorze rayons. Leur épine pectorale est forte et dentelée, mais il n'y en a point de telle à la dorsale; leur corps est nu et alongé ainsi que leur dorsale et leur anale. Il n'y a point d'épine à la dorsale. La caudale est distincte. Ceux qu'on connaît ont huit barbillons : ils viennent du Nil, du Sénégal, et de quelques rivières d'Asie. Leur chair est médiocre ou mauvaise.

---

(1) *Silurus costatus*, L., Bl., 376, et Gronov., V, 1, 2, qui est aussi le *Cataphractus americanus*, Catesb., suppl. IX, cité d'ordinaire sous *Sil. cataphractus*; — *Sil. carinatus*, Lacép. qui me paraît le même que Gronov., III, 4 et 5, cité aussi d'ordinaire sous *S. cataphractus* et que le *Klip-bagre*, Margr., 174; ainsi l'espèce du *Sil. cataphractus* se réduirait à rien. — *Doras granulosus*, Valenc., ap. Humb., Obs. zool., II, 183.

(2) *Doras niger*, Valenc., loc. cit., ou *Corydoras edentulus*. Spix. V; — *Dor. oxyrhynchus*, Val., ib.

Les uns, les Macroptéronotes, Lacép. Clarias, Gronov. n'ont qu'une dorsale toute rayonnée.

L'un deux, le *Sharmuth* ou *Poisson noir* (*Silurus anguillaris*, Hasselq. et L.), est commun en Égypte et en Syrie, et forme, en ce dernier pays, un grand article de nourriture (1).

D'autres ont une dorsale rayonnée, et une adipeuse (2).

Les Plotoses. Lacép.

Se caractérisent par une seconde dorsale rayonnée, très longue, aussi-bien que l'anale, et toutes les deux s'unissant à la caudale pour former une pointe comme dans l'anguille. Leurs lèvres sont charnues et pendantes; leur gueule est armée en avant de dents coniques, derrière lesquelles en sont de globuleuses, qui, à la mâchoire supérieure, appartiennent au vomer. Une peau épaisse enveloppe leur tête comme le reste de leur corps; leur membrane branchiale a neuf ou dix rayons.

Ceux qu'on connaît viennent des Indes orientales. On leur compte huit barbillons, et derrière l'anus et le tubercule charnu et conique commun à tous les silures, est encore un appendice charnu et ramifié, dont les fonctions doivent être singulières.

Les uns ont des épines dorsales et pectorales dentelées et considérables (3).

D'autres les ont presque cachées sous la peau (4).

---

(1) Aj. *Macropt. magur*, Buchan., xxvi, le même que le *silurus* nommé *anguillaris* par Patr. Russel, 168;—*Sil. batrachus*, Bl., 370, 1, qui pourrait bien être le même que le *Macroptéronote brun*, Lac., V, 11, 2; — l'*Hexacircine*, id., ib., 3, n'a que six barbillons, mais il n'est tiré que de dessins chinois.

(2) Le *Halé* (*Heterobranchus bidorsalis*), Geoffr., Eg., Poiss. du Nil, pl. xvi, f. 2.

(3) *Platystacus anguillaris*, Bl., 373*, 1; Renard, I, fol. 3, f. 19.

(4) *Plotosus cæsius*, Buchan., xv, 44.

Les Callichtes. (Callichthys, Linn. dans ses prem. édit. Cataphractus. Lacép.) (1).

Ont le corps presque entièrement cuirassé sur ses côtés par quatre rangées de pièces écailleuses, et il y a aussi sur la tête un compartiment de ces pièces ; mais le bout du museau est nu , ainsi que le dessous du corps ; leur deuxième dorsale n'a qu'un seul rayon dans son bord antérieur ; leur épine pectorale est forte , mais la dorsale est faible ou courte. La bouche est peu fendue, et les dents presque insensibles ; les barbillons au nombre de quatre ; les yeux petits et sur les côtés de la tête.

Ces poissons peuvent ramper à sec quelque temps , comme l'anguille.

Les uns ont l'épine pectorale simplement âpre (2) ;

D'autres l'ont dentelée, comme la plupart des silures (3).

Les Malaptérures. Lacép.

Se distinguent de tous les vrais silures parce qu'ils n'ont point de nageoire rayonnée sur le dos, mais seulement une petite adipeuse sur la queue, et qu'ils manquent tout-à-fait d'épine aux pectorales, dont les rayons sont entièrement mous. Leur tête est recouverte, comme leur corps , d'une peau lisse; leurs dents sont en velours et disposées, tant en haut qu'en bas, sur un large croissant; on leur compte sept rayons branchiaux. Leurs mâchoires et leurs viscères ressemblent à ceux des silures.

On n'en connaît qu'un à six barbillons, à tête moins grosse que le corps, qui est renflé en avant; c'est le fameux *Silure électrique* du Nil et du Sénégal (*Silurus electricus* , L.), Geoffr. , poiss. d'Ég., pl. xii , f. 1, Brousson., Ac. des Sc., 1782. Le *Raasch* ou *Tonnerre* des Arabes, qui

---

(1) *N. B.* Bloch réunit dans son genre Cataphractus les doras et les callichtes.

(2) *Silurus callichthys*, Bl., 377, 1.

(3) Espèce nouvelle.

donne, comme la torpille et le gymnote, des commotions électriques. Il paraît que le siége de cette faculté est un tissu particulier situé entre la peau et les muscles, et qui présente l'apparence d'un tissu cellulaire graisseux, abondamment pourvu de nerfs.

LES ASPRÈDES ou PLATYSTES. (ASPREDO. Lin. dans ses édit. quatrième et sixième. PLATYSTACUS. Bl.) (1)

Ont des caractères fort particuliers dans l'aplatissement de leur tête et l'élargissement de la partie antérieure de leur tronc, qui résulte surtout de celui des os de l'épaule; dans la longueur proportionnelle de leur queue; dans leurs petits yeux placés à la face supérieure; dans leurs intermaxillaires couchés sous l'ethmoïde, dirigés en arrière et ne portant de dents qu'à leur bord postérieur; enfin et principalement en ce que ce sont les seuls poissons osseux connus, qui n'aient rien de mobile à l'opercule, attendu que les pièces qui devraient le composer sont soudées au tympanique et au préopercule. L'ouverture des branchies se fait par une simple fente de la peau, sous le bord externe de la tête, et leur membrane qui a cinq rayons est adhérente par-

---

(1) Sous ce nom de platystacus, Bloch réunit les *plotoses* et les *asprèdes*. Lacépède laisse les asprèdes avec les silures, mais fait un genre distinct des plotoses.

N. B. On doit éloigner de tout ce grand genre SILURE : 1° le *Silurus cornutus*, Forsk., p. 66, qui a fourni le genre *Macroramphose*, Lac., ce n'est que la bécasse (*centriscus scolopax*, L.); 2° le genre *Pogonathe*, Commers. et Lac. La première espèce, *Pogonatus courbina*, Lac., V, p. 122, n'est autre que le pogonias, Lac., II, xvi, 2, et III, p. 138, et par conséquent de la famille des sciènes; l'autre, *Pogonatus auratus*, est évidemment du genre des *Ombrines*; 3° le genre *Centranodon*, Lac., ou *Siluris imberbis*, Houttuyn, Act. haarl., xx, 2, 338; ce n'est dans aucun sens un *silure*, puisqu'il a des écailles, des aiguillons aux opercules, la première dorsale épineuse, etc. Il est probablement voisin des perches, et c'est fort gratuitement que Bloch, édit. de Schn., p. 110, le range parmi les sphyrènes.

tout ailleurs. La mâchoire inférieure est transversale, et le museau avance plus qu'elle. Le premier rayon pectoral est armé de dents plus grosses que dans aucun autre silure; il n'y a qu'une dorsale sur le devant du dos, dont le premier rayon n'est pas très fort; l'anale au contraire est très longue et règne sous toute la queue, qui est longue et grêle.

On n'en connaît que peu d'espèces, qui ont six ou huit barbillons; ce qui est remarquable, c'est que lorsqu'il y en a huit, il y en a une paire attachée à la base des barbillons maxillaires; les quatre de la mâchoire inférieure sont par paires l'un derrière l'autre (1).

On voit à quelques-uns de ces poissons des globules qui paraissent leurs œufs, et qui adhèrent à leur thorax par des pédicules.

LES LORICAIRES. (LORICARIA. L.)

Ainsi nommées à cause des plaques anguleuses et dures qui cuirassent entièrement leur corps et leur tête, se distinguent d'ailleurs des silures cuirassés, tels que les callichtes et les doras, par leur bouche percée sous le museau. C'est avec celle des schals que cette bouche a le plus d'analogie; des intermaxillaires petits, suspendus sous le museau, et des mandibulaires transverses et non réunis, portent des dents longues, grêles, flexibles et terminées en crochet; un voile circulaire, large, membraneux, entoure l'ouverture; les os pharyngiens sont garnis de nombreuses dents en pavés. Les vrais opercules sont immobiles comme dans les asprèdes, mais deux petites plaques extérieures mobiles paraissent en tenir lieu. La membrane a quatre

---

(1) *Silurus aspredo*, L.; *Platystacus lævis*, Bl, Séb., III, xxix, 9 et 10; — *Platyst. cotylephorus*, Bl., 372; — *Silurus hexadactylus*, Lac., V, p. 82. — Le *Platystacus verrucosus*, Bl., 373, 3, diffère des autres par une queue et une anale plus courtes.

rayons. Les premiers rayons de la dorsale et des pectorales et même des ventrales sont de fortes épines. On ne trouve ni cœcums ni vessie aérienne. On peut en faire deux sous-genres.

Les Hypostomes. Lacép.

Ont une deuxième petite dorsale, munie d'un seul rayon comme dans les callichtes. Leur voile labial est simplement papilleux, et porte un petit barbillon de chaque côté. Ils n'ont point de plaques sous le ventre; leurs intestins roulés en spirale sont grêles comme de la ficelle, et douze ou quinze fois plus longs que le corps. On les pêche dans les rivières de l'Amérique méridionale (1).

Les Loricaires proprement dites (Loricaria. Lacép.)

N'ont qu'une seule dorsale en avant; leur voile labial est garni sur ses bords de plusieurs barbillons, et quelquefois hérissé de villosités; leur ventre est garni de plaques en dessous; leurs intestins sont de grosseur médiocre (2).

La quatrième famille des Malacoptérygiens abdominaux, ou celle

Des SALMONES,

Ne formait, dans Linnæus, qu'un grand genre nettement caractérisé par un corps écailleux et une première dorsale à rayons mous, suivie d'une seconde petite et adipeuse, c'est-à-dire formée simplement d'une peau remplie de graisse et non soutenue par des rayons.

---

(1) *Loricaria plecostomus*, L., B., 374; — *Hyp. etentaculatum*, Spix, IV.

(2) *Loricaria cataphracta*, Linn., ou *L. cirrhora*, Bl. Schn., et *Setigera*, Lacép., Bl., 375, 1, 2; — *Loric. rostrata*, Sp., III; — *Rinelepis aspera*, id., II; — *Acanthicus hystrix*, id., I.

Ce sont des poissons à nombreux cœcums, pourvus d'une vessie natatoire ; presque tous remontent dans les rivières et ont la chair agréable. Ils sont d'un naturel vorace. La structure et l'armure de leurs mâchoires varient étonnamment.

Ce grand genre

DES SAUMONS. (SALMO. L.)

Doit être subdivisé comme il suit :

LES SAUMONS proprement dits, ou plutôt les TRUITES.
(SALMO Cuv.)

Ont une grande partie du bord de la mâchoire supérieure formée par les maxillaires, une rangée de dents pointues aux maxillaires, aux intermaxillaires, aux palatins et aux mandibulaires, et deux rangées au vomer, sur la langue et sur les pharyngiens, en sorte que ce sont les plus complétement dentés de tous les poissons. Dans les vieux mâles, le bout de la mâchoire inférieure se recourbe vers le palais, où est une fossette pour le loger quand la bouche se ferme. Tout le monde connaît leur forme. Leurs ventrales répondent au milieu de leur première dorsale et l'adipeuse à l'anale. Leurs rayons branchiaux sont au nombre de dix ou environ. Leur estomac étroit et long fait un repli, et est suivi de très nombreux cœcums ; leur vessie natatoire s'étend d'un bout de l'abdomen à l'autre, et communique dans le haut avec l'œsophage. Ils ont presque toujours le corps tacheté, et leur chair est généralement très bonne.

Ils remontent dans les rivières pour frayer, sautent même au-dessus des cataractes, et l'on en trouve jusque dans les ruisseaux et les petits lacs des plus hautes montagnes.

Le *Saumon. (Salmo salar.* L.) Bl. 20.

Est la plus grande espèce du genre, à chair rouge, à taches irrégulières brunes, qui s'effacent promptement dans l'eau douce ; le crochet cartilagineux que forme sa mâchoire inférieure, même dans le vieux mâle, est peu considérable. De toutes les mers arctiques, d'où il entre en grandes troupes dans les rivières, au printemps. Sa pêche est très importante dans tous les pays septentrionaux, où l'on en sale et en fume beaucoup.

Le *Bécard* (*Salmo hamatus*. N.) Bl. 98.

Est tacheté de rouge et de noir sur un fonds blanchâtre ; le museau du mâle est rétréci en pointe, et le crochet de sa mâchoire inférieure est bien plus marqué qu'au saumon. Ses dents sont plus fortes, sa chair est aussi rouge, mais plus maigre, et moins estimée. Il se pêche aussi à l'embouchure de nos rivières.

La *Truite de mer.* (*Salmo Schiefermulleri.*) Bl. 1o3.

Moindre que le saumon, à dents plus grêles et plus longues, a les flancs semés de petites taches en forme de croissant sur un fonds argenté ; sa chair est jaune. On nous en apporte beaucoup en été.

Le *Huch* du Danube et de ses affluents. (*Salmo hucho*. L.) Bl. 1oo, et mieux Meidinger. 45.

Qui devient presque aussi grand que le saumon, diffère peu du précédent par ses taches, mais a le museau plus pointu, et les dents bien plus fortes.

Quant aux autres truites de rivière, il y en a dans toutes nos eaux claires, et surtout dans celles des montagnes, de couleurs et de tailles très différentes, parmi lesquelles plusieurs naturalistes ont cru pouvoir distinguer certaines espèces, tandis que d'autres prétendent que ce sont seulement des variétés résultant de l'âge, de la nourriture, et surtout des eaux dans lesquelles elles séjournent ; mais je trouve qu'ils portent cette supposition au-delà de la vraisemblance.

La *grande Truite du lac de Genève.* (*Salmo lemanus*. N.)

Qui se trouve aussi dans quelques lacs voisins, a la tête et le dos semés de petites taches rondes et noirâtres sur un fond blanchâtre ; sa chair est très blanche. Il y en a de quarante et de cinquante livres.

La *Truite saumonée*. (*Salmo trutta*. L.) Bl. 21.

Est marquée de taches ocellées ou en forme d'X, les supérieures sont quelquefois entourées d'un cercle plus clair ; beaucoup de ces taches sur les opercules et l'adipeuse ; la chair rougeâtre. Les ruisseaux d'eau claire qui se jettent immédiatement dans la mer sont les eaux où l'on pêche les meilleures ; mais il en moute à toutes les hauteurs.

La *Truite commune*. (*Salmo fario*. L.) Bl. 22.

Plus petite, à taches brunes sur le dos, rouge sur les flancs, entourées d'un cercle clair, mais variant à l'infini pour les teintes du fond depuis le blanc et le jaune doré jusqu'au brun foncé ; à chair blanche ; commune dans tous les ruisseaux dont l'eau est claire et vive.

La *Truite pointillée*. (*Salmo punctatus*. N.) *S. alpinus*. Bl. 104 ; mais non l'*Alpinus* de Linn. Le *Carpione* des lacs de Lombardie?

Est semée de petits points noirs et rouges. On la trouve tout autour des Alpes. Sa chair est délicieuse.

La *Truite marbrée des lacs de Lombardie*. (*Salmo marmoratus*. N.)

A des taches et des traits irréguliers bruns, serrés et et mêlés de manière à former une espèce de marbrure, etc.

On est plus d'accord de séparer

La *Truite rouge*, *Charr* des Anglais. (*S. salvelinus*. L. Meidinger, 19, sous le nom d'*Alpinus*.)

Qui a des taches rouges sur les flancs, le ventre orangé, l'anale et les nageoires pectorales rouges ; leur premier rayon est gros et blanc.

La *Truite des Alpes*. (*S. alpinus*. Linn.) Bl. 99 ; et Meidinger, 22, sous le nom de *Salvelinus*.

A peu près des mêmes couleurs, mais les premiers rayons de ses nageoires inférieures ne se distinguent pas. Elle remplit les lacs des montagnes de la Laponie, et est une ressource précieuse pour les Lapons en été.

Il y a aussi dans nos rivières une petite truite,

Le *Salmlet* des Anglais. Le *Saumoneau* du Rhin. Penn.
Zool. brit. III, Pl. LIX. 1.

Que plusieurs croient distincte ; le verdâtre du dos
forme, avec le blanc du ventre , des zigzags dans chacun
desquels est une tache rouge. C'est un petit poisson délicieux.

L'*Ombre Chevalier*. (*S. Umbla*. L.) Bl. 101.

A les écailles plus petites et les dents plus fines que
les autres ; ses taches sont peu marquées et manquent
souvent; sa chair, plus grasse et blanche, approche de
celle de l'anguille. L'ombre chevalier du lac de Genève est
surtout célèbre (1).

LES ÉPERLANS. (OSMERUS. Artéd.)

Ont deux rangs de dents écartées à chaque palatin, mais
leur vomer n'en a que quelques-unes sur le devant. Du
reste, leurs formes sont celles des truites, mais leur membrane des ouïes n'a que huit rayons. Leur corps est sans
taches, et leurs ventrales répondent au bord antérieur de
leur première dorsale. On les prend dans la mer et à l'embouchure des grands fleuves.

On n'en connaît qu'un petit, brillant des plus belles
teintes d'argent et de vert-clair, et excellent à manger
(*S. Eperlanus*, L.), Bl., 28, 2.

LES LODDES. (MALLOTUS. N.)

Avec la bouche fendue des précédents, n'ont que des
dents en velours raz aux mâchoires, au palais et à la langue.

____

(1) Outre ces saumons et ces truites de nos eaux, les naturalistes russes
et américains en ont décrit plusieurs, mais qui n'ont pu être comparés
suffisamment aux nôtres, au point que Pallas même conserve des doutes
sur quelques-unes de ses espèces. Nous nous efforcerons d'en éclaircir la
synonymie dans notre grande Ichtyologie; mais les détails où cette re-
cherche nous obligerait d'entrer ne peuvent trouver place ici : nous y
ferons connaître aussi plusieurs espèces du nord de l'Amérique, dont une
partie a été indiquée par MM. Mitchill, Lesueur, Rafinesque, Richardson, etc.

Leurs ouïes ont huit rayons; leur corps est alongé, couvert de petites écailles; leur première dorsale et leurs ventrales sont plus en arrière que le milieu; ils se reconnaissent surtout à de larges pectorales rondes qui se touchent presque en dessous.

On n'en connaît qu'un des mers septentrionales (*Salmo groenlandicus*, Bl., 381; le *Capelan*, Duhamel, sect. I, pl. xxvi; *Clupea villosa*, Gmel.), petit poisson que l'on emploie pour appât à la pêche de la morue. Le mâle, dans le temps du frai, prend tout le long du flanc une large bande, garnie d'écailles longues, étroites et relevées qui ont l'apparence de poils.

Les Ombres. (Thymallus. N.) (1).

Ont la même structure de mâchoire que les truites, mais leur bouche est très peu fendue, et leurs dents sont très fines. Leur première dorsale longue et haute; leurs écailles plus grandes les distinguent encore; d'ailleurs, elles ont à peu près les habitudes des truites, et leur bon goût. Leur estomac est un sac très épais: leurs ouïes ont sept ou huit rayons.

L'*Ombre commune* (*Salmo thymallus*. L.) Bl. 24.

A sa première dorsale aussi haute que le corps, et du double plus longue que haute, tachetée de noir et quelquefois de rouge; elle est brunâtre, rayée en long de noirâtre; et d'un excellent goût (2).

Les Lavarets. (Coregonus. N.)

Ont la bouche comme les précédents, et encore moins bien armée, car elle n'a souvent point de dents du tout. Leurs écailles sont encore plus grandes, mais leur dorsale est moins longue qu'elle n'est haute de l'avant.

L'Europe en possède plusieurs espèces très semblables entre elles; une d'elles cependant,

---

(1) *N. B.* Artédi réunissait les ombres et les lavarets sous son genre Coregonus.

(2) Aj. *Coregonus signifer*, Richardson, Ier Voyage du capitaine Franklin, pl. 26; — *Cor. thymalloïdes*, id.

Le *Houting* ou *Hautin* des Belges. (*Salmo oxyrhinchus.* L.)
Bloch. 25, sous le faux nom de *Lavaret*

Se distingue encore aisément par une proéminence molle qu'il porte au bout du museau. De la mer du Nord, de la Baltique, où il poursuit les bandes de harengs. On le prend aussi dans l'Escaut, dans le lac de Harlem, etc. (1).

La *Vemme.* (*Salmo marœnula.* Bl. 28. fig. 3). et *S. albula.* Ascan. pl. XXIX.

A aussi un caractère fort déterminé dans sa mâchoire inférieure qui dépasse la supérieure (2).

Les autres ont le museau obtus ou comme tronqué; et il est fort difficile de leur assigner des caractères précis. Tels sont :

La *Marène.* (*Salmo marœna.* Bl. 27.)

Des lacs du Brandebourg; son museau quoique obtus, avance plus que la bouche.

Le *Lavaret.* (*Salmo Wartmanni.* Bl. 105.)

Dés lacs du Bourget, de Constance, du Rhin, etc. Son museau est tronqué au niveau du devant de la bouche, sa tête est moins longue à proportion; sa forme plus effilée.

La *Fera.* (*Coregonus fera.* Jurine), mém. de la Soc. phys. de Genève, tom. III; part. I, pl. VII.

Du lac de Genève et de quelques autres, est plus haute que le lavaret, a les nageoires plus grandes.

La *Gravanche.* (*Coregonus hyemalis.* Jurine, *ib.* pl. VIII.)

Du lac de Genève, où elle ne se montre qu'en hiver,

---

(1) Une mauvaise figure de ce *hautin* envoyée à Rondelet (Rondel., Fluviat., 195), et à laquelle, je ne sais par quelle erreur, on avait dessiné trois dorsales, a donné lieu au genre TRIPTÉRONOTE, Lacép., lequel doit en conséquence être supprimé. Schoenefeld lui avait transporté mal à propos le nom d'*Albula nobilis*, et Artédi et Linnæus l'avaient confondu avec le *lavaret*, en quoi ils ont été suivis par Bloch. Le *Salmo thymallus latus*, Bl., 26, en paraît une variété dans le temps du frai.

(2) Aj. *Salmo clupéoïdes*, Pall.

sa tête est plus grosse, ses nageoires plus grandes à proportion que dans la fera.

La *Palée noire*. (*Cor. palœa.* N.)

Du lac de Neuchâtel, est plus haute, surtout de la nuque, que tous les précédents; ses teintes sont foncées.

Le *Sik*. (*S. sikus*, N.) Ascan. pl. xxx, sous le nom de *Lavaret*.

Des rivières de Norvége, a le museau proéminent comme la marène, mais le corps plus étroit, plus brun (1).

LES ARGENTINES. (ARGENTINA. L.)

Ont la bouche petite et sans dents aux mâchoires, comme les ombres, mais cette bouche est déprimée horizontalement; la langue est armée, comme dans les truites et les éperlans, de fortes dents crochues, et il y en a une rangée transversale de petites en avant du vomer. Il y a six rayons aux ouïes; les intestins diffèrent peu de ceux des truites.

On n'en connaît qu'une espèce de la Méditerranée (*Argentina sphyrœna*, L.), Cuv., Mém. du Mus., I, xi. dont la vessie natatoire est très épaisse, et singulièrement chargée de cette substance argentée si remarquable dans les poissons; elle s'emploie pour colorer les perles. Son estomac est remarquable par sa couleur noire (2).

Artédi, et plusieurs de ses successeurs, ont réuni sous le nom de CHARACINS (CHARACINUS), tous les salmones qui

---

(1) Aj. *Salmo silus*, Ascan., xxiv; — *Coregonus albus*, Lesueur Ac. Sc. nat. Phil. I. p. 35.; — *Cor. quadrilateralis*, Richardson, Voyage de Franklin, pl. xxv, f. 2; — *Salmo peled*, Pall.

(2) Ce poisson, qui est bien sûrement l'*Argentina* de Willughby, 229, et par conséquent celle d'Artédi et de Linnæus, a constamment une seconde dorsale adipeuse, comme l'a bien observé Brunnich, Icht. mass., 79; on aurait donc dû le ranger parmi les salmo. L'*argentina machnata*, Forsk., n'est autre que l'*elops saurus;* il en est probablement de même de l'*argentina carolina* de Linnæus, quoique Catesby, dans la figure citée, Car., II, xxiv, ait oublié la dorsale. Gronovius n'a donné pour son argentina qu'un anchois, et Pennant qu'une *scopèle* (serpe de Risso). Quant à l'*argentina glossodonta*, Forsk., c'est un genre particulier, le BUTIRIN de Commerson.

n'ont pas plus de quatre ou cinq rayons aux ouïes; mais leurs formes et surtout leurs dents, varient encore assez pour donner lieu à plusieurs subdivisions. Cependant je trouve à tous les nombreux cœcums des salmones précédents, avec la vessie divisée par un étranglement des cyprins. Aucun n'a les dents sur la langue des truites. Nous y établissons les sous-genres suivants :

LES CURIMATES. Cuv.

Ont toute la forme extérieure des ombres; leur petite bouche, la première dorsale au-dessus des ventrales, etc. Quelques-uns même ressemblent à certaines ombres par des dents qui ne se voient qu'à la loupe, et n'en diffèrent que par le nombre de leurs rayons branchiaux (1).

D'autres ont à chaque mâchoire une rangée de dents dirigées obliquement en avant, tranchantes, les antérieures plus longues, comparables en un mot à celles des balistes (2).

Ils viennent des rivières de l'Amérique méridionale.

LES ANOSTOMES. (ANOSTOMUS. Cuv.)

Ont, avec la forme des ombres et une rangée de petites dents en haut et en bas, la mâchoire inférieure relevée au devant de la supérieure, bombée, en sorte que la petite bouche a l'air d'une fente verticale sur le bout du museau (3).

LES SERPES. Lacép. (GASTEROPELECUS. Bl.)

Ont la bouche dirigée vers le haut comme les anostomes; mais leur ventre est comprimé, saillant et tranchant, parce

---

(1) *Salmo edentulus*, Bl., 380; — *S. unimaculatus*, Bl., 381, 3; — *S. tæniurus*, Valen., Ap. Humb., Obs. zool., II, p. 166;—*S. curima*, N., Margr., 156; — *Curimate Gilbert*, Quoy et Gaym., Voyage de Freycinet, Zool., pl. xlviii, f. 1; — et probablement *S. cyprinoïdes*, Gronov., Zooph., n° 378. Ce sont les PACU, Spix, xxxviii et xxxix. Ses ANODUS, xl et xli, en diffèrent seulement par une bouche un peu plus fendue.

(2) *Salmo fasciatus*, Bl., 379; — *S. Fridericii*, id., 378.

(3) *Salmo anostomus*, L., Gronov., VII, 2.

qu'il est soutenu par des côtes qui aboutissent au sternum ; leurs ventrales sont fort petites, et fort en arrière ; leur première dorsale sur l'anale qui est longue. A leur mâchoire supérieure, sont des dents coniques ; à l'inférieure, des dents tranchantes et dentelées (1).

Les Piabuques.

Avec la petite tête et la bouche peu fendue des curimates, ont un corps comprimé, la carène du ventre tranchante, mais non dentelée, et l'anale très longue. Leur première dorsale répond au commencement de leur anale (2).

Les Serra-Salmes. Lacép.

Déjà distingués par M. de Lacépède, ont le corps comprimé, haut verticalement, et le ventre tranchant et dentelé en scie, caractères auxquels il faut ajouter celui de leurs dents triangulaires, tranchantes, dentelées. Le maxillaire, sans dents, traverse obliquement sur la commissure. Il y a souvent une épine couchée en avant de leur dorsale.

Ceux que l'on connaît viennent des rivières de l'Amérique méridionale. Ils poursuivent, dit-on, les canards, et même les hommes qui se baignent, et avec leurs dents tranchantes, leur emportent la peau (3).

Les Tétragonoptères. (Tetragonopterus. Artédi.)

Ont la longue anale, et les dents tranchantes et dentelées des serra-salmes ; le maxillaire sans dents traverse de même obliquement sur la commissure, mais leur bouche est peu fendue, et leur ventre n'est ni caréné, ni dentelé (4).

---

(1) *Gasteropelecus sternicla*, Bl., 97, 3.

(2) *Salmo argentinus*, Bl. 382, 1 ; Margr. 170 ; — *S. bimaculatus* Bl. 16 ;—*S. gibbosus*, Gronov., Mus., I, 1, 4 ;—*S. melanurus*, Bl., 381, 2.

(3) *Salmo rhomboïdes*, Bl., 383 ; — *Serras. piraya*, Cuv., Mém. Mus., V, pl. xxviii, f. 4 ; — *Serras. mento*, id., ib.; f. 3 ; — *Serr. aureus*, Spix, xxix ; — *S. nigricans*, id., xxx.

(4) *Tetragonopterus argenteus*, Artéd., ap. Seb., III, pl. xxxiv, f. 3, ou *Coregonoïdes amboinensis*, Art., spéc., 44, que l'on a confondu mal à propos avec le *salmo bimaculatus* ;—*Chalceus fasciatus*, Cuv., Mém. Mus., V, pl. xxvi, f. 2 ;—*Serrasalmo chalceus*, Spix, xxxii, 1.

Les Chalceus. Cuv.

Ont la même forme de bouche, et les mêmes dents tranchantes et dentelées que les précédents, mais leur corps est oblong, et non caréné ni dentelé. Leur maxillaire a de très petites dents rondes (1).

Les Raiis. (Myletes. Cuv.)

Sont remarquables par des dents bien singulières, en prisme triangulaire, court, arrondi aux arêtes, et dont la face supérieure se creuse par la mastication, en sorte que les trois angles y font trois pointes saillantes. La bouche, peu fendue, a deux rangs de ces dents aux intermaxillaires, et un seul à la mâchoire inférieure, avec deux dents en arrière; mais la langue et le palais sont lisses. Les maxillaires placés sur la commissure, n'ont aucunes dents.

Quelques-uns ont la forme élevée, les nageoires verticales en faux, l'épine couchée en avant, et même le ventre tranchant et dentelé des serra-salmes, avec lesquels on les réunirait volontiers sans leurs dents. Il y en a même un qui porte aussi une épine couchée en avant de la dorsale (2). L'on en trouve en Amérique de fort grands, qui sont bons à manger (3).

D'autres ont simplement la forme alongée. Leur première dorsale répond à l'intervalle des ventrales et de l'anale.

On n'en connaît qu'un d'Égypte (4).

---

(1) *Chalceus macrolepidotus*, Cuv., Mém. Mus., IV, pl. xxi, f. 1; — *Ch. opalinus*, id., ib., V, pl. xxvi, f. 1; — *Ch. angulatus*, Spix, xxxiv.

(2) *Myletes rhomboïdalis*, Cuv., Mém. du Mus., IV, pl. xxii, f. 3.

(3) Outre le précédent, *Myl. duriventris*, ib., f. 2; — *M. brachypomus*, ib., f. 1; — *M. macropomus*, ib., pl. xxi, f. 3; — *M. paco*, Humboldt, Obs. zool., II, pl. xlvii, f. 2.

(4) Le *Raii du Nil*, qui est le *cyprinus dentex*, Linn., Mus. Ad. fr. et XIIe éd., ou le *salmo dentex* d'Hasselquist; et le *S. niloticus* de Forskahl, et qui se trouve ainsi deux fois dans Gmelin et ses successeurs. C'est le *Myl. Hasselquistii*, Cuv., Mém. Mus., IV, pl. xxi, f. 2.

Les Hydrocyns. (Hydrocyon. Cuv.)

Ont le bout du museau formé par les intermaxillaires ; les maxillaires commençant près ou en avant des yeux, et complétant la mâchoire supérieure. Leur langue et leur vomer sont toujours lisses, mais il y a des dents coniques aux deux mâchoires. Un grand sous-orbitaire mince et nu comme l'opercule couvre la joue.

Les uns ont encore une rangée serrée de petites dents aux maxillaires et aux palatins ; leur première dorsale répond à l'intervalle des ventrales et de l'anale (1). Ils viennent des rivières de la zone torride ; leur goût ressemble à celui de la carpe (2).

D'autres ont une double rangée de dents aux intermaxillaires et à la mâchoire inférieure, une rangée simple aux maxillaires, mais leurs palatins n'en ont pas. Leur première dorsale est au-dessus des ventrales (3).

D'autres encore n'ont qu'une simple rangée aux maxillaires et à la mâchoire inférieure ; les dents y sont alternativement très petites et très longues, surtout les deux secondes d'en bas, qui passent au travers de deux trous de la mâchoire supérieure, quand la bouche se ferme. Leur ligne latérale est garnie d'écailles plus grandes ; leur première dorsale répond à l'intervalle des ventrales et de l'anale (4).

Une quatrième sorte a le museau très saillant, pointu, les maxillaires très courts, garnis, ainsi que la mâchoire inférieure et les intermaxillaires, d'une seule rangée de très petites dents serrées ; leur première dorsale répond à l'intervalle

---

(1) C'est ce qui les a fait ranger parmi les osmères par M. de Lacépède.

(2) *Salmo falcatus*, Bl., 385 ; — *S. odoe*, id., 386 ; — *Hydrocyon falcirostris*, Cuv., Mém. Mus., V, pl. xxvii, f. 1 ; — *Hydr. hepsetus*, N., ou *Hydr. faucille*, Zool. du Voyage de Freycin., pl. 48, f. 2.

(3) Espèce nouvelle du Brésil (*Hydroc. brevidens*, Cuv., Mém. Mus., V, pl. xxvii, , f. 1, ou *Characinus amazonicus*, Spix, xxxv.)

(4) Autre espèce du Brésil *Hydroc. scomberoïdes*, Cuv., Mém. Mus., V, pl. xxvii, f. 2, ou *Cynodon vulpinus*, Spix, xxvi ; — *Cynodon gibbus*, id., xxvii.

des ventrales et de l'anale. Tout le corps est garni de fortes écailles (1).

D'autres enfin n'ont absolument de dents qu'aux inter-maxillaires et à la mâchoire inférieure ; elles y sont en petit nombre, fortes et pointues. Leur première dorsale est au-dessus des ventrales. On n'en connaît qu'un du Nil (2).

LES CITHARINES. (CITHARINUS. Cuv.)

Se reconnaissent à leur bouche déprimée, fendue en tra-vers au bout du museau, dont le bord supérieur est formé en entier par les intermaxillaires, et où les maxillaires, petits et sans dents, occupent seulement la commissure ; la langue et le palais sont lisses, la nageoire adipeuse est cou-verte d'écailles, ainsi que la plus grande partie de la caudale. On les trouve dans le Nil.

Les uns ont de très petites dents à la mâchoire supérieure seulement, le corps élevé comme aux serra-salmes, mais le ventre sans tranchant ni dentelures (3).

D'autres ont aux deux mâchoires un grand nombre de dents serrées sur plusieurs rangs, grêles et fourchues au bout ; leur forme est plus alongée (4).

LES SAURUS. (SAURUS. Cuv.)

Ont le museau court ; la gueule fendue jusque fort en arrière des yeux ; le bord de la mâchoire supérieure formé en entier par les intermaxillaires ; beaucoup de dents très pointues le long des deux mâchoires, des palatins, sur la

---

(1) Autre espèce du Brésil (*Hydroc. lucius*, Cuv., Mém. Mús., V, pl. xxvi, f. 3, ou *Xiphostoma Cuvierii*, Spix, xlii.)

(2) Le *Roschal* ou *Chien d'eau*, Forsk., 66, ou *Characin dentex*, Geoffr., Poiss. d'Eg., pl. 4, f. 1, et Cuv., Mém. Mus., V, pl. xxviii, f. 1, mais qui n'est point, comme l'a cru Forskahl, le *salmo dentex* d'Hassel-quist : celui-ci est le *raii*.

(3) Le *Serrasalme citharine* ou *Astre de la nuit* des Arabes, Geoffr., Poiss. d'Eg., pl. v, f. 2 et 3 (*Citharinus geoffroei*, Nob.) ; — *Salmo cyprinoïdes*, Gronov., Mus., p. 378.

(4) Le *Characin nefasch*, Geoff., ib., fig. 1, ou *salmo ægyptius*, Gm.; c'est le *salmo niloticus* d'Hasselquist, très différent de celui de Forskahl, qui est le *raii*.

langue et les pharyngiens, mais aucune sur le vomer; huit
ou neuf, et souvent douze ou quinze rayons aux ouïes. La
première dorsale un peu en arrière des ventrales, qui sont
grandes; des écailles sur le corps, les joues et les opercules; leurs viscères ressemblent à ceux des truites. Ce
sont des poissons de mer très voraces.

On en trouve un dans la Méditerranée (*S. Saurus*, L.),
Salv., 242 (1).

Le lac de Mexico en possède un presque transparent
(*S. mexicanus*, Nob.). Un autre également transparent; à
dents très longues, flexibles, en partie terminées en flèches;
à museau excessivement court; à nageoires très frêles
(*S. ophiodon*, Nob.), *Vana motta*, Russel, 171, s'emploie
aux Indes, séché et salé comme assaisonnement (2).

LES SCOPÈLES. (SCOPELUS. Cuv.) *Serpes* de Risso (3).

Ont la gueule et les ouïes extrêmement fendues; les deux
mâchoires garnies de très petites dents; le bord de la supérieure entièrement formé par les intermaxillaires : la langue
et le palais lisses. Leur museau est très court et obtus : on
leur compte neuf ou dix rayons aux ouïes; et outre la dor-

---

(1) Aj. *S. saurus*, Bl. , 384, qui me paraît différent de celui de la
Méditerranée ; — *Salmo fœtens*, Bl., 384, 2 ; — *S. tumbil.*, Bl., 400; —
l'*osmère galonné*, Lac., V, VI, 1; — le *Salmone varié*, id. , V, III, 3; —
l'*Osmère à bandes*, Risso, prem. éd., p. 326 ; — *S. badi*, Nob. , (*Badi
motta*), Russel., 172 ; — *Salmo myops*, Forster, Bl. Schn., p. 421; —
S. minutus, Lesueur, Sc. nat. Philad., V, part. I, pl. v ; —*S. conirostris*, Spix., XLIII ; — *S. intermedius*, id , XLIV; —*S. truncatus*, id., XLV;
et plusieurs espèces nouvelles que nous décrirons dans notre Ichtyologie.
N. B. Que l'*Esox synodus*, Gron. , Zooph. , VII , 1, *synodus synodus*, Schn., *Synode fascé*, Lac., ne paraît qu'un *saurus* qui avait perdu
son adipeuse; sa petitesse fait qu'elle disparaît aisément par le frottement
ou la dessication.

(2) Le *Salmo microps*, Lesueur, Soc. des Sc. nat. de Philad. , V,
part. I, pl. III, est sinon la même espèce, une espèce très voisine. M. Lesueur en fait son genre HARPODON, parce qu'il lui a cru des dents au
vomer, mais ce sont les dents pharyngiennes qu'il a prises pour des
vomériennes à cause de l'extrême brièveté du museau.

(3) Σκόπελος, nom grec d'un poisson inconnu.

sale ordinaire, qui répond à l'intervalle des ventrales et de l'anale, il y en a en arrière une très petite, où l'on aperçoit des vestiges de rayons.

On les pêche dans la Méditerranée, mêlés avec les anchois, et ils s'y nomment *mélettes*, comme d'autres petits poissons. L'un d'eux (la *Serpe Humbolt*, Risso, pl. x, fig. 38), est remarquable par le brillant des points argentés disposés le long de son ventre et de sa queue (1).

LES AULOPES. (AULOPUS. Cuv.) (2).

Réunissent des caractères de gades à des caractères de saumons. Leur gueule est bien fendue; leurs intermaxillaires, qui en forment tout le bord supérieur, sont garnis, ainsi que les palatins, le bout antérieur du vomer et la mâchoire inférieure, d'un ruban étroit de dents en cardes; mais la langue n'a que quelque âpreté, ainsi que la partie plane des os du palais. Les maxillaires sont grands et sans dents, comme dans le grand nombre des poissons. Leurs ventrales sont presque sous les pectorales, et ont leurs rayons externes gros et seulement fourchus. La première dorsale répond à la première moitié de l'intervalle qui les sépare de l'anale. Il y a douze rayons aux branchies; de grandes écailles ciliées couvrent le corps, les joues et les opercules.

La Méditerranée en produit une espèce (*Salmo filamentosus*, Bl.), Berl. Schr., X, ix, 2.

LES STERNOPTYX. Herman.

Sont de petits poissons à corps haut et très comprimé, soutenu par les côtes, à bouche dirigée vers le ciel; dont les huméraux forment en avant une crête tranchante, terminée en bas par une petite épine; les os du bassin

---

(1) Je crois ce poisson le même que la prétendue *argentina sphyræna* de Pennant, Brit. Zool., n° 156; ainsi on le trouverait aussi dans notre Océan. — Ajoutez la *Serpe crocodile*, Risso, p. 357; — la *Serpe balbo*, id., Ac. des Sc. de Turin, tome xxv, pl. x, f. 3. — Mais la *Serpe microstome*, p. 356, est sûrement d'un autre genre, et de la famille des brochets.

(2) Αὔλωπος, nom grec d'un poisson inconnu.

en forment une autre aussi terminée par une petite épine en avant des ventrales, qui sont assez petites pour avoir échappé au premier observateur. Le long de la crête du bassin, de chaque côté, est une série de petites fossettes, que l'on a regardées comme un pli festonné du sternum, ce qui a donné lieu au nom de sternoptyx. En avant de leur première dorsale, est une crête osseuse ou membraneuse qui appartient aux inter-épineux antérieurs, et derrière cette nageoire se voit une petite saillie membraneuse, qui représente la nageoire adipeuse des salmones; leurs maxillaires forment les côtés de leur bouche.

Nous en avons deux espèces qui pourront former un jour les types de deux genres,

Le *Sternoptyx d'Herman*. (*Sternoptyx diaphana*. Herman, Naturforscher, fascic. XVI. pl. 8. copié Walbaum, Artéd. renov. tome III. pl. I. fig. 2.

A les dents en velours et cinq rayons aux ouïes; sa forme est singulièrement oblique, sa bouche revenant même au-delà de la verticale.

Le *Sternoptyx d'Olfers*. (*Sternoptyx Olfersii*. N.)

A les dents en crochets et neuf rayons aux ouïes; Toutes les deux se trouvent dans les parties chaudes de l'Océan Atlantique (1).

La cinquième famille des Malacoptérygiens abdominaux, ou celle

DES CLUPES,

Se reconnaît aisément en ce que n'ayant point d'adipeuse, sa mâchoire supérieure est formée

---

(1) Nos descriptions sont faites d'après nature. Herman refusait au sieu des rayons aux ouïes et des ventrales; mais son individu, qui existe encore à Strasbourg, montre les uns et les autres. Nous en traiterons plus en détail dans notre grande histoire des poissons.

comme dans les truites, au milieu par des intermaxillaires sans pédicules, et sur les côtés par les
maxillaires; leur corps est toujours bien écailleux.
Le plus grand nombre a une vessie natatoire, et de
nombreux cœcums. Il n'y en a qu'une partie qui
remonte dans les rivières.

LES HARENGS. (CLUPEA. L.)

Ont deux caractères bien marqués dans leurs intermaxillaires étroits et courts, qui ne font qu'une petite
partie de la mâchoire supérieure dont les maxillaires
complètent les côtés, en sorte que ces côtés seuls sont
protractiles, et dans le bord inférieur de leur corps
qui est comprimé et où les écailles forment une dentelure comme celle d'une scie. Les maxillaires se divisent
en outre en trois pièces. Les ouïes sont très fendues :
aussi dit-on que ces poissons meurent à l'instant où on
les tire de l'eau. Les arceaux de leurs branchies sont
garnis, du côté de la bouche, de longues dentelures
comme des peignes. L'estomac est en sac alongé; la vessie
natatoire longue et pointue, et les cœcums nombreux.
Ce sont de tous les poissons ceux qui ont les arêtes les
plus nombreuses et les plus fines.

LES HARENGS proprement dits. (CLUPEA. Cuv.)

Ont les maxillaires arqués en avant, divisibles longitudinalement en plusieurs pièces; l'ouverture de la bouche médiocre; la lèvre supérieure non échancrée.

Le hareng commun. (Clupea harengus. L.) Bl. 29. 1.

Poisson connu de tout le monde, a les dents visibles
aux deux mâchoires; la carène du ventre peu marquée,
le subopercule coupé en rond; des veines sur le sous-
orbitaire, le préopercule et le haut de l'opercule. Ses
ventrales naissent sous le milieu de sa dorsale; la longueur

de sa tête est cinq fois dans sa longueur totale; et, en portant en arrière le distance de son museau à sa première dorsale, on atteint le milieu de la caudale. Son anale a seize rayons.

Ce poisson fameux part tous les ans en été des mers du nord, descend en automne sur les côtes occidentales de la France, en légions innombrables, ou plutôt en bancs serrés d'une étendue incalculable, qui fraient en route, et arrivent, presque extenués, à l'issue de la Manche, vers le milieu de l'hiver. Des flottes entières s'occupent de sa pêche, qui entretient des milliers de pêcheurs, de saleurs et de commerçants. Les meilleurs sont ceux que l'on prend le plus au nord; une fois arrivés aux côtes de basse Normandie, ils sont vides, et leur chair est sèche et désagréable.

Le *Melet*, *Esprot* ou *Harenguet*, *Sprat* des Anglais. (*Clupea sprattus*. Bl. 29. 2.) (1).

A les proportions du hareng, mais il demeure beaucoup plus petit. Ses opercules ne sont pas veinés; une bande dorée se montre le long de ses flancs au temps du frai. On en fait des salaisons dans le nord.

La *Blanquette*, *Breitling* des Allemands, *White-Bite* des Anglais. (*Clupea latulus*. N.) Schonefeld. p. 41.

A le corps plus comprimé, le ventre plus tranchant que le hareng; sa hauteur et la longueur de sa tête ont chacune le quart de la longueur totale. Sa dorsale est plus avancée, son anale plus longue, et approchant davantage de la caudale. C'est un très petit poisson de la plus belle couleur d'argent, avec une petite tache noire sur le bout du museau (2)

---

(1) Artédi et ses successeurs ont confondu l'esprot avec la sardine.

(2) Espèces voisines de la blanquette par les formes : le *Cailleu*, Duham., sect. III, pl. xxxi, f. 3 (*Cl. clupeola*, N.); — la *Sardine de la Martinique* (*Cl. humeralis*, N.), Duham., ib., f. 4; — *Cl. melanura*, N., Lacép., V, xi, 3 , sous le nom de *Clupanodon Jussieu*, mais la description se rapporte à la fig. xi, 3, nommée variété du *clupanodon chinois*.— *Cl. coval*, N., Russ., 186, etc.

Le *Pilchard* des Anglais, ou le *Célan* de nos côtes. (*Clupea pilchardus.* Bl. 406.) et mieux Will. pl. I. f. 1.

A peu près de la taille du hareng, a les écailles plus grandes; le subopercule coupé carrément; des stries en rayons au préopercule, et surtout à l'opercule; sa tête est plus courte, à proportion, qu'au hareng, et sa dorsale plus avancée : en sorte que la distance du museau à la dorsale n'atteindrait pas la caudale. Les ventrales naissent sous la fin de la dorsale. Son anale a dix-huit rayons; deux écailles plus longues se portent de chaque côté sur sa caudale. Il se pêche plutôt que le hareng, et surtout sur la côte-ouest de l'Angleterre.

La *Sardine.* (*Clupea sardina.* N.) Duham. sect. III. pl. xvi. f. 4.

Est tellement semblable au pilchard, que nous ne lui trouvons de différence que dans sa taille moindre. C'est le poisson célèbre par l'extrême délicatesse de son goût, dont on fait des pêches si abondantes sur les côtes de Bretagne. On en prend aussi beaucoup dans la Méditerranée, où le hareng n'est pas connu (1).

LES ALOSES. (ALOSA. N.)

Se distinguent des harengs proprement dits, par une échancrure au milieu de la mâchoire supérieure. Elles offrent du reste tous les caractères des pilchards et des sardines.

L'*Alose* proprement dite. (*Cl. alosa.* L.) Duham. sect. III. pl. I. f. 1.

Qui devient beaucoup plus grande et plus épaisse que le hareng, et atteint jusqu'à trois pieds de longueur, se distingue par l'absence de dents sensibles, et par une tache

---

(1) On pourrait encore séparer des harengs proprement dits le *Jangartoo*, Russel, 191, ou *Clupea melastoma*, Schn. ; et son *Ditchœe*, 192, qui ont la dorsale plus en arrière que les ventrales et une longue anale.

irrégulière noire, derrière les ouïes. Elle remonte au printemps dans les rivières, et est alors un excellent manger. Quand on la prend en mer, elle est sèche et de mauvais goût.

La *Finte*. (*Clupea finta*. N. *Cl. ficta*. Lac.) *Venth* des Flamands, *Agone* de Lombardie, *Lachia*, *Alachia* d'Italie, etc.

Est plus alongée que l'alose, et a des dents très marquées aux deux mâchoires, et cinq ou six taches noires le long du flanc. On la retrouve jusque dans le Nil. Son goût est de beaucoup inférieur (1).

LES CAILLEU-TASSARTS. (CHATOESSUS CUV.)

Sont des harengs proprement dits, où le dernier rayon de la dorsale se prolonge en un filament. Les uns ont les mâchoires égales et le museau non proéminent; leur bouche est petite et sans dents (2).

Quelques-uns ont le museau plus saillant que les mâchoires; leur bouche est petite comme dans les précédents. Les peignes supérieurs de la première branchie s'unissent à ceux du côté opposé, pour former sous le palais une pointe pennée très singulière (3).

---

(1) Bloch., pl. 3o, ne donne sous le nom d'alose qu'une *Finte*, dont le bas ventre était dépouillé de ses écailles. Aj. *Cl. vernalis*, Mitch., V, 9; — *Cl. œstivalis*, id., V, 6; — *Cl. menhaden*, id., V, 7; — *Cl. matowaka*, id., V, 8; — *Cl. palasah*, N., Russel, 198; — *Cl. kelée*, id., 195; *Clupanodon ilisha*, Hamilt. Buchanan, XIX, 73; — *Clupan. champole*, H. Buch., XVIII, 74; et ses autres espèces, p. 246-251.

Les genres POMOLOBUS, DOROSOMA, NOTEMIGONUS de M. Rafinesque (Poiss. de l'Ohio), doivent se rapprocher plus ou moins des aloses, et manquent de dents; mais nous ne les connaissons pas assez bien pour les placer définitivement.

(2) Le *Cailleu-tassard des Antilles* (*Clup. thrissa*, Bl., 4o4, f. 3), Duham., sect. III, pl. xxxi, f. 3; — *Peddakome*, Russel, 197; — *Megalops oglina*, Lesueur, Sc. nat. Philad., I, 359; — *M. notatus*, id., 36; — *M. cepedianus*, id. ib.

(3) *Clup. nasus*, Bl., 427, ou *Kome*, Russel, 196.

Nous plaçons à la suite des vrais harengs, quelques genres étrangers qui s'en approchent par leur ventre tranchant et dentelé.

LES ODONTOGNATHES. Lacép. (GNATHOBOLUS. Schn.)

Ont le corps très comprimé, à dentelures très aiguës jusqu'à l'anus; l'anale longue et peu élevée, une très petite dorsale frêle, qui est presque toujours détruite; six rayons aux ouïes; leur maxillaire se prolonge un peu en pointe, et est armé de petites dents dirigées en avant. On ne leur a point aperçu de ventrales (1).

On n'en connaît qu'un de Cayenne,

L'*Odontognathe aiguillonné*. Lacép. II. VII. 2.

A peu près de la forme d'une petite sardine, mais encore plus comprimé.

LES PRISTIGASTRES. (PRISTIGASTER. Cuv.)

Ont la tête et les dents comme les harengs ordinaires; quatre rayons aux ouïes, et paraissent aussi manquer de ventrales; leur ventre très comprimé, forme un arc convexe tranchant et dentelé. Il y en a dans les deux Océans (2).

LES NOTOPTÈRES. (NOTOPTERUS. Lacép.)

Long-temps placés parmi les gymnotes, se rapprochent davantage des harengs. Leurs opercules et leurs joues ont des écailles; leurs sous-orbitaires, le bas de

---

(1) M. de Lacépède n'ayant vu qu'un individu mal conservé, a cru que ses maxillaires étaient naturellement dirigées en avant de la bouche comme deux cornes; mais c'était un accident. Ils sont placés dans ce genre comme dans tous les autres. C'est sur cette idée erronée qu'a été formé le nom de *Gnathobolus* (lançant ses mâchoires).

(2) *Pr. tardoore*, N., Russel, 193; — *Pr. cayanus*, N., Esp. nouv.

leurs préopercules et leurs interopercules, deux arêtes
de leur mâchoire inférieure et la carène de leur ventre,
dentelés; leurs palatins et leurs deux mâchoires armés
de dents fines, et la supérieure en grande partie formée
par le maxillaire; leur langue garnie de fortes dents
crochues. Ils n'ont qu'un seul rayon, mais fort et osseux à la membrane des ouïes; deux ventrales presque
imperceptibles sont suivies d'une très longue anale, qui
occupe les trois quarts de la longueur, et s'unit, comme
dans les gymnotes, à la nageoire de la queue, et sur le
dos, vis-à-vis du milieu de cette anale, est une petite
dorsale à rayons mous.

On en connaît un des étangs d'eau douce des Indes,
Gymnotus notopterus, Pall., Spic.,VI, pl. vi, f. 2. *Clupea
synura*, Sch., 426. *Notoptère kapirat*, Lacép. (1).

LES ANCHOIS. (ENGRAULIS. Cuv.)

Forment un genre assez différent des harengs, par sa
gueule fendue jusque loin derrière les yeux, par des
ouïes encore plus ouvertes, et dont les rayons sont au
nombre de douze et davantage; un petit museau pointu
sous lequel sont fixés de très petits intermaxillaires, saille
en avant de leur bouche; les maxillaires sont droits et
alongés.

Les plus connus n'ont pas même le ventre tranchant; leur
anale est courte, et leur dorsale placée vis-à-vis des ventrales.

L'*Anchois vulgaire*. (*Cl. encrasicholus*. L.) Bl. 302.

Long d'un empan, à dos brun bleuâtre, flancs et ventre argentés, se pêche en quantités innombrables dans la
Méditerranée, et jusqu'en Hollande; et on le prépare,
après en avoir ôté la tête et les intestins, pour servir comme
assaisonnement. C'est un des mets les plus répandus.

---

(1) C'est bien la *Tanche de mer* de Bontius, ind., 78, mais non pas le
capirat ou *pangais*, Ren., feuille 16, fig. 90, qui a de longues ventrales.

Le *Mélet*. (*Engr. meletta*. N.) Duham. sect. VI, pl. III, f. 5.

Est une espèce plus petite de la Méditerranée, à profil moins convexe.

L'Amérique en a plusieurs espèces remarquables, dont une sans aucunes dents (*Engr. edentulus*. N.), Sloane, Jam., II, pl. 250, f. 2 (1).

D'autres ont, comme les vrais harengs, le corps comprimé, et le ventre tranchant et dentelé (2).

LES THRISSES. (THRYSSA. Cuv.)

Ne diffèrent des anchois à ventre dentelé que par un grand prolongement de leurs maxillaires.

On n'en connaît que des Indes orientales (3).

LES MÉGALOPES. (MÉGALOPS. Lacép.)

Ont les mâchoires constituées comme les harengs proprements dits, auxquels ils ressemblent aussi par la forme générale, et par la disposition des nageoires ; mais leur ventre n'est point tranchant, ni leur corps comprimé ; des dents en velours ras garnissent leurs mâchoires et leurs os palatins ; on leur compte beaucoup plus de rayons aux ouïes (de vingt-deux à vingt-quatre), et le dernier rayon de leur dorsale, souvent même de leur anale, se prolonge en filet, comme dans les cailleux-tassarts.

L'Amérique en a une espèce (la *Savalle* ou *Apalike*),

---

(1) Aj. *Engr. lemniscatus*, N., ou *piquitinga*, Margr., 159, Spix, XXII ; — le *Stoléphore commersonien*, Lacép., V, XII, 1, ou *Nattoo*, Russel. 187, probablement l'*Atherina australis*. White, p. 196, f. 1 ; — la *Clupée tuberculeuse*, Lacép., V, p. 460. *N. B.* Sa *Clupée raie d'argent*, ne diffère pas de son *Stoléphore.*

(2) *Clupea atherinoides*, Bl. ; — *Cl. telara*, Buch., II, 72 ; — *Cl. phasa*, id., p. 240 ; — *Poorwa*, Russel, 194.

(3) *Clupea setirostris*, Broussonnet, déc. Icht., copié Encycl. 316 ; — *Cl. mystus* ou *Pedda poorawah*, Russel, 190 ; — *Cl. mystax*, Bl., Schn., 83 ; — *Poorawah*, Russel, 189.

21*

Clupea cyprinoides, Bl. 403, d'après Plumier; *Cl. gigantea*, Sh., *Camaripu guaçu*. Margr., qui atteint jusqu'à douze pieds de longueur, et n'a que quinze rayons à la dorsale : son anale a aussi un filet. Il y en a une autre aux Indes, confondue mal à propos avec la précédente : le *Mégalope filamenteux*, Lacép. V, xiii, 3, sous le faux nom d'apalike. Russel, 203. Elle a dix-sept rayons à la dorsale.

Les Élopes. (Elops. L.)

Ont tous les caractères des mégalopes, mais manquent de filet prolongé à la dorsale; leur forme est un peu plus alongée; on leur compte jusqu'à trente rayons et plus à la membrane des ouïes; une épine plate arme le bord supérieur, et l'inférieur de la caudale.

On en trouve dans les deux hémisphères (1).

Les Butirins. (Butirinus. Commerson.)

Ont avec des mâchoires composées comme celles des harengs, et le corps alongé et rond comme les élops et les mégalops, le museau proéminent comme les anchois, la bouche peu fendue, des dents en velours aux mâchoires, douze ou treize rayons aux ouïes; et ce qui fait leur caractère le plus distinctif, des dents en pavés arrondis et serrés sur la langue, le vomer et les palatins.

On en trouve aussi dans les deux Océans.

---

(1) L'*Elops* de la mer des Indes est l'*Argentina machnata* de Forskal, et le *Mugil salmoneus* de Forster, Bl. Schn., p. 121 ; quoiqu'il ne lui donne que quatre rayons branchiaux, je m'en suis assuré par sa figure. C'est aussi le *Jinagow*, Russel, 179, et le *Synode chinois*, Lacép., V, x, 1. L'élops d'Amérique est le *Mugil appendiculatus* de Bosc, ou *Mugilomore Anne-Caroline*, Lacép., V, 398 ; le *Pounder*, Sloane, Jam., II, pl. 250, f. 1. L'*Argentina carolina*, Lin., est bien sûrement aussi le même poisson, bien qu'il n'en cite qu'une très mauvaise figure, Catesb., II, xxiv; mais le *Saurus maximus*, Sloane, II, pl. 251, 1, que l'on cite d'ordinaire comme synonyme de l'élops, est d'un tout autre genre. C'est l'*Esox synodus*, Lin., *Synode fascé*, Lacép., ou, ce qui revient au même, un de nos *Saurus* qui avait perdu sa nageoire adipeuse.

Les élopes et les butirins sont de beaux poissons argentés, à beaucoup d'arrêtes, à cœcums nombreux, qui deviennent grands; et donnent de bon bouillon (1).

LES CHIROCENTRES. (CHIROCENTRUS. Cuv.)

Ont, comme les harengs, le bord de la mâchoire supérieure formé au milieu par les intermaxillaires, sur les côtés par les maxillaires qui leur sont unis; les uns et les autres sont garnis, ainsi que la mâchoire inférieure, d'une rangée de fortes dents coniques; dont les deux du milieu d'en haut et toutes celles d'en bas sont extraordinairement longues. Leur langue et leurs arcs branchiaux sont hérissés de dents en cardes, mais ils n'en ont point aux palatins ni au vomer. Leurs ouïes ont sept ou huit rayons, dont les externes fort larges. Au-dessus et au-dessous de chaque pectorale est une longue écaille membraneuse pointue, et les rayons pectoraux sont fort durs; leur corps est alongé, comprimé, tranchant, mais non dentelé en dessous; leurs ventrales extrêmement petites et leur dorsale plus courte que l'anale, vis-à-vis de laquelle elle est placée. L'estomac est un long sac grêle et pointu, le pylore près du cardia, la vessie natatoire longue et étroite. Je ne trouve pas de cœcums.

---

(1) Le *Butirin banane* de Commerson, Lacép., V, 45, qui est aussi son *Synode renard*, id., V, pl. VIII, f. 2, ou *Esox vulpes*, Lin., Catesb. II, 1, 2, copié Encyclop, 294, est un poisson de la mer Atlantique sur les côtes d'Amérique, le même que l'*Ubarana* de Margrave, Bras., 154, ou *Clupea brasiliensis*, Bl. Schn.; que l'*Amia* de Browne; que l'*Albula gonorynchus*, Bl. Schn., p. 432, ou *Albula plumieri*, id., pl. 86; que le *Clupée macrocéphale*, Lacép., V, XIV, 1, et que le *Macabi*, Parra, pl. 35, f. 4, ou *Amia immaculata*, Bl. Schn., 451. Spix en a deux, pl. XXIII, 2, et XXIV. — Le *Butirin* des Indes est l'*Argentina glossodonta*, Forsk, ou *Argentine bonuk*, Lacép., l'*Esox argenteus*, Forster, ap., Bl., Schn., 396. N'ayant vu que l'espèce d'Amérique, je ne connais pas encore bien leurs caractères distinctifs.

On n'en connaît qu'un argenté de la mer des Indes (1).

Les Hyodons. Lesueur.

Ont la forme des harengs, le ventre tranchant mais non dentelé; la dorsale vis-à-vis de l'anale, huit ou neuf rayons aux ouïes, et des dents en crochets aux mâchoires, au vomer, aux palatins et à la langue, comme les truites.

Ceux que l'on connaît, vivent dans les eaux douces de l'Amérique septentrionale (2).

Les Érythrins. (Erythrinus. Gronov.)

Ont comme toute cette famille, de petits intermaxillaires et les maxillaires faisant une grande partie des côtés de la mâchoire supérieure; une rangée de dents coniques occupe les bords de chaque mâchoire, et parmi celles de devant il en est quelques-unes plus grandes que les autres. Les palatins ont chacun deux plaques de dents en velours. Il n'y a que cinq rayons larges aux ouïes. La tête est ronde, mousse, garnie d'os durs et sans écailles. Des sous-orbitaires durs couvrent toute la joue. Le corps est oblong, peu comprimé, revêtu de larges écailles comme dans les carpes. La dorsale répond aux ventrales. L'estomac est un large sac, et il y a beaucoup de petits cœcums. La vessie natatoire est très grande.

Ces poissons habitent les eaux douces dans les pays chauds, et leur chair est agréable (3).

---

(1) L'*Esoce chirocentre*, Lacép., V, viii, 1, *sabre* ou *sabran* de Commerson, qui est le même poisson que le *Clupea dentex*, Schn., p. 428, Forsk., p. 72, ou que le *Clupea dorab*, Gm., et que le *Wallah*, Russel, 199. C'est probablement aussi le *parring ou chnees* des Moluques, Ren., VIII, 55.

(2) *Hyodon clodalus*, Lesueur, Ac. des Sc. nat. de Philad., I, pl. xiv, et p. 367; — *H. tergisus*, id., ib., p. 366.

(3) *Esox malabaricus*, Bl., 392; — *Synodus erythrinus*, Bl. Schn., Gron., Mus., VII, 6, — *Syn tareira*, Bl. Schn., pl. 79, Margr., 157; — *Syn.*

LES AMIES. (AMIA. L.)

Ont beaucoup de rapport avec les Erythrins, par leurs mâchoires, leurs dents, leur tête couverte de pièces osseuses et dures, leurs grandes écailles, les rayons plats de leurs ouïes, mais ces rayons sont au nombre de douze. Entre les branches de leur mâchoire inférieure est une sorte de bouclier osseux, dont on voit déjà un commencement dans les mégalops et les élops; derrière leurs dents coniques en sont d'autres en petits pavés, et leur dorsale qui commence entre les pectorales et les ventrales s'étend jusque près de la caudale. L'anale au contraire est courte. Les narines ont chacune un petit appendice tubuleux. L'estomac est ample et charnu, l'intestin large et fort, sans cœcums, et ce qui est bien notable, la vessie natatoire est celluleuse comme un poumon de reptile.

On n'en connaît qu'une, des rivières de Caroline, où elle vit d'écrevisses (*Amia calva*, L.), Bl. Schn., 80 (1). Elle se mange rarement.

LES VASTRÈS. (SUDIS. Cuv.) (2).

Sont encore des poissons d'eau douce qui ont tous les caractères des érythrins, excepté que leur dorsale et leur anale, placées vis-à-vis l'une de l'autre et à peu près

---

palustris, Bl. Schn., *maturaque*, Margr., 169; — *Erythrinus, tœniatus*, Spix, XIX; — Probablement aussi l'*Esox gymnocephalus*, Lin.

N. B. Le *Synodus vulpes*, connu seulement par Catesb., II, xxx, me paraît le même que le *Butirin banane*, et je crois que le *Synodus synodus*, Schn., que l'on ne connaît que par une figure de Gronovius, Zooph. et Mus., VII, 2, n'est qu'un *Salmo saurus* qui avait perdu la seconde dorsale. L'*Esox synodus*, Lin., autant qu'on en peut juger par sa courte description, n'est pas le même.

(1) *N. B.* L'*Amia immaculata*, Schn., 451, ou *Macabi*, Parra, XXXV, 1, 3, 5, n'est autre que le *Butirin banane*

(2) *Sudis*, nom employé par Pline, comme synonyme de *sphyræna*.

égales entre elles, occupent le dernier tiers de la longueur du corps.

On en possède un à museau court, rapporté du Sénégal par Adanson, que M. Ruppel a aussi trouvé dans le Nil, *Sudis adansonii*, Nob.; et un autre de très grande taille, à museau oblong, à grandes écailles osseuses, à tête singulièrement rude, du Brésil (*Sudis gigas*, n. S. *pirarucu*, Spix, xvi). M. Ehrenberg en a découvert un troisième dans le Nil (*Sudis niloticus*, Ehr.), où il a observé un tuyau singulier, contourné en spirale qui adhère à la troisième branchie, peut-être est-ce quelque disposition analogue à celles que nous avons observées dans les *Anabas*, et autres genres voisins.

LES OSTÉOGLOSSES. (OSTEOGLOSSUM. Vandelli.)

Ont beaucoup de rapports avec les sudis, et s'en distinguent surtout par deux barbillons qui leur pendent sous la symphyse de la mâchoire inférieure; leur anale s'unit à leur caudale, leur langue est osseuse et extraordinairement âpre, par une multitude de petites dents courtes, droites et tronquées, qui la recouvrent au point qu'elle sert comme de râpe pour réduire les fruits en pulpe ou en exprimer le jus.

On en connaît une espèce assez grande du Brésil (*Osteoglossum Vandellii*, n., ou *Ischnosoma bicirrhosum*, Spix, xxv).

LES LÉPISOSTÉES, Lacép. (LEPISOSTEUS.)

Ont un museau formé de la réunion des intermaxillaires, des maxillaires et des palatins, au vomer et à l'ethmoïde; la mâchoire inférieure l'égale en longueur; et l'un et l'autre, hérissés sur toute leur surface intérieure de dents en rape, ont le long de leur bord une série de longues dents pointues. Leurs ouïes sont réunies sous la gorge par une membrane commune qui a trois rayons de chaque côté. Ils sont revêtus d'écailles d'une dureté pierreuse; la dorsale et l'anale sont vis-à-vis l'une de l'autre et fort en arrière. Les deux rayons extrêmes de la queue et les premiers de toutes les autres nageoires sont garnis d'écailles qui les font paraître dentelés. Leur estomac se continue à un intestin mince, deux fois replié, ayant au pylore beaucoup de cœcums courts; leur vessie natatoire est celluleuse comme dans l'amia, et occupe la longueur de l'abdomen.

On les trouve dans les rivières et les lacs des parties chaudes de l'Amérique (1). Ils deviennent grands et sont bons à manger (2).

Les Bichirs. (Polypterus. Geoff.)

Ont les bords de la mâchoire supérieure immobiles et formés au milieu par les intermaxillaires, et sur les côtés par les maxillaires; une pièce osseuse chagrinée comme celles du reste de la tête couvre toute leur joue; ils n'ont aux ouïes qu'un rayon plat; leur corps alongé est revêtu d'écailles pierreuses comme aux lépisostées, et, ce qui les distingue au premier coup-d'œil de tous les poissons, le long de leur dos règnent un grand nombre de nageoires séparées, soutenues chacune par une forte épine qui porte quelques rayons mous, attachés sur sa face postérieure. La caudale entoure le bout de la queue, l'anale en est fort près; les ventrales sont très en arrière; les pectorales portées sur un bras écailleux un peu alongé. Autour de chaque mâchoire est un rang de dents coni-

---

(1) Je ne crois pas que le poisson des Indes Orientales, Renard, VIII, f. 56. Valent., III, 459, soit, comme le veut Bloch, l'*Esox osseus*; c'est plutôt une espèce d'orphie.

(2) Le caïman, *Esox osseus*, L., Bl., 390; — le *Lépisostée spatule*, Lacép., V, vi, 2, et les autres espèces ou variétés décrites par M. Rafinesque, poiss. de l'Ohio, p. 72 et suivantes.

N. B. Sous le nom d'*Esox viridis*, Linnæus paraît avoir réuni une description de l'*Orphie* envoyée par Garden, avec la fig. du *Caïman* donnée par Catesby, II, xxx.

ques, et derrière, des dents en velours ou en rape. Leur estomac est très grand; leur canal mince, droit, avec une valvule spirale et un seul cœcum; leur vessie natatoire double, à grands lobes, surtout celui du côté gauche, communique par un large trou avec l'œsophage.

Il y en a une espèce à seize dorsales, découverte dans le Nil par M. Geoffroy (*Polypterus bichir.*), Geoffr., Ann. Mus. I, v; et une autre du Sénégal, qui n'a que douze dorsales sur le dos *P. senegalus*, n. Leur chair est bonne à manger.

LE TROISIÈME ORDRE DES POISSONS,

Ou celui des MALACOPTÉRYGIENS SUBBRACHIENS,

Se caractérise par des ventrales attachées sous les pectorales, et dont le bassin est immédiatement suspendu aux os de l'épaule.

Elle contient presque autant de familles que de genres.

La première ou celle

DES GADOIDES.

Se composera presque entièrement du grand genre

DES GADES. (GADUS. L.) (3)

Reconnaissable à ses ventrales, attachées sous la gorge et aiguisées en pointe.

Leur corps est médiocrement alongé, peu comprimé,

(1) *Gadus* est dans Athénée le nom grec d'un poisson autrement appelé *onos*. Artédi l'a appliqué à ce genre, afin d'éviter céux d'*onos*, d'*asellus*, de *mustela*, employés par les anciens, et que les premiers ichtyologistes modernes ont cru, quoique sans preuve, désigner quelques-uns de nos gades, mais qui étant aussi des noms de quadrupèdes, auraient produit de l'ambiguité. *Gadus*, ressemble d'ailleurs au nom anglais de ces poissons, *cod.*

couvert d'écailles molles, peu volumineuses; leur tête bien proportionnée, sans écailles; toutes leurs nageoires molles; leurs mâchoires et le devant de leur vomer armés de dents pointues, inégales, médiocres ou petites, sur plusieurs rangs et faisant la carde ou la râpe; leurs ouïes grandes, à sept rayons. Presque tous portent deux ou trois nageoires sur le dos, une ou deux derrière l'anus, et une caudale distincte. Leur estomac est en forme de grand sac, robuste; leurs cœcums sont très nombreux et leur canal assez long. Ils ont une vessie aérienne, grande, à parois robustes, et souvent dentelée sur les côtés.

La plupart de ces poissons vivent dans les mers froides ou tempérées, et donnent d'importants articles de pêche. Leur chair blanche, aisément divisible par couches, est généralement saine, légère et agréable.

On peut subdiviser les gades comme il suit.

Les Morues.

A trois nageoires dorsales, deux anales; un barbillon au bout de la mâchoire inférieure : ce sont les plus nombreux.

La *Morue* proprement dite, ou *Cabeliau*. (*Gadus Morrhua.* L.) Bl. 64. (1).

Longue de deux et trois pieds, à dos tacheté de jaunâtre et de brun, habite dans toute la mer du Nord, et se multiplie tellement dans les parages septentrionaux, que des flottes entières s'y rendent chaque année pour la prendre, la saler, la sécher, et en fournir à l'Europe et aux colonies. En France, on nomme la morue fraîche *Cabeliau*, d'après le nom hollandais de ce poisson.

L'Egrefin. (*Gadus Æglefinus.* L.) Bl. 62.

A dos brun, à ventre argenté, à ligne latérale noire;

---

(1) Bélon croit que *morrhue* vient de *merwel*, nom qu'il dit anglais, mais que je ne trouve plus dans les auteurs modernes de cette nation. Ils la nomment *cod*, *cod-fish*.

une tache noirâtre derrière la pectorale; aussi nombreux que la morue dans les parages du nord, mais d'un goût moins agréable. Quand il est salé, on le nomme *Hadou*, d'après son nom anglais *Hadok* (1).

Le *Dorsch* ou *petite Morue*. (*Gadus callarias.* L.) Bl. 63. (2). à Paris, *Faux Merlan*.

Tacheté comme la morue; mais d'ordinaire beaucoup plus petit, et à mâchoire supérieure plus longue que l'autre. C'est l'espèce la plus agréable à manger fraîche; elle est surtout recherchée sur les côtes de la mer Baltique (3).

LES MERLANS.

Où le nombre des nageoires est le même que dans les morues, mais qui manquent de barbillons.

Le *Merlan commun.* (*Gadus Merlangus.* L.) Bl. 65.

Est connu de tout le monde le long des côtes de l'Océan, à cause de son abondance et de la légèreté de sa chair. On le distingue à sa taille d'environ un pied, à son dos gris-roussâtre-pâle, à son ventre argenté, et à sa mâchoire supérieure plus longue.

Le *Merlan noir, Charbonnier, Colin, Grelin*, etc. (*Gadus carbonarius.* L.) Bl. 66 (4).

Devient du double plus grand que le merlan; est d'un

---

(1) *Egrefin* ou plutôt *eaglefin*, était autrefois son nom anglais selon Bélon et Rondelet. C'est le *schelfisch* d'Anderson et des Allemands, Hollandais, Danois, etc.

(2) *Dorsch*, nom de ce poisson sur les côtes de la mer Baltique. *Callarias, galarias*, etc. étaient des noms anciens mal déterminés, mais qui ne convenaient sûrement pas à un poisson étranger à la Méditerranée.

(3) Ajoutez le *Tomcod* (**G.** *tomcodus*, Mitchill.); — le *tacaud, gode, mollet* ou *petite morue fraîche* (G. *barbatus*, Bl. 166); — le *capelan* ou *officier* (G. *minutus*, Bl., 67, 1); — la *wachnia*, G. *macrocephalus*, Tiles., Ac. de Pétersb., II, pl. xvi; — *Gadus gracilis*, id., ib., pl. xviii; — le *Saida* (*Gad. saida*, Lepechin, Nov. Com., Petrop., XVIII, p. v, f. 1, copié encycl., f. 360; — le *Bib.* (*Gad. luscus*, Penn. cop. encycl., 102; — *Gad. blennoïdes*, penn., cóp. encycl., 363.

(4) Son nom ordinaire *colin*, vient de celui qu'il porte dans les langues du Nord, *kohlfisch*, *coalfish*, poisson charbonnier.

brun foncé, et a la mâchoire supérieure plus courte, et la ligne latérale droite. La chair de l'adulte est coriace. On le sale et on le sèche comme la morue.

Le *Lieu* ou *Merlan jaune*. (*G. pollachius.* L.) Bl. 68.

A les mâchoires et presque la taille du précédent; est brun dessus, argenté dessous, et a les flancs tachetés. Il vaut mieux que le colin, et ne cède qu'au merlan et au dorche. Tous ces poissons vivent en grandes troupes dans l'Océan atlantique (1).

LES MERLUCHES.

Qui n'ont que deux nageoires dorsales, une seule à l'anus, et qui manquent de barbillons comme les merlans.

Le *Merlus* ordinaire. (*Gadus Merluccius.* L.) Bl. 164.

Long d'un à deux pieds, et quelquefois beaucoup plus; à dos gris-brun, à dorsale antérieure pointue, à mâchoire inférieure plus longue. On le pêche en abondance égale dans l'Océan et dans la Méditerranée, où les Provençaux lui donnent le nom de *merlan*. Salé et séché dans le nord, il prend celui de *stock-fisch*, qui se donne également à la morue sèche (2).

LES LOTTES. (LOTA. CUV.)

Joignent à deux nageoires dorsales et une anale, des barbillons plus ou moins nombreux.

La *Lingue* ou *Morue longue*. (*Gadus molua.* L.) Bl. 69. (3).

De trois à quatre pieds de long; olivâtre dessus, argentée dessous; les deux dorsales d'égale hauteur; la mâchoire inférieure un peu plus courte, portant un seul barbillon.

Ce poisson, aussi abondant que la morue, se conserve

---

(1) Ajoutez le *sey*, *Gadus virens*, Ascan., 25.

(2) Aj. *Gad. magellanicus*, Forst., ap., Bl., Schn., p. 10; — *Gad. maraldi*, Risso, première éd., f. 13.

(3) *Længa*, *lœnge*, *ling*, noms de ce poisson en divers pays du Nord. *Molua*, corruption de *morrhua*, appliqué à cette espèce par Charleton.

aussi aisément, et fait un article presque aussi important de pêche (1).

La *Lotte commune* ou *de rivière*. (*Gadus Lota.*) Bl. 70.

Longue d'un et deux pieds ; jaune, marbrée de brun ; un seul barbillon au menton ; les deux nageoires d'égale hauteur. C'est le seul poisson de ce genre qui remonte avant dans les eaux douces. Sa tête un peu déprimée, et son corps presque cylindrique, lui donnent un aspect particulier. On estime fort sa chair, et surtout son foie, qui est singulièrement volumineux (2).

On pourrait encore distinguer parmi les lottes

LES MOTELLES. (MOTELLA. Cuv.)

Dont la dorsale antérieure est si peu élevée, qu'on a peine à l'apercevoir.

La *Mustèle commune.* (*G. Mustela* L.) Bl. 165, sous le nom de *G. tricirrhatus.*

Brun-fauve, à taches noirâtres ; deux barbillons à la mâchoire supérieure ; un à l'inférieure (3).

LES BROSMES. (BROSMIUS Cuv.)

N'ont même point de première dorsale séparée, mais une seule et longue nageoire, qui s'étend jusque tout près de la queue.

On n'en connaît que dans le nord. L'espèce la plus commune (*G. brosme.* Gm.) Penn., Brit. zool., pl. 34, ne descend pas plus bas que les Orcades. Il paraît qu'il y en

---

(1) Aj. *Gadus bacchus*, Forster, ap., Bl., Schn., p. 53 ; — *Lota elongata*, Risso, deuxième éd., f. 47.

(2) Aj. *Gadus maculosus*, Lesueur, Ac., Sc. nat., Philad., I. p. 83.

(3) Ajoutez aux motelles le *Gadus cimbricus*, Schn., pl. 9; ou *G. quinqueirrhatus*, Penn., Brit. Zool., pl. 33, nommé mal à propos *mustela* par Bloch et Gmel. Comparez aussi les *Mustela maculata et fusca*, Risso, deuxième éd., p. 215, et les *Blennius lupus et labrus*, Rafinesque, Caratt., pl. III, f. 2 et 3.

a encore en Islande une espèce plus grande. (*G. lub.*),
nouv. Mém. de Stockh., XV, pl. 8 (1).

Tous ces poissons se salent et se sèchent.

Enfin dans

LES BROTULES. (BROTULA CUV.)

La dorsale et l'anale s'unissent avec la caudale en une seule
nageoire, terminée en pointe.

On n'en connaît qu'un des Antilles, à six barbillons
(*Enchelyopus barbatus*, Bl., Schn.), Parra., pl. XXXI, f. 2 (2).

LES PHYCIS. Artéd. et Schn. (3).

Ne diffèrent des autres gades que par des ventrales d'un
seul rayon, souvent fourchu. D'ailleurs, leur tête est grosse,
leur menton porte un barbillon, et leur dos deux nageoires,
dont la seconde longue. Nos mers en possèdent quelques
espèces.

La plus commune, dans la Méditerranée, s'y nomme
Molle ou *Tanche de mer* (*Phycis Mediterraneus*, Laroche,
Phycis tinca, Schn., *Blennius phycis*, L.), Salvian, fol.
230. Sa dorsale antérieure est ronde, et pas plus élevée
que l'autre; ses ventrales à peu près de la longueur de sa
tête.

Une autre qu'on pêche aussi dans l'Océan,

Le *Merlus barbu*, Duham. II, pl. XXV, f. 4. (*Phycis blennoïdes.*, Schn.), *Gadus albidus*, Gm., *Blennius gadoïdes*,
Risso. *Gadus furcatus*, Penn., etc.

A sa première dorsale plus relevée, et son premier rayon

____

(1) On donne aussi aux brosmes, en plusieurs cantons, les noms de
lingues et de *dorches*. Voyez Penn., loc. cit. et Olafsen, voyage en Isl.,
trad. fr., pl. 27 et 28.

(2) Mes quatre subdivisions des *lotes*, des *motelles*, des *brosmes* et des
brotules, sont réunies par Schneider dans le genre *enchelyopus*. Ce nom
formé originairement par Klein, pour toutes sortes de poissons alongés,
signifie *anguilliforme*. Gronovius le réservait au *Blennius viviparus* qui
est mon genre zoarcès.

(3) *Phycis*, nom ancien d'un gobie. Rondelet l'a appliqué à notre
première espèce dont Artédi avait fait un genre, réuni aux blennies par
Linnæus, et rétabli par Bloch., éd. de Schn, p, 56.

très alongé; les ventrales deux fois plus longues que la tête (1).

LES RANICEPS.

Ont la tête plus déprimée que les phycis et que tous les autres gades, et la dorsale antérieure si petite, qu'elle est comme perdue dans l'épaisseur de la peau.

On n'en a encore que de l'Océan (2).

On ne peut rapprocher que des gades le genre suivant :

LES GRENADIERS. (MACROURUS. Bloch. LEPIDOLEPRUS. Risso.)

Leurs sous-orbitaires s'unissent en avant entre eux et avec les os du nez, pour former un museau déprimé qui avance au-dessus de la bouche, et sous lequel celle-ci conserve sa mobilité. La tête entière et tout le corps sont garnis d'écailles dures et hérissées de petites épines. Les ventrales sont petites et un peu jugulaires; les pectorales médiocres. La première dorsale est courte et haute; la deuxième dorsale et l'anale, l'une et l'autre très longues, s'unissent en pointe à la caudale; les mâchoires n'ont que des dents très fines et très courtes. Ils

---

(1) J'ai donné les caractères ci-dessus, ayant à la fois les deux poissons sous les yeux. Le *Batrachoïdes gmelini*, Risso, première éd., fig. 16, ne diffère point de notre première espèce.

Ajoutez l'*Enchelyopus americanus*, Schn., ou *Blennius chubs*, nat. de Berl., VII, 143, ou *Gadus longipes*, Mitch., I, 4.

N. B. La fig. de Schn., pl. 6, est rapportée mal à propos au *Phycis tinca*, comme l'a bien remarqué M. de la Roche, Ann du Mus., XIII, p. 333, c'est plutôt celle du *G. longipes*.

(2) Le *Gadus raninus*, Mull., Zool., Dan., pl. 45. *Blennius raninus*, Gmel. *Batrachoïdes blennioïdes*, Lacép. *Phycis ranina*, Bl., Schn., 57; — le *Gadus trifurcatus*, Penn., Brit., Zool., III, pl. 32. *Phycis fusca*, Schn.

vivent à de grandes profondeurs, et rendent un son comme les grondins quand on les tire de l'eau.

On en connaît deux espèces, des profondeurs de nos deux mers, *Lepidol. cœlorhynchus* et *trachyrhynchus*, Risso, première édition, pl. vii, f. 21 et 22 (1).

La deuxième famille des Malacoptérygiens sub-brachiens, vulgairement dite,

POISSONS PLATS,

Comprend le grand genre

DES PLEURONECTES. (PLEURONECTES. L.) (2)

Ils ont un caractère unique parmi les animaux verté-brés, celui du défaut de symétrie de leur tête, où les deux yeux sont du même côté, lequel reste supérieur quand l'animal nage, et est toujours coloré fortement, tandis que le côté où les yeux manquent est toujours blanchâtre. Le reste de leur corps, bien que disposé en gros comme à l'ordinaire, participe un peu à cette ir-régularité. Ainsi les deux côtés de la bouche ne sont point égaux, et il est rare que les deux pectorales le soient. Ce corps est très comprimé, haut verticalement;

---

(1) *N. B.* Nous nous sommes assurés, par une comparaison immédiate, que le *Lepidoleprus cœlorhynchus* de la Méditerranée, Risso, première éd., pl. vii, f. 22, ne diffère en rien du *Macrourus rupestris*, Bl., 177, ou *Coryphœna rupestris*, Gmel., Gunner, Mém. de Dronth., III, pl. iii, f. 1. D'un autre côté, le *Lepidoleprus trachyrhynchus*, Risso, ib., f. 21, est le même poisson que l'*Oxycephas scabrus*, Rafinesque, indice, pl. i, f. 2. La même espèce ou une très voisine du Japon, est dans l'Atlas du Voyage de Krusenstern, pl. lx, f. 8 et 9. Giorna avait donné des figures incomplètes des deux espèces. Mém. de l'Ac. de Turin, vol. IX, pl. i. Le *Lep. trachyr.* est aussi le *Mysticetus* d'Aldrovande, Pisc., p. 342.

(2) *Pleuronectes*, nom composé par Artédi, de πλευρὰ, le flanc, et νηκτής, nageur; parce qu'ils nagent sur le côté; les anciens leur don-noient des noms différents selon les espèces, comme Passer, Rhombus, Buglossa, etc.

la dorsale règne tout le long du dos; l'anale occupe le dessous du corps, et les ventrales ont presque l'air de la continuer en avant, d'autant qu'elles sont souvent unies l'une à l'autre. Il y a six rayons aux ouïes. La cavité abdominale est petite, mais se prolonge en sinus dans l'épaisseur des deux côtés de la queue, pour loger quelque portion de viscères. Il n'y a point de vessie natatoire, et ces poissons quittent peu le fond. Le squelette de leur crâne est curieux par ce renversement qui porte les deux orbites d'un même côté; cependant on y retrouve toutes les pièces communes aux autres genres, mais inégales.

Les pleuronectes fournissent, le long des côtes dans presque tous les pays, une nourriture agréable et saine.

On trouve quelquefois des individus qui ont les yeux placés de l'autre côté que le reste de leur espèce, et que l'on nomme *contournés;* d'autres où les deux côtés du corps sont également colorés, et que l'on appelle *doubles.* Le plus souvent c'est le côté brun qui se répète, mais cela arrive quelquefois aussi au côté blanc (1).

Nous les divisons comme il suit :

LES PLIES. (PLATESSA. Cuv.)

Ont à chaque mâchoire une rangée de dents tranchantes, obtuses, et le plus souvent aux pharyngiens des dents en pavés; leur dorsale ne s'avance que jusqu'au-dessus de l'œil supérieur, et laisse, aussi bien que l'anale, un intervalle nu entre elle et la caudale ; leur forme est rhomboïdale ; la plupart ont les yeux à droite. On leur observe deux ou trois petits cœcums. Nos mers en nourrissent quelques-unes, telles que

La *Plie franche* ou *Carrelet* (2). (*Pleur. platessa.* L.) Bl. 42.

Reconnaissable à six ou sept tubercules, formant une

---

(1) Le *Rose-coloured flounder*, Shaw., IV, ii, pl. 43, est un flet où le côté blanc est double.

(2) *N. B.* Le nom de *carrelet* ou *petit carreau*, a été appliqué par quelques auteurs à la barbue, mais contre l'usage de nos côtes et de nos marchés. Le vrai carrelet est une jeune plie.

ligne sur le côté droit de sa tête, entre les yeux, et aux taches aurore, qui relèvent le brun du corps de ce même côté. Elle est trois fois aussi longue que haute. C'est l'espèce de ce sous-genre dont la chair est la plus tendre (1).

La *Plie large*. (*Pl. latus*. N.)

A les mêmes tubercules que la plie, mais son corps n'est qu'une fois et demie aussi long qu'il est haut. On la prend très rarement sur nos côtes.

Le *Flet* ou *Picaud*. (*Pleur. flesus*. L.) Bl. 44. (Et 5o, sous le nom de *Pl. passer*.) (2).

A peu près de même forme que la plie, à taches plus pâles, n'a que de petits grains à la ligne saillante de sa tête, et porte tout du long de sa dorsale et de son anale un petit bouton âpre sur la base de chaque rayon. Sa ligne latérale a aussi des écailles hérissées. Sa chair est de beaucoup inférieure à celle de la plie. Il remonte fort haut dans les rivières, et beaucoup d'individus, dans cette espèce, sont tournés en sens contraire.

La *Pole*. (*Pl. Pola*. N.) Duham. Sect. IX. pl. vi. f. 3 et 4, sous le nom de *Vraie Limandelle*.

Est, de forme oblongue, et approchant de celle de la sole, quoique plus large, et se distingue des autres plies à dents tranchantes par une tête et une bouche plus petites. Son corps est lisse, et sa ligne latérale droite. On l'estime ici à l'égal de la sole.

La *Limande*. (*Pl. Limanda*. L.) Bl. 46.

Est de forme rhomboïdale comme le flet, et a des yeux assez grands; et, entre eux, une ligne saillante. Sa ligne latérale éprouve une forte courbure au-dessus de la pectorale. Ses écailles sont plus âpres qu'aux précédents, ce qui lui a valu son nom (de *lima*, lime). Ses dents, quoi-

---

(1) Il paraît qu'il y a dans le Nord une très grande *plie*, qui diffère à quelques égards de celle de nos côtes; et surtout parce que l'épine, derrière son anus, demeure cachée sous la peau (*Pl. borealis*, Faber, Isis, tome XXI, p. 868).

(2) Le *Pl. passer* d'Artédi et de Linn. n'est point différent du turbot; celui de Bloch n'est qu'un vieux flet contourné à gauche.

que sur une seule rangée, comme dans les autres plies, sont moins larges et presque linéaires. Le côté des yeux est brun-clair, avec quelques taches effacées, brunes et blanchâtres. Quoique petite, on l'estime plus à Paris que la *plie*, parce qu'elle supporte mieux le transport (1).

LES FLÉTANS. (HIPPOGLOSSUS. Cuv.)

Ont avec les nageoires et la forme des plies, les mâchoires et le pharynx armés de dents le plus souvent fortes et aiguës. Leur forme est généralement plus oblongue.

La mer du nord en produit un qui devient énorme, et atteint, dit-on, six et sept pieds de longueur, et trois ou quatre cents livres de poids. C'est

Le grand *Flétan* ou *Helbut*. (*Pl. Hippoglossus*. L.) Bl. 47.

Il a les yeux à droite; la ligne latérale arquée au-dessus de la pectorale. On le sèche, le sale et le vend par morceaux dans tout le nord (2).

La Méditerranée en a de plus petits, dont quelques-uns ont les yeux à gauche.

Un d'entre eux (*Pl. Macrolepidotus*, Bl., 190, ou *Citharus*, Rondel., 314, se distingue par des écailles plus grandes à proportion qu'à aucun autre. Il est oblong, et a la ligne latérale droite.

LES TURBOTS. (RHOMBUS. Cuv.)

Ont aux mâchoires et au pharynx, comme les flétans, des dents en velours ou en carde; mais leur dorsale s'avance jusque vers le bord de la mâchoire supérieure, et règne, ainsi que l'anale, jusque tout près de la caudale. La plupart ont les yeux à gauche.

Dans les uns, ces yeux sont rapprochés, et leur intervalle a une crête un peu saillante. Telles sont les deux grandes

---

(1) Aj. *Pleur. planus*, Mitchill.; — *Pleur. stellatus*, Pall., Mém. de l'Ac. de Pétersb., III, x, 1.

(2) Les *Pl. limandoïdes*, Bl., 186, ou *Citharus asper*, Rondel, 315, et *pinguis*, Faber, Isis, tome XXI, p. 870, paraissent aussi des flétans du Nord. Aj. *Pleur. erumei*, Bl., Schn., ou *adalah*, Russel, I, 69; — *Pl. nalaka*, N., ou *Norée naiaka*, Russel, 77.

espèces de nos côtes, les plus estimées de tout le genre pleuronecte.

Le *Turbot*. (*Pl. maximus*. L.) Bl. 49.

A corps rhomboïdal, presque aussi haut que long ; hérissé du côté brun de petits tubercules, et

La *Barbue*. (*Pl. rhombus*. L.) Bl. 43.

A corps plus ovale, sans tubercules, se distinguant en outre parce que les premiers rayons de sa dorsale sont à moitié libres, et ont leur extrémité divisée en plusieurs lanières.

Le *Targeur* (*Pl. punctatus*. Bl. 189.) *Pl. lœvis*. Shaw. *Pleur. hirtus*, Zool. dan., pl. 103. *Kitt* des Anglais, Penn., pl. 41, Rai. syn., pl. 1 f. 1. Duham., sect. ix, pl. v, f. 4.

Est beaucoup plus rare sur nos côtes ; ovale comme la barbue, il n'a pas de lanières à ses rayons. Ses écailles sont rudes ; ses dents très fines ; sa joue garnie comme d'un velours raz, et il a des taches et des points noirs sur un fonds brun (1).

La *Cardine* ou *Calimande*, *Whiff* des Anglais. (*Pl. Cardina*, N.) Duham., sect. IX, pl. vi, f. 5, et Rai. 170, pl. 1 n° 2 (2).

Est tout-à-fait oblongue ; ses premiers rayons sont libres, mais simples ; ses dents en velours très raz ; elle a des taches blanches et noirâtres en partie jetées sur un fonds

---

(1) J'ai lieu de croire que le *Pl. unimaculatus*, Risso, deuxième éd., f. 35, est une variété de sexe du targeur.

(2) Ces figures n'étant pas gravées au miroir, montrent les yeux à droite ; ils sont à gauche. Bloch, par je ne sais quelle distraction, a cru que le *whiff* de Rai et de Pennant, est le *targeur*, mais le targeur est le *kitt* de ces deux auteurs. Il suffit d'un coup d'œil sur la planche I de Rai, où ils sont représentés tous les deux, pour s'en convaincre. Aj. *Pl. triocellatus*, Schn., Russel, 76, — *Pl. maculosus*, N., Russel, 75 ; — *Pl. aquosus*, Mitch., pl. 11, f. 3 ; — *Pl. boscii*, Riss., première éd., pl. vii, f. 33 ; — *Pl. aramaca*, N., Margr., 181, très différent du *Pl. macrolepidotus* qui est non pas du Brésil, mais de la Méditerranée, et avec lequel Bloch l'a confondu.

brun. On la prend aussi sur nos côtes de la Manche, mais rarement.

La Méditerranée en a un de quelques pouces, et dont les grandes écailles minces tombent très facilement (*Pl. nudus*, Risso) *Arnoglossum*, Rondelet, 324.

Et un autre encore plus petit, tout diaphane, avec une série de points rouges écartés, sur la dorsale et sur l'anale (*Rh. cundidissimus*, Risso deuxième édit., fig. 34.) ou *Pleur. diaphanus*, Schn. IV, deuxième part., 309.

En d'autres turbots, les yeux sont fort écartés, et le supérieur reculé; leur intervalle est concave. Ils ont un petit crochet saillant sur la base du maxillaire du côté des yeux, et quelquefois un autre sur l'œil inférieur. La Méditerranée en produit de cette sorte. (1)

Les Soles. (Solea. Cuv.)

Ont, pour caractère particulier, la bouche contournée et comme monstrueuse du côté opposé aux yeux, et garnie seulement de ce côté-là de fines dents en velours serré, tandis que le côté des yeux n'a aucunes dents. Leur forme est oblongue; leur museau rond, et presque toujours plus avancé que la bouche; la dorsale commençant sur la bouche, règne, aussi bien que l'anale, jusqu'à la caudale. Leur ligne latérale est droite; le côté de la tête opposé aux yeux, est généralement garni d'une sorte de villosité. Leur intestin est long, plusieurs fois replié, et sans cœcums.

L'espèce commune dans nos mers, et connue d'un chacun (*Pl. solea.*, L.), Bl. 45, brune du côté des yeux, à pectorale tachée de noir, est un de nos meilleurs poissons.

Nous en avons encore plusieurs autres, surtout dans la Méditerranée (2).

____

(1) *Pleur. podas*, Laroche, Ann. du Mus., XIII, xxiv, 14, ou *Pl. rhomboïdes*, Rondel., 313, qui est aussi le même que les *Pl. argus* et *mancus* de Risso, première éd.; — *Pleur. mancus*, Brousson. Dec., icht., pl. iii et iv; — *Pl. argus*, Bl., et *lunatus*, Gm., Bl., 48, ou mieux *Catesb. carol.*, xxvii.

(2) La *Pole* de Bélon, 143, et de Rondel., 323, différente de celle de Paris, qui est une plie, a les yeux à gauche, selon ces deux auteurs; je ne

Quelques espèces étrangères n'ont aucune distinction entre leurs trois nageoires verticales (1).

Nous appellerons

MONOCEIRES. (MONOCHIR. CUV.)

Des soles qui n'ont qu'une extrêmement petite pectorale du côté des yeux, et où celle du côté opposé est presque imperceptible, ou manque tout-à-fait.

Nous en avons un dans la Méditerranée; le *Linguatula*, Rondelet, 324 (*Pleur. microchirus*, Lar., An. Mus. XIII, 356) (2).

LES ACHIRES. (ACHIRUS. Lacép.)

Sont des soles absolument dépourvues de nageoires pectorales.

On peut aussi les diviser, selon que leurs nageoires verticales sont distinctes (les ACHIRES (3) proprement dits),

---

sais si c'est le *Rh. polus*, Riss., deuxième éd., f. 32, qui est dessiné avec des yeux à droite; — le *Pl. ocellatus*, Sch., 40, le même que *Pl. rondeletii*, Sh., *solea oculata*. ou Pégouze, Rondel., 322; — *Pl. lascaris*, Risso, première éd., pl. VII, f. 32, et plusieurs espèces étrangères que nous décrirons dans notre grande Ichtyologie.

(1) *Pl. zebra*, Bl., 187; — *Pl. plagiusa*, L.; — *Pl. orientalis*, Schn., 157; — *Pl. commersonien*, Lac., III, XII, 2, ou *Jerré potoo*, A., Russel, 70; mais la descript., Lacép., IV, 656, est d'une autre espèce du sous-genre turbot; — la *sole cornue*, Russel, 72, figure peu exacte; — *Pl. jerreus*, N., ou *Jerré potoo*, B., Russel, 71; — *Pl. pan*, Buchan. XIV, 42.

(2) C'est probablement le *Pleur. mangilii*, Risso, 310. Il en existe d'autres espèces, dont quelques-unes sont sans doute confondues parmi les achires des auteurs. Le *Pl. trichodactylus* doit aussi y appartenir. Aj. la *pegouze* de Risso, 308, deuxième éd., f. 33; — le *Mon. théophile*, id.

(3) *Pl. achirus*, L., *achire barbu*, Geoff., Ann. du Mus., tome I, pl. XI. Ce n'est pas le même que celui de Lacép. Il est essentiel de remarquer que ses barbes ne sont pas des rayons, mais des cils, comme il y en a dans la sole commune, et comme l'on en retrouve dans plusieurs achires;—l'*Ach. marbré*, Lac., III, XII, 3, et IV, p. 660; — l'*Ach. fascé*, id., *Pl. lineatus*; Sloane, Jam., pl. 346, *Pl. mollis*, Mitch., II, 4.

Ou qu'elles s'unissent à la caudale (les PLAGUSIA (1), Brown.).

La troisième famille que nous appellerons

DISCOBOLES,

A cause du disque formé par leurs ventrales, comprend deux genres peu nombreux.

LES PORTE-ÉCUELLE. (LEPADOGASTER. Gouan.)

Sont de petits poissons remarquables par les caractères suivants. Leurs amples pectorales, descendues à la face inférieure du tronc, prennent des rayons plus forts, se reploient un peu en avant, et s'unissent l'une à l'autre sous la gorge par une membrane transverse, dirigée en avant, qui se compose de l'union des deux ventrales. Du reste, leur corps est lisse et sans écailles, leur tête large et déprimée, leur museau saillant et extensible, leurs ouïes peu fendues, garnies de quatre ou cinq rayons; ils n'ont qu'une dorsale molle vis-à-vis d'une anale pareille. Leur intestin est court, droit, sans cœcums; ils manquent de vessie natatoire : cependant on les voit nager avec vivacité le long des rivages.

Dans

Les PORTE-ÉCUELLE proprement dits,

La membrane qui représente les ventrales règne circulairement sous le bassin, et forme un disque concave; d'un autre côté, les os de l'épaule forment en arrière une légère saillie, qui complète un second disque, avec la membrane qui unit les pectorales. Nos mers en possèdent plusieurs espèces.

Dans les unes, la dorsale et l'anale sont distinctes de la

(1) *Pl. bilineatus*, Bl. 188, ou *Jerré potoo*, E., Russel, 74; — l'*Ach. orné*, Lac., IV, p. 663; — *Pleur. arel*, Sch., 159, *Pl. plagusiœ*, aff., Jam., Br. 445, différent du *Pl. plagiusa*, L.; — *Pl. potous*, N., ou *Jerré potoo*, D., Russel, 73.

caudale, avec laquelle leur membrane se continue cependant quelquefois, mais en se rétrécissant (1).

En d'autres, ces trois nageoires sont unies (2).

Les Gobiésoces. Lacép.

N'ont point ces doubles rebords, et par conséquent l'intervalle entre les pectorales et les ventrales n'y est point divisé en un double disque, mais ne forme qu'un seul grand disque fendu des deux côtés, et s'y prolongeant par des membranes. Leur dorsale et leur anale sont courtes, et distinctes de la caudale. Leurs ouïes sont beaucoup plus fendues (3).

Les Cycloptères. (Cyclopterus. L.)

Ont un caractère très marqué dans leurs ventrales, dont les rayons, suspendus tout autour du bassin, et réunis par une seule membrane, forment un disque ovale et concave, que le poisson emploie, comme un suçoir, pour se fixer aux rochers. Du reste, leur bouche est large, garnie, aux deux mâchoires et aux pharyngiens, de petites dents pointues; leurs opercules petits; leurs ouïes fermées vers le bas, et garnies de six rayons; leurs pectorales très amples, et s'unissant presque sous la gorge, comme pour y embrasser le disque des ventrales; leur squelette durcit très peu, et leur peau est visqueuse et sans écailles, mais semée de petits grains durs. Ils ont un estomac assez grand, beaucoup de

---

(1) *Lepadog. gouan*, Lac., I, xxiii, 3, 4, ou *Lep. rostratus*, Schn.; — *Lepad. balbis*, Risso, pl. IV, f. 9, probablement le même que le *Cyclopt. cornubicus*, Sh., ou *Jura sucker*, Penn., Brit. Zool., n° 59; — *Lepadog. decandolle*, Risso, p. 76.

(2) *Lepadog. Wildenow*, Risso, pl. IV, f. 10.

(3) *Lepad. dentex*, Schn., Pall., Spic., VII, 1, le même que le *Cyclopterus nudus*, Lin., Mus., ad. fr., xxvii, 1, et que le *Gobiésoce testar*, Lac., II, xix, 1; — *Cyclopterus bimaculatus*, Penn., Brit. Zool., pl. xxii, f. 1; — *Cyclopterus littoreus*, Schn., 199.

cœcums, un long intestin et une vessie natatoire médiocre. Nous les divisons en deux sous-genres.

Les Lumps.

Ont une première dorsale plus ou moins visible quoique
très basse, à rayons simples, et une seconde à rayons branchus, vis-à-vis l'anale; leur corps est plus épais.

Le *Lump de nos mers*, *Gras-Mollet*, etc. (*Cyclopterus
Lumpus*. L.) Bl. 90.

A sa première dorsale tellement enveloppée par une
peau épaisse et tuberculeuse, qu'à l'extérieur on la pren-
drait pour une simple bosse du dos. Trois rangées de gros
tubercules coniques le garnissent de chaque côté. Il vit,
surtout dans le nord, de méduses et autres animaux gélatineux. Sa chair est molle, insipide. Lourd et de peu de
défense, il devient la proie des phoques, des squales, etc.
Le mâle, dit-on, garde avec soin les œufs qu'il a fécondés (1).

Les Liparis. (Liparis. Artéd.)

N'ont qu'une seule dorsale assez longue, ainsi que l'anale;
leur corps est lisse, alongé et comprimé en arrière.

Nous en avons un sur nos côtes (*Cycl. Liparis*, L.),
Bl. 123, 3, 4 (2).

Le genre dont nous allons parler pourrait
aussi donner lieu, comme celui des pleuronectes,

---

(1) Le *Cycl. pavonius*, n'est qu'une variété d'âge du *lump*. Le *Cyclopt. gibbosus*, Will., V, 10, f. 2, ne paraît qu'un *lump* mal empaillé;
— aj. *Cycl. spinosus*, Schn., 46; — *Cycl. minutus*, Pall., Spic., VII,
III, 7, 8, 9, — *Cycl. ventricosus*, id., ib., II, 1, 2, 3 ? — *Gobius minutus*, Zool., Dan., CLIV, B.

(2) C'est le même que le *Gobioïde smyrnéen*, Lac., nov. com., Pétrop.,
IX, pl. IX, f. 4, 6, et probablement que le *Cyclopt. souris*, Lac., IV,
XV, 3, et peut-être que le prétendu *gobius*, Zool., Dan., CXXXIV; — aj.
Cyclopt. montagui, soc. Wern., I, v, 1; — *Cyclopt. gelatinosus*, Pall.,
Spic., VII, III, 1; — *gobius*, Zool., Dan., CLIV, A.

à l'érection d'une famille particulière dans l'ordre
des malacoptérygiens subbrachiens.

LES ÉCHENEIS. (ECHENEIS. L.)

Sont remarquables, entre tous les poissons, par un
disque aplati qu'ils portent sur la tête, et qui se compose d'un certain nombre de lames cartilagineuses transversales, obliquement dirigées en arrière, dentelées ou
épineuses à leur bord postérieur, et mobiles, de manière
que le poisson, soit en faisant le vide entre elles, soit
en accrochant les épines de leurs bords, se fixe aux différents corps, tels que rochers, vaisseaux, poissons, etc.,
ce qui a donné lieu à la fable que l'écheneis pouvait arrêter subitement la course du vaisseau le plus rapide.

Ce genre a le corps alongé, revêtu de petites écailles;
une seule dorsale molle vis-à-vis de l'anale; la tête tout-
à-fait plate en dessus; les yeux sur le côté; la bouche
fendue horizontalement, arrondie; la mâchoire inférieure plus avancée, garnie, ainsi que les intermaxillaires, de petites dents en cardes; une rangée très régulière de petites dents semblables à des cils le long du
bord des maxillaires, lesquels forment le bord externe
de la mâchoire supérieure; le bord antérieur du vomer
garni d'une bande de dents en cardes, et toute sa surface, qui est élargie, âpre, ainsi que celle de la langue.
On leur compte huit rayons branchiostéges. Leur estomac est un large cul-de-sac; leurs cœcums au nombre de six ou huit; leur intestin ample, mais court; ils
manquent de vessie natatoire.

Les espèces n'en sont pas nombreuses; la plus connue,
de la Méditerranée, célèbre sous le nom de *Remora* (*Echen.
remora*, L.), Bl. 172, est plus courte, et n'a que dix-huit
lames à son disque. Une autre espèce, plus alongée (*Ech.
naucrates*, L.), Bl. 171, en a 22; et une troisième, la plus

longue de toutes (*Ech. lineata*, Schn.), trans. Linn. I, pl. 17, n'en a que dix.

Nous en avons découvert une (*Ech. osteochir*, N.), dont les rayons des pectorales sont osseux, comprimés et terminés par une palette légèrement crénelée.

LE QUATRIÈME ORDRE DES POISSONS,

Ou celui des MALACOPTÉRYGIENS APODES,

Peut être considéré comme ne formant qu'une famille naturelle, qui est celle

Des ANGUILLIFORMES,

Poissons qui ont tous une forme alongée, une peau épaisse et molle, qui laisse peu paraître leurs écailles, peu d'arêtes, et qui manquent de cœcums. Presque tous ont des vessies natatoires, lesquelles ont souvent des formes singulières.

Le grand genre

Des Anguilles. (Muræna. L.)

Se reconnaît à des opercules petits, entourés concentriquement par les rayons (1), et enveloppés aussi-bien qu'eux dans la peau qui ne s'ouvre que fort en arrière

---

(1) Aucun de ces poissons ne manque, à notre connaissance, d'opercules ni de rayons, comme quelques naturalistes l'ont cru. La *murène* commune a sept rayons de chaque côté; le *Mur. colubrina* en a jusqu'à 25. Ces rayons sont même très forts dans les *synbranchus*, où l'opercule est d'ailleurs complet, et formé de toutes les pièces qui lui sont ordinaires.

N. B. Les Echelus, Rafinesque, nov. gen., p. 63, pl. xv, f. 3, pl. xvi, f. 2 et 3, seraient, les uns des anguilles, les autres des congres sans opercules aux ouïes; mais nous doutons de la réalité de ce caractère.

par un trou ou une espèce de tuyau, ce qui, abritant mieux les branchies, permet à ces poissons de demeurer quelque temps hors de l'eau sans périr. Leur corps est long et grêle; leurs écailles comme encroûtées dans une peau grasse et épaisse ne se voyent bien qu'après le desséchement; ils manquent tous de ventrales et de cœcums et ont l'anus assez loin en arrière.

On l'a démembré successivement en cinq ou six genres que nous croyons devoir encore subdiviser.

Les Anguilles. (Anguilla. Thunberg et Shaw. Muræna. Bl.)

Se distinguent par le double caractère de nageoires pectorales, et d'ouïes s'ouvrant de chaque côté sous ces nageoires. Leur estomac est en long cul-de-sac. Leur intestin à peu près droit; leur vessie aérienne alongée porte vers son milieu une glande propre.

Les Anguilles proprement dites. (Muræna. Lacép.)

Ont la dorsale et la caudale sensiblement prolongées autour du bout de la queue, et y formant par leur réunion une caudale pointue.

Dans les Anguilles vraies, la dorsale commence à une assez grande distance en arrière des pectorales.

Les unes ont la mâchoire supérieure plus courte.

Nos anguilles communes sont de cette subdivision; nos pêcheurs en reconnaissent de quatre sortes, qu'ils prétendent former autant d'espèces, mais que les auteurs confondent sous le nom de *Muræna Anguilla*, Linn.; l'*Ang. verniaux*, qui est, je crois, la plus commune; l'*Ang. long bec*, dont le museau est plus comprimé et plus pointu; l'*Ang. plat bec*, *Grig eel* des Anglais, qui l'a plus aplati et plus obtus, l'œil plus petit; l'*Ang. pimperneaux*, *Glut-eel* des Anglais, qui l'a plus court à proportion, et dont les yeux sont plus grands qu'aux autres (1).

____

(1) Nous en donnerons une description comparative et des figures exactes dans notre grande histoire des poissons.

D'autres ont la mâchoire supérieure plus longue (1)

Dans les Congres, la dorsale commence assez près des pectorales, ou même sur elles; et dans toutes les espèces que l'on connaît, la mâchoire supérieure est la plus longue.

Le *Congre commun*. (*Mur. Conger*. L.) Bl. 155.

Se trouve dans toutes nos mers, et atteint cinq ou six pieds de long, et la grosseur de la jambe. Sa dorsale et son anale sont bordées de noir, et sa ligne latérale ponctuée de blanchâtre. On l'estime peu pour la table. Cependant l'on pourrait en faire des salaisons avantageuses.

Le *Myre*. (*Mur. Myrus*. L.) Rondel. 407 (2).

De la Méditerranée; avec les formes du congre, reste toujours plus petit, et se reconnaît à quelques taches sur le museau, une bande en travers sur l'occiput, et deux rangées de points sur la nuque, de couleur blanchâtre (3).

Il y a des congres étrangers, dont la dorsale commence même en avant des pectorales, ou au moins sur leur base (4).

Les Ophisures. (*Ophisurus*. Lac.)

Diffèrent des anguilles proprement dites, parce que la dorsale et l'anale se terminent avant d'arriver au bout de la queue, qui se trouve ainsi dépourvu de nageoire, et finit

---

(1) *Mur. longicollis*, Cuv. (Lac., II, III, 3, sous le faux nom de *Muræna myrus*).

(2) *Myrus* était, chez les anciens, un poisson que quelques-uns regardaient comme le mâle de la murène; Rondelet l'a appliqué le premier à cette espèce qui est très distincte, quoique depuis Willughby, personne ne l'ait bien décrite que M. Risso, et qu'il n'en existe point de figure.

(3) La Méditerranée produit encore quelques petites espèces de congres, décrites par MM. de Laroche et Risso, sous les noms de *Mur. balearica*, Lar., Ann. du Mus., XIII, xx, 3, ou *Mur. cassini*, Risso, — *Mur. mystax*, Lar., ib., XXIII, 10; — *Mur. nigra*, Risso; p. 93. On doit aussi en rapprocher le *Mur. strongylodon*, Schn., 91, qui est loin d'être une variété du *myrus*, comme le croit l'auteur. — L'*Anguille marbrée*, Quoy et Gaym., Zool., du voyage de Freyc., pl. 51, f. 2.

(4) *Mur. talabou*, Russel, 38; — la *savanne* de la Martinique. (*M. savanna*, N.); — le *C. à chapelet*, v. de Krusenst., LX, 7.

comme un poinçon. L'orifice postérieur de leur narine est ouvert au bord même de la lèvre supérieure. Leurs intestins sont les mêmes qu'aux anguilles, mais il en pénètre une partie dans la base de la queue, plus en arrière que l'anus,

Dans les uns, les pectorales ont encore la grandeur ordinaire; leurs dents sont aiguës et tranchantes.

Le *Serpent de mer.* (*Mur. Serpens.* L.) Salv. 57.

De la Méditerranée; long de cinq à six pieds et plus, et de la grosseur du bras; brun dessus, argenté dessous; le museau grêle et pointu; vingt rayons à la membrane branchiale (1).

En d'autres, les pectorales sont excessivement petites, et ont même échappé quelquefois aux observateurs. Ces espèces lient les anguilles aux murènes; leurs dents sont obtuses (2).

Les Murènes proprement dites. (Muræna. Thunb. Gymno-thorax. Bl. Murænophis. Lacép.)

Manquent tout-à-fait de pectorales; leurs branchies s'ouvrent par un petit trou de chaque côté; leurs opercules sont si minces, et leurs rayons branchiostéges si grêles, et tellement cachés sous la peau, que d'habiles naturalistes en ont nié l'existence. Leur estomac est un sac court, et leur vessie aérienne petite, ovale, et placée vers le haut de l'abdomen.

M. de Lacépède nomme particulièrement *murénophis*, les espèces qui ont une dorsale et une anale bien visibles.

Les unes ont des dents aiguës, sur une seule rangée à chaque mâchoire.

----

(1) Ici vient sans doute le *Mur. ophis*, Bl. 154, *Ophis hyala*, Buchan., pl. v, f. 5; — *Ophis longmuseau*, Quoy et Gaym., Zool., du voyage de Freyc., pl. LI, f. 1; — *Ophisurus guttatus*, Cuv. Espèce nouvelle de Surinam.

N. B. Les Cosrus, Rafin., nov. gen., p. 62, seraient des ophisures sans membranes branchiales. Nous craignons aussi à leur sujet, quelque erreur d'observation.

(2) *Mur. colubrina*, Bodd., ou *annulata*, Thunb., ou *Murenophis colubrin.* Lac., V, xix, 1; — *Mur. fasciata*, Thunb.; — *Mur. nob. maculosa*, donné sous le nom d'*Ophisurus ophis*, Lac., II, vi, 2; — l'*Oph. atternan*, Quoy. et Gaym., Zool. de Freyc., pl. 45, f. 2.

La plus célèbre est

La *Murène commune*. (*Mur. hèlena*. L.) Bl. 153.

Poisson très répandu dans la Méditerranée, et dont les anciens faisaient un grand cas; ils en élevaient dans des viviers, et l'on a souvent redit l'histoire de Vedius Pollion, qui faisait jeter aux siennes ses esclaves fautifs. Ce poisson atteint trois pieds et plus; il est tout marbré de brun et de jaunâtre. Sa morsure est souvent cruelle (1).

D'autres ont des dents aiguës sur deux rangs à chaque mâchoire, indépendamment d'un rang au vomer (2).

D'autres ont des dents coniques ou rondes sur deux rangs à chaque mâchoire; et telle est dans la Méditerranée

La *M. Unicolore*. Laroche, Ann. Mus. XIII, xxv, 15. (*M. Christini*, Riss.)

Toute couverte de petites lignes ou de petits points bruns, serrés, qui la font paraître d'un brun uniforme (3).

Il y en a à dents latérales rondes, sur un seul rang; les vomériennes également rondes sur deux rangs; les antérieures coniques (4).

Nous en avons à dents latérales rondes sur deux rangs; à vomériennes également rondes sur quatre, formant une sorte de pavé. L'espèce n'a presque pas de nageoires apparentes (5).

---

(1) Aj. la *moringue* des Antilles. (*M. moringa*, N.), Catesb., II, xxi; — *M. punctata*, Bl., Schn.; — *M. meleagris*, Sh, ou *M. pintade*, Quoy. et Gaym., Zool. de Freyc., pl. 52, f. 2; — *M. pratbernon*, iid., ib., f. 2; — *M. favaginea*, Bl., Schn., 105; —*M. pantherine*, Lacép., ou *M. picta*, Thunberg.

(2) *Murenophis gris*, Lacép., V, xix, 3.

(3) Les autres espèces sont nouvelles.

(4) *Murenophis étoilé*, Lacép., ou *M. nebulosa*, Thunb., Séb. II, lxix, 1; — *M. ondulé*, Lac., V, xix, 2. (*M. catenatus*, Bl., Schn.) — *M. sordida*, Cuv., Séb., II, lxix, 4.

(5) *Gymnomurène cerclée*, Lacép., V, xix, 4, ou *Muræna zebra*, Shaw., Séb., II, lxx, 3.

On en connaît enfin à dents en carde sur plusieurs rangs, et la Méditerranée en possède une de cette sorte.

La *Sorcière*. (*M. Saga*. Risso , 1re ed. f. 39.)

Remarquable par ses mâchoires alongées, rondes et pointues, et sa queue alongée en pointe très aiguë (1).

Les Sphagebranches. (Sphagebranchus. Bl.)

Diffèrent des murènes, principalement en ce que les ouvertures de leurs branchies sont rapprochées l'une de l'autre, sous la gorge. Les nageoires verticales ne commencent, dans plusieurs, à devenir saillantes que vers la queue, et leur museau est avancé et pointu. Ils ont l'estomac en long cul-de-sac, l'intestin droit, et la vessie longue, étroite, et placée en arrière.

Il y en a des espèces absolument sans nageoires pectorales (2).

Et d'autres où l'on en voit de petits vestiges (3).

Il y en a même (les Apterichtes, Dumér., Cécilies, Lacép.), où l'on n'aperçoit aucunes nageoires verticales, et qui sont, par conséquent, des poissons entièrement sans nageoires (4).

Le Monoptère. Commerson et Lacép.

A ses deux orifices branchiaux réunis sous la gorge en une fente transversale, divisée dans son milieu par une cloison. La dorsale et l'anale se montrent seulement sur le milieu de la queue, et se réunissent à sa pointe. Il a des dents

---

(1) Le *Nettasoma melanura*, Rafin., caratt., pl. xvi, f. 1, est au moins bien voisin de ce *Murœnophis saga*, de Risso.

N. B. Les *Dalophis*, Rafinesque, caratt., pl. vii, f. 2 et 3, seraient des murènes sans dents, mais nous ne les connaissons pas.

(2) *Sphagebranchus rostratus*, Bl., 419, 2, et le soi-disant *Leptocephale spallanzani*, Risso, 85; — *Cœcula pterygea*, Vahl., Mém. d'Hist. nat. de Copenh., III, xiii, 1, 2, *Manti-bukaropaumu*, Russel, I, 37.

(3) *Sphageb. imberbis*, Laroche, Ann. Mus., XIII, xxv, 18.

(4) *Murœna cœca*, Lin. Laroche, Ann. Mus., XIII, xxi, 6.

en carde aux mâchoires et aux palatins; six rayons à chaque ouïe, et seulement trois branchies très petites.

On n'en connaît qu'un des îles de la Sonde (*Monopt. javanais*, Lacép.) à dos vert, à ventre fauve (1).

LES SYNBRANCHES. (SYNBRANCHUS. Bl. UNIBRANCHAPERTURE. Lacép.)

Se distinguent d'abord des sphagebranches, en ce que leurs branchies ne communiquent au dehors que par un seul trou, percé sous la gorge, rond ou longitudinal, et commun aux deux côtés. Ils n'ont aucunes nageoires pectorales, et leurs verticales sont presque entièrement adipeuses. Leur tête est grosse, leur museau arrondi, leurs dents obtuses, leurs opercules en partie cartilagineux; leurs rayons des ouïes forts, et au nombre de six. Leur canal intestinal est tout droit, et l'estomac ne s'en distingue que par un peu plus d'ampleur, et une valvule au pylore. Ils manquent de cœcums, et ont une vessie aérienne longue et étroite. Leur séjour est dans les mers des pays chauds, et il y en a qui deviennent assez grands (2).

LES ALABÈS. Cuv.

Ont, comme les synbranches, une ouverture commune sous la gorge pour leurs branchies, mais ou leur voit des pectorales bien marquées, entre lesquelles est un petit disque concave. On distingue au travers de la peau un petit opercule et trois rayons; les dents sont pointues, et les intestins comme dans les synbranches.

Nous n'en connaissons qu'un petit, de la mer des Indes.

C'est à la suite de ce grand genre des murènes qn'il nous paraît convenable de placer un poisson

---

(1) Je soupçonne que c'est encore le poisson que Lacép. a représenté, V, XVII, 3, sous le nom d'*Unibranchaperture lisse*.

(2) *Synbr. marmoratus*, Bl., 418; — *Synbr. immaculatus*, id., 419, *Unibr. cachia*. Buchan, XVI, 4, *Dondoo-paum*, Russel, XXXV, n'a point de nageoire du tout.

nouvellement découvert, et l'un des plus singuliers que l'on connaisse :

Le SACCOPHARYNX de Mitchill ; OPHIOGNATHUS de Harwood.

Dont le tronc susceptible de se renfler comme un gros tube, se termine par une queue très grêle et très longue, entourée d'une dorsale et d'une anale très basses, qui s'unissent à sa pointe. Sa bouche armée de dents aiguës, s'ouvre jusque loin en arrière des yeux, qui sont tout près de la pointe très courte du museau. Ses ouïes s'ouvrent par un trou au-dessous des pectorales, qui sont très petites.

Ce poisson devient très grand, et paraît vorace. On n'en a vu que dans l'Océan atlantique, où ils flottaient à la surface, au moyen de la dilatation de leur gorge (1).

LES GYMNOTES. (GYMNOTUS. L.) (2).

Ont, comme les anguilles, les ouïes en partie fermées par une membrane, mais cette membrane s'ouvre au devant des nageoires pectorales ; l'anus est placé fort en avant ; la nageoire anale règne sous la plus grande partie du corps, et le plus souvent jusqu'au bout de la queue, mais il n'y en a pas du tout le long du dos.

LES GYMNOTES proprement dits. (GYMNOTUS. Lacép.)

N'ont même aucune nageoire au bout de la queue, sous lequel s'étend la nageoire anale.

---

(1) Le *Saccopharynx flagellum*, de Mitchill., était long de six pieds, l'*Ophiognathus ampullaceus* de Harwood, Trans. phil., de 1827, en avait quatre et demi. Le premier ne paraissant pas avoir eu de dents à la mâchoire inférieure, il se pourrait que ces deux poissons, bien que pris dans les mêmes parages, ne fussent pas identiques par l'espèce, mais ils appartiennent manifestement au même genre.

(2) *Gymnotus*, ou plutôt *gymnonotus* (dos-nu), nom donné à ces poissons par Artédi.

Les Gymnotes vrais ont la peau sans écailles sensibles. Leurs intestins, pliés plusieurs fois, n'occupent qu'une cavité médiocre. Ils ont de nombreux cœcums, et un estomac en forme de sac court et obtus, fort plissé en dedans. Une de leurs vessies aériennes, cylindrique et alongée, s'étend beaucoup en arrière dans un sinus de la cavité abdominale. L'autre, ovale et bilobée, de substance épaisse, occupe le haut de l'abdomen, sur l'œsophage.

Nous n'en connaissons que des rivières de l'Amérique méridionale. Le plus célèbre est

Le *Gymnote électrique*. (*Gymnotus electricus*. L.) Bl. 156.

A qui sa forme presque toute d'une venue, sa tête et sa queue obtuses ont fait donner aussi le nom d'*Anguille électrique*. Il atteint cinq et six pieds de longueur, et donne des commotions électriques si violentes, qu'il abat les hommes et les chevaux. Il use de ce pouvoir à volonté, et le dirige dans le sens qu'il lui plaît, et même à distance, car il tue de loin des poissons; mais il épuise ce pouvoir par l'exercice, et a besoin, pour le reprendre, de repos et de bonne nourriture (1). L'organe qui produit ces singuliers effets, règne tout le long du dessous de la queue, dont il occupe près de moitié de l'épaisseur; divisé en quatre faisceaux longitudinaux, deux grands en dessus, deux plus petits en dessous, et contre la base de la nageoire anale. Chaque faisceau est composé d'un grand nombre de lames membraneuses parallèles très rapprochées entre elles, et à peu près horizontales, aboutissant d'une part à la peau, de l'autre au plan vertical moyen du poisson; unies enfin l'une à l'autre par une infinité de petites lames verticales et dirigées transversalement. Les petites cellules, ou plutôt les petits canaux prismatiques et transversaux, interceptés par ces deux ordres de lames, sont remplis d'une matière gélatineuse, et tout l'appareil reçoit proportionnellement beaucoup de nerfs (2).

______

(1) *Voyez* Humboldt, Obs. Zool., I, p. 49 et suivantes.

(2) *Voyez* Hunter, Trans., philos., tome LXV, p. 395.

Ajoutez le *Gymnotus œquilabiatus*, Humboldt, Obs. Zool., I, pl. x, n° 2. Il paraîtrait, d'après M. de Humboldt, que cette espèce n'aurait pas la vessie aérienne postérieure.

Les Carapes. (Carapus. Cuv.) (1), ont le corps comprimé, écailleux, et la queue s'amincissant beaucoup en arrière. Ils vivent aussi dans les rivières de l'Amérique méridionale (2).

On pourrait peut-être en distinguer les espèces à bec alongé, ouvert seulement au bout (3).

Les Aptéronotes. Lacép. (Sternarchus. Schn.) (4).

Ont leur nageoire anale terminée avant d'arriver au bout de la queue, lequel porte une nageoire particulière ; sur le dos est un filament charnu, mou, couché dans un sillon creusé jusque sur le bout de la queue, et retenu dans ce sillon par des filets tendineux, qui lui laissent quelque liberté : organisation très singulière, dont on n'a pu encore deviner l'usage (5). Leur tête est oblongue, comprimée, nue, et sa peau ne laisse voir au-dehors ni les opercules, ni les rayons. Le reste de leur corps est écailleux. Leurs dents sont en velours, et à peine sensibles sur le milieu de chaque mâchoire. Ils viennent d'Amérique, comme les gymnotes propres et les carapes (6).

Les Gymnarchus (Cuv.)

Ont le corps écailleux et alongé, et les ouïes peu ouvertes au devant des pectorales comme les gymnotes, mais c'est leur dos qui est garni tout du long d'une nageoire à rayons mous, et il n'y en a aucune derrière leur anus ni sous leur queue, qui se termine en pointe. Leur tête est conique, nue, leur bouche petite, gar-

---

(1) *Carapo*, nom de ces poissons au Brésil, selon Margrave.

(2) *Gymnotus macrourus*, Bl., 157, 2; *Carapo*, Gm.; — *G. brachiurus*, Bl., 157, 1; —*fasciatus*, Gm.; —*G. albus*, Séb., III, pl. 32, fig. 3.

(3) *Gymnotus rostratus*, Schn., pl. 106.

(4) *Sternarchus*, (anus au sternum).

(5) J'ai cru m'apercevoir que la séparation est accidentelle, et que c'est proprement un des muscles de la queue qui se détache aisément, parce que la peau est plus faible en cet endroit.

(6) *Gymnotus albifrons*, Pall., Spic., Zool., VII, pl. vi, f. 1; Lac., II, vi, 146, 3.

N. B. Le *Gymnotus acus*, ou *fierasfer*, va aux donzelles, et le *Gymnotus notopterus*, Pall. et Gm. *Notoptère capiral*, Lac., aux harengs.

nie de petites dents tranchantes sur une seule rangée.

On n'en connaît qu'un du Nil, *Gymnarchus niloticus*, Nob., découvert par M. Riffault.

LES LEPTOCÉPHALES. (LEPTOCEPHALUS. Pennant.)

Ont la fente des ouïes ouverte au devant des pectorales, et le corps comprimé comme un ruban. Leur tête est extrêmement petite, à museau court et un peu pointu, les pectorales presqu'insensibles ou même tout-à-fait nulles; la dorsale et l'anale également à peine visibles, s'unissent à la pointe de la queue; les intestins n'occupent qu'une ligne extrêmement étroite le long du bord inférieur.

On en connaît une espèce de nos côtes, et de celles d'Angleterre (*Leptocephalus morisii*, Gm.), Lac. II, iii, 2, mais il y en a plusieurs autres dans les mers des pays chauds; toutes minces comme du papier, et transparentes comme du verre, en sorte qu'on n'aperçoit pas même de squelette. L'étude plus approfondie de leur organisation, est une des plus intéressantes auxquelles des naturalistes voyageurs puissent se livrer.

LES DONZELLES. (OPHIDIUM. L.)

Ont, comme les anguilles propres, l'anus assez en arrière, une nageoire dorsale et une anale qui se joignent à celle de la queue pour terminer le corps en pointe; ce corps est d'ailleurs alongé et comprimé, ce qui l'a fait comparer à une épée, et recouvert comme celui des anguilles de petites écailles irrégulièrement semées dans l'épaisseur de la peau. Mais ces poissons diffèrent des anguilles par des branchies bien ouvertes, munies d'un opercule très apparent, et d'une membrane à rayons courts. Leurs rayons dorsaux sont articulés mais non branchus

LES DONZELLES proprement dites.

Portent sous la gorge deux paires de petits barbillons adhérents à la pointe de l'os hyoïde.

Il y en a deux dans la Méditerranée :

La *Donzelle commune*. (*Ophidium barbatum*.) Bl. 59.

Couleur de chair, à dorsale et anale lisérées de noir ;
les barbillons antérieurs plus courts ; atteint au plus huit
à dix pouces.

La *Donzelle brune*. (*Oph. Vassalli*. Risso.)

Brune ; sans liséré aux nageoires ; les barbillons égaux.
L'estomac de ces poissons est un sac oblong, mince ;
leurs intestins, assez repliés, manquent de cœcums ; leur
vessie aérienne, ovale, assez grande, et fort épaisse, est
supportée par trois pièces osseuses particulières, suspendues sous les premières vertèbres, et dont la mitoyenne
se meut par quelques muscles propres. Ils ont la chair
agréable.

Nous en connaissons une troisième espèce du Brésil
(*Oph. brevibarbe*, N.), brune, à barbillons plus courts ;
et il y en a dans la mer du sud une très grande, rose,
tachetée de brun, *Ophidium blacodes*, Schn. 484 (1).

LES FIERASFERS.

Manquent de barbillons, et leur dorsale est si mince,
qu'elle ne semble qu'un léger repli de la peau. Leur vessie
natatoire n'est soutenue que par deux osselets ; celui du
milieu leur manque.

La Méditerranée en a un à dents en velours (*Ophidium
imberbe*, L. (2)), et un qui porte à chaque mâchoire deux
dents en crochets (*Oph. dentatum*, N.). Ce sont de très
petits poissons.

---

(1) Aj. l'*Oph. barbatum*, Mitch., I, f. 2, qui paraît encore une espèce
particulière.

(2) C'est en même temps le *Gymnotus acus*, Gm., et le *Notoptère fon-
tanes*, Risso, 1re éd., pl. iv, f. 11.

Quant à l'*Ophidium imberbe des* ichtyologistes du Nord, tels que
Schonefeld, Montag., soc. Werner. I, pl. 11, f. 2, et à l'*Ophidium
viride*, Fab., Faun., Groënl., 148, je ne les connais pas, mais je les crois
voisins des anguilles.

Enfin, l'*Ophidium ocellatum*, Tilesius, Mém. de Pétersb., III, pl. 180,
III, 27, me paraît devoir se rapprocher des gonelles.

LES ÉQUILLES. (AMMODYTES. L.)

Ont le corps alongé comme les précédents, et sont pourvues d'une nageoire à rayons articulés , mais simples sur une grande partie de leur dos, d'une autre derrière l'anus , et d'une troisième fourchue au bout de la queue ; mais ces trois nageoires sont séparées par des espaces libres. Le museau de ces poissons est aigu ; leur mâchoire supérieure susceptible d'extension , et l'inférieure dans l'état du repos plus longue que l'autre. Leur estomac est pointu et charnu ; ils n'ont ni cœcums ni vessie natatoire , et se tiennent dans le sable , d'où l'on va les enlever quand la mer se retire. Ils vivent des vers qu'ils y prennent.

Nos côtes en produisent deux espèces, long-temps confondues sous le nom commun d'*Ammodites tobianus*, L., mais qui ont été récemment distinguées (1).

Le *Lançon*. (*Amodites tobianus*. Bl. 75. 2.) Rai. I, synop. III. f. 12.

Qui a la mâchoire inférieure plus pointue, les maxillaires plus longs, les pédicules des intermaxillaires très courts, et dont la dorsale ne commence que vis-à-vis la fin des pectorales ; et

L'*Équille*. (*Amm. lancea*. N.) Pennt. Brit. Zool. pl. xxv. f. 66.

Dont les maxillaires sont plus courts, les pédicules des intermaxillaires plus longs, et dont la dorsale commence vis-à-vis le milieu des pectorales. Il est plus épais à proportion.

Tous deux sont communs sur toutes nos côtes ; longs de huit à dix pouces ; d'un gris argenté. Ils sont bons à manger, et l'on s'en sert aussi pour attacher aux hameçons comme appât.

---

(1) C'est à *M. Lesauvage*, habile médecin de Caen , que l'on doit cette distinction ; mais il a transposé le nom de tobianus. *Voyez*, bullet. des Sc., sept., 1824, p. 141, Il y aura à examiner si l'*Ammodytes cicerellus*, Rafinesque, Caratt., pl. ix, f. 4 est différent du *tobianus*.

Tous les poissons dont nous avons parlé jusqu'à présent, non-seulement ont le squelette osseux ou fibreux, et les mâchoires complètes et libres, mais leurs branchies sont constamment en forme de lames ou de peignes.

L'ordre des

LOPHOBRANCHES,

Qui est le cinquième des Poissons,

A aussi ses mâchoires complètes et libres, mais se distingue amplement par ses branchies, qui, au lieu d'avoir, comme à l'ordinaire, la forme de dents de peigne, se divisent en petites houppes rondes disposées par paires le long des arcs branchiaux, structure dont aucun autre poisson n'a encore offert d'exemple. Elles sont enfermées sous un grand opercule attaché de toutes parts par une membrane qui ne laisse qu'un petit trou pour la sortie de l'eau, et ne montre, dans son épaisseur, que quelques vestiges de rayons. Ces poissons se reconnaissent en outre à leur corps cuirassé d'une extrémité à l'autre par des écussons qui le rendent presque toujours anguleux. Ils sont généralement de petite taille et presque sans chair. Leur intestin est égal et sans cœcums ; leur vessie natatoire mince, mais assez grande à proportion.

Les Syngnathes. (Syngnathus. L.) (1).

Forment un genre nombreux dont le caractère consiste en un museau tubuleux, formé, comme celui des bouches en flûte, par le prolongement de l'ethmoïde, du vomer, des tympaniques, des préopercules, des sous-opercules, etc., et terminé par une bouche ordinaire, mais fendue presque verticalement sur son extrémité. Le trou de la respiration est vers la nuque. Ils manquent de ventrales. Leur génération a cela de particulier, que leurs œufs se glissent et éclosent dans une poche qui se forme par une boursouflure de la peau, dans les uns sous le ventre, dans les autres sous la base de la queue, et qui se fend pour laisser sortir les petits.

Les Syngnathes proprement dits, vulgairement *Aiguilles de mer*.

Ont le corps très alongé, très mince, et peu différent en diamètre sur sa longueur. On en trouve plusieurs espèces dans toutes nos mers.

Il y en a qui, outre leurs pectorales, ont une dorsale, une caudale et une anale (2).

D'autres manquent d'anale seulement (3). La poche aux œufs de ces deux grouppes est sous la queue.

D'autres manquent d'anale et de pectorales, mais ont une dorsale et une caudale. Ils ont leur poche aux œufs sous le ventre (4).

Quelques-uns, enfin, n'ont d'autre nageoire que la dorsale (5).

---

(1) De σὺν et γνάθοσ (mâchoires réunies), nom composé par Artédi, qui croyait le tube du museau de ces poissons formé par la réunion de leurs mâchoires.

(2) *Syngnathus typhle*, L., Bl., 91, 1; — *Syng. acus*, L., Bl., 91, 2.

(3) *Syng. pelagicus*, Risso, p. 63; — *Syng. Rondeletii*, Laroche, Ann., Mus., XIII, 5, 5, *viridis*, Riss., 65. Rondel., 229, 1; — *S. barbarus*, Penn., brit., Zool., ou *rubescens*, Riss.

(4) *Syng. æquoreus*, L., (Montagu, soc. Werner., I, 4, f. 1).

(5) *Syng. ophidion*, L., Bl., 91, 3; — *Syn. papacinus*, Risso, IV, 7; — *Syng. fasciatus*, id., ib., 8.

LES HIPPOCAMPES. (HIPPOCAMPUS. Cuv.) Vulg. *Chevaux marins.*

Ont le tronc comprimé latéralement, et notablement plus élevé que la queue; en se courbant après la mort, ce tronc et la tête prennent quelque ressemblance avec l'encolure d'un cheval en miniature. Les jointures de leurs écailles sont relevées en arêtes, et leurs angles saillants en épines. Leur queue n'a point de nageoires.

Il s'en trouve dans nos mers une espèce à museau plus court (*Hipp. brevirostris*, N.), Will., pl. J. 25, fig. 3. Et une autre à museau plus long (*Hipp. guttulatus*, N.), Will. J. 25, f. 5, qui n'ont toutes deux que quelques filaments sur le museau et sur le corps. Il y en a aussi de voisines dans les deux Indes (1).

La Nouvelle-Hollande en produit un plus grand et très singulier par les appendices, en forme de feuilles, qui ornent diverses parties de son corps. (*Syng. foliatus*, Shaw., Gen. Zool., V, 11, pl. 180, Lacép., Annales du Mus., IV, pl. 58. f. 3.)

LES SOLÉNOSTOMES (2). Séb. et Lacép.

Diffèrent principalement des syngnathes par de très grandes ventrales en arrière des pectorales, unies ensemble et avec le tronc en une espèce de tablier, qui sert à retenir leurs œufs, comme la poche des syngnathes. Ils ont aussi une dorsale de peu de rayons, mais élevée, située près de la nuque; une autre très petite sur l'origine de la queue, et une grande caudale pointue; du reste, ils ressemblent beaucoup à l'hippocampe.

On n'en connaît qu'une espèce de la mer des Indes, *Fistularia paradoxa.* (Pall., Spic., VIII, iv, 6.)

LES PÉGASES. (PEGASUS. L.)

Ont un museau saillant formé des mêmes pièces que

---

(1) *Syng. longirostris*, N., Will., J 25, f. 4, et d'autres espèces que nous ferons connaître dans notre grande Ichtyologie.

(2) *Solénostome, bouche en tuyau*, de σωλήν, tube, et ςόμα, bouche.

les précédents, mais la bouche, au lieu d'être à sou·
extrémité, se trouve sous sa base; elle rappelle un peu
celle de l'esturgeon par sa protractilité, mais elle se
compose des mêmes os que dans les poissons ordinaires.
Le corps de ces pégases est cuirassé comme dans les hippocampes et les solénostomes, mais leur tronc est large,
déprimé, le trou des branchies sur le côté, et il y a
deux ventrales distinctes en arrière des pectorales, qui
sont souvent grandes, ce qui a donné occasion au nom
que porte ce genre. La dorsale et l'anale sont vis-à-vis
l'une de l'autre. L'intestin étant logé dans une cavité
plus large et plus courte qu'aux syngnathes, fait deux
ou trois replis.

Il s'en trouve quelques espèces dans la mer des Indes (1).

Après ces cinq ordres de poissons osseux ou fibreux, à mâchoires complètes et libres, nous passons au sixième ordre ou à celui

Des PLECTOGNATHES,

Qui peut être rapproché des chondroptérygiens,
auxquels ils tient un peu par l'imperfection des
mâchoires, et par le durcissement tardif du squelette; cependant ce squelette est fibreux, et en
général toute sa structure est celle des poissons
ordinaires. Leur principal caractère distinctif tient
à ce que l'os maxillaire est soudé ou attaché fixe-
ment sur le côté de l'intermaxillaire qui forme seul

(1) *Pegasus draco*, L., Bl., 209; —*Pegas. natans*, Bl., 121; — *Peg.
volans*, L.; — *P. laternarius*, N., à museau garni de six rangées longitudinales de dentelures.

la mâchoire, et à ce que l'arcade palatine s'engrène par suture avec le crâne, et n'a par conséquent aucune mobilité. Les opercules et les rayons sont en outre cachés sous une peau épaisse, qui ne laisse voir à l'extérieur qu'une petite fente branchiale (1). On ne trouve que de petits vestiges de côtes. Les vraies ventrales manquent. Le canal intestinal est ample, mais sans cœcums (2), et presque tous ces poissons ont une vessie natatoire considérable.

Cet ordre comprend deux familles très naturelles, caractérisées par la manière dont leurs mâchoires sont armées : les GYMNODONTES et les SCLÉRODERMES.

La première famille, ou

LES GYMNODONTES,

A, au lieu de dents apparentes, les mâchoires garnies d'une substance d'ivoire, divisée intérieurement en lames, dont l'ensemble représente comme un bec de perroquet, et qui, pour l'essentiel, se compose de véritables dents réunies, se succédant à mesure qu'il y en a d'usées par l'effet de la trituration (3). Leurs opercules sont petits ; leurs rayons au nombre de cinq de chaque côté, et les uns et les autres fort cachés. Ils vivent de crustacés, de fucus ;

---

(1) Cette disposition dont il y a déjà un commencement dans les chironectes, a fait croire à plusieurs naturalistes que les plectognathes manquent d'opercules et de rayons. Ils en ont comme les autres poissons.

(2) Bloch suppose à tort des cœcums aux diodons.

(3) Voyez mes leçons d'An. comp., tom. III, p. 125.

leur chair est généralement muqueuse et peu estimée ; plusieurs mêmes passent pour empoisonnés ,
au moins dans certaines saisons.

Deux de leurs genres, les *tetrodons* et les *diodons,*
vulgairement les *boursouflus,* ou les *orbes,* peuvent
se gonfler comme des ballons, en avalant de l'air
et en remplissant de ce fluide leur estomac , ou
plutôt une sorte de jabot très mince et très extensible qui occupe toute la longueur de l'abdomen
en adhérant intimement au péritoine , ce qui l'a
fait prendre tantôt pour le péritoine même , tantôt
pour une espèce d'épiploon. Lorsqu'ils sont ainsi
gonflés, ils culbutent ; leur ventre prend le dessus ,
et ils flottent à la surface sans pouvoir se diriger ;
mais c'est pour eux un moyen de défense, parce
que les épines qui garnissent leur peau se relèvent
ainsi de toute part (1). Ils ont en outre une vessie
aérienne à deux lobes; leurs reins placés très haut
ont été pris mal à propos pour des poumons (2).
On ne leur compte que trois branchies de chaque
côté (3). Ils font entendre, quand on les prend,

---

(1) *Voyez* Geoffroy-St.-Hilaire, Desc. des poissons d'Egypte, dans
le grand ouvrage sur l'Egypte. Il y a aussi des dispositions analogues dans
les chironectes.

(2) C'est ainsi que je crois pouvoir expliquer l'erreur de Schœpf.,
Écrits des nat. de Berlin, VIII, 190, et celle de Plumier, Schn., 513,
et sans doute aussi celle de Garden, Lin., Syst. ed. xii, I, p. 348, in
not. Quant aux organes celluleux dont parle Broussonnet, Ac. des Sc.
1780, dernière page, il n'existe rien qui puisse y avoir donné lieu. Il est
de fait que ces poissons ne diffèrent en rien des autres pour la respiration.

(3) On a déjà un exemple de ce nombre dans la baudroie.

un son qui provient sans doute de l'air qui sort de leur estomac. Leurs narines sont garnies chacune d'un double tentacule charnu.

Les Diodons. (Diodon. L.) Vulg. *Orbes épineux*.

Se nomment ainsi, parce que leurs mâchoires indivises ne présentent qu'une pièce en haut et une en bas. Derrière le bord tranchant de chacune est une partie ronde, sillonnée en travers, qui forme un puissant instrument de mastication (1). Leur peau est armée de toute part de gros aiguillons pointus, en sorte que quand ils sont enflés, ils ressemblent au fruit du maronnier.

Il y en a un assez grand nombre d'espèces dans les mers des pays chauds.

Les unes ont les piquants longs, soutenus par deux racines latérales.

La plus commune de ce groupe (*Diod. Atinga*, Bl.), 125, et mieux Séb. III, xxiii, 1, 2, atteint plus d'un pied de diamètre (2).

D'autres ont des piquants courts portés sur trois racines divergentes (3).

D'autres, enfin, ont des piquants grêles comme des épingles ou des cheveux (4).

---

(1) Les mâchoires de ce genre ne sont pas très rares parmi les pétrifications.

(2) Le *Diod. histrix*, Bl., 126, est la même espèce non gonflée. Je la nomme, pour éviter toute équivoque, *Diodon punctatus*; — Aj. *Diod. spinosissimus*, Cuv. Mém. Mus., IV, p. 134, Séb., III, xxiv, 10; — *Diod. triedricus*, Cuv., Mém. Mus., IV, p. 133, Séb., II, xxiii, 4; — *D. nictemerus*, Cuv., loc., cit., IV, vii, 5; — *D. novem maculatus*, id., ib., vi, 3; — *D. sex maculatus*, id., ib., vii, 1; — *D. multimaculatus*, id., ib., 4.

(3) *Diod. tigrinus*, Cuv., Mém. Mus., IV, vi, 1, ou *orbiculatus*, Bl., 127, Séb., III, xxiii, 3; — *D. rivulatus*, Cuv., ib., 2, ou *Maculato-striatus*, Mitchill., vi, 3, prob. l'orbe, Lac., I, xxiv, 3; — *D. jaculiferus*, Cuv., loc. cit., vii, 3; — *D. antennatus*, id., ib., 2.

(4) *Diod. pilosus*, Mitchill., Poiss. de New-Y., I, 471.

LES TÉTRODONS. (TETRAODON. L.)

Ont les mâchoires divisées dans leur milieu par une suture, de manière à présenter l'apparence de quatre dents, deux dessus, deux dessous. Leur peau n'est garnie que de petites épines peu saillantes. Plusieurs espèces passent pour être venimeuses.

Le plus anciennement connu est celui du Nil,

FAHACA des Arabes, *Flasco psaro* des Grecs, etc. (*Tetraodon lineatus*, L.), *Tet. physa*, Geoffr., Poiss. d'Égypt., I, 1, Rondel., 419.

A dos et flancs rayés longitudinalement de brun et de blanchâtre. Le Nil en jette beaucoup sur les terres dans les inondations, et ils servent alors de jouet aux enfants.

Quelques-uns ont le corps comprimé latéralement et le dos un peu tranchant; ils doivent se gonfler moins que les autres. L'un d'eux est électrique (1).

---

(1) La tête et la queue des tétrodons sont généralement lisses, mais le reste de leur corps peut être rendu plus ou moins âpre, au moyen de très petites épines qui sortent de leur peau. Les diverses combinaisons des parties lisses et des parties âpres, et les configurations qui résultent des formes plus ou moins oblongues de leur tête, nous ont permis de les arranger comme il suit :

I. Espèces à tête courte, susceptibles de se boursouffler en forme globuleuse.

1° A corps rude partout.

A. Sans taches; — *Tetr. immaculatus*, Lacép., I, XXIV, 1, Russel, I, 26.

B. A taches noires; *Tetr. moucheté*, Lacép., I, XXV, 1, ou *T. commersonii*, Schn., Russel, I, 28; — *Tetr. fluviatilis*, Buchan. XXX, 1; — *Tetr. geometricus*, Bl. Schn., Catesb., II, XXVIII.

C. A bandes noires. *Tetr. fahaca*, ou *T. physa*, Geoff., Eg., poiss., I, 1; — *T. lineatus*, Bl., 141, dont *Tetr. psittatus*, Bl. Schn., 95, est au moins très voisin.

D. A taches pâles. *Tetr. testudineus*, Bl., 139, dont *T. reticularis*, Bl. Schn., paraît une variété; — *T. hispidus*, Lacép., I, XXIV, 2, et Geoff., Eg., poiss., I, 2; — *T. patoca*, Buchan. XVIII, 2.

2° A corps lisse partout. *T. lœvissimus*, Bl., Schn.; — *T. cutcutia*, Buchan, XIII, 3.

3° A flancs seulement lisses, et avec des tentacules latéraux. *T. spen-*

Je sépare des tétraodons et même de tous les
orbes ou boursouflus :

LES MOLES. (ORTHAGORISCUS. Schn. CEPHALUS. Sh.)
Vulgt. *Poissons-lunes.*

Qui ont les mâchoires indivises, comme les diodons,
mais dont le corps comprimé et sans épines n'est pas
susceptible de s'enfler et dont la queue est si courte
et si haute verticalement, qu'ils ont l'air de poissons
dont on aurait coupé la partie postérieure, ce qui leur
donne une figure très extraordinaire et bien suffisante
pour les distinguer. Leur dorsale et leur anale , chacune
haute et pointue, s'unissent à la caudale. Ils manquent
de vessie natatoire ; leur estomac est petit et reçoit immédiatement le canal cholédoque. Sous leur peau est
une couche épaisse de substance gélatineuse.

On en trouve dans nos mers une espèce quelquefois
longue de plus de quatre pieds, et pesant plus de trois

---

gleri, Bl. 144, Seb., III, xxiii, 7 et 8, qui est le même que le *Tetr. plumieri*, donné d'après Plumier, Lacép. , I, xx, 3. *N. B.* Que ce que Lacép. a pris pour une bosse, n'est que la pectorale de l'autre côté dont on
voit la pointe, et que le *Sphéroïde tuberculé* établi par Lacép., II, 1, est
tiré de la même pl. de Plumier, et représente le même poisson vu de
face. Schneider s'en était déjà aperçu, Bl., Schn., ind. p. lvii. — *T.
honkenii*, Bl., 143.

4° A flancs lisses, sans tubercules latéraux. *T. ocellatus*, Bl., 145 ;
— *T. turgidus*, Mitch., pl. vi, f. 5 ; — *T. lunaris*, Russel, I, 29.

II. A tête oblongue.

1° A flancs seulement lisses. *T. argentatus*, Lacép. , Ann. mus.,
IV, xiii.

2° A dos et flancs lisses, le ventre seul rude. *T. lagocephalus*, Bl.,
143, et Séb., III, xxiii, 5 et 6 ; — *T. lævigatus*, Will., pl. J., 2.

III. A dos caréné. *T. rostratus*, Bl., 146, 2, dont *Tetr. electricus*,
Paters., Trans. phil. , vol. 76, pl. 3, est au moins très voisin ; — *T.
gronovii.*

cents livres; à peau très rude, et d'une belle couleur argentée. (*Tetrodon mola*, L.) Bl., 128 (1).

Il y en a au Cap une espèce oblongue (*Orthagoriscus oblongus*, Bl. Schn., 97.), dont la peau est dure et divisée en petits compartiments anguleux.

On en a pêché quelquefois dans l'Océan une troisième espèce, très petite, et qui a quelques épines (*Orth. spinosus*, Bl. Schn.), *Diodon mola*, Pall., Spic., Zool., VIII, pl. iv, f.   , et mieux Kœlr., Nov. Comm. Petrop. X, pl. viii, f. 3.

Nous ferons aussi un genre particulier

DES TRIODONS,

Poissons dont la mâchoire supérieure est divisée comme dans les tétrodons, et l'inférieure simple comme dans les diodons; un fanon énorme presque aussi long que le corps, et deux fois aussi haut, est soutenu en avant par un très grand os qui représente le bassin et les rapproche de certains balistes. Leurs nageoires sont comme dans les diodons; leur corps est âpre comme dans les tétrodons, et la surface de leur fanon est surtout hérissée de beaucoup de petites crètes rudes placées obliquement.

On n'en connaît qu'un de la mer des Indes, découvert par M. Reinward (*Triodon bursarius*, Reinw.) *Triod. macroptère*, Less. et Garn., Voyage de Duperrey, Poiss., n° 4.

---

(1) Aj. *Ort. oblongus*, Schn., 97; — *Ort. varius*, Lac., I, xxii, 2 ; — *Ort. hispidus*, Nov. Comm., Petr., X, viii, 2 et 3.

N. B. L'*Ovoïde fascé*, Lac., I, xxiv, 2. *Ovum Commersoni*, Schn., 108, avait été décrit et représenté par Commerson, d'après un individu bourré, qu'il soupçonnait lui-même d'être un *Tétrodon mutilé*, et qui en effet, n'est qu'un *Tétrodon lineatus*, qui a perdu ses nageoires.

Le *Sphéroïde tuberculé* a été donné comme nous l'avons dit, sur un dessin de Plumier, qui ne représente qu'un *Tétrodon* vu de face, dont on ne peut voir les nageoires verticales. Conf., Schn., index, lvii.

Ainsi, ces deux genres doivent être supprimés.

La deuxième famille des PLECTOGNATHES, ou

LES SCLÉRODERMES,

Se distingue aisément par le museau conique ou pyramidal prolongé depuis les yeux, terminé par une petite bouche armée de dents distinctes en petit nombre à chaque mâchoire. Leur peau est généralement âpre ou revêtue d'écailles dures; leur vessie natatoire ovale, grande et robuste.

LES BALISTES. (BALISTES. L.) (1).

Ont le corps comprimé, huit dents sur une seule rangée à chaque mâchoire, le plus souvent tranchantes, la peau écailleuse ou grenue, mais non absolument osseuse; une première dorsale composée d'un ou plusieurs aiguillons articulés sur un os particulier, qui tient au crâne et leur offre un sillon où ils se retirent; une deuxième dorsale molle, longue, placée vis-à-vis d'une anale à peu près semblable. Bien qu'ils n'aient pas de ventrales, on observe dans leur squelette un véritable os du bassin, suspendu à ceux de l'épaule.

On les trouve en grand nombre dans la zone torride, près des rochers à fleur d'eau, où ils brillent, comme les chétodons, de couleurs éclatantes; leur chair, en général peu estimée, devient, dit-on, dangereuse à l'époque où ils se nourrissent des polypes des coraux; je n'ai trouvé que des fucus dans ceux que j'ai ouverts.

LES BALISTES proprement dits.

Ont le corps entier revêtu de grandes écailles très dures, rhomboïdales, qui, n'empiétant point les unes sur les autres,

---

(1) *Balistes*, nom donné à ces poissons par Artédi, d'après leur nom italien *Pesce balestra*, qui vient lui-même de quelque ressemblance qu'on a cru voir entre le mouvement de leur grande épine dorsale et celui d'une arbalète.

24*

ont l'air de compartiments de la peau; leur première dorsale a trois aiguillons, dont le premier est de beaucoup le plus grand; le troisième très petit, et plus écarté en arrière; l'extrémité de leur bassin est toujours saillante et hérissée, et derrière elle sont quelques épines engagées dans la peau, qui, dans les espèces longues, ont été considérées comme des rayons des ventrales.

Les uns n'ont point d'armure particulière à la queue, et parmi eux il en est qui n'ont point derrière les ouïes d'écailles plus grandes que les autres. Telle est une espèce que nous possédons dans la Méditerranée.

Balistes capriscus. L. Salv. 207, et Will. I, 19. *Pourc, pesce balestra,* etc.

D'un gris-brunâtre, tacheté de bleu ou de verdâtre; sa chair est peu estimée (1).

D'autres, avec cette queue non armée, ont derrière les ouïes des écailles plus grandes (2).

Le plus grand nombre a les côtés de la queue armés d'un certain nombre de rangées d'épines courbées en avant, et tous ceux de cette division que nous connaissons, ont derrière les ouïes des écailles plus grandes (3).

---

(1) *N. B.* Je soupçonne le *B. maculatus,* Bl., 151, de n'être que le *capriscus.* Je suis même tenté d'y rapporter le *B. buniva,* Lac., V, xxi; 1; — Aj. *Bal. stellaris,* Schn., Lac., I, vi; — *Bal. sufflamen,* Mitch., vi, 2; — *Bal. jellaka,* N., *Lamayellaka,* Russel, I, 22.

(2) *Bal. forcipatus,* Will., I, 22; — *Bal. vetula,* Bl., 150; — *Bal. punctatus,* Gm., Will., app. 9, f. 4; — on pourrait encore distinguer le *Bal. noir,* Lac., I, xv, remarquable par ses dents supérieures latérales prolongées en canines et les grandes fourches de sa queue. *N. B.* Le *B. niger,* Schn., ne diffère point du *ringens;* — *Bal. fuscus,* Schn., ou *B. grandes taches,* Lac., I, 378, remarquable par ses joues nues et garnies de rangées de tubercules.

(3) Espèces à deux ou trois rangées d'épines. *Bal. lineatus,* Schn., 87. Renard, 217, ou *B. lamouroux,* Quoy et Gaym., Zool. de Freyc., pl. 47, f. 1? — *Bal. cendré,* Lac., I, xvii, 2, ou *B. arcuatus,* Schn., Journ. de Phys., juillet 1774.

Espèces à trois rangées. *Bal. aculeatus,* L., Bl., 149, Lac., I, xvii, 1 Renard, I, 28, f. 154, et II, 28, f. 136; — *Bal. verrucosus,* L.,

LES MONACANTHES. CUV.

N'ont que de très petites écailles, hérissées de scabrosités roides et serrées comme du velours; l'extrémité de leur bassin est saillante et épineuse, comme dans les balistes proprement dits, mais ils n'ont qu'une grande épine dentelée à leur première dorsale, ou du moins la seconde y est déjà presque imperceptible.

Dans les uns, l'os du bassin est très mobile, et tient à l'abdomen par une sorte de fanon extensible; et il y a souvent de fortes épines aux côtés de leur queue (1).

D'autres se distinguent parce que les côtés de leur queue sont hérissés de soies rudes (2).

Mus., ad. f. xxvii, 57, le même que le *B. pralin*, Lac., I, 365, et le *B. viridis*, Schn.

Espèces à quatre ou cinq rangées. *Bal. écharpe*, Lac., I, xvi, 1, ou *Bal. rectangulus*, Schn., ou *Bal. medinilla*, Quoy et Gaym., Zool. de Freyc., pl. 46, f. 2; — *Bal. conspicillum*, Schn., Renard, I, 15, f. 88, et Lac., I, xvi, 3, sous le faux nom de *Baliste américain*. Il est de la mer des Indes; — *B. viridescens*, Schn., ou *verdâtre*, Lac., I, xvi, 3.

Espèces à six ou sept rangées. *Bal. armé*, Lac., I, xviii, 2. *N. B.* Ce n'est ni l'*Armatus* de Schn., ni, comme il le croit, son *Chrysopterus*; — *Bal. ringens*, Bl., 152, 2, ou *niger*, Schn., ou *Sillonné*, Lac., I, xviii, 1.

Espèces à douze, quinze rangées. *Bal. bursa*, Schn.; *B. bourse*, Lac., III, 7. Renard, I, 7, et Sonnerat, Journ. de Phys., 1774.

Espèces dont les aiguillons sont peu sensibles et réduits à de petits tubercules. *Bal. bridé*, Lac., I, xv, 3; — *Bal. étoilé*, Lac., I, xv, 1; — ou *B. stellaris*, Schn., ou *Dondrum yellakah*, Russel, xxiii.

N. B. Si le BALISTAPUS de Tilesius, Mém. de l'Ac. de Pétersb., VII, ix, manque en effet de bassin, il devra former un sous-genre à la suite des balistes proprement dits.

(1) *Balistes chinensis*, Bl., 152, 1; — *Bal. tomentosus*, id., 148, qui n'est pas celui de Linnæus, mais bien le *Pira aca*, Margr., 154; — *Bal. japonicus*, Tiles., Mém. de la soc. de Moscou, tome II, pl. 13; — *Bal. pelleon*, Quoy et Gaym., Zool. de Freyc., pl. 45, f. 3; — *Bal. geographicus*, Per., Cuv., Règne an., pl. ix, f. 2.

(2) *Bal. tomentosus*, L., Séb., III, xxiv, fig. 18. Gronov., Mus., VI, f. 5; — *B. à brosses*, *Bal. scopas*, Commers., Lac. I, xviii, 3, conforme à la description que Lin. donne de l'*Hispidus*, mais non au caractère ni à la fig. de Séba qu'il cite.

D'autres, parce que leur corps est tout couvert de petits tubercules pédiculés (1).

D'autres encore parce qu'il est garni partout de cils grêles, et souvent branchus (2).

D'autres enfin manquent de ces divers caractères (3).

Les Alutères. Cuv.

Ont le corps alongé, couvert de petits grains serrés, à peine sensibles à la vue; une seule épine à la première dorsale; et ce qui fait leur caractère particulier, le bassin entièrement caché sous la peau, et ne faisant point cette saillie épineuse qu'on voit dans les autres balistes (4).

Les Triacanthes. Cuv.

Se distinguent de tous les autres balistes, parce qu'ils ont des espèces de ventrales, soutenues chacune par un seul grand rayon épineux, adhérentes à un bassin non saillant. Leur première dorsale, après une très grande épine, en a trois ou quatre petites. Leur peau est garnie de petites écailles serrées; leur queue s'alonge plus que dans les autres sous-genres.

On n'en connaît qu'un de la mer des Indes (5).

---

(1) *Balistes papillosus*, Schn., White, p. 254.

(2) *Bal. penicilligerus*, Péron., Cuv., Règne an., pl. IX, f. 3; — *Bal. villosus*, Ehrenb.

(3) *Bal. hispidus*, L., Séb., III, XXXIV. 2; — *Bal. longirostris*, Schn., Séb., III. XXIV, 19; — *Bal. papillosus*, L.? Lac., I, XVII, 3, sous le nom de *monoceros*, Clus., exot., lib. VI, cap. XXVIII; — *Bal. villosus*, n.; — *Bal. guttatus*, n.

(4) *Bal. monoceros*, L., Catesb., 19; — le *monoceros* de Bl., qui est différent, 147; — *Bal. lœvis*, Bl., 414; — *Acaramucu*, Margr., 163, encore différent des trois précédents; — *Bal. kleinii*, Klein., miss., III, pl. III, f. 11; — *Al. cryptacanthus*, N., Renard, II, part. pl. XLII, f. 284.

(5) *Bal. biaculeatus*, Bl., 148, 2.

Nous aurons de nombreuses espèces de tous ces sous-genres, à décrire dans notre grande histoire des poissons.

LES COFFRES. (OSTRACION. L.)

Ont, au lieu d'écailles, des compartiments osseux et réguliers, soudés en une sorte de cuirasse inflexible qui leur revêt la tête et le corps, en sorte qu'ils n'ont de mobile que la queue, les nageoires, la bouche et une sorte de petite lèvre qui garnit le bord de leurs ouïes, toutes parties qui passent par des trous de cette cuirasse. Aussi le plus grand nombre de leurs vertèbres sont-elles soudées ensemble ; leurs mâchoires sont armées chacune de dix ou douze dents coniques. On ne voit extérieurement à leurs ouïes qu'une fente garnie d'un lobe cutané ; mais à l'intérieur elles montrent un opercule et six rayons. L'os du bassin manque aussi bien que les ventrales, et il n'y a qu'une seule dorsale et une anale, petites l'une et l'autre.

Ils ont peu de chair, mais leur foie est gros et donne beaucoup d'huile. Leur estomac est membraneux et assez grand. Quelques-uns ont aussi été soupçonnés de poison.

On peut les diviser d'après la forme de leur corps et les épines dont il est armé ; mais il n'est pas encore bien certain qu'il n'y ait pas à cet égard des différences entre les sexes (1).

---

(1) 1° Coffres à corps triangulaire sans épines. *Ost. triqueter*, Bl., 130 ; — *Ost. concatenatus*, Bl., 131.

2° Triangulaire armé d'épines en arrière de l'abdomen. *Ost. bicaudalis*, Bl., 132 ; — *Ost. trigonus*, Bl., 135.

3° Triangulaire armé d'épines au front et derrière l'abdomen. *Ost. quadricornis*, Bl., 134.

4° Triangulaire armé d'épines sur les arêtes. *Ost. stellifer*, Schn., 97 ; le même qu'*Ost. bicuspis*, Blumenb. Abb., 58.

5° A corps quadrangulaire sans épines. *Ost. cubicus*, Bl., 137 ; — *Ost. punctatus* et *lentiginosus*, Schn , Séb., III, xxiv, 5 ; Lac., I, xxi, 1, ou

La deuxième série de la classe des poissons, ou les

CHONDROPTÉRYGIENS,

Ne peut être considérée ni comme supérieure, ni comme inférieure à celle des poissons ordinaires ; car plusieurs de ses genres se rapprochent des reptiles par la conformation de leur oreille et de leurs organes génitaux, tandis que d'autres ont une telle simplicité d'organisation, et que leur squelette est réduit à si peu de chose, que l'on pourrait hésiter à en faire des animaux vertébrés ; c'est donc une suite en quelque sorte parallèle à la première, comme les marsupiaux, par exemple, sont parallèles aux autres mammifères onguiculés.

Le squelette des chondroptérygiens est essentiellement cartilagineux, c'est-à-dire qu'il ne s'y forme point de fibres osseuses, mais que la matière

---

meleagris, Sh., gen. zool., V, part. II, pl. 172 ; — *Ost. nasus*, Bl., 138, Will., I, 11 ; — *Ost. tuberculatus*, Will., I, 10.

6° A corps quadrangulaire armé d'épines au front et derrière l'abdomen. *Ost. cornutus*, Bl., 133.

7° A corps quadrangulaire armé d'épines sur ses arêtes. *Ost. diaphanus*, Schn., p. 501 ; — *Ost. turritus*, Bl., 136.

8° A corps comprimé, l'abdomen caréné, des épines éparses. *Ost. auritus*, Sh., nat. Miscell., IX, n° 338, et gen. zool., V, part. II, pl. 173, le même que le coffre quatorze piquants, Lacep., An. mus., IV, LVIII, 1, et quelques espèces voisines.

N. B. L'*Ost. arcus*, Séb., III, xxiv, 9, n'est peut-être qu'une variété du *cornutus*, et le *gibbosus*, Aldrov., 561, ne me paraît qu'un *triqueter* mal dessiné.

calcaire s'y dépose par petits grains et non par filets ou par filaments; de là vient qu'il n'y a point de sutures à leur crâne, qui est toujours formé d'une seule pièce, mais où l'on distingue par le moyen des saillies, des creux et des trous, des régions analogues à celles du crâne des autres poissons; il arrive même que des articulations mobiles, dans les autres ordres, ne se manifestent point du tout dans celui-ci; par exemple, une partie des vertèbres de certaines raies sont réunies en un seul corps; il disparaît aussi quelques-unes des articulations des os de la face; et même le caractère le plus apparent de cette division de la classe des poissons, est de manquer des os maxillaires et intermaxillaires, ou plutôt de ne les avoir qu'en vestiges cachés sous la peau, tandis que leurs fonctions sont remplies par les os analogues aux palatins, et même quelquefois par le vomer. La substance gélatineuse qui dans les autres poissons remplit les intervalles des vertèbres, et communique seulement de l'un à l'autre par un petit trou, forme dans plusieurs chondroptérygiens, une corde qui enfile tous les corps des vertèbres sans presque varier de diamètre.

Cette série se divise en deux ordres; les chondroptérygiens dont les branchies sont libres comme celles des poissons ordinaires, et ceux dont les branchies sont fixes, c'est-à-dire attachées à la peau par leur bord extérieur, en sorte que l'eau ne sort de leurs intervalles que par des trous de la surface.

Lé premier ordre des Chondroptérygiens, ou le septième de la classe des poissons,

Les STURIONIENS, ou CHONDROPTÉRYGIENS A BRANCHIES LIBRES,

Tient encore d'assez près aux poissons ordinaires par ses ouïes, qui n'ont qu'un seul orifice très ouvert, et garni d'un opercule, mais sans rayons à la membrane.

Il ne comprend que deux genres.

Les Esturgeons. (Acipenser. L.) (1).

Poissons dont la forme générale est la même que celle des squales, mais dont le corps est plus ou moins garni d'écussons osseux, implantés sur la peau en rangées longitudinales; leur tête est de même très cuirassée à l'extérieur; leur bouche, placée sous le museau, est petite et dénuée de dents; l'os palatin soudé aux maxillaires, en forme la mâchoire supérieure, et l'on trouve les intermaxillaires en vestige dans l'épaisseur des lèvres. Portée sur un pédicule à trois articulations, cette bouche est plus protractile que celle des squales. Les yeux et les narines sont aux côtés de la tête. Sous le museau pendent des barbillons. Le labyrinthe est tout entier dans l'os du crâne, mais il n'y a point de vestige d'oreille externe. Un trou percé derrière la tempe n'est qu'un évent qui conduit aux ouïes. La dorsale est en

---

(1) *Acipenser* est leur ancien nom latin ; *Sturio*, d'où est venu *esturgeon*, est moderne, probablement leur nom allemand, Stoer, latinisé.

arrière des ventrales et a l'anale sous elle. La caudale entoure l'extrémité de l'épine, et a en dessous un lobe saillant; plus court cependant que sa pointe principale. A l'intérieur on trouve déjà la valvule spirale de l'intestin, et le pancréas uni en masse des sélaciens; mais il y a de plus une très grande vessie natatoire communiquant par un large trou avec l'œsophage.

Les esturgeons remontent en abondance de la mer dans certaines rivières et y donnent lieu aux pêches les plus profitables; la plupart de leurs espèces ont la chair agréable. On fait le caviar de leurs œufs, et la colle de poisson de leur vessie natatoire.

Nous avons dans toute l'Europe occidentale

L'*Esturgeon ordinaire*. (*Acipenser sturio*. L.) Bl. 88..

Long de six ou sept pieds, à museau pointu; ses écussons disposés sur cinq rangées sont forts et épineux. Sa chair est assez semblable à celle du veau.

Les rivières qui se jettent dans la mer Noire et dans la Caspienne, produisent, avec notre esturgeon commun, trois autres espèces de ce genre, et peut-être davantage (1).

Le *petit Esturgeon* ou *Sterlet*. (*Acipenser Ruthenus*. L. (1)
A. *Pygmæus*. Pall. Bl. 89.

Qui ne passe guère deux pieds de longueur, et où les boucliers des rangées latérales sont plus nombreux, carénés, et ceux du ventre plats. Il passe pour délicieux, et son caviar est réservé pour la cour.

Il y a lieu de croire que c'est l'*Elops* et l'*Acipenser* si célèbre chez les anciens (2).

---

(1) Les espèces d'esturgeon sont encore assez mal déterminées par les naturalistes, et Pallas même, qui les a le mieux connues, ne leur assigne pas encore dans sa Zoologie russe, des caractères comparatifs assez distincts, et il ne s'accorde ni avec Kramer, ni avec Guldenstedt, ni avec Lepechin. D'un autre côté, les figures de Marsigli sont trop grossières. Nous devons en attendre de meilleures des savants naturalistes autrichiens, auxquels le Danube offre ces poissons en abondance.

(2) *Voyez* ma note sur le Pline, de l'édition de Lemaire, tom. II, p. 74.

Le *Scherg* des Allemands ; *Sevreja* des Russes. (*Acipenser helops*. Pall. *Ac. stellatus*. Bl. Schn.) Marsill. Dan. IV. XII. 2.

Atteint quatre pieds de long, et a le bec plus long, plus mince, et les boucliers plus hérissés que les autres. Son abondance est prodigieuse, mais il est moins bon que l'esturgeon.

Le *Hausen* ou *grand Esturgeon*. (*Acipenser huso*. L.) Bl. 129.

Dont les boucliers sont plus émoussés, le museau et les barbillons plus courts qu'à l'esturgeon ordinaire ; la peau plus lisse. Il atteint souvent douze et quinze pieds de longueur, et plus de douze cents livres de poids. On en a vu un qui pesait près de trois milliers. Cette espèce a la chair moins bonne, et est quelquefois malsaine. C'est avec sa vessie natatoire que l'on fait la meilleure colle de poisson. Il remonte aussi dans le Pô.

L'Amérique septentrionale possède plusieurs esturgeons qui lui sont propres (1).

LES POLYODONS. Lacép. (SPATULARIA. Sh.)

Se reconnaissent sur-le-champ à une énorme prolongation de leur museau à laquelle ses bords élargis donnent la figure d'une feuille d'arbre. Leur forme générale et la position de leurs nageoires rappellent d'ailleurs les esturgeons ; mais leurs ouïes sont encore plus ouvertes et leur opercule se prolonge en une pointe membraneuse qui règne jusque vers le milieu du corps. Leur gueule est très fendue et garnie de beaucoup de petites dents ; la mâchoire supérieure est formée de l'union des palatins aux maxillaires et le pédicule a deux articulations. L'épine du dos a une corde, comme

---

(1) *Acip. oxyrhynchus*, Lesueur, trans., americ., nouv. ser., t. I, p. 394 ; —*Ac. brevirostris*, id., ib., 390 ; —*Ac. rubicundus*, id., ib., 388, et pl. XII, qui paraît ressembler beaucoup au sterlet ; — *Ac. maculosus*, id., ib., 392. se rapproche beaucoup du commun.

celle de la lamproie; on trouve dans l'intestin la valvule spirale, commune à presque tous les chondroptérygiens; mais le pancréas commence à se diviser en cœcums. Il y a une vessie natatoire.

On n'en connaît qu'une espèce du Mississipi, le *Polyodon feuille*, Lac., I, xii, 3 (*Squalus spatula*, Mauduit), Journ. de Phys., nov. 1774, pl. ii.

Les Chimères. (Chimæra. L.) (1).

Montrent le plus grand rapport avec les squales, par leur forme générale et la position de leurs nageoires; mais toutes leurs branchies s'ouvrent à l'extérieur par un seul trou apparent de chaque côté, quoiqu'en pénétrant plus profondément on voie qu'elles sont attachées par une grande partie de leurs bords, et qu'il y a réellement cinq trous particuliers aboutissant au fond du trou général. Elles ont cependant un vestige d'opercule caché sous la peau. Leurs mâchoires sont encore plus réduites que dans les squales, car les palatins et les tympaniques sont aussi de simples vestiges suspendus aux côtés du museau, et la mâchoire supérieure n'est représentée que par le vomer. Des plaques dures et non divisibles garnissent les mâchoires au lieu de dents; quatre à la supérieure, deux à l'inférieure. Le museau, soutenu comme celui des squales, saille en avant et est percé de pores disposés sur des lignes assez régulières, la première dorsale, armée d'un fort aiguillon, est placée sur les pectorales : les mâles se reconnaissent, comme ceux des squales, à des appendices osseux des ventrales, mais qui sont divisés en trois branches, et ils ont de plus deux lames épineuses situées en avant

---

(1) Ce nom leur a été donné à cause de leur figure bizarre, qui peut paraître monstrueuse quand on les a desséchés avec peu de soin, comme les premiers individus représentés par *Clusius*, *Aldrovande*, etc.

de la base des mêmes ventrales ; enfin ils portent entre les yeux un lambeau charnu terminé par un groupe de petits aiguillons. L'intestin des chimères est court et droit, cependant on y voit à l'intérieur une valvule spirale comme dans les squales. Elles produisent de très grands œufs coriaces, à bords aplatis et velus.

Dans

Les Chimères proprement dites. (CHIMÆRA. Cuv.)

Le museau est simplement conique ; la deuxième dorsale commence immédiatement derrière la première, et s'étend jusque sur le bout de la queue, qui se prolonge en un long filament, et est garnie en dessous d'une autre nageoire semblable à la caudale des squales.

On n'en connaît qu'une espèce.

La *Chimère arctique*. (*Chimæra monstrosa.* L.) Bl. 124 et Lacép. 1, xix, 1, la femelle. Vulg. *Roi des Harengs*; dans la Méditerranée *Chat*.

Longue de deux ou trois pieds, de couleur argentée, tachetée de brun. Elle habite nos mers, où on la pêche, surtout à la suite des poissons voyageurs.

Dans

Les Callorinques. (CALLORHYNCHUS. Gronov.)

Le museau est terminé par un lambeau charnu, comparable pour la forme à une houe. La deuxième dorsale commence sur les ventrales, et finit vis-à-vis le commencement de celle qui garnit le dessous de la queue.

On n'en connaît aussi qu'une espèce,

La *Chimère antarctique*. (*Chimæra callorhynchus*, L.) Lac. I, xii, la femelle.

Des mers méridionales.

Le deuxième ordre des Chondroptérygiens, qui est le huitième des poissons, ou celui des

CHONDROPTÉRYGIENS A BRANCHIES FIXES,

Au lieu d'avoir les branchies libres par le bord externe, et ouvrant tous leurs intervalles dans une large fosse commune, comme dans tous les poissons dont nous avons parlé jusqu'ici, les a au contraire adhérents par ce bord externe, en sorte qu'elles laissent échapper l'eau par autant de trous percés à la peau qu'il y a d'intervalles entre elles, ou du moins que ces trous aboutissent à un conduit commun, qui transmet l'eau au-dehors. Une autre circonstance particulière à ces poissons, consiste en de petits arcs cartilagineux, souvent suspendus dans les chairs, vis-à-vis les bords extérieurs des branchies, et que l'on peut appeller des côtes branchiales.

Les Chondroptérygiens à branchies fixés de la première famille, ou les

SÉLACIENS (Plagiostomes, Dumér.),

Compris jusqu'à présent sous deux genres, (les Squales et les Raies) ont beaucoup de caractères communs.

Leurs palatins et leurs postmandibulaires, seuls

armés de dents, leur tiennent lieu de mâchoires, et les os ordinaires des mâchoires n'existeut qu'en vestige ; un seul os suspend ces mâchoires apparentes au crâne, et représente à la fois le tympanique, le jugal, le temporal et le préopercule, L'os hyoïde s'attache au pédicule unique dont nous venons de parler, et porte des rayons branchiostéges comme dans les poissons ordinaires ; bien qu'ils ne paraissent pas autant au-dehors ; il est de même suivi des arcs branchiaux, mais il n'y a aucune des trois pièces qui composent l'opercule. Ces poissons ont des pectorales et des ventrales ; celles-ci sont situées en arrière de l'abdomen et des deux côtés de l'anus. Leur labyrinthe membraneux est enfermé dans la substance cartilagineuse du crâne; le sac qui en fait partie, ne contient que des masses amylacées et non des pierres. Le pancréas est sous forme de glande conglomérée, et non divisé en tubes ou cœcums distincts. Le canal intestinal est court à proportion, mais une partie de l'intestin est garnie en dedans d'une lame spirale qui prolonge le séjour des aliments.

Il se fait une intromission réelle de semence ; les femelles ont des oviductus très bien organisés, qui tiennent lieu de matrice à ceux dont les petits éclosent dans le corps ; les autres font des œufs revêtus d'une coque dure et cornée, à la production de laquelle contribue une grosse glande qui entoure chaque oviductus. Les mâles se reconnaissent à de certains appendices placés au bord interne des ventrales, souvent très grands et très compliqués, et dont l'usage général n'est pas encore bien connu.

LES SQUALES. (SQUALUS, L.) (1).

Forment un premier grand genre qui se distingue par un corps alongé, une queue grosse et charnue et des pectorales de grandeur médiocre, en sorte que leur forme générale se rapproche des poissons ordinaires; les ouvertures de leurs branchies se trouvent ainsi répondre aux côtés du cou, et non au-dessous du corps, comme nous le verrons dans les raies. Leurs yeux sont également aux côtés de la tête. Leur museau est soutenu par trois branches cartilagineuses qui tiennent à la partie antérieure du crâne, et l'on reconnaît aisément dans le squelette les rudiments de leurs maxillaires, de leurs intermaxillaires et de leurs prémandibulaires.

Leurs os de l'épaule sont suspendus dans les chairs en arrière des branchies, sans s'articuler ni au crâne ni à l'épine. Plusieurs sont vivipares. Les autres produisent des œufs revêtus d'une corne jaune et transparente dont les angles se prolongent en cordons cornés. Leurs petites côtes branchiales sont apparentes, et ils en ont aussi de petites le long des côtés de l'épine : celle-ci est entièrement divisée en vertèbres. Leur chair généralement coriace n'alimente que les pauvres.

Ce genre est nombreux, et peut fournir beaucoup de sous-genres.

---

(1) *Squalus*, nom latin de poisson, employé par quelques auteurs sans que l'on puisse déterminer l'espèce qui le portait ; c'est Artédi qui l'a appliqué à ce genre. On trouve aussi *squalus* pour *squatina*.

Nous séparons d'abord

LES ROUSSETTES. (SCYLLIUM. Cuv.) (1).

Qui se distinguent des autres squales par leur museau court et obtus, par leurs narines percées près de la bouche, continuées en un sillon qui règne jusqu'au bord de la lèvre, et plus ou moins fermées par un ou deux lobules cutanés. Leurs dents ont une pointe au milieu, et deux plus petites sur les côtés. Elles ont toutes des évents et une anale. Leurs dorsales sont fort en arrière, la première n'étant jamais plus avant que les ventrales; leur caudale est alongée, non fourchue, tronquée au bout; leurs ouvertures des branchies sont en partie au-dessus des pectorales.

Dans les unes, l'anale répond à l'intervalle des deux dorsales; telles sont les deux espèces de nos côtes, souvent confondues ou mal distinguées.

La *grande Roussette.* (*Sq. canicula.* L.) Bl. 114. Rondel. 380. Lacép. I, x, 1.

A petites taches nombreuses, à ventrales coupées obliquement.

La *petite Roussette* ou *Rochier.* (*Sq. catulus* et *Sq. stellaris.* L.) Rond. 383. Lacép. I, ix, 2.

A taches plus rares et larges, quelquefois en forme d'yeux; à ventrales coupées carrément.

Nous en possédons encore une troisième à taches noires et blanches (2).

Dans d'autres roussettes, toutes étrangères, l'anale est

----

(1) *Scyllium*, un des noms grecs de la roussette.

(2) Ajoutez la *Roussette* d'Artédi, Risso, deuxième éd., fig. 5, ou *Squalus prionurus*, Otto.; — la *Roussette de Gunner* (*Sq. catulus*, Gunner), Mém. de Dronth., II, pl. 1, qui paraît une espèce à part; — le *Sq. d'Edwards* (Edw., 289), sous le faux nom de *greater catfish* qui indiquerait la roussette, et que l'on cite mal à propos sous le prétendu *Sq. stellaris*; — le *Sq. africanus* ou *galonné* de Broussonnet (Shaw. Nat. misc., 346). *N.B* Que le mot *longitudinalibus*, ajouté gratuitement au caractère par Gm., n'est pas juste; — le prétendu *Sq. canicula*, Bl., 112, qui est une espèce étrangère distincte, à moins que ce ne soit une variété très forte du *rochier*.

lacée en arrière de la deuxième dorsale; les évents sont extraordinairement petits; la cinquième ouverture branchiale est souvent cachée dans la quatrième, et les lobules de leurs narines sont généralement prolongés en barbillons (1).

Sous le nom de

Squales proprement dits.

Nous comprenons toutes les espèces à museau proéminent, sous lequel sont des narines non prolongées en sillon, ni garnies de lobules; leur nageoire caudale a en dessous un lobule qui la fait plus ou moins approcher de la forme fourchue. On peut y conserver l'ancienne distribution, d'après la présence ou l'absence des évents et de l'anale; mais pour la rendre naturelle, il faut y multiplier les divisions.

Espèces sans évents, pourvues d'une anale.

Les Requins. (Carcharias. Cuv.) (2)

Tribu nombreuse et la plus célèbre, ont les dents tranchantes, pointues, et le plus souvent dentelées sur leurs bords; la première dorsale bien avant les ventrales, et la deuxième à peu près vis-à-vis l'anale. Ils manquent d'évents; leur museau déprimé a les narines sous son milieu, et les derniers trous des branchies s'étendent sur les pectorales.

Le *Requin proprement dit*, ou plutôt *Requiem* (*Sq. carcharias*. L.) Bélon, 60 (3).

Atteint jusqu'à vingt-cinq pieds de longueur, et se re-

---

(1) Le *Sq. pointillé*, Lac., II, ıv, 3, le même que le *Sq. barbillon*, Brouss. (*Sq. barbatus*, Gm.), et que le *Sq. punctatus*, Schn., parra, pl. 34, fig. 2; — le *Sq. tigre*, Lac., ou *Sq. fasciatus*, Bl., 113. (*Sq. tigrinus*, et *Sq. longicaudus*, Gm.); — le *Sq. lobatus*, Schn., Phil., *voy.* pl. 43, p. 285; — le *Bokee sorra*, Russel, Corom., XVI.

(2) *Carcharias*, nom grec de quelque grand squale, synonyme de *lamia*.

(3) *N. B.* Cette figure de Bélon est la seule bonne. La plupart des autres sont fausses. Bl., 119, est une espèce très différente qui paraît plus

25*

connaît à ses dents en triangle à peu près isocèle, à côtés rectilignes et dentelés à la mâchoire supérieure ; les inférieures en pointe étroite sur une base plus large, arme terrible, qui en fait l'effroi des navigateurs. Il paraît qu'on le trouve dans toutes les mers ; mais on a souvent donné son nom à d'autres espèces à dents tranchantes.

Nous prenons encore sur nos côtes

La *Faux* ou *Renard*. (*Sq. vulpes*. L.) Rondel. 387.

A dents en triangle isocèle pointu aux deux mâchoires, reconnaissable surtout au lobe supérieur de sa queue, aussi long que tout son corps. Sa deuxième dorsale et son anale sont au contraire extrêmement petites (1).

Le *Bleu*. (*Sq. glaucus*. L.) Bl. 86.

A corps grêle, d'un bleu d'ardoise en dessus, les pectorales très longues et très pointues ; les dents supérieures en triangle curviligne, courbées vers le dehors : les inférieures plus droites, toutes dentelées (2).

Les Lamies ou Touilles. (Lamna. Cuv.) (3).

Ne diffèrent des requins que par leur museau pyramidal,

---

voisine des leiches ; — *Gunner*, Mém. de Dronth., II, pl. x et xi, le même qu'a décrit Fabr., Groënl., 127, est une autre espèce, aussi voisine des leiches ; — Rondelet, 390, copié Aldrov., 383, est le *nez*, aussi bien que Aldrov., 388, où seulement l'anale est arrachée, et que les mâchoires id., 382 ; — Je ne parlerai pas de la fig. monstrueuse de Gesner, 173, copiée Will., B 7 ; — Lacép., I, viii, 1, est le *Sq. ustus*.

(1) C'est sur ce dernier caractère qu'est fondé le genre Alopias de Rafinesque.

(2) Ajoutez le *Sq. ustus*, Dum. (*Sq. carcharia minor*, Forsk.), Lac., I, viii, 1 ; — *Requin à nageoires noires*, Quoy et Gaym., Zool. de Freyc., pl. 43, f. 1 ; — le *Sq. glauque*, Lac., I, ix, 1, qui est différent de celui de Bl. ; — le *Sq. ciliaris*, Schn., pl. 31, dont les cils marquent seulement l'extrême jeunesse. Le *palasorrah* et le *sorrakowāh*, Russ., XIV et XV, et un assez grand nombre d'espèce nouvelles que nous décrirons dans notre histoire des poissons.

(3) *Lamna* l'un des noms grecs de la lamie. Je n'ai pu employer celui de *lamia* que Fabricius a appliqué à un genre d'insectes.

sous la base duquel sont les narines, et parce que leurs trous des branchies sont tous en avant des pectorales.

Celle qu'on connaît dans nos mers.

Le *Squale nez*. (*Sq. cornubicus*. Schn.) Lac. I, 11, 3. (1).

A une carène saillante de chaque côté de la queue, et les lobes de sa caudale presque égaux. Sa grandeur l'a souvent fait confondre avec le requin (2).

Espèces réunissant des évents et une anale.

LES MILANDRES. (GALEUS. Cuv.) (3).

Sont à peu près en tout de la forme des requins; mais en diffèrent parce qu'ils ont des évents. On n'en connaît qu'un dans nos mers, de taille médiocre, et reconnaissable à ses dents, dentelées seulement à leur côté extérieur. C'est le *Sq. Galeus*, L.), Bl. 118, Duham., sect. IX, pl. xx, fig. 1 et 2. (4).

LES EMISSOLES. (MUSTELUS. Cuv.) (5).

Offrent toutes les formes des requins et des milandres;

---

(1) Le *lamia* Rondelet, 399. Le *carcharias* Aldrov., 383 et 388, ne sont autre chose que le *sq. nez* qui devient très grand, quoiqu'en dise Bloch, éd. de Schn., p. 132. Les mâchoires prétendues de carcharias données par Aldrov., 382, sont aussi celles du nez. Il paraît plus commun que le vrai requin dans la Méditerranée.

(2) Ajoutez le *beaumaris* (*sq. monensis*, Sh.), qui a le museau plus court et les dents plus aiguës; — *Isurus oxyrhynchus*, Rafin., Caratt., XIII, 1, pourrait bien être une espèce de ce genre, peut-être même l'espèce commune défigurée par l'empaillage.

(3) *Galeus*, nom grec générique pour les squales.

(4) C'est aussi le *lamiola* Rondel., 377, cop. Aldrov., 394 et 393 Salv., 130, I, cop. Will., B., 6-1. Si on lui a attribué quelquefois une taille énorme, c'est pour lui avoir rapporté les mâchoires et les dents représ. Lacép., I, vii, 2, et Hérissant, Ac. des Sc., 1749, mais qui viennent d'une espèce étrangère que nous décrirons dans notre grande Ichtyologie.

(5) *Mustelus*, traduction latine de γαλεας et générique pour les squales. *N. B.* M. Rafinesque réunit les *roussettes*, les *milandres* et les *émissoles*, sous son genre GALEUS.

mais outre qu'elles ont des évents comme ces derniers, elles se distinguent par des dents en petits pavés.

Nos mers en produisent deux, confondues sous le nom de *Sq. Mustelus*, L. (1).

LES GRISETS. (NOTIDANUS. Cuv.) (2).

Diffèrent des milandres seulement par l'absence de la première dorsale.

Le *Griset* proprement dit. (*Squalus griseus*. L. et *Sq. vacca*. Schn.) Augustin Scilla, pl. xvii (3).

Cendré dessus, blanchâtre dessous, est très remarquable par ses six ouvertures branchiales, larges, et par ses dénts triangulaires en haut, dentelées en scie en bas. Son museau est déprimé et arrondi comme au requin.

Le *Perlon*. (*Squalus cinereus*. Gm.)

A jusqu'à sept ouvertures branchiales très larges; ses dents sont assez semblables aux inférieures du précédent. Son museau est pointu comme celui du nez (4).

Ces deux espèces vivent dans la Méditerranée (5).

LES PÉLERINS. (SELACHE. Cuv.) (6).

Joignent aux formes des requins et aux évents des milandres, des ouvertures de branchies assez grandes pour leur

---

(1) L'*Emissole commune*, Rondel,, 375. Salv., 136, f. 2, cop., Will., pl. B. 5, fig. 1, et mal à propos cité sous le milandre.

L'*Emissole tachetée de blanc* ou *lentillat*. (Rondelet 376. Bel., 71, cop. Aldr., 393.)

(2) Νωτιδανὸς (dos sec), nom grec de quelque squale dans Athénée.

(3) Les dents y sont bien représentées, mais le poisson très mal. C'est le genre HEXANCHUS , Rafinesque.

(4) C'est le genre HEPTRANCHIAS de M. Rafinesque, qui lui refuse mal à propos des évents.

(5) MM. Quoy et Gaymard ont découvert dans la mer des Indes, une espèce de ce sous-genre, toute tachetée de noir et à sept évents.

(6) *Selache*, Σελάχη, nom grec commun à tous les cartilagineux.

entourer presque tout le cou , et des dents petites , coniques et sans dentelures; aussi l'espèce connue (*Sq. maximus,* L.), Blainville , Ann. du Mus. tom. XVIII , pl. VI, f. 1. n'a rien de la férocité du requin , quoiqu'elle le surpasse en grandeur, aussi bien que tous les autres squales. Il y en a des individus de plus de trente pieds. Elle habite les mers du nord, mais nous en voyons quelquefois sur nos côtes par les vents forts du nord-ouest (1).

LES CESTRACIONS. Cuv.

Ont , avec les évents , l'anale , les dents en pavé des émissoles , une épine en avant de chaque dorsale , comme les aiguillats , et de plus , leurs mâchoires pointues avancent autant que le museau, et portent au milieu des dents petites , pointues , et vers les angles d'autres fort larges , rhomboïdales , dont l'assemblage représente certaines coquilles spirales.

On n'en connaît qu'un de la Nouvelle-Hollande (*S. Philippi*, Schn.), Phil. , Voy. pl. 283, et les dents : Davila, Cat. 1, XXII.

Espèces sans anale , mais pourvue d'évents.

LES AIGUILLATS. (SPINAX. Cuv.)

Joignent , comme les milandres et les émissoles , à tous les caractères des requins , celui de la présence des évents , et se distinguent en outre par l'absence d'anale , par de petites dents tranchantes , sur plusieurs rangs , et par une forte épine en avant de chacune de leurs dorsales.

---

(1) *Voyez* son anatomie par M. de Blainville, loc. cit. *N. B.* Les différences remarquées entre les figures et les descriptions de Gunner , Dronth., III, II, 1 , de Pennant, Brit. Zool., n° 41 , de Home , Phil. Trans., 1809, et de Shaw, Gen. Zool., pourraient tenir à la difficulté de bien observer de si grands poissons , et ne pas suffire pour établir des espèces. Je ne vois pas non plus en quoi le *squalus elephas*, Lesueur, Ac. Sc. nat. Phil. différerait de ce *sq. maximus*.

L'un des squales les plus communs dans nos marchés est le *Sq. acanthias*, L., Bl. 85. Brun dessus, blanchâtre dessous. Les jeunes sont tachetés de blanc. (Edw., 288. (1).

LES HUMANTINS. (CENTRINA. Cuv.) (2).

Joignent aux épines, aux évents et à l'absence d'analè des aiguillats, la position de leur seconde dorsale sur les ventrales et une queue courte qui leur donne une taille plus ramassée qu'aux autres espèces. Leurs dents inférieures sont tranchantes, et sur une ou deux rangées; les supérieures grêles, pointues et sur plusieurs rangs. Leur peau est très rude.

L'espèce la plus commune sur nos côtes est le *Sq. centrina*, L. (Bl. 115.).

LES LEICHES. (SCYMNUS. Cuv.) (3).

Ont tous les caractères des humantins, excepté les épines aux dorsales. Nous en avons aussi sur nos côtes.

La *Leiche* ou *Liche*. Brouss., nommée *Sq. Americanus* par méprise (4).

---

(1) Ajoutez le *sagre* Brouss. (*sq. spinax* L.), Gunner, Mém. de Dronth., II, pl. vii ;—l'*Aiguillat Blainville*, Risso, deuxième éd., f. 6. *N. B.* Le SQUALUS *uyatus*, Rafin., Caratt., pl. xiv, f. 2, ne diffère point des aiguillats, et c'est probablement le *sq. spinax*. Je pense que son DALATIAS *nocturnus*, ib., f. 3, n'est qu'un aiguillat dont les évents lui ont échappé. Son ETMOPTERUS *aculeatus*, me paraît aussi un aiguillat dessiné d'après le sec. L'auteur ne lui compte que trois orifices branchiaux, mais il n'en compte non plus que trois à l'ange, qui bien sûrement en a cinq.

(2) Κεντρίνη, nom de ce poisson ou de l'aiguillat en grec, de κεντρον, aiguillon. Ce sont les OXYNOTUS de Rafinesque.

(3) *Scymnus*, nom grec de la roussette ou de quelque espèce voisine.

(4) Parce que Gmel. a confondu le cap Breton près de Bayonne avec le cap Breton près de Terre-Neuve. Le *sq. nicéen*, Risso, première éd., f. 6, est le même poisson mal représenté. Il est un peu mieux, deuxième éd., f. 4. Le *Dalatias sparophagus*, Raf., car., xiii, 2, doit aussi appartenir à ce sous-genre.

Il y en a une dans les mers du nord, que l'on dit aussi terrible que le requin (1); et la mer des Indes en a une remarquable par la petitesse de sa première dorsale (2).

Une autre, le *Sq. écailleux*, Brouss. (*Sq. squamosus*, Lacép., I, x, 3, sous le faux nom de *Sq. Liche*, se fait remarquer par les petites écailles en forme de feuilles, relevées et serrées, qui garnissent toute sa peau. Son museau est long et déprimé.

Nous distinguons des leiches, des espèces qui ont la première dorsale sur les ventrales, et la deuxième plus en arrière.

Il y en a une toute garnie de petites épines (le *Squale bouclé*, Lacép., I, iii, 2; *Sq. spinosus*, Bl. Schn.)

On peut faire un deuxième genre

Des Marteaux. (Zygæna. Cuv. Sphyrna. Rafin.)

Qui joignent aux caractères des requins une forme de tête dont le règne animal n'offre point d'autre exemple. Aplatie horizontalement, tronquée en avant, ses côtés se prolongent transversalement en branches qui la font ressembler à la tête d'un marteau; les yeux sont aux extrémités des branches et les narines à leur bord anrieur.

L'espèce la plus commune dans nos mers (*Sq. zygæna*, L.), *Z. malleus*, Valenciennes, Mém. Mus., IX, xi, 1; Parra, 32; Salv., 40; Will., B., 1, a quelquefois jusqu'à douze pieds de long (3).

---

(1) C'est le prétendu *sq. carcharias* de Gunner, Dronth., II, x et xi, et de Fab., Groenl., 127, et peut-être aussi celui de Bl., 119, quoiqu'il lui donne une anale. C'est probablement ici qu'il faut placer le *sq. brevipinnis*, Lesueur, Ac. Sc. Phil., I, 122, dont cet auteur fait son genre Somniosus; mais il ne décrit pas ses dents.

(2) *Leiche laborde*, Quoy et Gaym., voyage de Freyc., Zool., pl. 44, f. 2.

(3) Aj. l'espèce représentée par Bl., 117, reconnaissable à ses narines placées bien plus près du milieu (*Z.*, Nob. *Blochii*), Val., Mém. Mus, IX, xi, 2. Sa deuxième dorsale est aussi bien plus près de la caudale : — l'es-

Le troisième genre, ou celui

DES ANGES. (SQUATINA. Dumér.) (1).

A des évents et manque d'anale comme la troisième subdivision des squales, mais il diffère de tous les squales par sa bouche fendue au bout du museau et non dessous, et par ses yeux à la face dorsale et non sur les côtés. Leur tête est ronde, leur corps large et aplati horizontalement; leurs pectorales grandes et se portant en avant, mais restant séparées du dos par une fente où sont percées les ouvertures des branchies; leurs deux dorsales en arrière des ventrales et leur caudale attachée également au-dessus et au-dessous de la colonne.

Nous en avons un dans nos mers qui devient assez grand, *Squatina angelus.* (*Squalus squatina*, L.), à peau rude, de petites épines au bords des pectorales, Bl. 116 (2).

LES SCIES. (PRISTIS. Lath.) (3).

Forment un quatrième genre. Elles unissent à la forme alongée des squales en général, un corps aplati en

---

pèce à large tête, donnée sous le nom de *pantouflier*, Lacép., I, vii, 3. C'est le *pantouflier* de Risso, *Zyg. tudes*, Val., Mém. Mus , IX, xii, 1, *Koma sorra*, Russel, xii, 2; — le vrai *pantouflier* (*sq. tiburo*, L. et Val., loc. c., xii, 2), Margr., 181, reconnaissable à sa tête en forme de cœur. *N. B.* que la queue de la fig. de Bl. est tordue, ce qui a occasioné l'erreur de l'éd. de Schn., p. 131. *Caudæ inferiore lobo longiore.*

(1) Ῥίνη en grec, *squatina* et *squatus* en latin; noms anciens de ce poisson, conservés jusqu'à ce jour en Italie et en Grèce.

(2) Aj. *Squat. aculeata*, Dumer., de la Méditerranée, une rangée de fortes épines le long du dos; — *Squat. Dumerilii*, Lesueur, Ac. des Sc. nat. de Philad., I, x, à peau granulée, etc.

(3) Πρίςις, scie, nom grec de ce poisson. Espèces : *Pristis antiquorum;* — *Pr. pectinatus;* — *Pr. cuspidatus;* — *Pr. microdon;* — *Prist. cirrhatus. Voyez* Lath., Trans. de la Soc. Linn., vol. II, p. 282, pl. 26 et 27; — *Pristis semi-sagittatus*, Shaw., Russel, I, 13.

avant et des branchies percées en dessous comme dans les raies; mais leur caractère propre consiste en un très long museau déprimé en forme de lame d'épée, armé de chaque côté de fortes épines osseuses, pointues et tranchantes, implantées comme des dents. Ce bec qui leur a valu leur nom, est une arme puissante avec laquelle ces poissons ne craignent point d'attaquer les plus gros cétacés. Les vraies dents de leurs mâchoires sont en petits pavés, comme dans les émissoles.

L'espèce commune (*Pristis antiquorum*, Lath., *Squal. pristis*, L.) atteint à une longueur de douze ou quinze pieds.

Les Raies. (Raia. Lin.) (1).

Forment un genre non moins nombreux que celui des squales. Elles se reconnaissent à leur corps aplati horizontalement et semblable à un disque, à cause de son union avec des pectorales extrêmement amples et charnues, qui se joignent en avant l'une à l'autre, ou avec le museau, et qui s'étendent en arrière des deux côtés de l'abdomen jusque vers la base des ventrales; les omoplates de ces pectorales sont articulées avec l'épine derrière les branchies; les yeux et les évents sont à la face dorsale, la bouche, les narines et les orifices des branchies à la face ventrale. Les nageoires dorsales sont presque toujours sur la queue. Leurs œufs sont bruns, coriaces, carrés, avec les angles prolongés en pointes. Nous les subdivisons comme il suit:

Les Rhinobates. (Rhinobatus. Schn.)(2).

Lient les raies aux squales par leur queue grosse, charnue et garnie de deux dorsales et d'une caudale bien distinctes,

---

(1) Raia en latin, βατὶς et Βατὸς en grec, sont les noms anciens de ces poissons.

(2) Ρινόβατος, que Gaza traduit par *squatino-raia*, est le nom grec de ces poissons, que les anciens croyaient produits par l'union de la raie et de l'ange.

le rhomboïde formé par leur museau et leurs pectorales, est aigu en avant, et bien moins large à proportion que dans les raies ordinaires. Ils ont du reste tous les caractères des raies; leurs dents sont serrées en quinconce, comme de petits pavés plats.

Dans les unes, la première dorsale est encore sur les ventrales (1).

Dans d'autres, elle est beaucoup plus en arrière.

Telles sont l'espèce de la Méditerranée (*R. rhinobatus*, L.), Will., D. 5, f. 1.

Et celle du Brésil, dont on a dit qu'elle participe aux propriétés de la Torpille, mais en qui cette propriété ne ne s'est point vérifiée. (*R. electricus*, Schn.), Marg. 152.

Il y en a une espèce dont la peau est granulée comme du galuchat, *Rh. granulatus* (2).

LES RHINA. Schn.

Ne diffèrent des rhinobates que par un museau court, large et arrondi (3).

LES TORPILLES. (TORPEDO. Dum.) (4).

Ont la queue courte et encore assez charnue; le disque de leur corps est à peu près circulaire, le bord antérieur étant formé par deux productions du museau qui se rendent de côé pour atteindre les pectorales; l'espace entre ces pectorales et la tête et les branchies, est rempli de chaque côté par un appareil extraordinaire, formé de petits tubes mem-

---

(1) *Rhin. lœvis* Schn., 71, Russel, 10, et *Rh. Djiddensis*, Forsk., 18, qui ne font probablement qu'une espèce. C'est à elle que se rapporte la fig. de *Rhinobate*, Lac., V, vi, 3, et celle de Duhamel, part. II, sect. ix, pl. xv.

(2) *N. B.* La *R. thouin*, Lac., I, 1-3, est une variété du rhinobate ordinaire. Le *Raia halavi*, Forsk., ne me paraît pas non plus en différer. Aj. *Suttivara*, Russ., XI.

(3) *Rhina ancylostomus*, Bl. Schn., 72; l'éditeur y joint mal à propos la *Raie chinoise*, Lac., I, 11, 2, qui, autant qu'on en peut juger par une figure chinoise, se rapproche plutôt des torpilles.

(4) *Torpedo*, ναρκη, noms anciens de ces poissons, dérivés de leur faculté engourdissante.

braneux, serrés les uns contre les autres comme des rayons d'abeilles, subdivisés par des diaphragmes horizontaux en petites cellules pleines de mucosité, animés par des nerfs abondants qui viennent de la huitième paire. C'est dans cet appareil que réside la vertu électrique ou galvanique qui a rendu ces poissons si célèbres, et qui leur a valu leur nom ; ils peuvent donner à ceux qui les touchent des commotions violentes, et se servent probablement aussi de ce moyen pour étourdir leur proie. Leur corps est lisse, leurs dents petites et aiguës.

Nous en avons plusieurs espèces confondues par Linnæus et la plupart de ses successeurs, sous le nom de *Raia torpedo* (1).

La *Torpille à taches œillées*. (*Torpedo narke*. Riss.) Bl· 122. Rondel. 358 et 362.

Varie pour le nombre de ses taches de cinq à une ; n'a point de dentelures charnues au bords de ses évents.

La *Torpille galvanienne*. (*Torp. galvanii*. Riss.) Rondel. 363. 1.

A sept dentelures charnues autour de ses évents, et est tantôt d'un fauve uniforme, tantôt marbrée, ou ponctuée, ou tachetée de noirâtre.

Il y en a plusieurs autres dans les mers étrangères (2).

LES RAIES proprement dites. (RAIA. Cuv.)

Ont le disque de forme rhomboïdale, la queue mince, garnie en dessus, vers sa pointe, de deux petites dorsales, et quelquefois d'un vestige de caudale ; les dents menues et serrées en quinconce sur les mâchoires. Nos mers en fournissent beaucoup d'espèces encore assez mal déterminées par

---

(1) La *Torpille vulgaire à cinq taches*. *Torpedo narke*, Riss., Rondel., 358 et 362.

Torpedo unimaculata, Riss, pl. III, f. 3.

T. marmorata, id., ib., f. 4, Rondel., 362.

T. galvanii, id., ib., f. 5, Roudel., 363, f. 1.

(2) *Temeree*, Russel, I ; — *Nallatemeree*, id., 2 ; — la *Raie chinoise*, Lacép., I, 11, 2. L'une ou l'autre est le *Raia timlei*, Bl., Schn., 359.

les naturalistes. Leur chair se mange, quoique naturellement dure et ayant besoin d'être attendrie.

La *Raie bouclée.* (*Raia clavata*. L.) Le mâle, Bl. 84, sous le nom de *Rubus*, la femelle.

L'une des plus estimées, se distingue par son âpreté et par les gros tubercules osseux ovales, garnis chacun d'un aiguillon recourbé, qui hérissent irrégulièrement ses deux surfaces. Leur nombre est très variable.

La *Raie ronce.* (*R. rubus*. L.) Lac. 1, v.

Diffère de la précédente par l'absence de ces gros tubercules, nommés boucles. Toutes les deux ont d'ailleurs des aiguillons crochus sur le devant et sur l'angle des ailes dans le mâle, et sur leur bord postérieur dans la femelle. Les appendices de leurs mâles sont très longs et très compliqués (1).

La *Raie blanche* ou *cendrée*. (*R. batis*. L.) *R. oxyrhinchus major*. Rondel. 348.

A le dessus du corps âpre, mais sans aiguillons, et une seule rangée d'aiguillons sur la queue. C'est l'espèce qui atteint les plus grandes dimensions; on en voit qui pèsent plus de deux cents livres. Elle est tachetée dans sa jeunesse, et prend avec l'âge une teinte plus pâle et plus uniforme (2).

---

(1) *N. B.* Le *R. batis*, Penn., Brit., Zool., n° 30, n'est autre chose que ce *rubus*, Lac. Le *rubus* de Bl., 84, qui est le *R. clavata*, de Will., est sinon une espèce, du moins une variété, remarquable par quelques boucles éparses en dessus et en dessous. Il y en a aussi une variété marquée d'un œil sur chaque aile. C'est le *R. oculata aspera*, Rondel., 351.

(2) Ajoutez la *Raie ondée* (*R. undulata*), Lac., IV, xiv, 2, qui diffère peu ou point de la *mosaïque*, id., ib., xvi, 2; — la *R. chardon* (*R. fullonica*, L.), Rondel., 356, représentée sous le nom d'oxyrhinchus, Bl., 80, et Lac., I, iv, 1; — la *R. radula*, Laroche, An. Mus., XIII, 321, en est fort voisine. — La *R. lentillat* (*R. oxyrhinchus*), Rondell, 347, dont la *Raie bordée* Lac., V, xx, 2, ou le *R. rostellata*, Risso, pl. I et 2. *Lœviraia*, Salv., 142, est une espèce très voisine; — *R. asterias*, Rondel., 350, et Laroche, Ann. Mus., XIII, pl. xx, f. 1; — *R. miraletus*, Rondel., 349; — *R. aspera*, Rond. 356. Notez qu'il ne faut avoir aucun égard à la synonymie donnée par

On a observé dans quelques espèces de raies, des individus portant, sur le milieu du disque, une membrane relevée en forme de nageoire. Telle était (dans l'espèce de *R. aspera*), *la raie Cuvier*, Lac. I, VII, 1. J'en ai vu aussi dans l'espèce de la *bouclée.*

LES PASTENAGUES. (TRYGON. Adans.) (1).

Se reconnaissent à leur queue armée d'un aiguillon dentelé en scie des deux côtés, jointe à leurs dents, toutes menues, serrées en quinconce. Leur tête est enveloppée, comme dans les raies ordinaires, par les pectorales, qui forment un disque en général très obtus.

Les unes ont la queue grêle et à peine munie d'un repli en forme de nageoire ; et dans le nombre il en est à dos lisse. Telle est

La *Pastenague commune.* (*R. pastinaca.* L.) Bl. 82.

A disque rond et lisse ; elle se trouve dans nos mers, où son aiguillon passe pour venimeux, parce que ses dentelures rendent dangereuses les blessures qu'il fait (2).

Il en est aussi à dos plus ou moins épineux (3) ou à dos tuberculé (4).

D'autres ont la queue garnie en dessous d'une large membrane, et c'est dans ce nombre qu'est l'espèce dont le dos garni de tubercules osseux et serrés donne le gros galuchat (*R. Sephen.*, Forsk.). (5) Il y en a même une dont corps arrondi est tout hérissé de petits piquants, et dont

---

Artédi, Linnæus et Bloch, attendu qu'elle est dans une confusion complète, ce qui vient surtout de ce qu'ils ont employé comme principal caractère le nombre des rangées d'aiguillons à la queue, lequel varie selon l'âge et le sexe, et ne peut servir à distinguer les espèces. Celui des dents aiguës ou mousses n'est pas sûr non plus, et il est souvent douteux dans l'application.

(1) *Pastinaca*, τρύγων ou tourterelle, noms anciens de ces poissons.

(2) Aj. *Tenkée Shindraki*, Russ. 1, 5.

(3) La *Raie tuberculée*, Lacép., I, IV, 1. Le graveur a oublié l'aiguillon de la queue ; — *Raia sabina*, Lesueur, Ac. Sc. nat. Phil.

(4) *Isakurrah-Tenkée*, Russ. I, 4.

(5) Aj. *Wolga-Tenkée*, Russ. I, 3.

la queue en a de bouclés comme ceux du dos de la raie bouclée (*R. gesneri.*, Nob.) (1); mais plusieurs ont aussi le dos lisse (2).

Il y en a, dont la queue peu alongée et assez grosse se termine au bout par une nageoire (3).

Enfin, dans quelques-unes, le corps est très large par l'ampleur des ailes, et la queue très courte (4).

LES ANACANTHES. Ehrenb.

Ressemblent aux pastenagues; mais leur queue, longue et grêle, n'a ni nageoire ni aiguillon. Il y en a une espèce dans la mer Rouge, dont le dos est garni d'un galuchat encore plus gros que dans la sephen, et à grains étoilés (5).

LES MOURINES. (MYLIOBATIS. Dumér.) (6)

Ont la tête saillante hors des pectorales, et celles-ci plus larges transversalement que dans les autres raies, ce qui leur donne quelque apparence d'un oiseau de proie qui aurait les ailes étendues, et les a fait comparer à l'aigle. Leurs mâchoires sont garnies de larges dents plates, assemblées comme les carreaux d'un pavé, et de proportions différentes, selon les espèces; leur queue, extrêmement grêle et longue, se termine en pointe, et est armée, comme celle des pastenagues, d'un fort aiguillon dentelé en scie des deux côtés, et porte en dessus, vers sa base, en avant de l'ai-

(1) On n'avait que la figure de sa queue, Gesner, 77.

(2) *R. lymna*, Forsk., p. 17. C'est au moins une espèce extrêmement voisine qui est représentée, mais sans aiguillon, sous le nom de torpille. Lac., I, VI, 1, et peut-être est-ce aussi le *P. grabatus*, Geoff., Eg. Poiss., Bl., XXV, 1, 1. *N. B.* La *lymne* de Lac., I, IV. 2 et 3, n'est qu'une pastenague ordinaire; — *R. jamaïcensis*, Cuv., Sloane Jam., pl. 246, fig. 1.

(3) La *Raie croisée*, Lacép., Ann. Mus., IV, LV, 2.

(4) *P. kunsua*, N., *Tenkee kunsu*, Russel, I, 6; — *R. maclura*, Lesueur, Sc. nat., Phil., ou *Micrura*, Bl., Schn., 360.

(5) L'*Aiereba*, Margr., 175 (*Raia orbicularis*, Bl., Schn.), appartient peut-être à cette subdivision.

(6) Μυλιοβατος, de μύλη (*meule*), à cause de la forme de leurs dents. *Mourines* est leur nom provençal.

guillon, une petite dorsale. Quelquefois il y a deux et plusieurs aiguillons (1).

Les unes ont le museau avancé et parabolique.

L'*Aigle de mer, Mourine, Ratepenade, Bœuf, Pesce ratto*, etc. (*Raia aquila.* L.) Duham. part. II, sect. ix, pl. x, et les dents. Juss. Ac. des Sc. 1721, pl. 17 (2).

Se trouve dans la Méditerranée et dans l'Océan ; il devient fort grand. Les plaques du milieu de ses mâchoires sont beaucoup plus larges que longues, sur un seul rang. Les latérales à peu près en hexagone régulier, sur trois rangs (3).

D'autres (Les Rhinoptera Kuhl.) ont le museau divisé en deux lobes courts, sous lesquels en sont deux semblables (4).

LES CÉPHALOPTÈRES. (CEPHALOPTERA. Dum.) (5).

Ont la queue grêle, l'aiguillon, la petite dorsale et les pectorales étendues en largeur des mourines; mais leurs dents sont plus menues encore que celles des pastenagues, finement dentelées. Leur tête est tronquée en avant, et les pectorales, au lieu de l'embrasser, prolongent chacune leur extrémité antérieure en pointe saillante, ce qui donne au poisson l'air d'avoir deux cornes.

On en pêche quelquefois dans la Méditerranée une

---

(1) *Voyez* la queue à cinq aiguillons, Voyage de Freycinet, Zool., 42, f. 3.

(2) *N. B.* La fig. de Bl., 81, n'est nullement celle de l'aigle. C'est une pastenague à laquelle on a ajouté une nageoire devant l'aiguillon.

(3) Ajoutez *Myl. bovina*, Geoff., Eg., Poiss., pl. xxvi, f. 1 ; — *R. narinari*, L., Margr., 75, et sous le nom d'*aigle*, Lacép., I, vi, 2, et les dents, Trans., Phil., vol. XIX, n° 232, p. 673. *Eel tenkee*, Russ., I, 8. On la trouve dans les deux hémisphères; — *R. flagellum*, Schn., 73. Son *R. nieuhowii*, Will., app., X, *Mookarrah tenkee*, Russ., VII, n'en diffère peut-être que parce que l'aiguillon était tombé. Les dents sont comme dans l'*aquila*; — *R. Jussieui*, Nob., à dents du milieu plus larges que longues, sur trois rangées. Juss., Ac. des Sc., 1721, pl. iv, f. 12.

(4) *Myliobates marginata*, Geoff., Eg., Poiss., pl. xxv, f. 2 ; — *Raia quadriloba*, Lesueur, Ac. Sc. nat., Philad.

(5) *Céphaloptère*, tête ailée, à cause des productions de leurs pectorales.

espèce gigantesque. (*Raia cephaloptera*, Schn.) *Raie giorna*,
Lac. V, xx, 3. (1). A dos noir, bordé de violâtre.

. Les Chondroptérygiens de la deuxième famille,
ou les

SUCEURS. (Cyclostomes. Dumér.)

Sont, à l'égard du squelette, les plus imparfaits
des poissons et même de tous les animaux vertébrés ;
ils n'ont ni pectorales ni ventrales ; leur corps alongé
se termine en avant par une lèvre charnue et circulaire ou demi-circulaire, et l'anneau cartilagineux
qui supporte cette lèvre, résulte de la soudure des
palatins et des mandibulaires. Tous les corps des vertèbres sont traversés par un seul cordon tendineux,
rempli intérieurement d'une substance mucilagi-
neuse, qui n'éprouve point d'étranglements, et les
réduit à la condition d'anneaux cartilagineux à
peine distincts les uns des autres. La partie annulaire un peu plus solide que le reste, n'est pas cependant cartilagineuse dans tout son pourtour. On
ne voit point de côtes ordinaires, mais les petites
côtes branchiales, à peine sensibles dans les squales
et les raies, sont ici fort développées et unies les
unes aux autres pour former comme une espèce de

---

(1) La *Raie fabronienne*, Lac., II, v, 1-2, n'est probablement qu'un
individu mutilé de la *giorna*, mais la *R. giorna* de Lésueur, Ac.
Sc. nat., Phil., paraît différente de celle de la Méditerranée, et pourrait
être plutôt la *mobular*, Duham, deuxième part., neuvième sect., pl. 17 ;
— Quant aux *R. banksienne*, Lac., II, v, 3 ; — *Manatia*, id., I, vii, 2 ;
— *Diabolus m...inus*, Will., app., IX, 3, il est fâcheux qu'elles ne re-
posent pas sur des documents bien authentiques.

Ajoutez le *Cephaloptère massena*, Riss., p. 15 ; — *Eregoodoo-tenkee*,
Russ., I, 9.

cage, tandis qu'il n'y a point d'arcs branchiaux solides. Les branchies, au lieu de former des peignes, comme dans tous les autres poissons, présentent l'apparence de bourses résultantes de la réunion d'une des faces d'une branchie avec la face opposée de la branchie voisine. Le labyrinthe de l'oreille de ces poissons est enfermé dans le crâne ; leurs narines sont ouvertes par un seul trou au devant duquel est l'orifice d'une cavité aveugle (1). Leur canal intestinal est droit et mince avec une valvule en spirale.

LES LAMPROYES. (PETROMYZON. L.) (2).

Se reconnaissent aux sept ouvertures branchiales qu'elles ont de chaque côté. La peau se relève au-dessus et au-dessous de la queue en une crête longitudinale qui tient lieu de nageoire, mais où les rayons ne s'aperçoivent que comme des fibres à peine sensibles.

LES LAMPROYES proprement dites. (PETROMYZON. Dum.)

Leur anneau maxillaire est armé de fortes dents, et des tubercules revêtus d'une coque très dure et semblables à des dents, garnissent plus ou moins le disque intérieur de la lèvre, qui est bien circulaire. Cet anneau est suspendu sous une plaque transverse, qui paraît tenir lieu des inter-maxillaires, et aux côtés de laquelle on voit des vestiges de

---

(1) C'est ce que les auteurs nommaient mal à propos évent. *Voyez* en général sur cette famille : Duméril, Diss. sur les Poiss. Cyclostomes.

(2) *Lamproye, Lampreda, Lamprey*, noms corrompus de *Lampetra*, qui lui-même est moderne et vient, à ce que croient quelques-uns, de *Lambendo petras. Petromyzon* en est la traduction grecque faite par Artédi. Il est singulier que l'on soit incertain du nom ancien d'un poisson estimé et commun dans la Méditerranée.

26*

maxillaires. La langue a deux rangées longitudinales de petites dents, et se porte en avant et en arrière comme un piston; ce qui sert à l'animal à opérer la succion qui le distingue. L'eau parvient de la bouche aux branchies par un canal membraneux particulier, situé sous l'œsophage, et percé de trous latéraux, qu'on pourrait comparer à une trachée-artère. Il y a une dorsale en avant de l'anus, et une autre en arrière, qui s'unit à celle de la queue. Ces poissons ont l'habitude de se fixer par la succion aux pierres et autres corps solides, ils attaquent par le même moyen les plus grands poissons, et parviennent à les percer et à les dévorer.

La *grande Lamproye*. (*Petromyzon marinus*. L.) Bloch. 77. Les dents mieux. Lac. 1, 1, 2.

Longue de deux ou trois pieds, marbrée de brun sur un fond jaunâtre; la première dorsale bien distincte de la seconde; deux grosses dents rapprochées au haut de l'anneau maxillaire. Elle remonte au printemps dans les embouchures des fleuves. C'est un manger très estimé.

La *Lamproye de rivière*, *Pricka*, *Sept-Œil*, etc. (*Petromyzon fluvialis*. L.) Bl. 78, 1.

Longue d'un pied à dix-huit pouces; argentée, noirâtre ou olivâtre sur le dos; la première dorsale bien distincte de la seconde; deux grosses dents écartées au haut de l'anneau maxillaire. On la trouve dans toutes les eaux douces.

La *petite Lamproye de rivière*, *Sucet*, etc. (*Petr. planeri*. Bl.) Gesner. 705.

Longue de huit ou dix pouces; les couleurs et les dents de la précédente; les deux dorsales contiguës ou réunies. Elle habite aussi nos eaux douces (1).

---

(1) *N. B.* La fig. du *planeri*, Bl., 78, 3, n'est qu'un jeune *pricka*. En revanche, je pense que les *pétrom. Sucet.*, Lac., II, 1, 3; — *Sept-œil*, IV, xv, 1; — *Noir*, ib., 2, ne sont que des variétés du *planeri*; — mais la fig. I, ii, 1, sous le nom de *Lamproyon* (*Petrom. branchialis*), représente une espèce particulière de ce genre et non un *ammocète*. Je ne vois pas de différence certaine entre le *Petrom. argenteus*, Bl., 415, 2, et le *fluvialis*.

Les Myxines. L.

N'ont qu'une seule dent au haut de l'anneau maxillaire, qui lui-même est tout-à-fait membraneux, tandis que les dentelures latérales de la langue sont fortes et disposées sur deux rangs de chaque côté, en sorte que ces poissons ont l'air de ne porter que des mâchoires latérales comme les insectes ou les néréides, ce qui les avait fait ranger par Linnæus dans la classe des vers ; mais tout le reste de leur organisation est analogue à celle des lamproyes (1) : leur langue fait de même l'effet d'un piston, et leur épine du dos est aussi en forme de cordon. La bouche est circulaire, entourée de huit barbillons, et à son bord supérieur est percé un évent, qui communique dans son intérieur. Le corps est cylindrique et garni en arrière d'une nageoire qui contourne la queue. L'intestin est simple et droit, mais large et plissé à l'intérieur; le foie a deux lobes. On ne voit point de traces d'yeux. Les œufs deviennent grands. Ces singuliers animaux répandent par les pores de leur ligne latérale une mucosité si abondante, qu'ils semblent convertir en gelée l'eau des vases où on les tient.

Ils attaquent et percent les poissons comme les lamproies.

On les subdivise d'après les orifices extérieures de leurs branchies.

Dans

Les Heptatrèmes. Dumér.

Il y a encore sept trous de chaque côté comme dans les lamproyes.

On n'en connaît qu'un de la mer du sud, le *Gastrobranche dombey*, Lac. I, xxiii, 1. *Petromyzon cirrhatus*, Forster, Bl. Schn., p. 532 (2).

---

(1) *Voyez* le mémoire d'Abildgaardt, Ecrits de la Soc. des nat. de Berlin, tome X, p. 193.

(2) *Voyez* le mémoire de sir Everard Home, dans les Trans. Phil., de 1815.

Dans

LES GASTROBRANCHES. Bloch.

Les intervalles des branchies, au lieu d'avoir chacun son issue particulière au dehors, donnent dans un canal commun pour chaque côté, et les deux canaux aboutissent à deux trous situés sous le cœur, vers le premier tiers de la longueur totale.

On n'en connaît qu'un de la mer du nord *Myxine glutinosa*, Linn. *Gastrobranchus cœcus*, Bl. 413.

LES AMMOCÈTES. (AMMOCOETES. Dumér.)

Ont toutes les parties qui devraient constituer leur squelette tellement molles et membraneuses, qu'on pourrait les considérer comme n'ayant point d'os du tout. Leur forme générale et leurs trous extérieurs des branchies, sont les mêmes que dans les lamproyes, mais leur lèvre charnue n'est que demi-circulaire, et ne couvre que le dessus de la bouche ; aussi ne peuvent-ils se fixer comme les lamproyes proprement dites. On ne peut leur apercevoir aucune dent, mais l'ouverture de leur bouche est garnie d'une rangée de petits barbillons branchus. Ils n'ont point de trachée particulière, et leurs branchies reçoivent l'eau par l'œsophage, comme à l'ordinaire. Leurs dorsales sont unies entre elles et à la caudale, en forme de repli bas et sinueux. Ils se tiennent dans la vase des ruisseaux, et ont beaucoup des habitudes des vers, auxquels ils ressemblent tant par la forme (1).

Nous en avons un nommé

Lamprillon, Lamproyon, Civelle, Chatouille, etc. (*Petrom. branchialis.* L.)

Long de six à huit pouces, gros comme un fort tuyau de plume, que l'on a accusé de sucer les branchies des poissons, peut-être parce qu'on le confondait avec le *petrom. planeri*. On l'emploie comme appât pour les hameçons.

---

(1) *Voyez Omalius de Hallois*, Journ. de phys., mai 1808.
N. B. Le *Petrom. rouge*, Lac., II, 1, 2, et de la couleur près, ne diffère-t-il pas essentiellement du *Lamprillon*?

FIN DU TOME DEUXIÈME.

BIBLIOTHEQUE NATIONALE DE FRANCE
3 7531 04113518 8

www.ingramcontent.com/pod-product-compliance
Ingram Content Group UK Ltd.
Pitfield, Milton Keynes, MK11 3LW, UK
UKHW022052120726
13694UKWH00001B/93